全国机械行业高等职业教育“十二五”规划教材
模具设计与制造专业

模具制造工艺

全国机械职业教育模具类专业教学指导委员会　组编

主编　杨金凤　黄亮（企业）
参编　胡兆国　夏宝林　刘权萍　韩雄伟
曹素兵　何丁勇（企业）　欧晓宏（企业）
曾太成（企业）　罗大兵（企业）
李香林（企业）
主审　武友德　廖信玉（企业）

机械工业出版社

本书内容包括课程认识及模具零件机械加工工艺过程的编制、模具加工精度、冲模的机械加工、冲模的电火花加工、型腔模的机械加工、模具制造的其他方法、模具装配工艺7个教学单元。

每个单元内容均按照“模具企业模具零件加工的岗位能力要求”，分析本单元承担的任务，选择合适的载体，并基于零件加工的工作流程，将实际生产案例有机地融入到书中，做到课堂教学与生产实际的有机结合。

本书可以作为高等职业教育院校模具设计与制造专业学生用书，也可作为企业技术人员的参考资料。

图书在版编目（CIP）数据

模具制造工艺/杨金凤，黄亮主编．—北京：机械工业出版社，2012.2（2024.6重印）

全国机械行业高等职业教育“十二五”规划教材．模具设计与制造专业

ISBN 978-7-111-37033-8

Ⅰ.①模…　Ⅱ.①杨…②黄…　Ⅲ.①模具-制造-生产工艺-高等职业教育-教材　Ⅳ.①TG760.6

中国版本图书馆CIP数据核字（2012）第001528号

机械工业出版社（北京市百万庄大街22号　邮政编码100037）
策划编辑：郑　丹　于奇慧　责任编辑：郑　丹　于奇慧　周璐婷
版式设计：霍永明　　责任校对：程俊巧
封面设计：鞠　杨　　责任印制：单爱军
北京虎彩文化传播有限公司印刷
2024年6月第1版·第9次印刷
184mm×260mm·16.5印张·407千字
标准书号：ISBN 978-7-111-37033-8
定价：46.00元

电话服务　　网络服务
客服电话：010-88361066　　机　工　官　网：www.cmpbook.com
010-88379833　　机　工　官　博：weibo.com/cmp1952
010-68326294　　金　书　网：www.golden-book.com
封底无防伪标均为盗版　　机工教育服务网：www.cmpedu.com

前　言

“模具制造工艺”是模具设计与制造专业的一门主干课程。为建设好该课程，利用“示范建设”这个有利时机，在全国机械工业联合会的指导下，由全国机械职业教育模具设计与制造专业教学指导委员会牵头，联合企业，组建了课程开发团队。本书的编写实行双主编与双主审制，由四川工程职业技术学院杨金凤副教授和中国第二重型机械集团公司高级工程师黄亮联合担任主编，由四川工程职业技术学院武友德教授和中国第二重型机械集团公司高级工程师廖信玉联合担任主审。

为了使“模具制造工艺”课程符合高素质的技术应用型高技能人才的培养目标和专业相关技术领域职业岗位的任职要求，课程开发团队按照“行业引领、企业主导、学校参与”的思路，经过认真分析模具企业中模具设计、模具制造和调试等岗位的职业能力要求，制订了相应岗位的职业能力标准，依据标准明确课程内容，并按照企业相应岗位的工作流程对课程内容进行了组织。

本书的编写始终以“模具制造岗位职业能力要求”所确定的该门课程所承担的典型工作任务为依托，以基于工厂“典型模具零件”的真实加工过程为导向，结合企业实际零件制造的工作流程，分析完成每个流程所必需的知识和能力结构，归纳了“模具制造工艺”课程的主要工作任务，选择合适的载体，并以典型模具零件加工工艺过程为主线，构建主体学习单元；按照任务驱动、项目导向，以职业能力培养为重点，将真实生产过程融入教学全过程。

本书由学校与行业、企业合作编写，在本书讲义的基础上，经过专业教学指导委员会的多次论证，通过三年左右的不断完善和修改，最终编写而成。本书内容包括课程认识及模具零件机械加工工艺过程的编制、模具加工精度、冲模的机械加工、冲模的电火花加工、型腔模的机械加工、模具制造的其他方法、模具装配工艺7个教学单元。课程认识及教学单元3、教学单元5由杨金凤、黄亮共同编写；教学单元1由刘权萍、何丁勇共同编写；教学单元2由曹素兵、欧晓宏共同编写；教学单元4由夏宝林、曾太成共同编写；教学单元6由韩雄伟、李香林共同编写；教学单元7由胡兆国、罗大兵共同编写。

在本书编写过程中，四川机械工业数控技术应用与培训中心和四川工程职业技术学院技术中心的老师和技术人员提供了大量的资料和许多宝贵的经验，在此表示衷心的感谢！

因本书涉及内容广泛，编者水平有限，难免出现错误和处理不妥之处，敬请读者批评指正。

本书配有电子课件、教学大纲、课程标准及习题集，凡使用本书作为教材的教师可登录机械工业出版社教材服务网 www. cmpedu. com 下载。咨询信箱：cmpgaozhi @ sina. com。咨询电话：010-88379375。

编　者

目　录

课 程 认 识

0.1 模具技术的发展

1. 模具在现代工业生产中的地位

在现代工业生产中，模具是重要的工艺装备之一，它在铸造、锻造、冲压、塑料、橡胶、玻璃、粉末冶金、陶瓷制品等的生产行业中得到了广泛应用。产品采用模具制造，能提高生产效率，节约原材料，降低成本，并保证加工质量要求。

在世界上一些工业发达国家里，模具工业的发展是很迅速的。模具总产值已超过了机床工业的总产值，其发展速度超过了机床、汽车、电子等工业。模具技术，特别是制造精密、复杂、大型、长寿命模具的技术，已成为衡量一个国家机械制造水平的重要标志之一。随着生产和科学技术的迅速发展，产品更新、改型加快，模具的更新将越来越快。为了适应工业生产对模具的需求，在模具生产中采用了许多新工艺和先进的加工设备，不仅改善了模具的加工质量，也提高了模具制造的机械化、自动化程度。电子计算机的应用给模具设计和制造开辟了新的前景。

2. 我国模具制造技术的现状和发展趋势

近年来，我国的模具工业也有了较大发展，模具制造工艺和生产装备智能化程度越来越高，极大地提高了模具制造精度、质量和生产效率。数控铣床、数控坐标磨床、数控电火花加工机床、加工中心、光学曲线磨床等加工设备已在模具生产中广泛采用。模具的计算机辅助设计和制造（CAD/CAM）也已在很多企业进行开发和应用。

虽然我国的模具生产已经取得了令人瞩目的成就，但许多方面与工业发达国家相比仍有较大的差距。不论从设计、制造方面，还是从生产能力方面，还远不能适应国民经济发展的需要，严重影响工业产品品种的发展和质量的提高。例如，精密加工设备的比例比较低；CAD/CAM/CAE 技术普及率不高；许多先进的模具技术应用不够广泛。大部分大型、精密、复杂和长寿命模具仍依赖进口。今后，我国模具技术将在以下几个方面得到快速发展。

1）推广应用 CAE 技术。由于现代产品更新换代快，精度要求高，形状也越来越复杂，这对模具设计与制造提出了更高要求。实践证明，模具 CAE 技术是模具设计与制造的发展方向。

2）提高模具标准化程度。为了缩短模具制造周期，降低制造成本，模具标准化工作十分重要。目前，我国模具标准件使用覆盖率已达到约 30%，但发达国家一般能够达到 80%。为了促进模具工业的发展，必须加强模具标准化工作，走专业化协作生产的道路。

3）应用优质材料及先进的表面处理技术。应用优质材料及先进的表面处理技术有利于提高模具产品的质量和模具使用寿命。国内外模具材料研究者对模具的工作条件、失效形式及使用寿命等方面进行了大量研究，开发出许多使用性能优良、加工性好、热处理变形小的模具材料，如预硬钢、耐腐蚀钢等。

模具热处理和表面处理是充分发挥模具钢材料性能的关键环节。模具热处理的发展方向是真空热处理技术。模具表面处理除常用处理方法（渗碳、渗氮、渗硼、渗铬、渗钒）外，还将发展工艺更先进的气相沉积、等离子喷涂等技术。

4）加强模具制造技术的高效、快速、精密化。随着模具制造技术的发展，许多新的加工技术、加工设备不断出现，模具制造手段越来越丰富，越来越先进。

快速原型制造（RPM）技术是数控（NC）技术之后的一种全新制造技术。利用RPM技术，可以根据零件的CAD模型，快速自动完成复杂的三维实体（模型）制造，使模具从概念设计到制造完成的周期与成本大大降低，仅为传统加工方法的1/3～1/4。

先进的高速铣削加工，主轴转速高达40000～100000r/min，快速进给速度达到30～40m/min，加速度达到1 g，换刀时间缩短到1～2s，可加工的材料硬度达到60HRC，表面粗糙度 Ra 值小于1μm。高速切削技术与传统切削加工相比，具有加工效率高、温升低（工件温度只升高3℃）、热变形小等优点。高速铣削技术的敏捷化、智能化、集成化发展促进了模具加工技术的进步，特别适合于汽车、家电等行业大型型腔模具的制造。

电火花加工技术是用高速旋转的管状电极作二维或三维轮廓加工（像数控铣一样），无需制造复杂的成形电极。因此，电火花等特种加工技术在模具制造中也得到广泛应用。

5）实现模具研磨抛光的自动化、智能化。模具加工中未能很好解决的难题之一是模具成形件工作表面的精饰加工。模具成形件的工作表面质量对模具使用寿命、制件外观质量等方面均有较大的影响。目前，我国仍以手工研磨抛光为主，效率低，劳动强度大，质量不稳定，制约了我国模具加工向更高层次的发展。因此，研磨抛光的自动化、智能化是未来的发展趋势。日本已研制了数控研磨机，可实现三维曲面模具的自动化研磨抛光。

6）逆向工程技术。在逆向工程中，经常采用三坐标测量仪、坐标扫描仪、激光扫描仪或3D数字仪等测取模具实物表面的形状、尺寸数据，将实体的物理模型转化为数字数据。将这些数据交由数字处理系统，利用计算机辅助技术，通过对数据的编辑、处理、修补，就能方便地在计算机中建立模具三维实体的CAD几何模型。借助CAD/CAE/CAM系统生成的产品CAD几何模型，通过对数据进行刀具轨迹编辑，自动生成NC轨迹，交由NC机床进行数控机械加工。若生成的是STL文件，则可将信号输入快速自动成形机，进行模具原型制造。由于在逆向工程技术中应用了计算机辅助技术，大大减少了人工劳动，有效缩短了设计、制造周期。尤其是将自动测量、重构CAD模型、自动成形、数控加工结合起来，用于模具实体造型的设计与制造，更能够体现现代设计、加工技术的优越性。

0.2 模具制造生产过程和特点

1. 模具制造生产过程

模具制造生产过程包括五个阶段：生产技术准备，材料准备，模具零件、组件的加工，装配调试和试模鉴定。它们的关系和内容如图0-1所示。

1）生产技术准备。生产技术准备是整个生产的基础，对于模具制造的质量、成本、进度和管理都有重大的影响。生产技术准备阶段工作包括模具图样的设计、工艺技术文件的编制、材料定额和加工工时定额的制订、模具成本的估价等。

2）材料准备。确定模具零件毛坯的种类、形式、大小及有关技术要求。

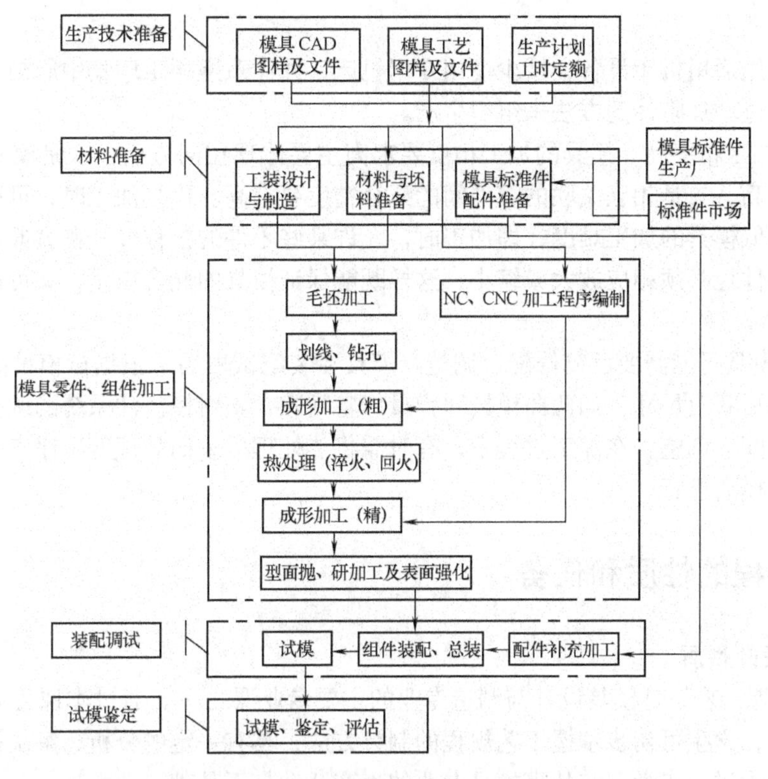

图0-1 模具制造生产过程的关系和内容

3）模具零件、组件加工。利用各种加工设备及加工手段，完成模具零件及组件的加工。

4）装配调试。完成模具的组装、总装及试模与调整。

5）试模鉴定。对模具设计及制造质量作合理性与正确性的评估，判断模具是否能达到预期的功能要求。

2. 模具制造特点

与其他产品相比，模具生产具有如下特点。

1）模具零件形状复杂，加工要求高。除采用一般的机械加工方法外，模具加工更多采用特种加工（如线切割、电火花、电铸等）和数控加工、快速成形等现代加工方法。随着模具技术的不断发展，会有更多的新工艺应用到模具制造中。

2）模具零件加工过程复杂，加工周期长。模具零件加工包括毛坯的下料、锻造、粗加工、半精加工、精加工等工序，其间还需热处理、表面处理、检验等工序配合。零件加工短则一二周，长则一二个月，甚至更长。同时，零件加工可能需要多台机床、多个工人、多个车间甚至多个工厂共同协作完成。

3）模具零件加工属于单件或小批生产。模具零件加工工艺过程应注意如下几点：

①尽量使用通用工、夹具，不用或少用专用工具。

②尽量采用通用刀具，避免使用非标准刀具。但根据模具的特点有时也需设计使用专用刀具，如加长的立铣刀、加长的钻头或一些特殊的成形刀具。

③尽量使用通用的量具。但根据模具的特点，在模具制造中也常使用一些诸如样板之类

的专用量具。

④尽量使用通用机床设备，减少使用专用机床，并注意遵循工序集中原则，尽可能在较少的机床上通过增加附件的方法来组织生产。

4）模具加工精度高。模具的加工精度要求高主要体现在两方面：一是模具零件本身的加工精度要求高，二是相互关联的零件间的配合精度要求高。模具加工时，可以通过配合加工的方法，降低模具的加工难度，即加工时，允许某些零件的公称尺寸稍大或者稍小些，但与其相配的零件也必须相应放大或缩小，这样既能保证模具的配合质量，又可避免不必要的零件报废。

5）一副模具可能需要反复修配、调整。模具在装配试模后，根据试模情况，需重新调整某些零件的形状及尺寸，如弯曲模按回弹量修整间隙，塑料模浇注系统的调整等。为方便模具零件的修配、调整，在加工过程中，有时需将热处理、表面处理等工序安排在零件加工的最后，即试模后进行。

0.3　本课程的性质和任务

1. 本课程的性质

“模具制造工艺”是模具设计与制造专业的主要专业课之一。通过本课程教学，并配合其他教学环节，学生可初步掌握工艺规程的制订方法，具有一定的分析、解决模具工艺技术问题的能力，为进一步学习与从事模具专业的生产活动打下基础。

本课程涉及的知识面较广，是一门综合性、实践性较强的课程。“金属材料及热处理”、“机械制造基础”、“数控技术及设备”等课程的有关内容都将在本课程中得到综合应用。模具零件的工艺路线及所采用的工艺方法都与实际生产条件密切相关，在处理工艺技术问题时一定要理论联系实际。对于同一个加工零件，在不同的生产条件下可以采用不同的工艺路线和工艺方法达到工件的技术要求。学习中应注意在生产过程中积累模具生产的有关知识与经验，以便能更好地处理生产中的有关技术问题。

2. 本课程的任务

模具制造已广泛采用电火花成形、数控线切割、电化学加工、超声波加工、激光加工以及成形磨削、数控仿形等现代加工技术。通过本课程的学习，要求学生掌握各种现代模具加工方法的基本原理、特点及加工工艺，掌握各种制造方法对模具结构的要求，以提高学生分析模具结构工艺性的能力。在学习过程中尽可能参观一些模具厂，认真参加现场教学和实验，以增加感性知识。在课程结束之后，应安排一次“模具制造工艺”课的课程设计，最好以同学们自己设计的冲压模具或塑料模具为题目，以巩固和加深已经学过的理论知识，提高综合分析和解决工程实际问题的能力。

教学单元1　模具零件机械加工工艺过程的编制

1.1　任务引入

图1-1所示是两个模具零件，图1-1a是冲模的模柄（材料为Q235），图1-1b是塑料模的楔紧块（材料为45钢）。在本教学单元里将以图1-1为例学习如何正确分析零件图，选择毛坯，拟定工艺路线，确定工序尺寸，选择定位基准和填写工艺文件。

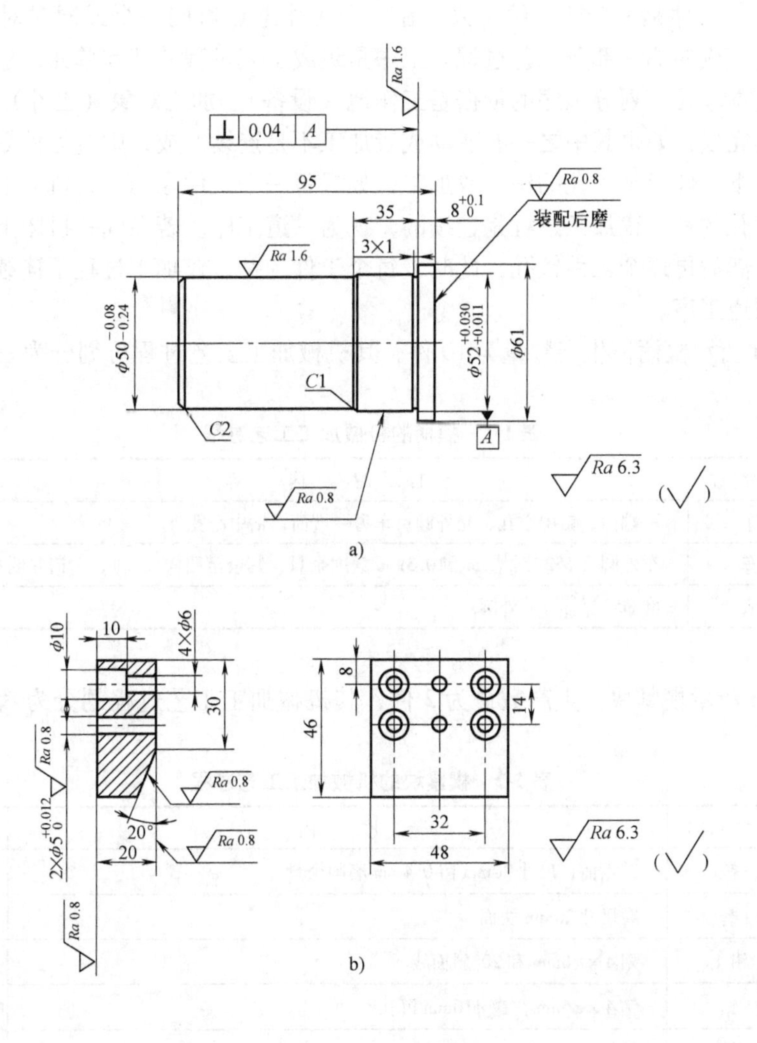

图1-1　模具零件图

a）模柄　b）楔紧块

1.2　相关知识

1.2.1　基本概念

1. 机械加工工艺过程的组成

模具制造的生产过程是指通过一定的加工工艺和工艺管理对模具进行加工、装配的过程。

生产过程中为改变生产对象的形状、尺寸、相对位置和性质等，使其成为成品或半成品的过程称为工艺过程。若采用机械加工方法来完成上述过程，则称为机械加工工艺过程。

机械加工工艺过程是由一个或若干个按顺序排列的工序所组成的，毛坯依次经过这些工序而变为成品。

（1）工序　工序是一个或一组工人，在一个工作地点对同一个或同时对几个工件进行加工，所连续完成的那一部分工艺过程。工序是组成工艺过程的基本单元，也是生产计划和经济核算的基本单元。划分工序的依据是工作地（设备）、加工对象（工件）是否变动以及加工是否连续完成，如果其中之一有变动或者加工不是连续完成，则应另外划分一道工序。

例如，一批工件上某个孔的钻、铰加工，如果每一个工件在同一台机床上钻孔后继续铰孔，那么，该孔的钻、铰加工过程是连续的，视为一道工序。若在同一机床上首先完成此批工件的钻孔，然后再逐个工件铰孔，此时，每个工件的钻、铰加工过程不连续，钻、铰加工应该划分成两道工序。

如图1-1a所示模柄，生产数量为10件，其机械加工工艺过程可划分为三道工序，见表1-1。

表1-1　模柄的机械加工工艺过程

工序号	工序名称	工　序　内　容	设备
1	车	车端面，钻中心孔，光外圆；车另一端面，钻中心孔	卧式车床
2	车	车外圆（$\phi52^{+0.030}_{+0.011}$mm留0.3mm磨削余量，其余至图样尺寸），车槽并倒角	卧式车床
3	磨	磨$\phi52^{+0.030}_{+0.011}$mm外圆	外圆磨床

如图1-1b所示楔紧块，生产数量为2件，其机械加工工艺过程划分为六道工序，见表1-2。

表1-2　楔紧块的机械加工工艺过程

工序号	工序名称	工　序　内　容	设备
1	铣	铣六面，尺寸20mm留0.4mm磨削余量	立铣床
2	磨	磨尺寸20mm两面	平面磨床
3	钳工	划4×ϕ6mm和20°斜面线	
4	钻	钻4×ϕ6mm，锪ϕ10mm沉孔	钻床
5	铣	铣斜面	立铣床
6	钳工	配修斜面	

（2）安装　工件在加工之前，应使其在机床上（或夹具中）处于一个正确的位置并将其夹紧。工件具有正确位置及夹紧的过程称为装夹。工件经一次装夹后所完成的那一部分工序称为安装。在一道工序中，有时工件需要进行多次装夹，如表1-1中的工序1，当车削第一端面、钻中心孔、光外圆时要进行一次装夹，调头车另一端面、钻中心孔时又需要重新装夹工件，所以完成该工序，工件要进行两次装夹。所以这个工序有两个安装。多一次装夹，不仅增加了装卸工件的辅助时间，同时还会产生定位误差。因此，在一个工序中应尽量减少装夹次数。

（3）工步　工步是在加工表面和加工工具不变的情况下，所连续完成的那一部分工序。一个工序可以包含几个工步，也可能只有一个工步，如表1-1中工序1可划分成五个工步（车端面，钻中心孔，光外圆，车另一端面，钻中心孔）。

加工表面和加工工具是工步的两个决定因素，两者之间任何一个发生变化，或者虽然两者没有变化，但加工过程不是连续完成的，一般应划分为两个工步。当工件在二次装夹后连续进行若干个相同的工步时，为了简化工序内容，在工艺文件上常将其填写为一个工步。如图1-2所示零件，对四个ϕ20mm的孔连续进行钻削加工，在工序中可以写成一个工步："钻4×ϕ20mm孔"。

为了提高生产率，用几把刀具或者用复合刀具，同时加工同一工件上的几个表面，称为复合工步。在工艺文件上，复合工步应视为一个工步。如图1-3所示，钻孔、车外圆同时加工，就是一个复合工步。

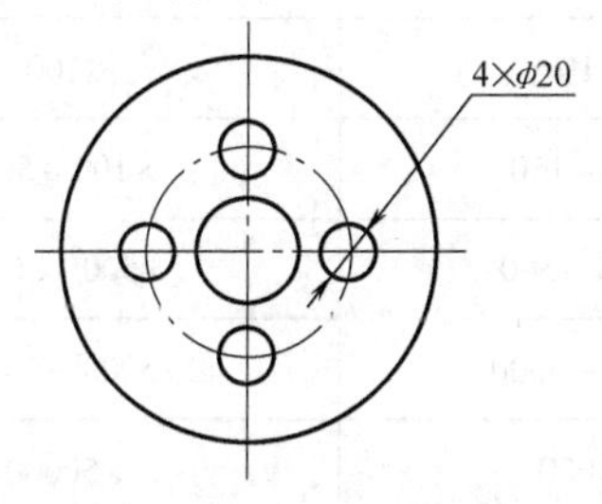

图1-2　四个相同的工步

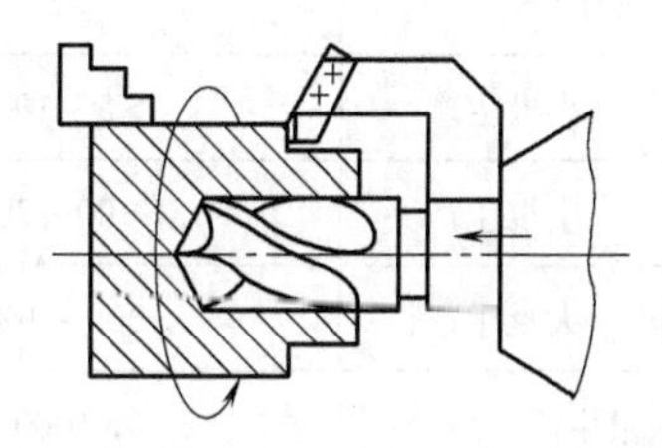
图1-3　复合工步

（4）工位　为了完成工序的一定部分，一次装夹工件后，工件与夹具或设备的可动部分一起，相对于刀具或设备的固定部分所占据的每一个位置称为工位。

在加工中为了减少工件的装夹次数，应尽量采用不需要重新装卸就能改变工件位置的夹具来实现工件加工位置的改变，以完成对不同部位（或零件）的加工。如图1-4所示，用多工位夹具钻、扩、铰圆盘形零件上的孔，该夹具使工件依次处于装卸工件（工位Ⅰ）、钻孔（工位Ⅱ）、扩孔（工位Ⅲ）、铰孔（工位Ⅳ）四个工位上，一个工步完成后，机床夹具回转部分带动工件一起相对于夹具固定部分回转90°。由于采用了多工位夹具，减少了工件安装次数，缩短了工序时间，提高了生产率。

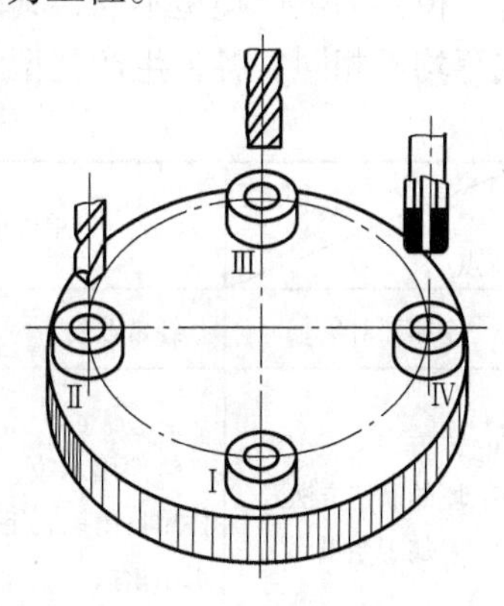

图1-4　多工位加工

（5）进给　刀具从被加工表面上每切下一层金属层称为一次进给。有些工步，由于需要切除的余量较大，需要对同一表面进行多次切削，如车削阶梯凸模两个不同直径的外圆柱面时，可能需要多次进给。

2. 生产纲领和生产类型

（1）生产纲领 企业在计划期内应生产的产品产量（年产量）和进度计划称为生产纲领。

某种零件的年产量可用以下公式计算，即

$$N = Qn(1 + \alpha + \beta)$$

式中 N——零件的年产量（件/年）；

Q——产品的年产量（台/年）；

n——每台产品中该零件的数量（件/台）；

α——零件的备品率（%）；

β——零件的平均废品率（%）。

（2）生产类型 企业（或车间、工段、班组、工作地）生产专业化程度的分类称为生产类型。根据产品的年产量不同，可将产品生产类型划分为单件生产、成批生产和大量生产三种类型，生产类型和生产纲领的关系见表1-3。

表1-3 生产类型和生产纲领的关系

生产类型		生产纲领/（台/年或件/年）		
		重型零件（30kg 以上）	中型零件（4 ~ 30kg）	轻型零件（30kg 以下）
单件生产		≤5	≤10	≤100
成批生产	小批生产	>5 ~ 100	>10 ~ 150	>100 ~ 500
	中批生产	>100 ~ 300	>150 ~ 500	>500 ~ 5000
	大批生产	>300 ~ 1000	>500 ~ 5000	>5000 ~ 50000
大量生产		>1000	>5000	>50000

对模具生产而言，除标准件或标准模架的专业生产厂家外，多数情况下为单件或小批量生产。

模具的生产类型不同，其制造的工艺方法、所采用的设备和工艺装备以及生产的组织形式等均不相同。各种生产类型的工艺特征见表1-4。

表1-4 各种生产类型的工艺特征

特点＼类型	单件生产	成批生产	大量生产
加工对象	经常改变	周期性改变	固定不变
毛坯的制造方法及加工余量	铸件用木模，手工造型，锻件用自由锻，毛坯精度低，加工余量大	部分铸件用金属型，部分锻件采用模锻，毛坯精度中等，加工余量中等	铸件广泛采用金属型机器造型，锻件广泛采用模锻以及其他高生产率的毛坯制造方法。毛坯精度高，加工余量小

（续）

特点＼类型	单件生产	成批生产	大量生产
机床设备及其布置形式	采用通用机床，机床按类别和规格大小采用“机群式”排列布置	采用部分通用机床和部分高生产率的专用机床，机床设备按加工零件类别分“工段”排列布置	广泛采用高生产率的专用机床及自动机床，按流水线形式排列布置
夹具	多用标准夹具，很少采用专用夹具，靠划线及试切法达到尺寸精度	广泛采用专用夹具，部分靠划线进行加工	广泛采用先进高效夹具，靠夹具及调整法达到加工要求
刀具和量具	采用通用刀具与万能量具	较多采用专用刀具和专用量具	广泛采用高生产率的刀具和量具
对操作工人的要求	需要技术熟练的操作工人	操作工人需要一定的技术熟练程度	对操作工人的技术要求较低，对调整工人的技术水平要求较高
工艺文件	有简单的工艺过程卡片	有较详细的工艺规程，对重要零件编制工序卡片	有详细编制的工艺文件
零件的互换性	广泛采用钳工修配	零件大部分有互换性，少数用钳工修配	零件全部有互换性，某些配合要求很高的零件采用分组互换
生产率	低	中等	高
单件加工成本	高	中等	低

模具生产批量的大小对于工厂的生产过程和生产组织起决定性的作用。不同的生产纲领对于各工作地的专业化程度、所用工艺方法、机床设备和工艺装备也各不相同。例如，图1-1a所示模柄如果只加工一件，可把工序1和工序2合并为一个工序在一个车床上完成车削加工；如果是大量生产，可用专用机床铣端面、打中心孔，以提高效率。

3. 工艺规程

（1）工艺规程的概念和种类　规定产品或零部件制造工艺过程和操作方法等的工艺文件称为工艺规程。与机械加工工艺规程一样，模具加工工艺规程一般应规定工序的加工内容、检验方法、切削用量、时间定额，以及所采用的机床和工艺装备等。机械加工常用的工艺文件主要有以下几种。

1）机械加工工艺过程卡片（见表1-5）。机械加工工艺过程卡片列出了整个零件加工所经过的工艺路线（包括毛坯、机械加工和热处理等），它是制订其他工艺文件的基础，也是准备生产技术、安排计划、组织生产的依据。单件小批生产中，对于一般简单零件只编制工艺过程卡，直接用工艺过程卡来安排和指导生产。

表 1-5　机械加工工艺过程卡片

	（厂名）	机械加工工艺过程卡片		产品型号		零（部）件图号		共　页	
				产品名称		零（部）件名称		第　页	
	材料牌号		毛坯种类	毛坯外型尺寸		每毛坯件数	每台件数	每坯质量	
	工序号	工序名称	工序内容	车间	工段	设备	工艺装备	工时	
								准终	单件
描图									
描校									
底图号									
装订号									

										编制（日期）	审核（日期）	会签（日期）
标记	处数	更改文件号	签字	日期	标记	处数	更改文件号	签字	日期			

2）机械加工工艺卡片（见表 1-6）。机械加工工艺卡片是以工序为单位，详细说明整个工艺过程的工艺文件。其内容包括各道工序的具体内容及加工要求等，重要工序还有必要的加工简图或加工说明。在成批生产中广泛使用这种卡片，单件小批生产中的某些重要零件也要制订工艺卡。

3）机械加工工序卡（见表 1-7）。机械加工工序卡是用来具体指导工人加工的工艺文件，卡片上画有工序简图，并注明该工序的加工表面及应达到的尺寸和公差，以及工件装夹方式、刀具、夹具、量具、切削用量、时间定额等，多用于大批量生产和成批生产中的重要零件。

（2）工艺规程的作用

1）工艺规程是指导生产的主要技术文件。合理的工艺规程是在工艺理论和实践经验相结合的基础上制订的。按工艺规程进行生产，可保证产品质量，提高生产效率和降低成本。因此，一切生产人员必须严格执行工艺规程。

但工艺规程也不是一成不变的，随着技术的进步和生产的发展，工艺规程会出现某些不相适应的问题。因此，工艺人员应注意总结工人的技术创新，及时吸取国内外的先进工艺技术，对工艺规程不断地进行改进和完善，以便更好地指导生产。

表1-6　机械加工工艺卡片

（厂名）	机械加工工艺卡片	产品型号		零（部）件图号		共　页
		产品名称		零（部）件名称		第　页
材料牌号		毛坯种类		毛坯外廓尺寸		每坯件数		每台件数		每坯质量	

	工序	安装	工步	工序名称	同时加工件数	切削用量				设备名称及编号	工艺装备名称编号			技术等级	工时定额/min	
						背吃刀量/mm	切削速度/m·min^{-1}	转数/r·min^{-1}	进给量/mm·r^{-1}		夹具	刀具	量具		单件	准备终结
描图																
描校																
底图号																
装订号																

										编制（日期）	审核（日期）	会签（日期）
标记	处数	更改文件号	签名	日期	标记	处数	更改文件号	签名	日期			

表1-7　机械加工工序卡片

（厂名）	机械加工工艺卡片	产品型号		零（部）件图号		共　页
		产品名称		零（部）件名称		第　页

工序号	工序名称		
车间	工段	材料牌号	
毛坯种类	毛坯外形尺寸	每坯件数	每台件数
设备名称	设备型号	设备编号	同时加工件数
夹具编号	夹具名称	切削液	
		工时定额	
		准终	单件

	工步号	工步内容	工艺装备	主轴转速/r·min^{-1}	切削速度/m·min^{-1}	进给量/mm·r^{-1}	背吃刀量/mm	进给次数	工时定额机动	工时定额辅助
描图										
描校										
底图号										
装订号										

										编制（日期）	审核（日期）	会签（日期）
标记	处数	更改文件号	签字	日期	标记	处数	更改文件号	签字	日期			

2）工艺规程是组织生产和管理的基本依据。在生产前，原材料及毛坯的供应、通用工艺装备的准备、机床负荷的调整、专用工艺装备的设计与制造、生产计划的制订、劳动力的调配以及生产成本的核算等，都是以工艺规程为基本依据的。

3）工艺规程是新建、扩建工厂（车间）的基本资料。当新建、扩建车间或工厂时，只有根据工艺规程和生产纲领才能正确地确定加工机床和其他设备的种类、规格和数量，车间面积，机床的布置，生产工人的工种、等级和数量，辅助人员及部门的设置等。

（3）编制模具制造工艺规程的原则、原始资料和步骤

1）编制工艺规程的原则

①保证产品质量，提高生产效率，降低成本。

②应注意的问题有技术上的先进性，产品质量的可靠性，高的经济性，以及良好的劳动环境。

2）编制工艺规程的原始资料

①产品的装配图和零件图。

②质量验收标准。

③生产纲领。

④毛坯资料。

⑤本厂的生产技术条件。

⑥有关的各种技术资料。

3）编制工艺规程的步骤

①模具零件工艺性分析。

②确定生产类型。

③确定毛坯形式。

④拟定工艺路线。

⑤确定各工序内容。

⑥选择设备和工艺装备。

⑦确定切削用量及时间定额。

⑧填写工艺文件。

1.2.2 零件的工艺分析

零件的工艺分析是指对所设计的零件在满足使用要求的前提下进行制造的可行性和经济性分析。它包括零件的铸造、锻造、冲压、焊接、热处理、切削加工工艺性能分析等。当制订机械加工工艺规程时，主要进行零件切削加工工艺性能分析。

1. 零件的技术要求分析

零件的技术要求分析主要注意以下几个方面：

1）分析零件图是否完整、正确，零件的视图是否正确、清楚，尺寸、公差、表面粗糙度及有关技术要求是否齐全、明确。

2）分析零件的技术要求，包括尺寸精度、几何公差、表面粗糙度及热处理是否合理。过高的要求会增加加工难度，提高成本；过低的要求会影响工作性能。

3）不需要加工的表面，不要设计成加工面；要求不高的表面，不应设计为高精度和表

面粗糙度 Ra 值低的表面，否则会使成本提高。

4）尽量采用标准化参数，如零件的孔径、锥度、螺纹孔径和螺距、圆弧半径、沟槽等参数尽量选用有关标准推荐的数值，这样可使用标准的刀具、夹具和量具，减少专用工装的设计、制造周期和费用。

5）认真分析与研究整台产品的用途、性能和工作条件，了解零件在产品中的位置、装配关系及其作用，弄清各项技术要求对装配质量和使用性能的影响，找出主要的和关键的技术要求。

如图1-1a所示压入式模柄，尺寸 $\phi 52^{+0.030}_{+0.011}$ mm 与上模座配合，是该零件加工的关键，因此要保证其尺寸精度、表面粗糙度，以及与端面的垂直度要求。

2. 零件的结构工艺性分析

良好的结构工艺性是指在现有工艺条件下既能方便制造，又有较低的制造成本。

模具零件从形状上分析都是由一些基本表面和特殊表面组成的。基本表面有内、外圆柱表面、圆锥表面和平面等。特殊表面主要有螺旋面、抛物线形表面及其他一些成形表面。外圆柱面一般采用车削和磨削进行加工。内圆柱面多通过钻、扩、铰、镗、内圆磨削和拉削等方法获得。

除了表面形状外，加工表面尺寸大小对工艺也有重要影响。

模具零件中的模柄、导柱等零件在结构和工艺上与一般机械零件的轴类零件相似，导套是典型的套类零件。整体结构的圆形凹模和一般机械零件的盘类零件相类似，但多型孔凹模的加工就很麻烦。

表1-8列出了几种零件的结构，并对零件结构的工艺性进行了对比。

表1-8　零件结构的工艺性比较

结构的工艺性不好	结构的工艺性好	说　明
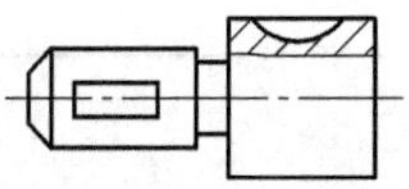	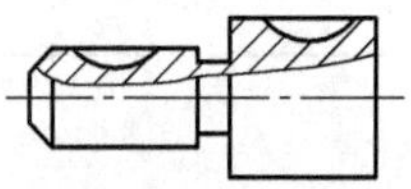	键槽的尺寸、方位相同，可在一次装夹中加工由全部键槽，提高生产率
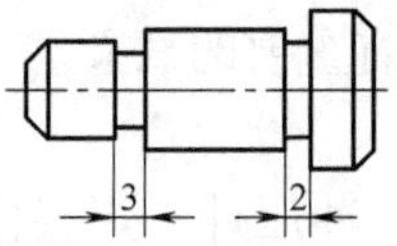 3　2	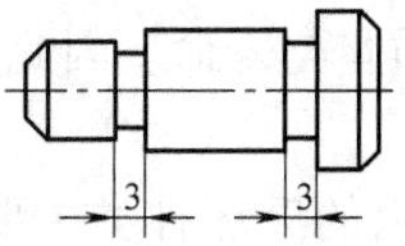 3　3	退刀槽尺寸相同，可减少刀具种类，减少换刀时间
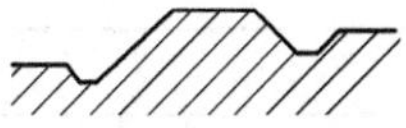	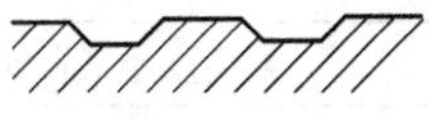	三个凸台表面在同一平面上，可在一次进给中完成加工
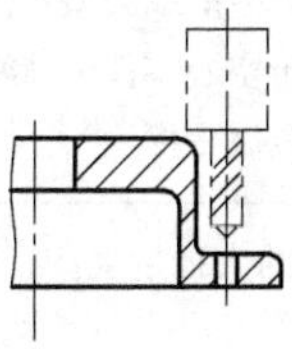	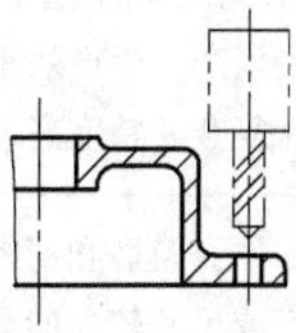	壁厚均匀，铸造时不容易产生缩孔和应力，小孔与壁的距离适当，便于引进刀具

（续）

结构的工艺性不好	结构的工艺性好	说　明
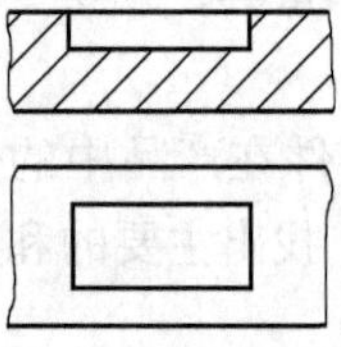	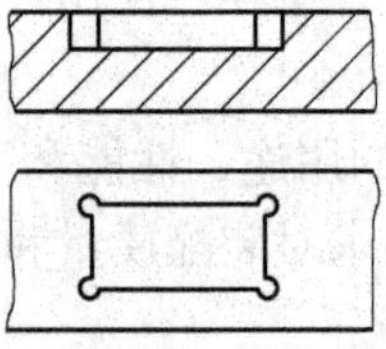	方形凹坑的凹角加工时无法清角，影响配合
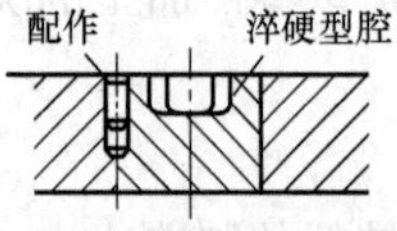 配作 淬硬型腔	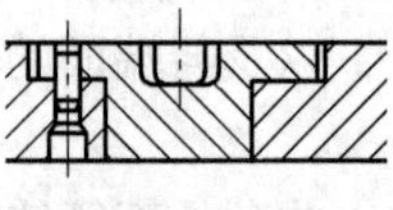	型腔淬硬后，骑缝销孔无法用钻铰方法配作
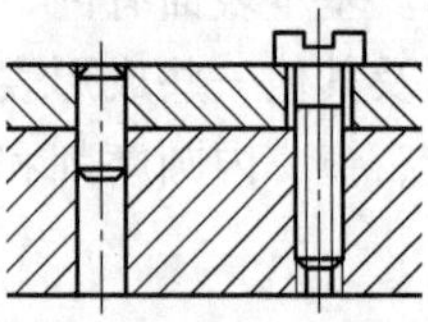	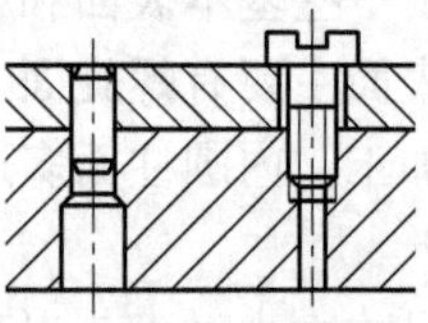	销孔太深，增加铰孔工作量，螺钉太紧，没有必要
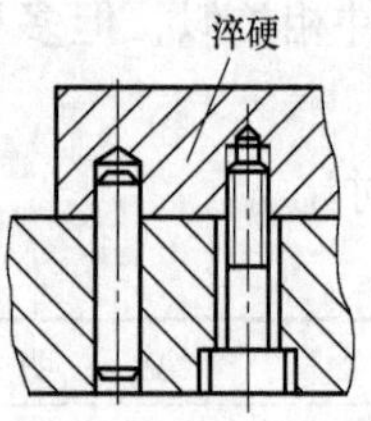 淬硬	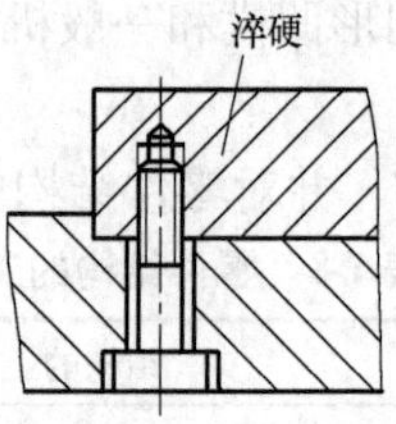 淬硬	将淬硬型芯安装在模板上时，定位销孔无法用钻铰方法配作。改用浅凸台定位便于加工

1.2.3 毛坯的选择

毛坯的形状和特征，在很大程度上决定着模具制造过程中工序的多少、机械加工的难易程度、材料消耗的大小及模具的质量与寿命。因此，正确选择毛坯有重要的意义。

1. 毛坯种类的选择

（1）毛坯的种类和用途　常用的毛坯种类主要有铸件、锻件、冲压件、焊接件等，它们的特点和用途见表1-9。

表1-9　毛坯的特点和用途

种类	特　点　和　用　途
铸件	多用于形状复杂、尺寸较大的零件。铸造方法有砂型铸造、离心铸造、精密铸造和压力铸造等。砂型铸造分手工造型和机器造型。模型有木模和金属型。木模手工造型用于单件小批生产或大型零件，生产效率低，精度低。金属型用于大批大量生产，生产效率高，精度高。离心铸造用于空心零件，精密铸造用于精度高的小钢件，压力铸造用于形状复杂、精度高、大量生产、尺寸小的非铁金属零件
锻件	用于制造强度高、形状简单的零件。模锻和精密锻造用于中、小尺寸零件的大批量生产，生产效率高，精度高。自由锻用于单件小批生产或尺寸较大的锻件

（续）

种类	特　点　和　用　途
冲压件	用于形状复杂、生产批量较大的板料毛坯。精度较高，但厚度不宜过大
型材	用于形状简单或尺寸不大的零件。材料为各种形状规格的冷拉和热轧钢材
冷挤压件	用于形状简单、尺寸小和生产批量大的零件，如各种高精度的仪表件和航空发动机中的小零件
焊接件	用于尺寸较大、形状复杂的零件，多用型钢或锻件焊接而成，其制造成本低，但抗振性差，容易变形，尺寸误差大
工程塑料	用于形状复杂、尺寸精度高、力学性能要求不高的零件
粉末冶金	尺寸精度高，材料损失少，用于大批量生产，成本高。不适于结构复杂、薄壁、有锐边的零件

（2）毛坯种类选择

1）根据图样规定的材料及力学性能选择毛坯。图样标定的材料就基本确定了毛坯的种类。例如，材料是铸铁，就要用铸造毛坯，如HT200模座；材料是钢材，若力学性能要求高则可选锻件，如冲裁模的凸模和凹模，若力学性能要求较低则可选型材或铸钢，如冲裁模的导柱、导套和垫板等。

2）根据模具零件的结构形状和几何尺寸选择毛坯。模具零件的结构形状和几何尺寸大小决定了毛坯的种类。如图样毛坯直径超过最大圆钢直径或台阶轴毛坯的外圆直径相差悬殊时应采用锻件；尺寸太厚无法用钢板切割得到时也用锻件；大型模具（例如汽车覆盖件）采用铸件等。

3）根据生产类型选择毛坯。大批量生产应选精度和生产率都较高的毛坯制造方法。如铸件应采用金属型机器造型或精密铸造；锻件应采用模锻等；单件小批生产则应采用木模手工造型的铸件或自由锻件。

4）根据模具零件的材料及对材料组织和力学性能的要求选择毛坯。在多数情况下，此项要求是决定毛坯种类的主要因素。模具制造时，为了保证模具的质量和使用寿命，往往规定模具的主要零件（如凸、凹模）采用锻造方法获得毛坯。通过锻造，使零件材料内部组织细密、碳化物分布和流线分布合理，从而提高模具的质量和使用寿命。因此毛坯准备时对重要的模具零件材料应进行相应的化学成分分析和力学性能测定。

5）根据具体生产条件选择毛坯。确定毛坯必须结合具体生产条件，如本企业毛坯制造的实际水平和能力、外协的可能性等。有条件时，应积极组织地区专业化生产，统一供应毛坯。

2. 毛坯形状和尺寸的选择

选择毛坯形状和尺寸时，总的要求是：减少“肥头大耳”，在满足加工要求的前提下，应尽量减小毛坯尺寸。因此，毛坯形状要力求接近成品形状，以减少机械加工的劳动量和节约原材料，减少模具制造成本。

（1）毛坯尺寸的确定　毛坯尺寸通常是根据模具零件的尺寸加适当的加工余量确定的，各种毛坯加工余量的确定可参阅《金属机械加工工艺人员手册》或其他工艺手册。图1-1a所示模柄材料是Q235圆钢，参考手册毛坯外径可取ϕ65mm。图1-1b所示楔紧块材料是45钢板，参考手册气割余量是单面3mm，所以毛坯尺寸取25mm×52mm×54mm。

（2）毛坯形状的确定　毛坯的形状应尽可能与模具形状一致，以减少机械加工的工作量。但有时为了适应加工过程中的工艺要求，在确定毛坯形状时，需作一些小的调整。主要注意以下几个方面：

1）为了加工时工件的装夹方便，有时工件需有工艺凸台。如图 1-5 所示，在数控车床上车削时，左端设有 ϕ10mm × 10mm 的工艺凸台，夹持工艺凸台，一次完成形面的车削。这样既能保证各外圆的同轴度，又不会在右端面留下中心孔。

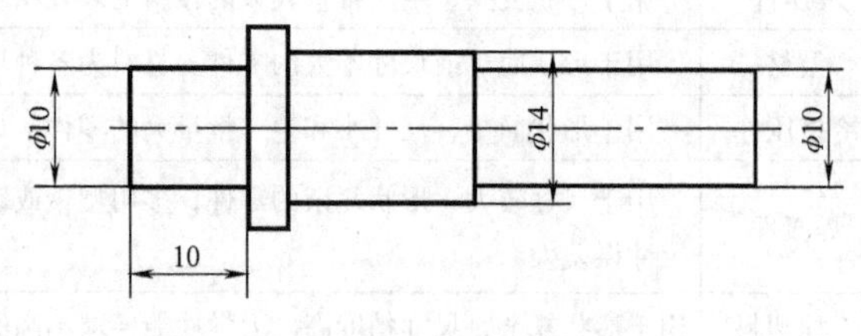

图 1-5　工艺凸台

2）为了提高机械加工生产率，提高材料的利用率，减少材料消耗，有些小零件的毛坯常做成一坯多件。图 1-6a 所示对刀块，可以将三件毛坯合成一个整套，待加工后再切割分离成单个零件；图 1-6b 所示凸模，可以将三件毛坯合锻成一个毛坯，半精加工后再切断。

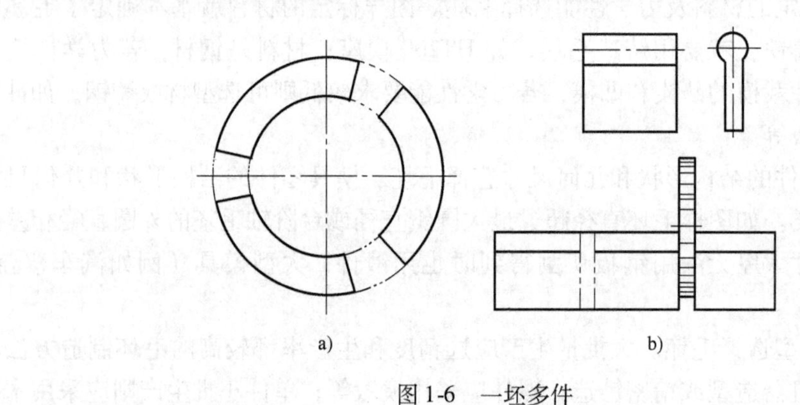

图 1-6　一坯多件

a）对刀块　b）凸模

3）为了降低加工难度，有些零件在准备毛坯时，人为增加一部分，待加工后再去除。如图 1-7a 所示凹模镶块，在加工 R15mm 半圆时，比较困难，可采用图 1-7b 所示的毛坯进行加工，加工后去除上半部分即成。

1.2.4　定位基准的选择

1. 基准的分类

基准是用来确定生产对象上几何要素间的几何关系所依据的那些点、线、面。根据基准的作用不同，可分为设计基准和工艺基准。

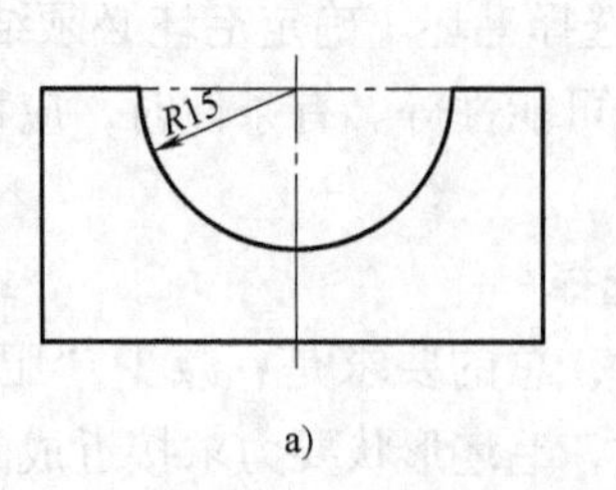

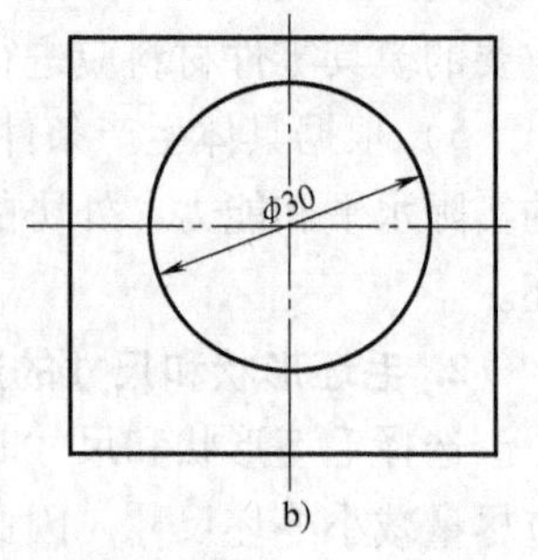

图 1-7　形状特殊的零件

a）凹模镶块　b）毛坯

（1）设计基准　在设计图样上用以标注尺寸或确定表面相互位置的基准称为设计基准。如图 1-8a 所示导套，外圆柱面径向圆跳动和肩面圆跳动的设计基准是内孔 ϕ20H7 的中心线，端面 B 、C 的设计基准是端面 A，ϕ20H7 内孔的设计基准是自己的中心线。图 1-8b 所示是一凸模的截面，

外圆柱面的下母线 D 是槽底面 C 的设计基准。

（2）工艺基准　在工艺过程中采用的基准称为工艺基准。工艺基准按用途不同又分为工序基准、定位基准、测量基准和装配基准。

1）工序基准。在工序图上用来确定本工序被加工表面加工后的尺寸、形状、位置的基准称为工序基准。工序图是一种工艺附图，加工表面用粗实线表示，其余表面用细实线绘制。图1-9a所示零件铣键槽工序的工序图如图1-9b所示，外圆柱面的下母线 B 为工序基准。工序图在大批量生产或者特殊工序才绘制；模具生产属单件小批生产时一般不绘制工序图。

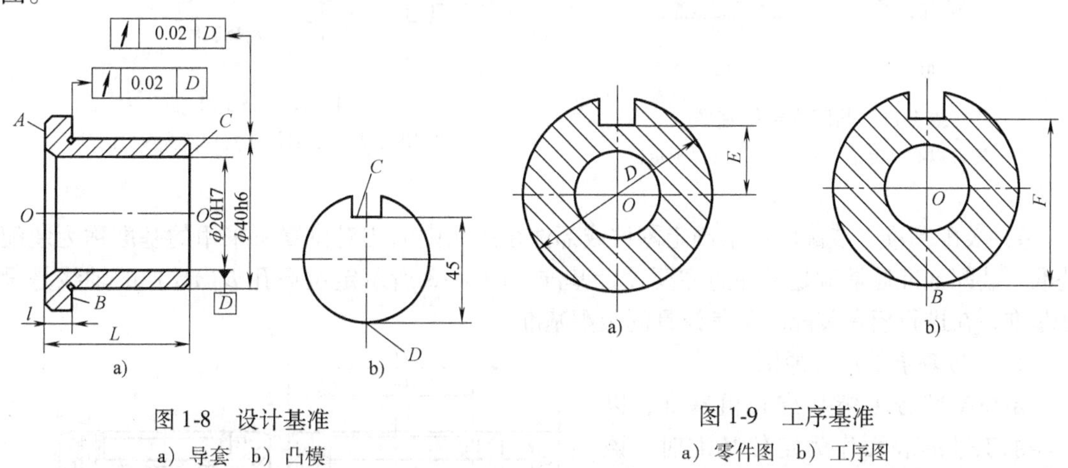

图1-8　设计基准
a）导套　b）凸模

图1-9　工序基准
a）零件图　b）工序图

2）定位基准。确定工件在机床上或夹具中占有正确位置的过程称为定位。在加工时用作定位的基准称为定位基准。为了保证工件被加工表面相对于机床和刀具之间的正确位置，常用找正和夹具两种方法定位。

①找正定位。就是用指示表、划针等工具，在机床上找正工件的有关基准，使工件处于正确的位置。如图1-10a所示，外圆的中心线是磨削内孔的定位基准。为了保证同轴度，可将工件装在单动卡盘上，缓慢回转磨床主轴，用指示表直接找正外圆表面，使工件外圆的中心线与机床的回转中心重合。又如图1-10b所示，侧面和底面是槽加工的定位基准，可用指示表沿箭头方向来回移动，找正工件的右侧面与主运动方向平行，即可使工件获得正确的位置。槽与底面的平行度要求，由机床的几何精度予以保证。

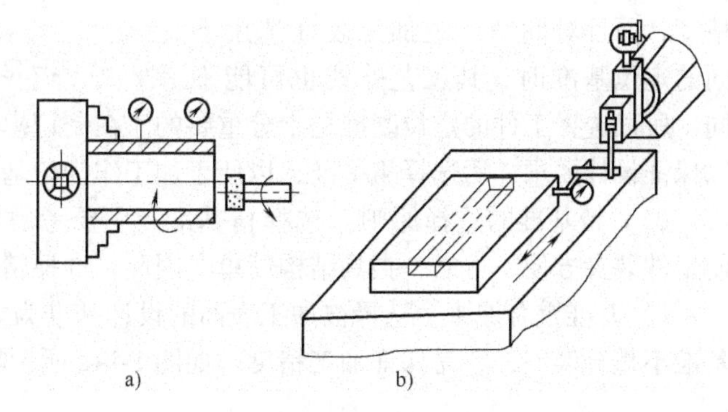

图1-10　找正法定位
a）磨内孔时找正工件　b）刨槽时找正工件

②夹具定位。利用夹具上的定位元件使工件获得正确的位置，工件装夹迅速、方便，定位精度也比较高。如图1-11a所示，在槽口的加工工序中，零件以内孔在心轴上定位，孔的轴线 O 就是定位基准；如图1-11b所示，若以外圆柱面在支承板上定位，则下母线 B 为该工

序的定位基准。

3）测量基准。测量时所采用的基准称为测量基准。图 1-12 所示为检验零件大端侧平面位置尺寸所采用的两种测量方法。图 1-12a 用极限量规测量，母线 *a-a* 为测量基准。图 1-12b 用游标卡尺测量，大圆柱面上距侧平面最远的圆柱母线为测量基准。

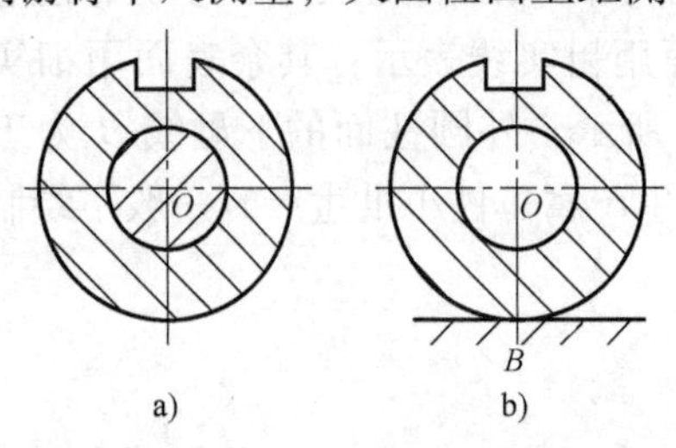

图 1-11　凸凹模定位基准

a）零件以心轴定位　b）零件以支撑板定位

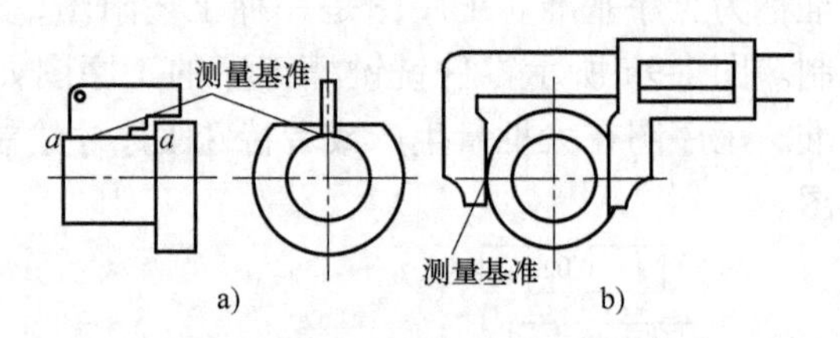

图 1-12　测量基准

a）用极限量规测量　b）用游标卡尺测量

4）装配基准。装配时用来确定零件或部件在产品中的相对位置所采用的基准称为装配基准。装配基准通常就是零件的主要设计基准。图 1-13 所示定位环孔 D(H7) 的轴线是设计基准，在进行模具装配时又是模具的装配基准。

2. 定位基准的选择原则

定位基准分为精基准和粗基准，以已经加工过的表面作为定位基准时，该定位基准称为精基准。以工件毛坯上未经加工的表面作为定位基准时，该定位基准称为粗基准。

定位基准不仅影响模具工件的加工精度，而且对同一个被加工表面选用不同的定位基准时，其工艺路线也可能不同。所以选择工件的定位基准是十分重要的。在制订模具加工工艺规程时，应先选择精基准以保证设计要求，后选择粗基准，以便于加工作为精基准的表面。

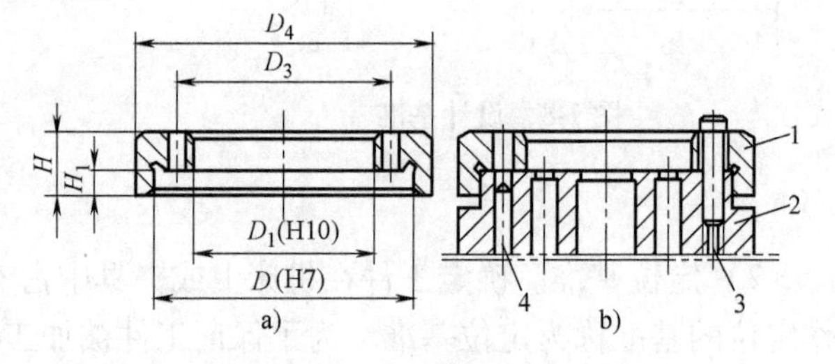

图 1-13　装配基准

a）定位环　b）装配好的定位环

1—定位环　2—凹模　3—螺钉　4—销钉

（1）精基准的选择原则　选择精基准，主要考虑如何减少定位误差，保证加工精度，使工件装夹方便、可靠，夹具结构简单。因此，选择精基准一般应遵循以下原则。

1）基准重合原则。选择被加工表面的设计基准为定位基准，以避免因基准不重合引起基准不重合误差，容易保证加工精度。如图 1-14a 所示零件，孔及 *M* 面均已加工，用调整法铣 *N* 面时，若以孔为定位基准，则定位基准与设计基准重合，可直接保证尺寸 $h_2 \pm \frac{T_{h_2}}{2}$。若以 *M* 面为定位基准时，直接保证的是尺寸（t），如图 1-14c 所示。由图 1-14a 可以看出，h_2 的尺寸误差，不仅受（t）的尺寸误差影响，而且还受到定位基准 *M* 与设计基准之间的尺寸误差 T_{h_1} 的影响。误差 T_{h_1} 对 h_2 产生的影响是基准不重合引起的，称 T_{h_1} 为基准不重合误差。若（t）的尺寸误差为 $T_{(t)}$，为了保证尺寸 h_2 的精度要求，则必需满足以下关系，即

$$T_{(t)} + T_{h_1} \leqslant T_{h_2}$$

在 T_{h_2} 为一定值时，由于 T_{h_1} 的出现，必然使 $T_{(t)} < T_{h_2}$。可见，当基准重合时工序的加

工精度要求比基准不重合时低，容易保证加工精度。

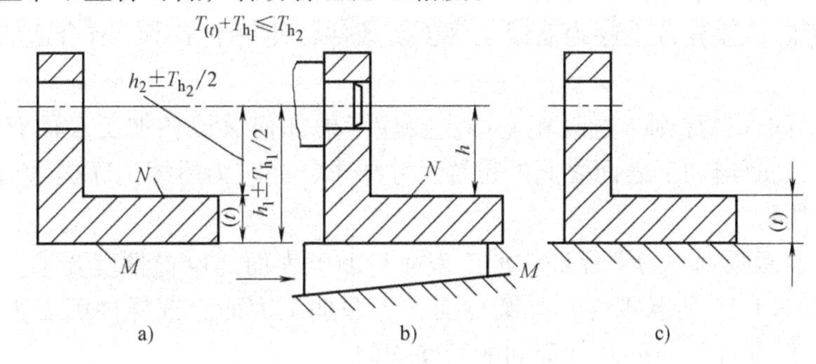

图1-14　基准重合与不重合的示例

a）零件设计简图　b）以孔定位　c）以底面定位

2）基准统一原则。基准统一原则是指多个加工表面使用统一的定位基准为精基准。如导柱加工采用两端中心孔定位，以保证各外圆表面的尺寸精度和位置精度。

基准统一不仅可以避免因基准变换而引起的定位误差，而且在一次装夹中能加工出较多的表面，便于保证各被加工表面间的位置精度，有利于提高生产率。

3）自为基准原则。有些精加工或光整加工工序要求加工余量小而且均匀，此时，应尽可能采用加工表面自身为精基准，该表面与其他表面之间的位置精度应由先行工序予以保证。

例如采用浮动铰刀铰孔和用无心磨床磨削外圆表面等，都是以加工表面本身作为定位基准。

4）互为基准原则。当两个被加工表面之间的位置精度较高、要求加工余量小而且均匀时，应以两表面互为基准进行加工。图1-15a所示导套在磨削加工时，为保证ϕ32H8与ϕ42k6的内外圆柱面间的同轴度要求，可先以ϕ42k6的外圆柱面作定位基准，在内圆磨床上加工ϕ32H8的内孔，如图1-15b所示。再以ϕ32H8的内孔作定位基准，用心轴定位磨削ϕ42k6的外圆，保证各加工表面都有足够的加工余量，达到较高的同轴度要求，如图1-15c所示。

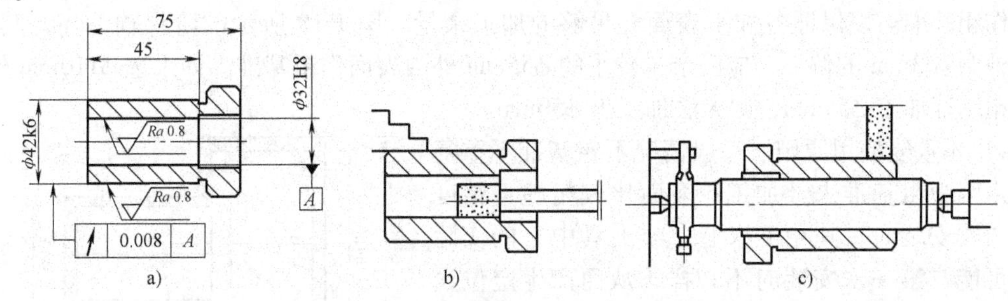

图1-15　采用互为基准加工实例

a）工件简图　b）自定心卡盘夹紧外圆磨内孔　c）用心轴装夹磨外圆

上述基准选择原则不是孤立的，具体应用中可能出现相互矛盾的情况。所以，在实际应用时应全面考虑，灵活应用。

必须指出，定位基准选择不能单单考虑本工序定位、夹紧是否合适，而应结合整个工艺路线进行统一考虑，使先行工序为后续工序创造条件，使每个工序都有合适的定位基准和夹紧方式。

（2）粗基准的选择原则　选择粗基准主要应考虑如何保证各加工表面有足够的加工余量，保证不加工表面与加工表面之间的位置尺寸要求，同时为后续工序提供精基准。一般应注意以下几个问题。

1）非加工表面原则。为了保证非加工表面与加工表面的位置精度要求，应选非加工表面为粗基准。如图 1-16 所示零件，外圆柱面 1 为非加工表面，选择柱面 1 为粗基准加工孔和端面，加工后能保证孔与外圆柱面间的壁厚均匀。

2）重要表面原则。为了保证重要表面的余量均匀，应选重要加工面作粗基准，如图 1-17 所示。床身加工时，为保证导轨面有均匀的金相组织和较高的耐磨性，应使其加工余量小而均匀。为此，应选择导轨面为粗基准加工床腿底面，如图 1-17a 所示；然后，再以底面为精基准，加工导轨面，保证导轨面的加工余量小而均匀，如图 1-17b 所示。

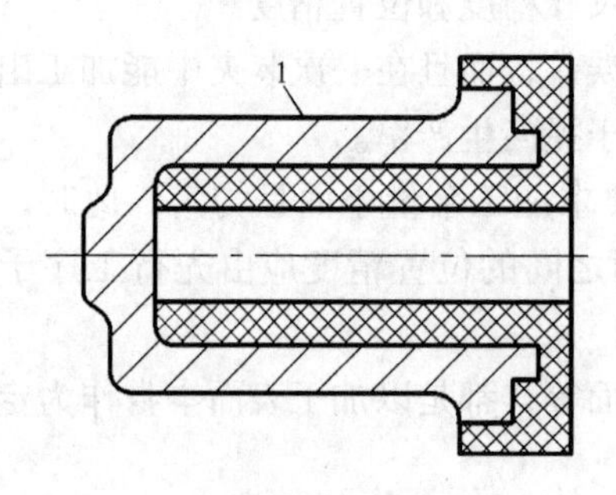

图 1-16　选非加工表面作粗基准实例

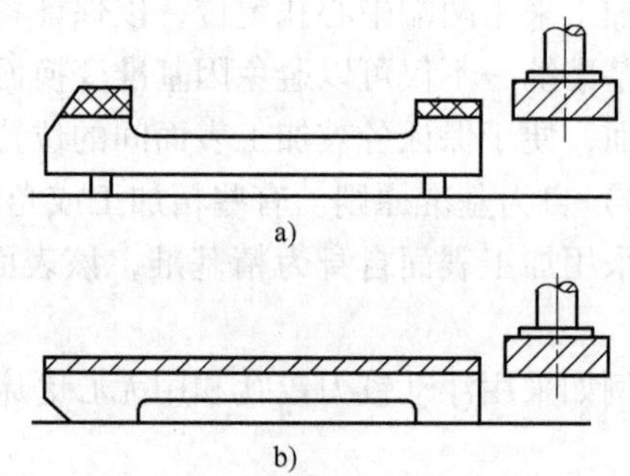

图 1-17　选重要表面作粗基准实例
a）导轨面为粗基准加工床腿底面
b）底面为精基准加工导轨面

当工件上有多个重要加工面都要求保证余量均匀时，应选余量要求最严的面为粗基准。

3）加工余量最小原则。为保证各加工表面都有足够的加工余量，应选择毛坯余量小的表面作粗基准。以保证各加工表面有足够的加工余量。图 1-18 所示的阶梯轴毛坯，其大、小端外圆有 3mm 的偏心，应以余量较小的 ϕ55mm 外圆表面作粗基准。如果选 ϕ110mm 外圆面作粗基准加工 ϕ55mm，则无法加工出 ϕ50mm。

4）不重复使用原则。一般情况下粗基准不重复使用，因为粗基准未经加工，表面比较粗糙且精度低，二次安装时，其在机床上（或夹具中）的实际位置可能与第一次安装时不一样，从而产生定位误差，导致相应加工表面出现较大的位置误差。如图 1-19 所示，若在加工外圆 A 和外圆 C 时，均使用未经加工的 B 表面定位，就会使外圆 A 和外圆 C 的轴线产生较大的同轴度误差。

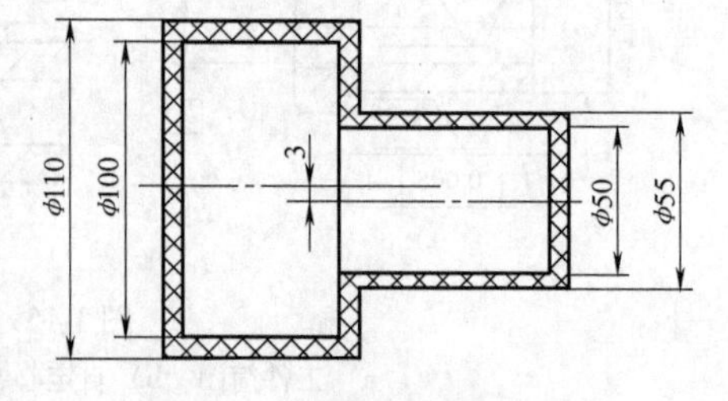

图 1-18　选加工余量最小表面作粗基准实例

5）便于工件装夹原则。选作粗基准的表面，应尽可能平整，使工件定位稳定可靠，夹紧方便。有飞边、冒口或其他缺陷的表面不适合于作为基准。

精、粗基准选择的各条原则，都是从不同方面提出的要求。有时，这些要求会出现相互矛盾的情况，甚至在一条原则内也会存在相互矛盾的情况，这就要求全面辩证地分析，分清主次，解决主要矛盾。

1.2.5　工艺路线的拟定

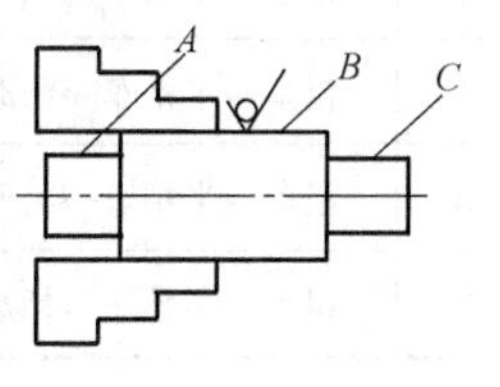

图1-19　粗基准重复使用实例

制订模具加工工艺规程时，首先应拟定零件加工的工艺路线。其主要任务是选择零件表面的加工方法、确定加工顺序、划分工序。根据工艺路线，可以选择各工序的工艺基准，确定工序尺寸、设备、工装、切削用量和时间定额等。在拟定工艺路线时，应充分注意模具制造精度要求高及单件或小批量生产特点，从工厂的实际情况出发，注重新工艺、新技术的可行性和经济性，提出多个方案，进行分析比较，以便确定一个符合工厂实际情况的最佳工艺路线。

1. 表面加工方法的选择

为了正确选择加工方法，应了解各种加工方法的特点和掌握加工经济精度及经济表面粗糙度的概念。

（1）加工经济精度和经济表面粗糙度的概念　加工过程中，影响精度的因素很多。每种加工方法在不同的工作条件下，所能达到的精度会有所不同。例如，精细地操作，选择较低的切削用量，就能得到较高的精度。但是，这样会降低生产率，增加成本。反之，如增加切削用量而提高了生产效率，虽然成本能降低，但会增加加工误差而使精度下降。

加工经济精度和经济表面粗糙度是指在正常加工条件下（采用符合质量标准的设备、工艺装备和标准技术等级的工人，不延长加工时间）所能达到的加工精度和表面粗糙度。

1）常用典型表面加工所能达到的经济精度和经济表面粗糙度。所能达到的经济精度和经济表面粗糙度等级，以及各种典型表面的加工方法均已制成表格，在机械加工的各种手册中都能找到。表1-10、表1-11和表1-12分别摘录了外圆、孔和平面等典型表面的加工方法及其经济精度和经济表面粗糙度（经济精度以公差等级表示），表1-13摘录了各种加工方法加工轴线平行的孔的位置精度（以误差表示），供选用时参考。

表1-10　外圆的加工方法及其经济精度

序号	加工方案	经济精度等级	表面粗糙度 *Ra* 值/μm	适用范围
1	粗车	IT13～IT11	*Rz*50～100	适用于淬火钢以外的各种金属
2	粗车→半精车	IT10～IT8	6.3～3.2	
3	粗车→半精车→精车	IT8～IT7	1.6～0.8	
4	粗车→半精车→精车→滚压（或抛光）	IT7～IT6	0.20～0.08	
5	粗车→半精车→磨削	IT7～IT6	0.8～0.4	主要用于淬火钢，也可用于未淬火钢，但不宜加工非铁金属
6	粗车→半精车→粗磨→精磨	IT7～IT5	0.4～0.1	
7	粗车→半精车→粗磨→精磨→超精加工（或轮式超精磨）	IT5	0.10～0.012（或 *Rz*0.1）	

（续）

序号	加工方案	经济精度等级	表面粗糙度 *Ra* 值/μm	适用范围
8	粗车→半精车→精车→金刚车	IT7 ~ IT6	0.40 ~ 0.025	主要用于非铁金属
9	粗车→半精车→粗磨→精磨→镜面磨	IT5 以上	0.20 ~ 0.025	用于极高精度钢件的外圆面加工
10	粗车→半精车→粗磨→精磨→研磨	IT5 以上	0.10 ~ 0.05	
11	粗车→半精车→粗磨→精磨→抛光	IT5 以上	0.40 ~ 0.025	

表 1-11　内孔的加工方法及其经济精度

序号	加工方案	经济精度等级	表面粗糙度 *Ra* 值/μm	适用范围
1	钻	IT13 ~ IT11	12.5	加工未淬火钢及铸铁的实心毛坯，也可用于加工非铁金属。孔径小于 15mm
2	钻→铰	IT9 ~ IT8	3.2 ~ 1.6	
3	钻→粗铰→精铰	IT8 ~ IT7	1.6 ~ 0.8	
4	钻→扩	IT11 ~ IT10	12.5 ~ 6.3	加工未淬火钢及铸铁的实心毛坯，也可用于加工非铁金属。孔径大于 20mm
5	钻→扩→铰	IT9 ~ IT8	3.2 ~ 1.6	
6	钻→扩→粗铰→精铰	IT8 ~ IT7	1.6 ~ 0.8	
7	钻→扩→机铰→手铰	IT7 ~ IT6	0.4 ~ 0.2	
8	钻→(扩)→拉	IT8 ~ IT7	1.6 ~ 0.8	用于大批量生产（精度由拉刀的精度确定）
9	粗镗(或扩孔)	IT13 ~ IT11	12.5 ~ 6.3	用于除淬火钢外的各种材料，毛坯有铸出孔或锻出孔
10	粗镗(粗扩)→半精镗(精扩)	IT9 ~ IT8	3.2 ~ 1.6	
11	粗镗(粗扩)→半精镗(精扩)→精镗(铰扩)	IT8 ~ IT7	1.6 ~ 0.8	
12	粗镗(粗扩)→半精镗(精扩)→精镗→浮动镗刀精镗	IT7 ~ IT6	0.8 ~ 0.4	
13	粗镗(扩)→半精镗→磨孔	IT8 ~ IT7	0.8 ~ 0.2	主要用于淬火钢，也可用于未淬火钢，但不宜用于非铁金属
14	粗镗(扩)→半精镗→粗磨→精磨	IT7 ~ IT6	0.2 ~ 0.1	
15	粗镗→半精镗→精镗→精细镗（金刚镗）	IT7 ~ IT6	0.2 ~ 0.05	主要用于精度要求较高的非铁金属加工
16	钻→(扩)→粗铰→精铰→珩磨 钻→(扩)→拉→珩磨 粗镗→半精镗→精镗→珩磨	IT7 ~ IT6	0.2 ~ 0.025	用于精度要求很高的孔
17	以研磨代替上述方法中的珩磨	IT6 ~ IT5	0.1 ~ 0.006	

表 1-12 平面的加工方法及其经济精度

序号	加工方案	经济精度等级	表面粗糙度 Ra 值/μm	适用范围
1	粗车	IT13 ~ IT11	Rz≥50	端面
2	粗车→半精车	IT10 ~ IT8	6.3 ~ 3.2	
3	粗车→半精车→精车	IT8 ~ IT7	1.6 ~ 0.8	
4	粗车→半精车→磨削	IT7 ~ IT6	0.8 ~ 0.2	
5	粗刨(或粗铣)	IT13 ~ IT11	Rz≥50	一般不淬硬平面（端铣表面粗糙度 Ra 值较小）
6	粗刨(或粗铣)→精刨(或精铣)	IT10 ~ IT8	6.3 ~ 1.6	
7	粗刨(或粗铣)→精刨(或精铣)→刮研	IT7 ~ IT6	0.8 ~ 0.1	精度要求较高的不淬硬平面，批量较大时宜采用宽刃精刨
8	以宽刃精刨代替上述刮研	IT7 ~ IT6	0.8 ~ 0.2	
9	粗刨(或粗铣)→精刨(或精铣)→磨削	IT7	0.8 ~ 0.2	精度要求较高的淬硬平面或不淬硬平面
10	粗刨(或粗铣)→精刨(或精铣)→粗磨→精磨	IT7 ~ IT6	0.4 ~ 0.025	
11	粗铣→拉	IT9 ~ IT7	0.8 ~ 0.2	大量生产，较小的不淬硬平面（精度视拉刀的精度而定）
12	粗铣→精铣→磨削→研磨	IT6 ~ IT5	0.2 ~ 0.025	高精度平面
13	粗铣→精铣→磨削→研磨→抛光	IT5 以上	0.1 ~ 0.025	

表 1-13 轴线平行的孔的位置精度（经济精度） （单位：mm）

加工方法	工具的定位	两孔轴线间的距离误差，或从孔轴线到平面的距离误差	加工方法	工具的定位	两孔轴线间的距离误差，或从孔轴线到平面的距离误差
立钻或摇臂钻上钻孔	用钻模	0.1 ~ 0.2	卧式铣镗床上镗孔	用镗模	0.05 ~ 0.08
	按划线	1.0 ~ 3.0		按定位样板	0.08 ~ 0.2
立钻或摇臂钻上镗孔	用镗模	0.05 ~ 0.08		按定位器的指示读数	0.04 ~ 0.06
车床上镗孔	按划线	1.0 ~ 2.0		用量块	0.05 ~ 0.1
	用带有滑座的角尺	0.1 ~ 0.3		用内径规或用塞尺	0.05 ~ 0.25
坐标镗床上镗孔	用光学仪器	0.004 ~ 0.015		用程序控制的坐标装置	0.04 ~ 0.05
金刚镗床上镗孔	—	0.008 ~ 0.02			
多轴组合机床上镗孔	用镗模	0.03 ~ 0.05		用游标卡尺	0.2 ~ 0.4
				按划线	0.4 ~ 0.6

2）复杂表面的加工方法。除了以上介绍的车、磨、刨、铣等普通机床加工模具外，还可以通过数控机床、电火花加工、成形磨削加工以及坐标镗、坐标磨等方法来实现模具复杂表面的加工（在教学单元2、教学单元3 中详细介绍）。

①坐标镗、坐标磨。它们适用于位置精度要求高的孔系的精加工。不淬火零件的孔系用坐标镗加工，如注塑模的导柱、导套孔就可用坐标镗床加工；淬火后零件的孔系用坐标磨加工，如多圆形孔凹模的刃口尺寸可采用坐标磨加工。

②数控机床加工。可以加工各种成形表面及复杂表面，尤其适于加工型腔、型芯等各种复杂曲面。由于是自动控制，加工经济精度和经济表面粗糙度都比普通机床高。

③电火花加工。电火花加工是模具加工常用的加工方法之一，电火花成形加工尤其在淬火模具型腔加工中用得很多。冲模的凸、凹模形状复杂，尺寸精度高，淬火硬度高，尤其是凹模，用一般方法加工十分困难，靠钳工手艺制作则劳动量大，效率低，不易保证精度，而电火花线切割加工则能很好地解决这些问题。

④成形磨削加工。成形砂轮磨削法、成形夹具磨削法适用于精加工凸模和凹模镶块，光学曲线磨床适用于小模具的异形工作型面的精加工。

（2）选择加工方法应考虑的问题　当模具零件的表面加工精度要求较高时，可根据不同工艺方法所能达到的加工经济精度和表面粗糙度等因素首先确定被加工表面的最终加工方法，然后再选定最终加工方法之前的一系列准备工序的加工方法和顺序，以便通过逐次加工达到其设计要求。

选择加工方法时常常根据经验或查表来确定，再根据实际情况或通过工艺试验进行修改。

从表 1-10 ~ 表 1-13 中的数据可知，满足同样精度要求的加工方法有若干种，所以选择时还应考虑下列因素：

1）工件材料的性质与热处理。例如，淬火钢的精加工要用磨削，非铁金属的精加工为避免磨削时堵塞砂轮，则要用高速精细车或精细镗（金刚镗）。

2）工件的形状和尺寸。例如，多型孔（圆孔）冲孔凹模上的孔，采用车削和内圆磨削加工，不仅会使工艺比较复杂，而且不能保证型孔之间的位置精度，应该采用坐标镗床或坐标磨床加工。

3）生产类型及考虑生产率和经济性问题。选择加工方法要与生产类型相适应。大批大量生产应选用生产率高和质量稳定的加工方法。例如，冲模座的导柱、导套孔，单件小批生产时采用钻、合镗；大批量生产时采用钻、多轴镗以保证质量稳定，生产效率高。

4）具体生产条件。应充分利用现有设备和工艺手段，发挥群众的创造性，挖掘企业潜力。有时，因设备负荷的原因，需改用其他加工方法。

5）充分考虑利用新工艺、新技术的可能性，提高工艺水平。

2. 加工阶段的划分

工艺路线按工序性质一般分为粗加工阶段、半精加工阶段和精加工阶段。对那些加工精度和表面质量要求特别高的表面，在工艺过程中还应安排光整加工阶段。

（1）各加工阶段的主要任务

1）粗加工阶段。粗加工阶段的主要任务是切除加工表面上的大部分余量，使毛坯的形状和尺寸尽量接近成品。粗加工阶段，加工精度要求不高，切削用量、切削力都比较大，所以粗加工阶段主要应考虑如何提高劳动生产率。

2）半精加工阶段。半精加工为主要表面的精加工做好必要的精度和余量准备，并完成一些次要表面的加工（如钻孔、攻螺纹、切槽等）。对于加工精度要求不高的表面或零件，经半精加工后即可达到其加工要求。

3）精加工阶段。精加工使精度要求高的表面达到规定的质量要求。要求的加工精度较高，各表面的加工余量和切削用量都比较小。

4）光整加工阶段。光整加工阶段的主要任务是提高被加工表面的尺寸精度和减小表面粗糙度，一般不能纠正形状和位置误差。对尺寸精度和表面粗糙度要求特别高的表面，才安排光整加工，如塑料模型腔表面的加工。

（2）划分加工阶段的作用

1）保证产品质量。在粗加工阶段切除的余量较多，产生的切削力和切削热较大，工件所需要的夹紧力也大，因而使工件产生的内应力和由此引起的变形也大，所以粗加工阶段不可能达到高的加工精度和较小的表面粗糙度值。完成零件的粗加工后，再进行半精加工、精加工，逐步减小切削用量、切削力和切削热。可以逐步减小或消除先行工序的加工误差，减小表面粗糙度值，最后达到设计图样所规定的加工要求。

由于工艺过程分阶段进行，在各加工阶段之间有一定的时间间隔，相当于自然时效，使工件有一定的变形时间，有利于减少或消除工件的内应力。由变形引起的误差，可由后继工序加以消除。

2）合理使用设备。由于工艺过程分阶段进行，粗加工阶段可采用功率大、刚度好、精度低、效率高的机床进行加工，以提高生产率。精加工阶段可采用高精度机床和工艺装备，严格控制有关的工艺因素，以保证加工零件的质量要求。所以粗、精加工分开，可以充分发挥各类机床的性能、特点，做到合理使用，延长高精度机床的使用寿命。

3）便于热处理工序的安排。机械加工工艺过程分阶段进行，便于在各加工阶段之间穿插安排必要的热处理工序，既可以充分发挥热处理的效果，也有利于切削加工和保证加工精度。例如，对一些精密零件，粗加工后安排去除内应力的时效处理，可以减小工件的内应力，从而减小内应力引起的变形对加工精度的影响。在半精加工后安排淬火处理，不仅能满足零件的性能要求，也使零件的粗加工和半精加工容易，零件因淬火产生的变形又可以通过精加工予以消除。对于精密度要求更高的零件，在各加工阶段之间可穿插进行多次时效处理，以消除内应力，最后再进行光整加工。

4）便于及时发现毛坯缺陷和保护已加工表面。由于工艺过程分阶段进行，在粗加工各表面之后，可及时发现毛坯缺陷（气孔、砂眼和加工余量不足等），以便修补或发现废品，以免将本应报废的工件继续进行精加工，浪费工时和制造费用。

因此，拟定工艺路线一般应遵循工艺过程划分加工阶段的原则，但是在具体运用时又不能绝对化。当加工质量要求不高，工件的刚性足够，毛坯质量高，加工余量小时可以不划分加工阶段。在数控机床上加工的零件以及某些运输、装夹困难的重型零件，在保证质量的前提下，也不划分加工阶段，而在一次装夹下完成全部表面的粗、精加工。对于重型零件，可在粗加工之后将夹具松开以消除夹紧变形。然后再用较小的夹紧力重新夹紧，进行精加工，以利于保证重型零件的加工质量。但是对于精度要求高的重型零件，仍要划分加工阶段，并适时进行时效处理以消除内应力。上述情况在生产中需按具体条件来决定。

工艺路线划分加工阶段是对零件加工的整个工艺过程而言，不是以某一表面的加工或某一工序的加工而论。例如，有些定位基面，在半精加工阶段，甚至粗加工阶段就需要精确加工，而某些钻小孔的粗加工，又常常安排在精加工阶段。

3. 工序划分的原则

根据所选定的表面加工方法和各加工阶段中表面的加工要求，可以将同一阶段中各表面的加工组合成不同的工序。在划分工序时可以采用工序集中或工序分散的原则。

（1）工序集中的原则 如果在每道工序中安排的加工内容多，则一个零件的加工可集中在少数几道工序内完成，称为工序集中。工序集中具有以下特点：

1）工件在一次装夹后，可以加工多个表面，能较好地保证表面之间的相互位置精度；可减少装夹工件的次数和辅助时间，减少工件在机床之间的搬运次数，有利于缩短生产周期。

2）可减少机床及操作工人数量，节省车间生产面积，简化生产计划和生产组织工作。

3）采用的设备和工装结构复杂，投资大，调整和维修的难度大，对工人的技术水平要求高。

（2）工序分散的原则 如每道工序所安排的加工内容少，一个零件的加工分散在很多道工序内完成，称为工序分散。工序分散具有以下特点：

1）机床设备及工装比较简单，调整方便，生产工人易于掌握。

2）可以采用最合理的切削用量，减少机动时间。

3）设备数量多，操作工人多，生产面积大。

由于模具加工精度要求高，且多属于单件或小批量生产，比较适合于按工序集中划分工序。模具标准件的专业生产公司，则工序集中和工序分散二者兼有。需根据具体情况，通过技术经济分析决定。

4. 加工顺序的安排

工件的机械加工工艺过程中要经过切削加工、热处理和辅助工序。因此，当拟定工艺路线时要合理、全面安排好切削加工、热处理和辅助工序的顺序。

（1）切削加工工序的安排 模具零件的被加工表面不仅有自身的精度要求，而且各表面之间还常有一定的位置要求，在零件的加工过程中要注意基准的选择与转换。安排加工顺序应遵循以下原则：

1）先粗后精。当模具零件分阶段进行加工时，应先进行粗加工，再进行半精加工，最后进行精加工和光整加工。

2）先基准后其他。在模具零件加工的各阶段，应先将基准面加工出来，以便后继工序以其定位，进行其他表面的加工。

3）先主要后次要。零件加工中，应先加工主要表面，后加工次要表面。如零件的工作表面、装配基准面等应先加工。而销孔、螺孔等往往和主要表面之间有相互位置要求，一般应安排在主要表面加工之后加工。

4）先平面后内孔。对于模座、模板类零件，平面轮廓尺寸较大，以其定位，稳定可靠，一般总是先加工出平面作精基准，然后加工内孔。

（2）热处理工序的安排 热处理工序在工艺路线中的安排，主要取决于零件热处理的目的。按照热处理的目的，可将热处理工艺大致分为两大类，即预备热处理和最终热处理。

1）预备热处理。预备热处理目的是改善工件的加工性能，消除内应力，改善金相组织，为最终热处理做好准备。

①退火和正火一般安排在毛坯制造后、机械加工前进行。对于含碳量超过0.7%（质量分数）的高碳钢和高碳合金钢，一般采用退火以降低材料硬度，便于切削。对于含碳量低

于0.3%的低碳钢和低碳合金钢，一般则采用正火提高材料硬度，以利于用刀具切削时不产生切削瘤，获得较小的表面粗糙度值。

②调质处理一般安排在粗加工后、半精加工前进行。调质处理能获得均匀细致的回火索氏体，可减小表面淬火和渗氮处理时的变形，而且能使零件获得良好的综合力学性能，所以，它有时用来作为最终热处理的预备热处理，而对某些表面硬度要求不高但综合力学性能要求较高的零件，也可作为最终热处理。

③时效处理用于消除毛坯制造和机械加工中产生的内应力，对于精度要求不高的零件，一般在粗加工之前安排一次时效处理；对于精度要求较高、形状较复杂的零件，则应在粗加工之后再安排一次时效处理；对于那些精度要求特别高的零件，则需在粗加工、半精加工和精加工之间安排多次时效处理工序。

2）最终热处理。最终热处理的目的是提高零件的力学性能（如强度、硬度、耐磨性等），模具零件的最终热处理主要有淬火、渗碳淬火、渗氮处理、硬质化合物涂覆等，最终热处理一般应安排在精加工阶段前后进行。

①对于中碳钢零件，一般通过淬火提高其硬度。淬火后由于材料的塑性和韧性下降，且组织不稳定，有较大的内应力，表面易产生裂纹，工件的变形将使其尺寸发生明显的变化，因此，淬火后必须进行回火处理。

②对于低碳钢零件，可通过渗碳淬火来提高其表面硬度和耐磨性，并使其芯部仍保持较高的强度、韧性和塑性。由于渗碳层深度一般只有0.5～2mm，又因渗碳淬火变形较大，所以渗碳淬火应安排在半精加工和精加工之前进行，以便于通过精加工修正其热变形，又不至于将渗碳层深度切掉。

③渗氮处理主要是通过氮原子的渗入使零件表层获得含氮化合物，以达到提高零件表面硬度和耐磨性、抗疲劳强度和耐腐蚀性的目的。由于渗氮温度较低，工件变形较小，渗氮层又较薄，所以，渗氮处理在工艺过程中应尽量靠后安排。为减小渗氮时的变形，一般在渗氮前要安排一道消除应力的工序。

④硬质化合物涂覆技术应用到模具制造中，成为提高模具寿命的有效方法之一。由于涂覆厚度薄（一般不超过15μm），处理后不允许研磨修正，所以安排在精加工后。

（3）辅助工序的安排　辅助工序主要包括检验、去毛刺、防锈、清洗等。其中，检验是辅助工序的主要内容，它对于保证零件的加工质量有着极其重要的作用。

1）检验工序。除了在每道工序中操作者必须按该工序的加工要求自行检验外，一般在下列情况下还应安排专门的检验工序：①检验工序应安排在零件粗加工或半精加工结束之后；②重要工序加工前后；③零件送外车间（如热处理）加工之前；④零件全部加工结束之后。

2）去毛刺工序。去毛刺工序常安排在易产生毛刺的工序之后，检验及热处理工序之前。但是单件小批生产一般只在零件加工完成后安排去毛刺工序，工序间毛刺由切削加工工人完成。

3）防锈工序。防锈分为工序间防锈和产品入库防锈。工序间防锈一般安排在零件精加工后流转时间长，容易生锈的情况；产品入库防锈工序安排在产品入库之前。

4）清洗工序。只在需要清洗的地方才安排，如表面磁粉探伤前、油封、包装、装配前等。

1.2.6　加工余量

1. 加工余量的概念

(1) 工序余量和总余量　加工余量是指加工过程中所切去的金属层厚度，加工余量分为工序余量和加工总余量。工序余量是相邻两工序的工序尺寸之差；加工总余量（毛坯余量）是毛坯尺寸与零件的设计尺寸之差。总余量与工序余量的关系为

$$Z_{总} = \sum_{i=1}^{n} Z_i$$

式中　$Z_{总}$——加工总余量（毛坯余量）；

Z_i——各工序余量；

n——工序数。

(2) 双边余量和单边余量　加工余量有双边余量和单边余量之分。对于对称表面或回转表面，加工余量指双边余量，按直径方向计算，实际切削的金属层厚度为加工余量的一半，如图1-20所示。

对于轴类外尺寸，工序余量为

$$Z_i = d_{i-1} - d_i$$

对于孔类内尺寸，工序余量为

$$Z_i = D_i - D_{i-1}$$

平面的加工余量则是单边余量，它等于实际切削的金属层厚度，如图1-21所示。

$$Z_i = L_{i-1} - L_i$$

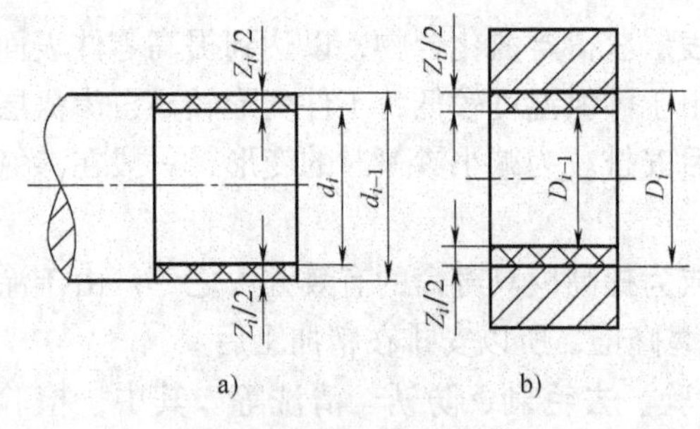

图1-20　双面余量

a) 轴的双面余量　b) 孔的双面余量

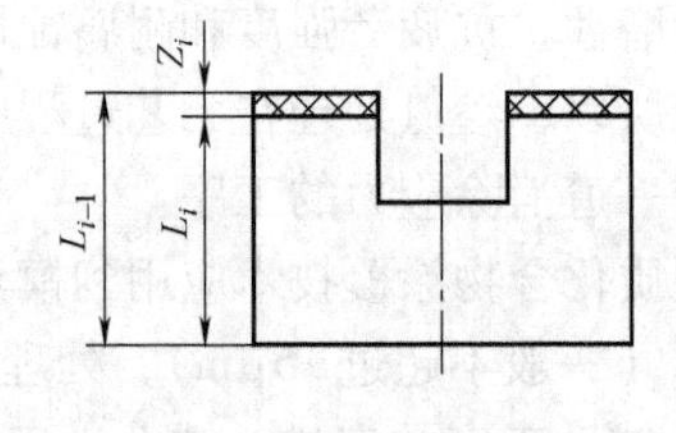

图1-21　单面余量

(3) 工序尺寸　无论是双面余量、单面余量，还是外表面、内表面，都涉及工序尺寸的问题。每道工序完成后应保证的尺寸称为该工序的工序尺寸。由于加工中不可避免地存在误差，因此，工序尺寸也有公差，这种公差称为工序公差。

工序尺寸、工序公差、加工余量三者的关系如图1-22所示。

工序尺寸都按“入体原则”标注极限偏差，即被包容面的工序尺寸取上极限偏差为零，包容面的工序尺寸取下极限偏差为零。毛坯尺寸则可按双向布置上、下极限偏差。因此，对于被包容面（轴），基本余量、最大余量和最小余量的计算方法为

本工序的基本余量 = 前道工序的公称尺寸 − 本道工序的公称尺寸

本工序的最大余量 = 前道工序的最大尺寸 − 本道工序的最小尺寸

本工序的最小余量 = 前道工序的最小尺寸 - 本道工序的最大尺寸

对于包容面（孔），基本余量、最大余量和最小余量的计算方法为

本工序的基本余量 = 本道工序的公称尺寸 - 前道工序的公称尺寸

本工序的最大余量 = 本道工序的最大尺寸 - 前道工序的最小尺寸

本工序的最小余量 = 本道工序的最小尺寸 - 前道工序的最大尺寸

2. 加工余量的影响因素

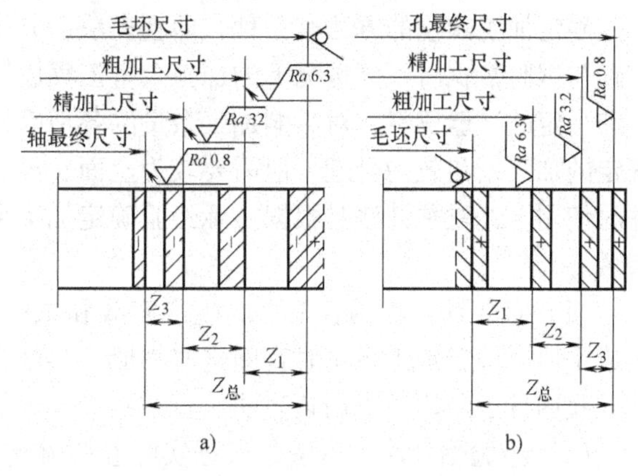

图 1-22　孔与轴的加工余量

a）轴的加工余量　b）孔的加工余量

加工余量的大小对于模具的加工质量和生产率均有较大的影响。加工余量过大，不仅增加机械加工的劳动量，降低了生产率，而且增加材料、工具和电力的消耗，提高了加工成本。若加工余量过小，既不能消除前道工序中的各种表面缺陷和误差，又不能补偿本道工序加工时工件的装夹误差，造成废品。确定加工余量的基本原则是：在保证加工质量的前提下加工余量越小越好。例如，要车削一个零件的内孔（图 1-23a），前道工序钻孔产生的形位误差及表面层缺陷放大如图 1-23b 所示，为轴线歪斜形成的位置误差，η_a 为孔本身的圆柱度形状误差，R_a 和 H_a 分别为表面粗糙度和变形层的深度。若要将本孔前道工序的形状误差及表面层缺陷切除，则车孔的单边最小加工余量应包括上述误差及缺陷的数值，即

$$Z_b' = \frac{d_b'}{2} - \frac{d_a}{2} = \rho_a + \eta_a + R_a + H_a$$

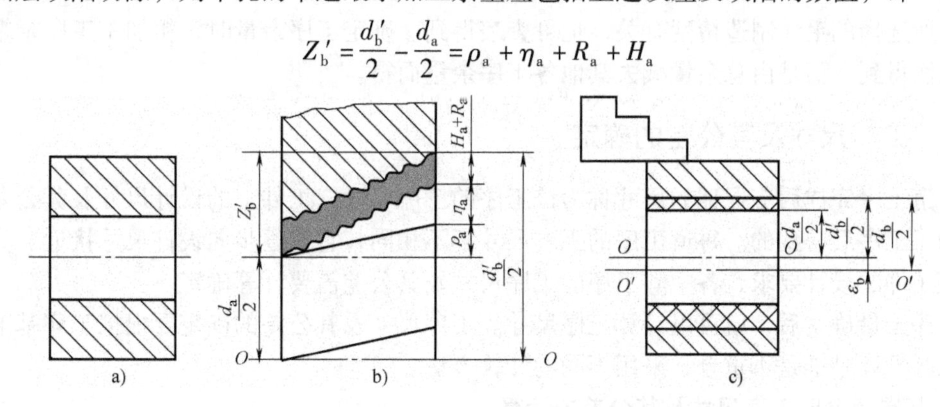

图 1-23　影响加工余量的因素

a）工件　b）前道工序的各项误差　c）本道工序安装误差

此外，在本道工序中，不可避免地还会存在着安装误差 ε_b（即原孔轴线与安装后回转轴线的同轴度误差），如图 1-23c 所示。因此，要确保前道工序（钻）的误差和缺陷的切除，最小工序加工余量还应考虑 ε_b 的影响。由于本道工序的安装误差 ε_b 和前道工序的位置误差 ρ_a 属空间误差，因而计算时应取矢量和的绝对值（二者可能叠加，也可能抵消一部分），即

$$Z_b = |\vec{\rho}_a + \vec{\varepsilon}_b| + \eta_a + R_a + H_a$$

考虑到前道工序的尺寸误差 T_a 通常已包括了形状误差 η_a，故影响加工余量的因素有：

1）前道工序的表面粗糙度 R_a 值和缺陷层深度 H_a。

2）前道工序的尺寸误差 T_a。

3）前道工序的位置误差 ρ_a。

4）本道工序的安装误差 ε_b。

5）热处理变形（变形过大而余量不足会引起报废）。

3. 确定加工余量的方法

确定加工余量的方法有三种，即查表法、分析计算法、经验估计法。查表法需要先依据实践与试验数据将不同情况下的加工余量汇集成册备查。分析计算法是根据加工余量计算公式和一定的试验资料，对影响加工余量的各项因素进行分析，并计算确定加工余量。该方法确定的加工余量较为合理，但需要较为全面、可靠的技术资料，一般只在加工贵重材料的零件时使用。经验估计法是根据实际经验确定加工余量，模具加工中常用经验估计法确定加工余量。

（1）查表法　根据各工厂的生产实践和试验研究积累的数据，先制成各种表格，再汇集成手册。确定加工余量时查阅这些手册，再结合工厂的实际情况进行适当修改后确定。目前，我国各工厂广泛采用查表法。

（2）经验估计法　本法是根据实际经验确定加工余量。一般情况下，为防止因余量过小而产生废品，估计的数值总是偏大。经验估计法常用于单件小批生产。

（3）分析计算法　本法是根据加工余量计算公式和一定的试验资料，对影响加工余量的各项因素进行分析，并计算确定加工余量。这种方法比较合理，但必须有比较全面和可靠的试验资料。目前，只在材料十分贵重以及军工生产或少数大量生产的工厂中采用。

在确定加工余量时，要分别确定加工总余量（毛坯余量）和工序余量。加工总余量的大小与所选择的毛坯制造精度有关，也可查表得到。确定工序余量时，粗加工工序余量不能用查表法得到，而是由总余量减去其他各工序余量而得。

1.2.7　工序尺寸及其公差的确定

每道工序完成后应保证的尺寸称为该工序的工序尺寸。工件上的设计尺寸及其公差是经过各加工工序后得到的。每道工序的工序尺寸都不相同，它们逐步向设计尺寸接近。为了最终保证工件的设计要求，各中间工序的工序尺寸及其公差需要计算确定。

工序余量确定后，就可以计算工序尺寸。工序尺寸及其公差的确定要根据工序基准或定位基准与设计基准是否重合，采用不同的计算方法。

1. 基准重合时工序尺寸及其公差的计算

这里指加工的表面在各工序中均采用设计基准作为工艺基准，其工序尺寸及其公差的确定比较简单。例如，对外圆和内孔的多工序加工均属于这种情况。计算顺序是：先确定毛坯尺寸和各工序的基本余量，再由后往前逐个工序推算，即由工件的设计尺寸开始，由最后一道工序向前道工序推算，直到毛坯尺寸；工序尺寸的公差则都按各工序的经济精度确定，并按“入体原则”确定上、下极限偏差。

例如，加工铸铁件毛坯上一个直径为 $\phi100^{+0.035}_{0}$ mm、表面粗糙度 Ra 值为 1.25μm 的孔。孔加工的工艺路线为：粗镗→半精镗→精镗→浮动镗。试用查表修正法确定孔的毛坯尺寸、各工序的工序尺寸及其公差。

根据经济精度和经济表面粗糙度表查得各工序加工后的精度等级；从有关资料或手册查

取毛坯尺寸、各工序的基本余量及各工序的工序尺寸公差。公差带方向按入体原则确定。最后一道工序的加工精度应达到孔的设计要求。其工序尺寸为 $\phi100^{+0.035}_{0}$mm。其余各工序的工序公称尺寸为相邻后续工序的公称尺寸减去该后续工序的基本余量，经过计算得各工序的工序尺寸，见表1-14。

表1-14　$\phi100^{+0.035}_{0}$mm 孔的工序尺寸和公差　（单位：mm）

	工序基本余量	工序尺寸公差	工序尺寸
浮动镗（IT7）	0.15	0.035	$\phi100^{+0.035}_{0}$
精镗（IT8）	0.55	0.054	$\phi99.85^{+0.054}_{0}$
半精镗（IT10）	2.3	0.14	$\phi99.3^{+0.14}_{0}$
粗镗（IT13）	7	0.46	$\phi97^{+0.46}_{0}$
毛坯孔	10	2.00	$\phi90\pm1.0$

验算铰孔余量：

$$直径上最大余量 = (100.035 - 99.85)\text{mm} = 0.185\text{mm}$$

$$直径上最小余量 = (100 - 99.904)\text{mm} = 0.096\text{mm}$$

验算结果表明：铰孔余量是合适的。

2. 基准不重合时工序尺寸及其公差的计算

工序基准或定位基准与设计基准不重合时，工序尺寸及其公差的计算比较复杂，需用工艺尺寸链来进行分析计算。

（1）工艺尺寸链的基本计算　在制订工艺规程时，根据加工的需要，在工艺附图或工艺规程中所给出的尺寸称为工艺尺寸。工艺尺寸可以是零件的设计尺寸，也可以是设计图上没有而检验时需要的测量尺寸或工艺过程中的工序尺寸等。

1）工艺尺寸链概念。在模具装配或零件加工过程中，由互相联系且按一定顺序排列的封闭尺寸组称为尺寸链。加工中各有关工艺尺寸组成的尺寸链称为工艺尺寸链。将各有关尺寸依次排列成封闭图形，称其为尺寸链简图。

如图1-24所示零件，1、2为已加工平面，3为待加工平面。平面3的位置尺寸 A_Σ 的设计基准为平面2。为使夹具结构简单、工件定位可靠，选择平面1为定位基准。因此，设计基准与定位基准不重合。工序尺寸计算中，工艺人员需要在图1-24b中标注工序尺寸 A_3。加工中通过直接控制工序尺寸 A_3，间接保证零件的设计尺寸 A_Σ。尺寸 A_1、A_Σ、A_3 首尾相连，构成一个工艺尺寸链，如图1-24c所示。

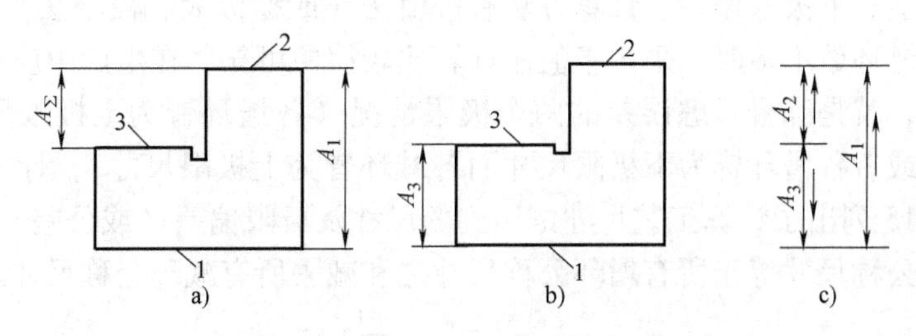

图1-24　零件加工中的尺寸联系

a）零件图　b）工序图　c）工艺尺寸链图

尺寸链的主要特征是封闭性，组成尺寸链的有关尺寸按一定顺序首尾相连构成封闭图形，没有开口。

2）工艺尺寸链的组成　工艺尺寸链由以下几部分组成。

①工艺尺寸链的环。组成工艺尺寸链的各个尺寸称为工艺尺寸链的环。图 1-24c 所示尺寸链有 A_1、A_Σ、A_3 三个环。

②封闭环。在加工过程中间接得到的尺寸称为封闭环，用 A_Σ 表示，如图 1-24c 所示。在一个尺寸链中，封闭环只有一个。

③组成环。在加工过程中直接得到的尺寸称为组成环，用 A_i 表示，如图 1-24c 中的 A_1、A_3。

由于工艺尺寸链是由一个封闭环和若干个组成环所组成的封闭图形，故尺寸链中组成环的尺寸变化必然引起封闭环的尺寸变化。

a）增环。当某组成环增大（其他组成环保持不变），封闭环也随之增大时，该组成环称为增环，以$\overrightarrow{A_i}$表示，如图 1-24c 中的 A_1。

b）减环。当某组成环增大（其他组成环保持不变），封闭环反而减小时，该组成环称为减环，以$\overleftarrow{A_i}$表示，如图 1-24c 中的 A_3。

3）增、减环的快速判断方法。如图 1-25 所示，为迅速确定工艺尺寸链中各组成环的性质，可先在尺寸链图（图 1-25a）上平行于封闭环，沿任意方向画一箭头，然后沿着此箭头方向环绕工艺尺寸链，平行于每一个组成环依次画出箭头，箭头指向与环绕方向相同，如图 1-25b 所示。那么，组成环中箭头指向与封闭环箭头指向相反的组成环为增环（如图 1-25c 中 A_2、A_4），相同的为减环（如图 1-25c 中 A_1、A_3、A_5）。

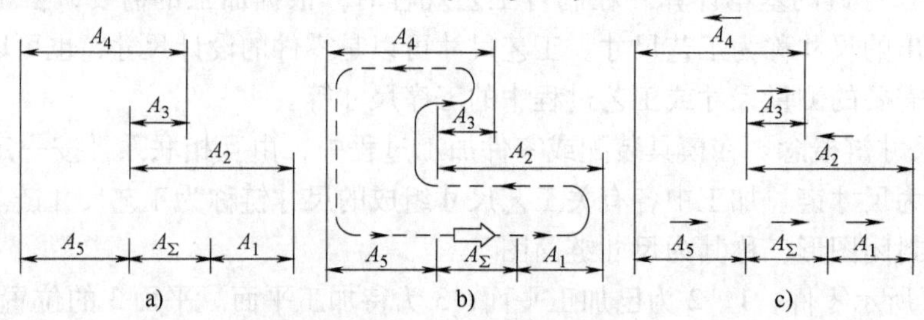

图 1-25　增、减环的快速判断

a）尺寸链图　b）给封闭环设定箭头方向　c）按箭头方向判断增、减环

4）工艺尺寸链计算的基本公式。计算工艺尺寸链的目的是要求出工艺尺寸链中某些环的公称尺寸及其上、下极限偏差。计算方法有极值法（或称极大、极小法）和概率法两种。一般在工艺尺寸链环数不多时，采用极值法计算比较简便可靠，在生产中应用较广。

所谓极值法，就是综合考虑误差的两个极限情况（各增环皆为上极限尺寸而各减环皆为下极限尺寸；或者各增环皆为下极限尺寸而各减环皆为上极限尺寸），计算封闭环极限尺寸的方法。表 1-15 列出了计算工艺尺寸链用到的尺寸及极限偏差（或公差）符号。

①封闭环的公称尺寸等于所有增环公称尺寸之和减去所有减环公称尺寸之和。

$$A_\Sigma = \sum_{i=1}^{m} \overrightarrow{A_i} - \sum_{i=m+1}^{n-1} \overleftarrow{A_i} \tag{1-1}$$

式中　n——包括封闭环在内的尺寸链总环数；

m——增环的数目；

$n-1$——组成环（包括增环和减环）的数目。

表 1-15　工艺尺寸链的尺寸及极限偏差符号

环名	符号名称						
	公称尺寸	最大尺寸	最小尺寸	上极限偏差	下极限偏差	公差	平均尺寸
封闭环	A_Σ	$A_{\Sigma\max}$	$A_{\Sigma\min}$	ESA_Σ	EIA_Σ	T_Σ	$A_{\Sigma m}$
增环	$\overrightarrow{A}_i$	$\overrightarrow{A}_{i\max}$	$\overrightarrow{A}_{i\min}$	$ES\overrightarrow{A}_i$	$EI\overrightarrow{A}_i$	T_i	$\overrightarrow{A}_{im}$
减环	$\overleftarrow{A}_i$	$\overleftarrow{A}_{i\max}$	$\overleftarrow{A}_{i\min}$	$ES\overleftarrow{A}_i$	$EI\overleftarrow{A}_i$	T_i	$\overleftarrow{A}_{im}$

②封闭环的最大尺寸等于各增环的最大尺寸之和减去各减环的最小尺寸之和；封闭环的最小尺寸等于各增环的最小尺寸之和减去各减环的最大尺寸之和。即

$$A_{\Sigma\max} = \sum_{i=1}^{m} \overrightarrow{A}_{i\max} - \sum_{i=m+1}^{n-1} \overleftarrow{A}_{i\min} \tag{1-2}$$

$$A_{\Sigma\min} = \sum_{i=1}^{m} \overrightarrow{A}_{i\min} - \sum_{i=m+1}^{n-1} \overleftarrow{A}_{i\max} \tag{1-3}$$

③封闭环的上极限偏差等于所有增环的上极限偏差之和减去所有减环的下极限偏差之和。即

$$ESA_\Sigma = \sum_{i=1}^{m} ES\overrightarrow{A}_i - \sum_{i=m+1}^{n-1} EI\overleftarrow{A}_i \tag{1-4}$$

④封闭环的下极限偏差等于所有增环的下极限偏差之和减去所有减环的上极限偏差之和。即

$$EIA_\Sigma = \sum_{i=1}^{m} EI\overrightarrow{A}_i - \sum_{i=m+1}^{n-1} ES\overleftarrow{A}_i \tag{1-5}$$

⑤封闭环的公差等于各组成环公差的代数和。即

$$T_\Sigma = \sum_{i=1}^{n-1} T_i \tag{1-6}$$

5）尺寸链的计算方法。尺寸链的计算有正计算、反计算和中间计算等。

①正计算。已知各组成环的公称尺寸和公差（或偏差），求封闭环的公称尺寸和公差（或偏差）。这种情况在验证工序图上标注工艺尺寸及公差能否满足工件的设计尺寸要求时常遇到。

②反计算。已知封闭环的公称尺寸和公差（或偏差），求组成环的公称尺寸和公差（或偏差），也就是要把一个封闭环的公差分给多个组成环。反计算有等公差法和等精度法两种解法。

a）等公差法。按照尺寸链中各组成环的公差都相等的原则分配各组成环的公差。由于各组成环的公差之和等于封闭环的公差，根据式（1-6）可以求出各组成环的平均公差 T_{im} 为

$$T_{im} = \frac{T_\Sigma}{n-1}$$

用这种方法解尺寸链，计算比较简便，但没有考虑各组成环的尺寸大小和加工难易程

度，都给出相等的公差值，这显然是不合理的。因此，在实际应用中常将计算所得的 T_{im}，按各组成环的尺寸大小和加工的难易程度进行适当调整，使各组成环的公差都能较容易地达到，但调整后的各组成环公差之和仍应满足式（1-6）。

b）等精度法。按照尺寸链中各组成环公差等级相等的原则来分配各组成环的公差。它克服了等公差法的缺点，从工艺上看较为合理，但计算比较麻烦。

③中间计算。已知封闭环和有关组成环的公称尺寸和公差（或偏差），求某一组成环的公称尺寸和公差（或偏差）。

（2）用工艺尺寸链计算工艺尺寸　当基准不重合时，工艺尺寸之间的内在联系必须应用工艺尺寸链来解决。先根据各尺寸之间的相互联系建立工艺尺寸链，通过分析工艺过程确定封闭环和组成环，然后应用尺寸链计算公式进行计算。工艺尺寸链常应用于以下几种情况。

1）定位基准与设计基准不重合时的尺寸换算。定位基准与设计基准不重合时的尺寸换算是指，封闭环是应当保证而又不能以基准重合的方式直接保证的设计尺寸，但组成环是能直接保证的工序尺寸或者是在前面工序中已经获得的设计尺寸。

图 1-26 所示为一凸模零件，设计尺寸为 $36_{-0.10}^{\ 0}$mm 和 $12_{-0.15}^{\ 0}$mm，两端面已在前道工序加工好，现以大端定位加工台阶面。求工序尺寸 A 及其偏差。

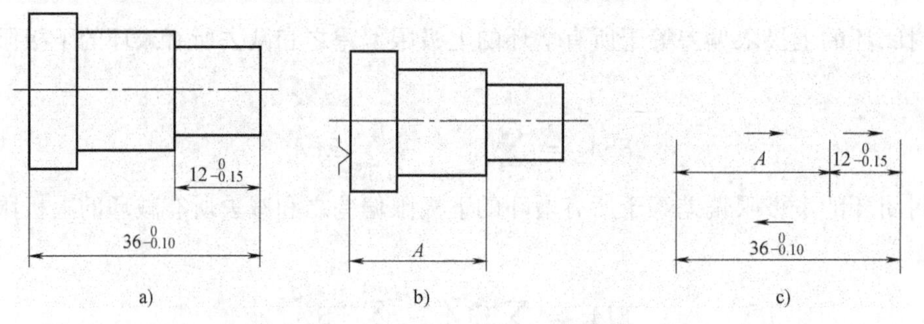

图 1-26　基准不重合时尺寸换算

a）凸模零件尺寸要求　b）工序图　c）工艺尺寸链

解：作尺寸链简图，如图 1-26c 所示。台阶面的设计基准是右端面，设计尺寸是 $12_{-0.15}^{\ 0}$mm，如图 1-26a 所示。而加工台阶面时以左端面为定位基准，直接保证尺寸 A，因此基准不重合。在加工过程中，尺寸 $12_{-0.15}^{\ 0}$mm 是间接保证的，故它为封闭环。尺寸 $12_{-0.15}^{\ 0}$mm、$36_{-0.10}^{\ 0}$mm 和 A 组成尺寸链，如图 1-26c 所示。$36_{-0.10}^{\ 0}$mm 为增环，A 为减环。计算工序尺寸 A 及其上、下极限偏差得

$$12\text{mm} = 36\text{mm} - A \qquad A = 24\text{mm}$$

$$0 = 0 - EIA \qquad EIA = 0$$

$$-0.15\text{mm} = -0.10\text{mm} - ESA \qquad ESA = +0.05\text{mm}$$

验算：$0.15\text{mm} = 0.10\text{mm} + 0.05\text{mm} \qquad 0.15\text{mm} = 0.15\text{mm}$

即工序尺寸 A 为 $24_{\ 0}^{+0.05}$mm。

如果在加工台阶面时虽然以大端面定位，但以试切法直接保证尺寸 $12_{-0.15}^{\ 0}$mm，则尺寸 A 便没有意义，也就不需要进行尺寸换算了。

2）测量基准与设计基准不重合时的尺寸换算。测量基准与设计基准不重合时，封闭环为需要测量而又无法直接测量的设计尺寸，组成环为能够直接测量或者已经测量好的尺寸。

如图1-27a所示零件，设计尺寸为$10_{-0.15}^{0}$mm、$50_{-0.10}^{0}$mm和$68_{-0.20}^{0}$mm，其中设计尺寸$50_{-0.10}^{0}$mm不能直接测量，需要另选测量基准进行测量。分析计算测量工艺尺寸及其上、下极限偏差。

解：测量时可以考虑直接测量尺寸A，间接保证设计尺寸$50_{-0.10}^{0}$mm，所以尺寸$50_{-0.10}^{0}$mm是封闭环。这样，用尺寸$10_{-0.15}^{0}$mm、$50_{-0.10}^{0}$mm和A组成工艺尺寸链，如图1-27b所示。A为增环，$10_{-0.15}^{0}$mm为减环。由于封闭环的公差0.10mm小于组成环$10_{-0.15}^{0}$mm的公差，不满足$T_\Sigma = \sum_{i=1}^{n-1} T_i$，显然无法正确求得组成环的公差。

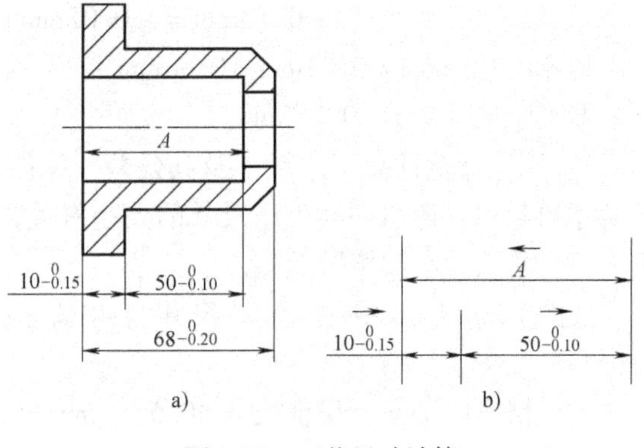

图1-27　工艺尺寸计算

a）零件图　b）工艺尺寸链

当单件小批生产时，可考虑在经济精度范围内压缩$10_{-0.15}^{0}$mm的公差，以满足$T_\Sigma = \sum_{i=1}^{n-1} T_i$，这里取公差等级IT9，将加工尺寸改为$10_{-0.036}^{0}$mm。这时计算测量尺寸$A$及其上、下极限偏差。

$$50\text{mm} = A - 10\text{mm} \qquad A = 60\text{mm}$$

$$0 = \text{ES}A - (-0.036\text{mm}) \qquad \text{ES}A = -0.036\text{mm}$$

$$-0.10\text{mm} = \text{EI}A - 0 \qquad \text{EI}A = -0.10\text{mm}$$

验算：$0.10\text{mm} = 0.036\text{mm} + 0.064\text{mm} \qquad 0.10\text{mm} = 0.10\text{mm}$

即工序尺寸A为$60_{-0.10}^{-0.036}$mm。

以上方法提高了加工精度，在单件小批生产时方便适用，但大批量生产时就提高了加工成本。为了既不提高加工精度，又好测量。设计一个专用心轴和卡板来间接检验$50_{-0.10}^{0}$mm，如图1-28a所示。已知心轴尺寸为$80_{-0.02}^{0}$mm，求卡板测量尺寸x及其极限偏差。

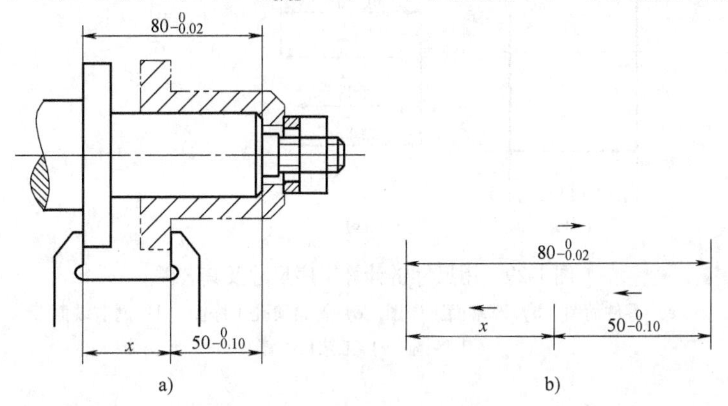

图1-28　工艺尺寸计算

a）用心轴和卡板测量　b）工艺尺寸链

用尺寸 $80_{-0.02}^{0}$mm、$50_{-0.10}^{0}$mm 和 x 组成工艺尺寸链，如图 1-28b 所示。$80_{-0.02}^{0}$mm 为增环，x 为减环。封闭环为需要测量而又无法直接测量的设计尺寸 $50_{-0.10}^{0}$mm。这时计算测量尺寸 x 及其上、下极限偏差。

$$50\text{mm} = 80\text{mm} - x \qquad x = 30\text{mm}$$

$$0 = 0 - \text{EI}x \qquad \text{EI}x = 0$$

$$-0.10\text{mm} = -0.02\text{mm} - \text{ES}A \qquad \text{ES}x = +0.08\text{mm}$$

验算：$0.10\text{mm} = 0.02\text{mm} + 0.08\text{mm} \qquad 0.10\text{mm} = 0.10\text{mm}$

即工序尺寸 x 为 $30_{0}^{+0.08}$mm。

3）用尺寸链计算工序尺寸及其公差。零件的某些设计尺寸不仅受到表面最终加工时工序尺寸的影响，还与中间工序尺寸的大小有关，此时，应以该设计尺寸为封闭环，来求得中间工序尺寸的大小和极限偏差。

如图 1-29a 所示零件，设计尺寸为 $40_{-0.05}^{0}$mm、$32_{0}^{+0.25}$mm 和 $10_{0}^{+0.06}$mm，加工工艺过程为：

①粗精车两端面，保证尺寸 $40.5_{-0.10}^{0}$mm（图 1-29b）。

②粗精镗台阶孔，保证孔深 x 和 $10_{0}^{+0.06}$mm（图 1-29c）。

③磨右端面，保证尺寸 $40_{-0.05}^{0}$mm（图 1-29d）。

计算工序尺寸 x 及其偏差。

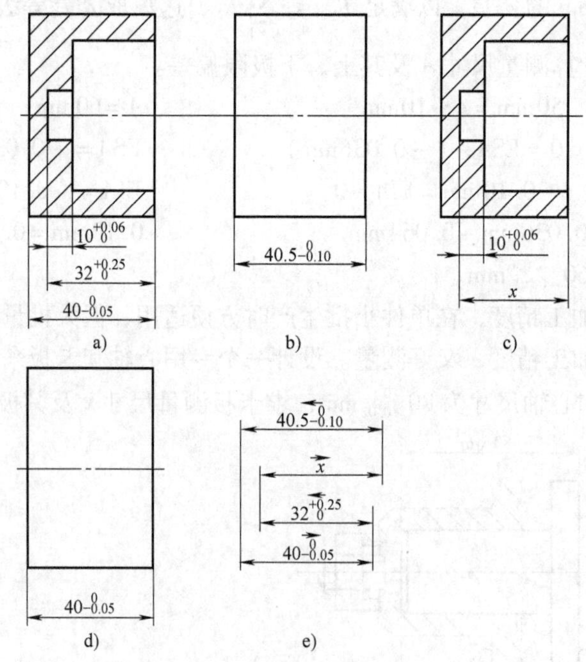

图 1-29　用尺寸链计算工序尺寸及其公差

a）零件简图　b）车端面工序图　c）镗台阶孔工序图　d）磨右端面工序图　e）工艺尺寸链

解：用尺寸 $40_{-0.05}^{0}$mm、$32_{0}^{+0.25}$mm、$40.5_{-0.10}^{0}$mm 和 x 组成工艺尺寸链，如图 1-29e 所示。磨端面工序要同时保证尺寸 $40_{-0.05}^{0}$mm 和 $32_{0}^{+0.25}$mm，选公差较大的尺寸 $32_{0}^{+0.25}$mm 为封

闭环。$40_{-0.05}^{0}$mm 和 x 为增环，$40.5_{-0.10}^{0}$mm 为减环。这时计算工序尺寸 x 及其上、下极限偏差。

$$32\text{mm} = (40\text{mm} + x) - 40.5\text{mm} \qquad x = 32.5\text{mm}$$

$$+0.25 = (0 + ESx) - (-0.10\text{mm}) \qquad ESx = +0.15\text{mm}$$

$$0 = (-0.05\text{mm} + EIx) - 0 \qquad EIx = +0.05\text{mm}$$

验算：$0.25\text{mm} = 0.05\text{mm} + 0.10\text{mm}\ +0.10\text{mm} \qquad 0.25\text{mm} = 0.25\text{mm}$

即工序尺寸 x 为 $32.5_{+0.05}^{+0.15}$mm。

4）孔系坐标尺寸及其公差计算。在某些模具零件或其他机器零件上，常常要加工一些有相互位置精度要求的孔，这些孔称为孔系，孔之间的相互位置关系有时以孔的中心距及两孔连心线与基准间的夹角来表示。对位置精度要求较高的孔，为了便于在坐标镗床、坐标磨床或线切割机床上加工，有时要将孔中心距尺寸及其公差换算到相互垂直的两个方向上，即以直角坐标尺寸表示。

例如，图 1-30 所示为某凹模上孔位置尺寸的标注方式。侧平面 A、B 为孔Ⅰ的设计基准，其公称尺寸分别为 52mm 和 48mm。孔Ⅱ的位置用中心距（100 ±0.05）mm 和连心线与 A 面的夹角（30°）来确定。在坐标镗床（或坐标磨床）上加工，如用直角坐标法控制孔的位置尺寸时应首先将工件找正，使平面 A、B 分别与工作台的纵、横移动方向平行。以 A、B 为基准按尺寸 52mm、48mm 移动工作台，使孔Ⅰ的中心与机床主轴轴线重合后，镗孔Ⅰ。镗孔Ⅱ时，必须将零件图上的中心距（100 ±0.05）mm 换算成坐标尺寸 L_x、L_y，以便于调整机床进行孔Ⅱ的加工，如图 1-31 所示。尺寸 L_x、L_y 和尺寸（100 ±0.05）mm 构成图 1-32 所示的尺寸链，L_x、L_y 为组成环，孔心距为封闭环。在该尺寸链中既有直线尺寸，又有角度尺寸，这些尺寸均处于同一平面内，称为平面尺寸链。这种平面尺寸链的特点是 L_x 和 L_y 间的夹角为 90°。

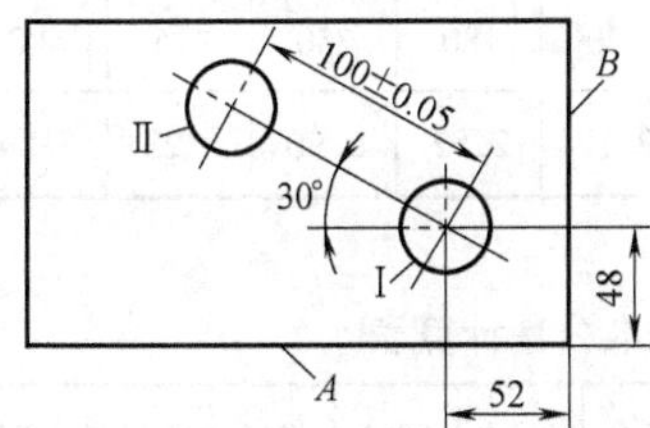

图 1-30　凹模上孔系尺寸标注

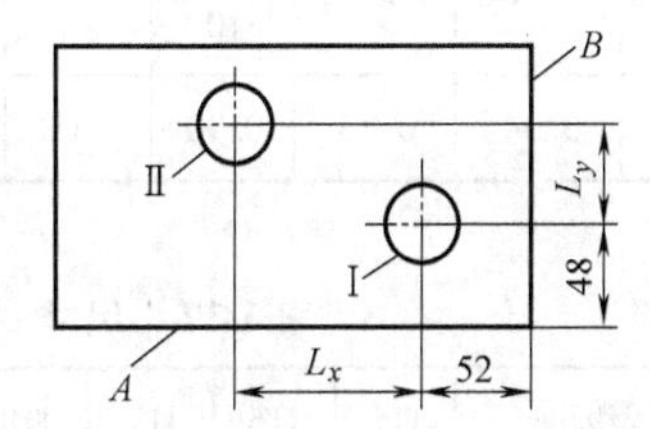

图 1-31　凹模孔系的镗孔工序图

将 L_x、L_y 分别投影到中心距 L_Σ 的方向上，则构成一直线尺寸链，如图 1-33 所示。L_x 为封闭环，$L_x\cos\beta$、$L_y\sin\beta$ 为组成环，并且有 $L_x = L_x\cos\beta + L_y\sin\beta$。这样，就可将平面尺寸链转换成直线尺寸链进行计算。

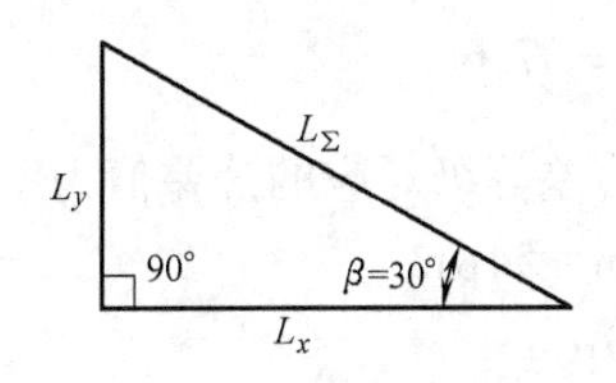

图 1-32　平面尺寸链

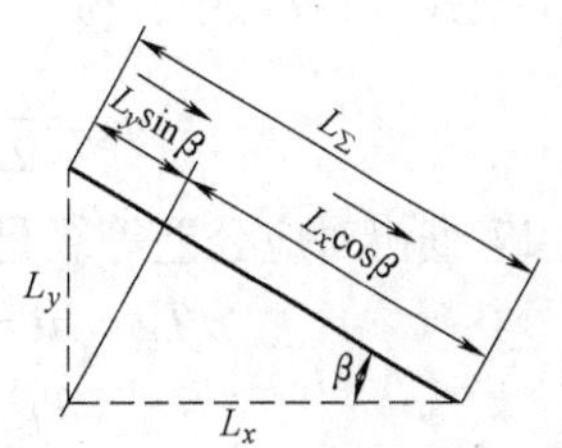

图 1-33　将平面尺寸链变换为直线尺寸链

为使计算过程简化，计算时各尺寸及角度均取平均值（$L_{\Sigma m}$、L_{xm}、L_{ym}及β_m），于是得各环平均尺寸间的计算关系式为

$$L_{\Sigma m} = L_{xm}\cos\beta_m + L_{ym}\sin\beta_m \tag{1-7}$$

$$T_{\Sigma} = T_{Lx}\cos\beta_m + T_{Ly}\sin\beta_m \tag{1-8}$$

图 1-31 所示孔Ⅱ的两个坐标尺寸为

$$L_x = L_{\Sigma}\cos\beta = 100\text{mm} \times 0.866 = 86.6\text{mm}$$

$$L_y = L_{\Sigma}\sin\beta = 100\text{mm} \times 0.5 = 50\text{mm}$$

已知孔Ⅰ、Ⅱ的中心距尺寸公差T_{Σ}，按式（1-8）确定两个坐标尺寸L_x、L_y的公差T_{Lx}、T_{Ly}，显然属于反计算解法。现采用等精度法进行计算。

若坐标尺寸L_x、L_y的平均公差为T_{Lm}，则有

$$T_{Lm} = a_m i_{Lm}$$

可根据下式先计算出坐标尺寸的平均公差等级系数a_m（$a_m = a_x = a_y$）。

$$T_{\Sigma} = T_{Lx}\cos\beta_m + T_{Ly}\sin\beta_m = a_m i_{Lx}\cos\beta_m + a_m i_{Ly}\sin\beta_m = a_m(i_{Lx}\cos\beta_m + i_{Ly}\sin\beta_m)$$

$$a_m = \frac{T_{\Sigma}}{i_{Lx}\cos\beta_m + i_{Ly}\sin\beta_m} \tag{1-9}$$

i_{Lx}、i_{Ly}为尺寸L_x和L_y的公差单位，公称尺寸（L_x、L_y）小于500mm 时，可按表 1-16 查取。求得a_m后，再按表 1-17 查出与a_m相对应的公差等级。查表时应从表中取与a_m相近，但其值偏小的a值所对应的公差等级作为L_x、L_y的公差等级（即取$a_m = a$）。当坐标尺寸（L_x、L_y）的公差等级确定后，用公式$T_{Lm} = a_m i_{Lm}$分别求出两个坐标尺寸的平均公差值，并将计算结果进行校核或作适当调整。

表 1-16　尺寸≤500mm 各尺寸分段的公差单位

尺寸分段/mm	1 ~ 3	>3 ~ 6	>6 ~ 10	>10 ~ 18	>18 ~ 30	>30 ~ 50	>50 ~ 80	>80 ~ 120	>120 ~ 180	>180 ~ 250	>250 ~ 315	>315 ~ 400	>400 ~ 500
i/μm	0.54	0.73	0.90	1.08	1.31	1.56	1.86	2.17	2.52	2.90	3.23	3.54	3.89

表 1-17　尺寸≤500 的 IT5 ~ IT18 级标准公差计算表

公差等级	IT5	IT6	IT7	IT8	IT9	IT10	IT11	IT12	IT13	IT14	IT15	IT16	IT17	IT18
公差值 ai	$7i$	$10i$	$16i$	$25i$	$40i$	$64i$	$100i$	$160i$	$250i$	$400i$	$640i$	$1000i$	$1600i$	$2500i$

两个坐标尺寸的公差单位i_{Lx}、i_{Ly}按L_x、L_y之值由表 1-16 查得$i_{Lx} = 2.17\mu\text{m}$、$i_{Ly} = 1.56\mu\text{m}$。代入式（1-9）中，得

$$a_m = \frac{0.1 \times 100}{2.17\cos 30° + 1.56\sin 30°} = 37.6$$

按表 1-17 查出对应公差等级是 IT8 级（$25i$）。与该公差等级对应的公差值为

$$T_{Lx} = ai = 25 \times 2.17\mu\text{m} = 54.3\mu\text{m} \approx 54\mu\text{m}$$

$$T_{Ly} = ai = 25 \times 1.56\mu\text{m} = 39\mu\text{m}$$

T_{Lx}、T_{Ly}值也可以直接由标准公差查表得。

按式（1-4）、式（1-5）进行验算，即

$$ESL_{\Sigma} = ES\overrightarrow{L}_x \cos\beta_m + ES\overrightarrow{L}_y \sin\beta_m - 0$$
$$= 0.027\text{mm} \times \cos30° + 0.0195\text{mm} \times \sin30° - 0 = 0.033\text{mm}$$
$$EIL_{\Sigma} = EI\overrightarrow{L}_x \cos\beta_m + EI\overrightarrow{L}_y \sin\beta_m - 0$$
$$= -0.027\text{mm} \times \cos30° - 0.0195\text{mm} \times \sin30° - 0 = -0.033\text{mm}$$

验算结果符合设计图样要求，镗孔Ⅱ的坐标尺寸为

$$L_x = (86.6 \pm 0.027)\text{mm}$$
$$L_y = (50 \pm 0.0195)\text{mm}$$

1.2.8　机床与工艺装备的选择

制订加工工艺规程时，正确选择机床与工艺装备是保证零件加工质量要求、提高生产率及经济性的一项重要措施。

1. 机床的选择

机床的选择应使机床的精度与加工零件的技术要求相适应；机床的主要尺寸规格与加工零件的尺寸大小相适应；机床的生产率与零件的生产类型相适应。此外还应考虑生产现场的实际情况，即现有设备的实际精度、负荷情况以及操作者的技术水平等。应充分利用现有的机床设备。

2. 工艺装备的选择

工艺装备主要包括夹具、刀具、量具等。

(1) 夹具的选择　在大批量生产的情况下，应广泛使用专用夹具，在工艺规程中应提出设计专用夹具的要求。单件小批生产应尽量选择通用夹具（或组合夹具），如标准卡盘、平口钳、转台等。工、模具制造车间，产品大都属于单件小批生产，使用高效夹具不多，但对于某些结构复杂、精度很高的工、模具零件非专用工装难以保证其加工质量时，也应使用必要的二类工装，以保证其技术要求。在批量大时也可选择适当数量的专用夹具以提高生产效率。

(2) 刀具的选择　刀具的选择主要取决于所确定的加工方法、工件材料、所要求的加工精度、生产率和经济性、机床类型等。原则上应尽量采用标准刀具，必要时可采用各种高生产率的复合刀具和专用刀具。刀具的类型、规格以及精度应与加工要求相适应。

(3) 量具的选择　量具的选择主要根据检验要求的精确度和生产类型来决定。所选用量具能达到的准确度应与零件的精度要求相适应。单件小批生产广泛采用通用量具，大批量生产则尽量采用极限量规及高生产率的检验仪器。

1.2.9　切削用量和时间定额的确定

1. 切削用量选择

正确选择切削用量，对保证加工质量、提高生产率和降低刀具的消耗等有重要意义。在大批量生产中，特别是在流水线或自动线上必须合理地确定每一工序的切削用量。在单件小批生产的情况下，在工艺文件上一般不规定切削用量，而由工作者根据实际情况自行决定。

2. 时间定额的确定

时间定额是在一定的生产条件下，规定生产一件产品或完成一道工序所需消耗的时间。时间定额是安排生产计划，进行成本核算的主要依据。合理的时间定额能调动生产者的生产

积极性，促进生产者技术水平的提高。制订时间定额应注意调查研究，有效利用生产设备和工具，以提高生产效率和产品质量。时间定额的组成是：

（1）基本时间　直接改变生产对象的尺寸、形状、相对位置、表面状态或材料性质等工艺过程所消耗的时间。对于切削加工就是切除工件上的加工余量所消耗的时间。

（2）辅助时间　为实现工艺过程所必须进行的各种辅助动作（如装卸工件、开停机床、选择和改变切削用量、测量工件等）所消耗的时间。

（3）布置工作地时间　为使加工正常进行，工作人员照管工作地（如更换刀具、润滑机床、清理切屑、收拾工具等）所消耗的时间。

（4）休息与生理需要时间　工作人员在工作班内为恢复体力和满足生理上的需要所消耗的时间。

（5）准备与终结时间　工作人员为了生产一批产品和零件、部件，进行准备和结束工作（如熟悉工艺文件、领取毛坯、安置工装和归还工装、送交成品等）所消耗的时间，加工一批零件只给一次准备与终结时间。

1.3　任务实施

这部分以两个典型的模具结构零件为例讲述机械加工工艺过程编制的方法和步骤。

1. 压入式模柄工艺过程的编制

压入式模柄零件如图 1-1a 所示，材料为 Q235，加工数量为 10 件。编制机械加工工艺过程。

（1）零件工艺分析　该零件是冲模与压力机的连接零件，尺寸、精度标注合理、完整，材料选择合理，结构工艺性较好。加工的关键是要保证外圆 $\phi52^{+0.030}_{+0.011}$mm 的尺寸公差、表面粗糙度及其与端面的垂直度。

（2）毛坯的选择　由于该零件直径相差不大，对材料的组织结构和纤维方向又没有特殊要求，所以选圆钢，材质为 Q235。参考有关手册查得的毛坯余量要求，选择毛坯尺寸为 $\phi65$mm × 103mm。

（3）工艺路线的拟定　该零件主要是外圆柱面的加工，精度最高的 $\phi52^{+0.030}_{+0.011}$mm 外圆面采用 IT6 级，参考表 1-10 确定加工工艺路线为：下料→车端面、打中心孔→半精车→磨→检验。

由于是单件小批生产，工件尺寸较小，所以工序较集中。由于工序尺寸简单，工序数量不多，所以只在最后安排一道检验工序。

（4）各工序内容的设计

工序 1：下料。

采用锯床，按尺寸 $\phi65$mm × 103mm 下料。

工序 2：车。

夹外圆车端面、打中心孔（根据零件重量和尺寸，选 B3 的中心孔）并光外圆（避免粗基准重复定位）；调头夹已光过的外圆车另一端面（保证总长尺寸 95mm）、打中心孔。选用卧式车床 C6132。量具用 0.02mm × 125mm 游标卡尺。

工序 3：半精车。

一夹一顶装夹工件，半精车外圆、切槽等，外圆 $\phi52^{+0.030}_{+0.011}$mm 留 0.3mm 磨削余量、其端面留 0.1mm 磨削余量，其余尺寸按图样加工。选用卧式车床 C6132。量具用 0.02mm × 125mm 游标卡尺。

工序 4：磨。

顶两中心孔装夹工件，磨 $\phi52^{+0.030}_{+0.011}$mm 外圆及其端面，保证尺寸精度、位置精度和表面粗糙度。选用万能外圆磨床 M1432，量具用 50 ~ 75mm 外径千分尺。

工序 5：检验。

按图样检验各尺寸。量具主要有 0.02mm × 125mm 游标卡尺和 50 ~ 75mm 外径千分尺。

（5）填写机械加工工艺卡片　由于是单件小批生产，应填写机械加工工艺过程卡片，用于组织生产和指导工人。压入式模柄的机械加工工艺过程卡片见表 1-18。

表 1-18　压入式模柄机械加工工艺过程卡片

×××公司	机械加工工艺过程卡片	产品型号		零（部）件图号	×-××	共 1 页
		产品名称	××冲模	零（部）件名称	模柄	第 1 页

材料牌号	Q235	毛坯种类	圆钢	毛坯外形尺寸	ϕ65mm × 103mm	每毛坯件数	1	每台件数	1	备注	

	工序号	工序名称	工序内容	车间	工段	设备	工艺装备	工时	
								准终	单件
	1	下料	按尺寸 ϕ65mm × 103mm 下料	模具	下料				
	2	车	车端面、打中心孔（中心孔尺寸 B3），光外圆，车另一端面，保证总长 95mm，打中心孔	模具	车	C6132	游标卡尺（0.02mm × 125mm）中心钻 B3		
	3	半精车	半精车各外圆及其端面，外圆 $\phi52^{+0.030}_{+0.011}$mm 留 0.3mm 磨削余量，其端面留 0.1mm 磨削余量；其余车到图样尺寸	模具	车	C6132	游标卡尺（0.02mm × 125mm）		
	4	磨	磨 $\phi52^{+0.030}_{+0.011}$mm 外圆及其端面达图样要求	模具	磨	M1432	外径千分尺 50 ~ 75mm		
	5	检验	按图样检验	检验					
描图									
描校									
底图号									
装订号									

										设计（日期）	审核（日期）	标准化（日期）	会签（日期）	
标记	处数	更改文件号	签字	日期	标记	处数	更改文件号	签字	日期					

2. 楔紧块机械加工工艺过程的编制

楔紧块零件如图 1-1b 所示，材料为 45 钢，加工数量为 2 件。编制机械加工工艺过程如下。

(1) 零件工艺分析　该零件是注塑模的定位零件，尺寸、精度标注合理、完整，材料选择合理，结构工艺性较好。主要加工平面和孔，加工的关键是要保证 20°斜面与滑块的配合，在装配时由钳工修配保证。

(2) 毛坯的选择　由于该零件尺寸不大，对材料的组织结构和纤维方向又没有特殊要求，所以选钢板，材料为 45 钢。根据钢板系列和零件尺寸要求选择毛坯尺寸为 25mm × 54mm × 56mm。

(3) 工艺路线的拟定　该零件主要是平面和孔的加工，孔的尺寸精度要求不高，又是单件小批生产，采用划线加工。根据使用要求，20°斜面是定位面，它与侧滑块的配合要求很高，由钳工修配保证。定位销孔在装配时配钻、铰。零件的机械加工工艺路线：下料→平面铣削→平面磨削→钳工划线→钻、锪沉孔→铣斜面→钳工配钻、铰定位销孔、配修 20°斜面→检验。

(4) 各工序内容的设计

工序 1：下料。

按 25mm × 54mm × 56mm 尺寸下料。

工序 2：铣。

铣六面，尺寸 20 mm 两端留 0.3mm 余量，其余尺寸按图样加工。选用普通立铣床 X52K。量具用 0.02mm × 125mm 游标卡尺。

工序 3：磨。

磨尺寸 20 mm 两端达图样要求，选用平面磨床 M7130。

工序 4：钳工。

钳工划 4 × ϕ6mm 孔的位置线和轮廓线，打样冲。

工序 5：钻。

按线钻 4 × ϕ6mm 孔，锪沉孔。刀具用 ϕ6mm 麻花钻、锪钻，机床选用 Z3025 摇臂钻。

工序 6：铣。

按线铣 20°斜面，选用普通立铣床 X52K。

工序 7：钳工。

配钻、铰定位销孔，装定位销，配修 20°斜面。

工序 8：检验。

按图样检验各尺寸，量具用 0.02 × 125 游标卡尺。

(5) 填写机械加工工艺卡片　由于是单件小批生产，应填写机械加工工艺过程卡片用于组织生产和指导工人。楔紧块的机械加工工艺过程卡片见表 1-19。

表 1-19　楔紧块机械加工工艺过程卡片

×××公司	机械加工工艺过程卡片	产品型号		零（部）件图号	×-××	共1页
		产品名称	××注射模	零（部）件名称	楔紧块	第1页

材料牌号		毛坯种类	圆钢	毛坯外形尺寸	25mm×54mm×56mm	每毛坯件数	1	每台件数	1	备注	

	工序号	工序名称	工序内容	车间	工段	设备	工艺装备	工时	
								准终	单件
	1	下料	按25mm×54mm×56mm尺寸下料	模具	下料				
	2	铣	铣六面，尺寸20mm，留0.3mm余量，其余尺寸按图样加工	模具	铣	X52K	游标卡尺0.02mm×125mm		
	3	磨	磨尺寸20 mm达图样要求	模具	磨	M7130	游标卡尺0.02mm×125mm		
	4	钳工	钳工划4×ϕ6mm孔的位置线和轮廓线并打样冲	模具	钳工				
	5	钻	钻4×ϕ6mm孔，锪沉孔	模具	钳工	Z3025	游标卡尺0.02mm×125mm		
	6	铣	按线铣20°斜面	模具	铣	X52K	游标万能角度尺		
	7	钳工	配修20°斜面	模具	钳工				
	8	检验	按图样检验各尺寸	检验					
描校									
底图号									
装订号									

												设计（日期）	审核（日期）	标准化（日期）	会签（日期）	
	标记	处数	更改文件号	签字	日期	标记	处数	更改文件号	签字	日期						

习题与思考题

1-1　什么是生产过程和工艺过程？

1-2　什么是工序和工步？构成工序和工步的要素各有哪些？

1-3　什么是生产纲领？单件生产和大量生产各有哪些主要特点？

1-4　选择毛坯种类时，主要考虑哪些因素？

1-5　什么是精基准？试述选择精基准的原则。

1-6　制订工艺规程时，为什么要划分加工阶段？什么情况下可以不划分加工阶段或不严格划分加工阶段？

1-7　何谓“工序集中”和“工序分散”？什么情况下按“工序集中”原则划分工序？什么情况下按“工序分散”原则划分工序？

1-8　工序集中和工序分散各有哪些主要特点？

1-9　试述机械加工过程中安排热处理工序的目的及其安排顺序。

1-10　影响加工余量的主要因素有哪些？举例说明是否在任何情况下都要考虑这些因素？

1-11　分析图 1-34 所示零件的结构工艺性有哪些不好？应如何改进？

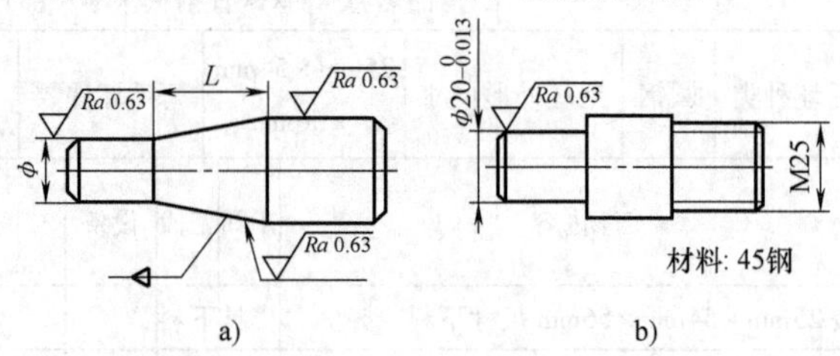

图 1-34　题 1-11 图

1-12　图 1-35 所示零件，除缺口外，其余表面均已加工。试计算当分别以 *A*、*B* 面定位时加工缺口并保证尺寸 $16_{-0.27}^{\ 0}$ mm 的工序尺寸，并选择较好的方案。

1-13　图 1-36 所示零件，因尺寸（30 ± 0.14）mm 不便测量，只有通过测量尺寸 *C* 间接测量，试计算尺寸 *C* 及其公差。

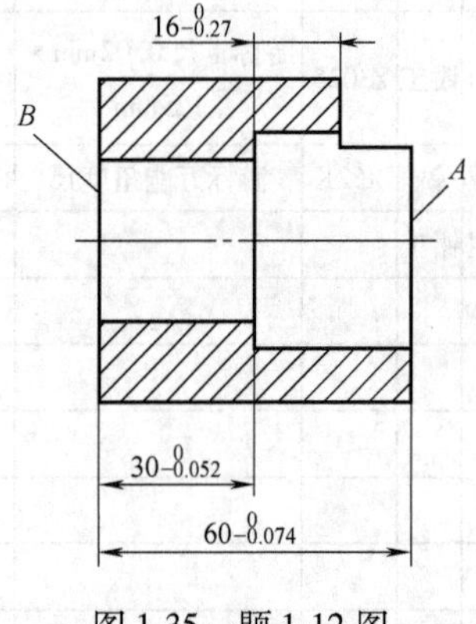

图 1-35　题 1-12 图

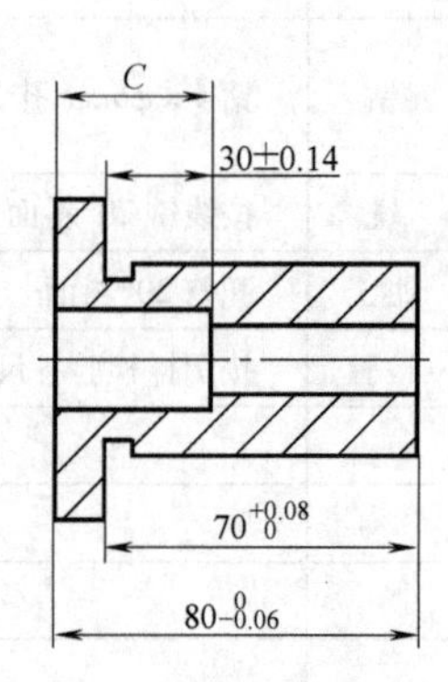

图 1-36　题 1-13 图

1-14　图 1-37 所示零件，镗削零件上的孔。孔的设计基准是 *C* 面，为装夹方便，以 *A* 面定位，按工序尺寸 *L* 调整机床。试计算 *L* 的尺寸和上、下极限偏差。

1-15　图 1-38 所示小轴，其工艺过程是：①车端面 *A* 和台阶 *B*，保证尺寸 *L*；②车端面 *C* 保证尺寸 $100_{-0.22}^{\ 0}$ mm；③磨 *B* 面保证尺寸 $40_{-0.12}^{\ 0}$ mm，要使磨削余量 *Z* =（0.5 ± 0.1）mm。试计算 *L* 及上、下极限偏差，并验算公差。

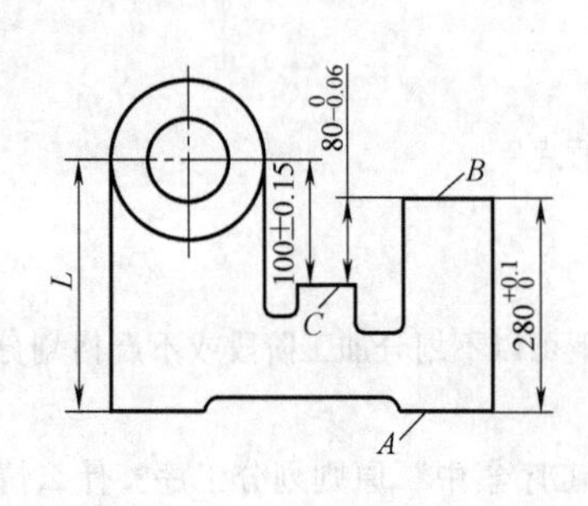

图 1-37　题 1-14 图

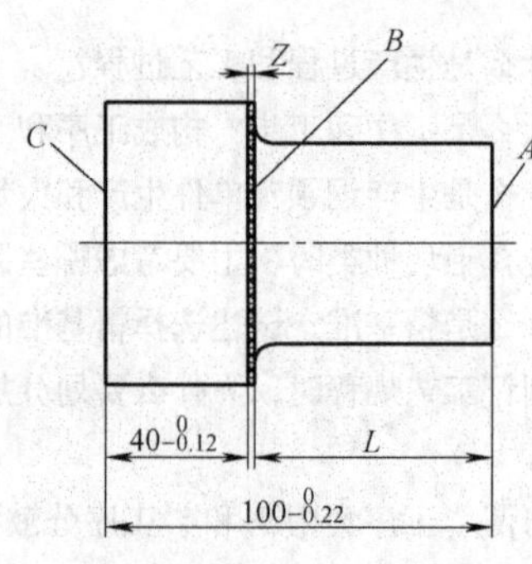

图 1-38　题 1-15 图

1-16　图1-39所示动模座板，材料是45钢，生产数量是2件。要求编制其机械加工工艺过程（填写机械加工工艺过程卡片）。

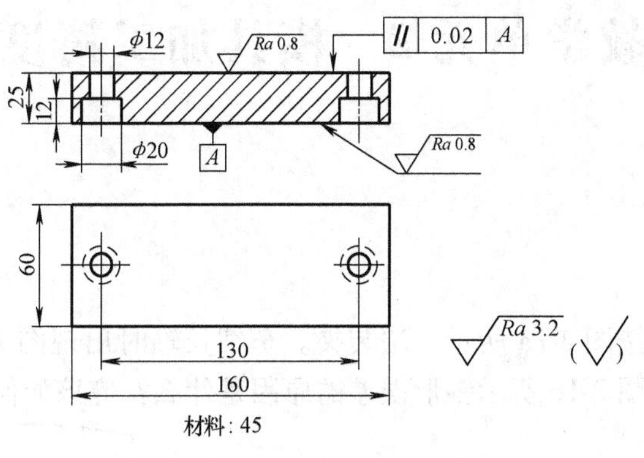

图1-39　题1-16图

1-17　图1-40所示导套，材料是T10A钢，生产数量是4件。要求编制其机械加工工艺过程（填写机械加工工艺过程卡片）。

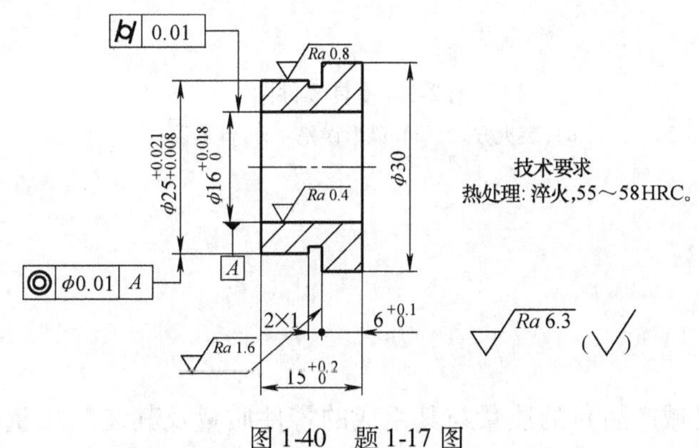

图1-40　题1-17图

教学单元2　模具加工精度

2.1　任务引入

车细长轴时，工件按图2-1a所示方法装夹。车细长轴时出现图2-1b所示鼓形误差，或者车大尺寸长轴时出现图2-1c所示锥形误差的原因是什么？应该如何分析？

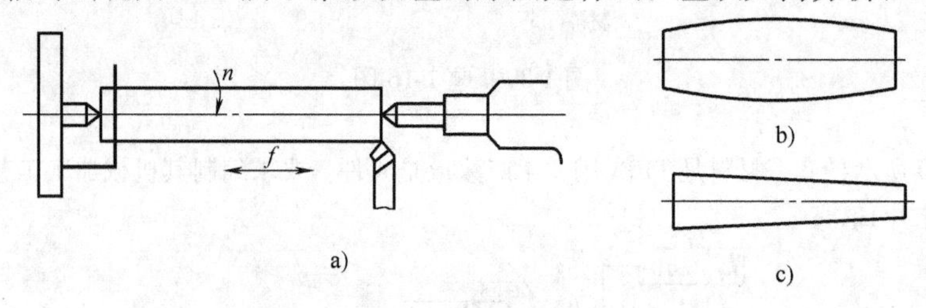

图2-1　模具零件图

a）装夹方式　b）鼓形误差　c）锥形误差

2.2　相关知识

2.2.1　概述

模具（或其他机械产品）的质量与其组成的零件质量及其装配质量密切相关。而零件的质量由加工精度、加工表面质量和零件材料的性质等因素所决定。

1. 加工精度和加工误差

（1）加工精度的概念　所谓加工精度，是指零件加工后的几何参数（尺寸、几何形状和相互位置）与理想零件几何参数相符合的程度，它们之间的偏离程度则为加工误差。加工误差越小则加工精度越高。反之，加工精度越低。加工精度包括如下三方面。

1）尺寸精度。限制加工表面与其基准间尺寸误差不超过一定的范围。

2）几何形状精度。限制加工表面的宏观几何形状误差，如圆度、圆柱度、平面度、直线度等。

3）相互位置精度。限制加工表面与其基准间的相互位置误差，如平行度、垂直度、同轴度、位置度等。

（2）产生加工误差的原因　在机械加工中，被加工表面的尺寸、几何形状和各表面的相互位置，取决于工件与机床、刀具间的相对位置和运动关系。工件（通过夹具）和刀具都装夹在机床上，由机床提供运动和动力实现切削加工。这样，机床—夹具—工件—刀具就构成了一个工艺系统。加工误差的产生是由于工艺系统在加工前和加工过程中存在很多误差因素，它主要包括机床、夹具、刀具的制造及安装误差，工件的误差，工艺系统的受力变形，工艺系统的受热变形等。加工误差的大小是上述误差因素综合作用的结果。

（3）获得尺寸精度的方法　在加工中为了获得零件所要求的尺寸精度，可根据不同情况分别采用调整法、试切法、定尺寸刀具法和自动控制法来保证。

1）试切法。模具生产中普遍采用试切法加工。即加工时先在工件上试切，根据测得的尺寸与要求尺寸的差值，通过进给机构调整刀具与工件的相对位置，然后再进行试切、测量、调整，直至符合规定的尺寸要求时再正式切削出整个待加工表面。采用试切法时引起调整误差的因素有测量误差、机床进给机构的位移误差、试切与正式切削时切削层厚度变化等。

2）调整法。在成批、大量的生产中，广泛采用试切法（或样件样板）预先调整好刀具与工件的相对位置，并在一批零件的加工过程中保持这种相对位置不变，来获得所要求的零件尺寸。与采用样件（或样板）调整相比，采用试切调整比较符合实际加工情况，可得到较高的加工精度，但调整较费时。因此实际使用时可先根据样件（或样板）进行初调，然后试切若干工件，再据之作精确微调。这样既缩短了调整时间，又可得到较高的加工精度。

3）定尺寸刀具法。定尺寸刀具法所使用的刀具是根据被加工表面的形状、尺寸设计的。工件加工后的形状、尺寸主要靠刀具自身的精度来保证，如钻头、铰刀、拉刀、丝锥、板牙等都属于定尺寸刀具。采用定尺寸刀具法容易保证加工精度，生产效率高，但只能在部分加工中采用。

4）自动控制法。自动控制法是把测量、调整和切削等机构组成一个自动控制系统，在工件加工完毕或加工过程中由自动测量装置测量工件的加工尺寸，并与所要求的尺寸进行比较后发出信号，信号经过转换（如气压信号转换为电信号）和放大后发送到机床的相应部分，使机床继续工作或使机床自动进行调整，直至加工表面达到所要求的尺寸精度。

随着数控加工技术的发展及其在机械加工领域中的应用，采用数字程序控制加工工件，只要采用一定的对刀方式，将刀具安装在一定的位置上，输入加工信息，通过数控装置或电子计算机，能使机床的进给系统驱动工件（或刀具），按两者间预定的相对运动轨迹进给，获得所需的加工形状和尺寸精度。此法特别适合于加工某些形状复杂的加工表面，加工不同的工件时，只需输入与加工要求相应的信息就能实现。

自动控制法能保证较高的加工精度，加工质量主要靠设备来保证。

2. 研究机械加工精度的目的

对机械加工精度进行研究的根本目的在于减小加工误差，提高零件的加工精度，以满足零件加工表面的设计精度要求。为了达到这一目的，还必须充分了解有关加工误差的产生，分析它们的特点和规律，对误差进行必要的估算，从而找出提高机械加工精度的途径。

2.2.2　工艺系统几何误差及其对加工精度的影响

工艺系统的几何误差是指机床、夹具、刀具和工件的原始误差（机床、夹具、刀具的制造和安装误差，以及工件毛坯和半成品存在的误差等）。这些误差在加工中会或多或少地反映到工件上去，造成加工误差。随着机床、夹具和刀具在使用过程中逐渐磨损，工艺系统的几何误差将进一步扩大，工件的加工精度也就相应降低。

1. 机床的几何误差

机床的几何误差包括机床的制造误差、安装误差和磨损引起的误差。在加工过程中，这些误差会反映到工件上去，影响加工精度。一般情况下，只能用一定精度的机床加工出一定精度的工件。尽管各类机床的精度标准各不相同，但归纳起来，影响加工精度的机床误差主要有主轴的回转误差、导轨的误差、主轴回转轴线的位置误差和传动误差。

（1）主轴的回转误差　主轴回转时，其回转轴线的空间位置应该固定不变，但由于主轴部件在加工、装配过程中的各种误差和回转时的动力因素使主轴回转轴线时刻不断地变动着，从而产生了回转误差。

1）衡量机床主轴回转误差的主要指标。机床的主轴传递着主要的加工运动，故其回转误差将在很大程度上决定工件的加工质量。衡量机床主轴回转误差的主要指标是主轴前端的径向圆跳动和轴向窜动。生产中主要采用图 2-2 所示的方法测量这种误差。不同类型和精度的机床，对跳动量有不同的要求，对于普通中型车床，标准中规定在靠近主轴端面处径向圆跳动公差为 0. 01mm，距第一测点 300mm 处公差为 0. 02mm，轴向窜动公差为 0. 01mm。

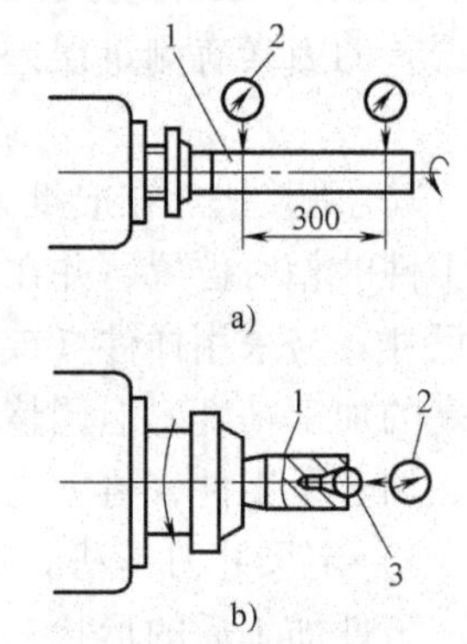

图 2-2　主轴的回转误差
a）径向圆跳动　b）轴向窜动
1—检验心轴　2—指示表
3—钢球

2）产生主轴回转误差的原因。由于主轴通过轴承支撑其主轴颈，而轴承又安装在主轴箱的主轴孔里，因此使主轴产生回转误差的因素有主轴的精度、轴承的精度、主轴箱箱体和有关部件的精度。

①主轴的精度。支撑主轴的前后轴颈的圆度、同轴度误差对主轴回转误差的影响：第一，当主轴的支撑轴颈有圆度误差时，由于滚动轴承的内环是薄壁件，必然会使内环发生变形，因而使主轴产生径向圆跳动；第二，当主轴的前后轴颈有同轴度误差时，使主轴的回转轴线与理论轴线成一角度。

②轴承的精度。机床所用的轴承有滚动轴承和滑动轴承。滚动轴承对主轴回转精度的影响因素有：内外滚道的圆度，滚动体的尺寸和圆度，滚动轴承的间隙，滚动轴承的轴向圆跳动。

③主轴箱箱体和有关部件的精度。影响因素有：主轴箱箱体前后轴承孔圆度，主轴箱箱体前后轴承孔同轴度，以及压紧滚动轴承的螺母端面与其轴线的垂直度。

3）径向圆跳动。以滚动轴承支承的主轴，其径向圆跳动来源于滚道的形状误差和滚道对于轴承内孔的偏心。如果轴承的内环滚道存在圆度误差，在内环旋转过程中当它分别处在图 2-3 所示的实线和双点画线位置时，主轴将沿着 O-O'方向产生径向圆跳动。滚道的形状误差可能是滚道自身的制造误差。由于轴承内环是薄壁零件，受力后极易变形。当它安装在主轴的轴颈上时，主轴轴颈的圆度误差也会使内环滚道产生相应的误差而引起径向圆跳动。同样，轴承外环安装到主轴箱的轴承孔中时，孔的圆度误差也会导致外环滚道产生相应的变形。可见，安装滚动轴承的轴颈和轴承孔的形状误差，对主轴回转误差的影响也是很大的。

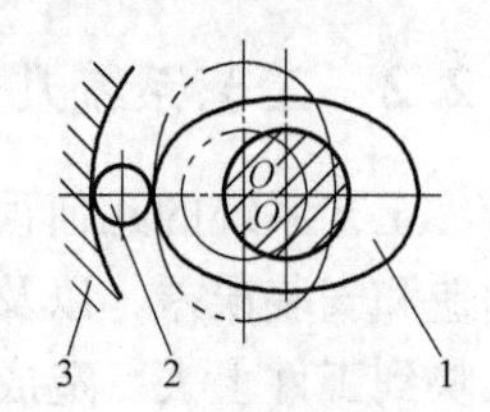

图 2-3　滚道的圆度误差
1—内环　2—滚动体
3—外环

主轴径向圆跳动对零件加工精度的影响，随机床不同其结果也不相同，对于各种车床，主轴的受力方向是一定的（切削力方向一定），在定向力的作用下轴承内环、滚动体、外环仅在外环滚道的某一确定位置上相接触，如图 2-3 所示位置（该位置称为外环的承载区）。由于内环随主轴转动，内环滚道上的每一点都要经过外环的承载区域，因此内环的形状误差将被反映到工件上去，使工件也产生圆度误差。而外环的形状误差对主轴回转误差的影响极小。但在镗床类的机床上镗孔时，主轴、内环和镗刀一道旋转，切削力在内环滚道上的作用方向不变，内环滚道承载区的位置固定不变，内环滚道的承载区要沿外环滚道移动，因此外环滚道的形状误差将反映到工件上，使工件产生形状误差。内环的形状误差则对工件影响不大。

如图2-4所示，当内环滚道和轴承内孔偏心时（e为偏心量），主轴的几何轴线O'将绕滚道的回转中心O回转而产生径向圆跳动。但主轴的这种回转误差，在车床和镗床类机床上不会使工件产生形状误差，被加工表面仍是圆柱面。因为在这种情况下，主轴（工件）回转中心的位置O是固定不变的，但被加工表面对工件定位基准可能产生位置误差。图2-5所示是在两顶尖间车削外圆柱面的情况。由于主轴轴承的内环滚道对内孔偏心，使前后顶尖连线（定位基准）与主轴（内环滚道）回转轴线之间产生一夹角α。造成调头前后分别车出的两圆柱面其轴线相交成2α角。

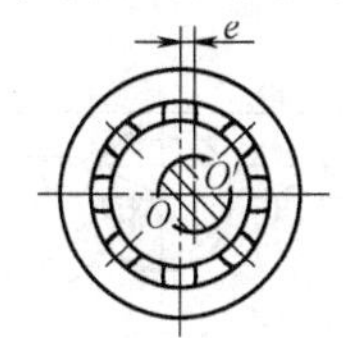

图2-4　内环滚道对内孔偏心
O'—主轴几何轴线　O—滚道回转中心

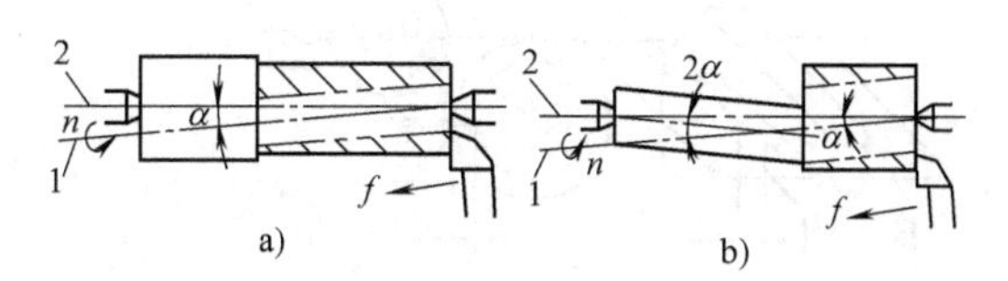

图2-5　内环滚道与内孔不同轴引起的加工误差
a）调头前　b）调头后
1—内环的回转轴线　2—主轴的几何轴线

主轴的回转误差除受滚道的形状误差、滚道与轴承孔的位置误差影响外，还受滚动体的直径、形状误差以及滚道表面的波度等因素的影响，这些影响综合起来造成了主轴轴线的飘移。所谓飘移，是指主轴每一转的跳动量都是变化的，这种变化是因为滚动体的自转和公转周期与主轴不一致。主轴轴线的跳动和飘移传给工件，就形成了工件的圆度误差和波度。

前面分析了加工内、外圆柱面时，主轴的径向圆跳动对加工精度的影响，对于模具零件，这些情况最容易在导柱、圆柱形凸模和导套等一类的零件上出现。生产中为了消除由于主轴的径向圆跳动所引起的加工误差，在某些精加工过程中使主轴不旋转，只是工件在两顶尖间转动（如外圆磨床），以提高工件的加工精度。

4）轴向窜动。和径向圆跳动一样，主轴轴向窜动的产生与轴承及相配零件的制造精度和装配精度等因素有关。图2-6a所示是推力轴承滚道与主轴回转轴线间存在位置误差所引起的轴向窜动。主轴回转一周，来回窜动一次。图2-6b所示是轴承的内、外环滚道倾斜引起轴向窜动，也引起径向圆跳动的情况。

在主轴存在轴向窜动的情况下车削端面，会使工件产生平面度误差Δ（$\Delta=s$），如图2-7所示。当主轴向前窜动时形成右螺旋面，向后窜动时形成左螺旋面。在这种情况下车螺纹必然产生周期性螺距误差。

（2）导轨的误差　现以车床为例来说明导轨误差对零件加工精度的影响。车床床身导轨是某些部件的安装和运动基准，有关标准对床身导轨的制造精度规定了以下三方

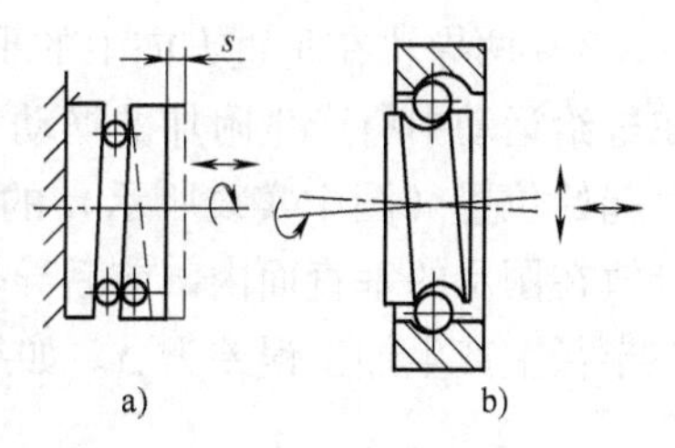

图2-6　轴承引起的轴向窜动

面的要求。

1）导轨在水平面内的直线度误差。设想用一个水平面截车床导轨，截平面与导轨的实际交线和理想交线形状如图 2-8 所示。该图形象地反映了导轨的直线度误差 δ。由于在水平面内存在直线度误差，车刀在沿工件的轴线方向进给时，将沿工件的半径方向产生相应的附加位移 δ，车削后工件将产生形状误差 $\Delta=\delta$。图中车刀位置Ⅰ、Ⅱ是加工过程中车刀所处的两个不同的轴向进给位置。

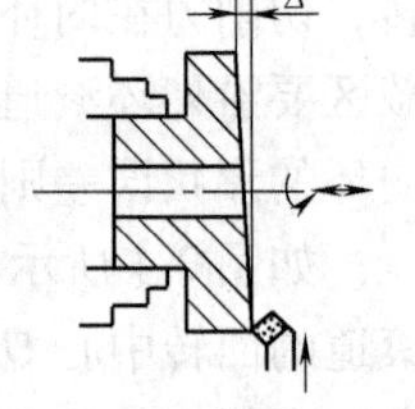
图 2-7　轴向窜动引起的加工误差

2）导轨在垂直平面内的直线度误差。用垂直平面截车床导轨，截平面与导轨的实际交线和理想交线形状如图 2-9 所示。图形形象地反映了导轨在垂直平面内存在的直线度误差 δ，该误差同样使车刀在进给运动中沿加工表面切线方向产生附加移动 δ 及相应的加工误差 Δ。

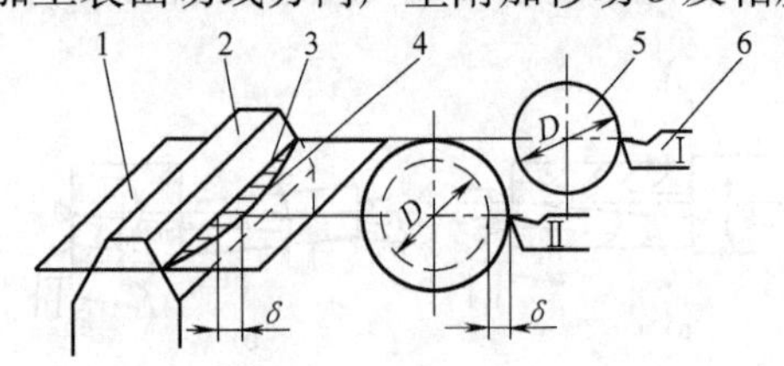

图 2-8　导轨在水平面内的直线度误差
1—截平面　2—导轨　3—理想的导轨交线
4—导轨的实际交线　5—假想工件尺寸　6—车刀

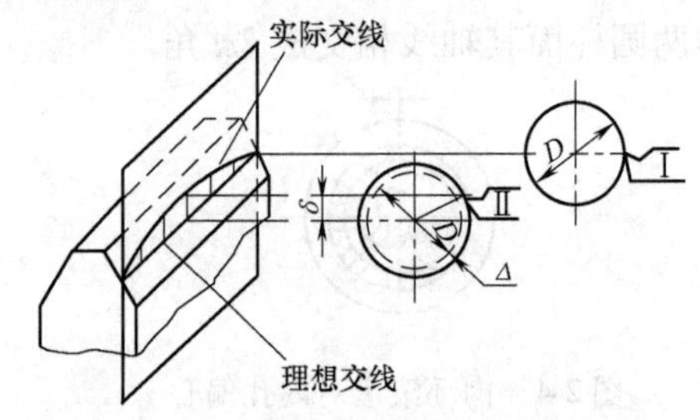

图 2-9　导轨在垂直平面内的直线度误差

由于

$$\left(\frac{D}{2}+\Delta\right)^2=\delta^2+\left(\frac{D}{2}\right)^2$$

$$\frac{D^2}{4}+D\Delta+\Delta^2=\delta^2+\frac{D^2}{4}$$

加工误差 Δ 很小，故将 Δ^2 略去不计，则有

$$\Delta=\frac{\delta^2}{D}$$

由于沿导轨长度方向上的不同位置处 δ 是不相同的，所以沿工件的轴线方向 Δ 也不相同，车削后工件产生形状误差，因为 D 比 δ 大得多（在正常情况下 δ 在 0.05mm 以下），所以车削加工中床身导轨在垂直平面内的直线度误差对加工精度的影响远小于水平面内的直线度误差对加工精度的影响。

3）两导轨在垂直方向上的平行度误差。当车床前后导轨在垂直方向上不平行时，刀具在进给运动中将产生附加的摆动（图 2-10），图中双点画线表示进给过程中车刀的瞬时位置对起始位置（图中实线所示）的变化状态，刀尖运动的轨迹将变成一条空间曲线。若床身导轨在图示的垂直面内，前后导轨的平行度误差为 δ，刀具在进给过程中的附加摆动使工件在半径上产生加工误差为 Δ。如果近似地取 Δ 为刀尖摆动时的水平位移，取 $\alpha=\alpha'$，得

$$\triangle ABC\backsim\triangle A'B'C'$$

则有

$$\Delta:\delta=H:b$$

所以
$$\Delta=(H/b)\delta$$

一般情况下，沿导轨长度方向上的不同位置δ是不相同的，所以工件沿轴线方向上的Δ值也不相同，车削后的工件将产生圆柱度误差。

对于车床$H/b\approx 2/3$，外圆磨床$H/b\approx 1$，因此，前后导轨在垂直方向上的平行度误差所引起的形状误差不能忽视。

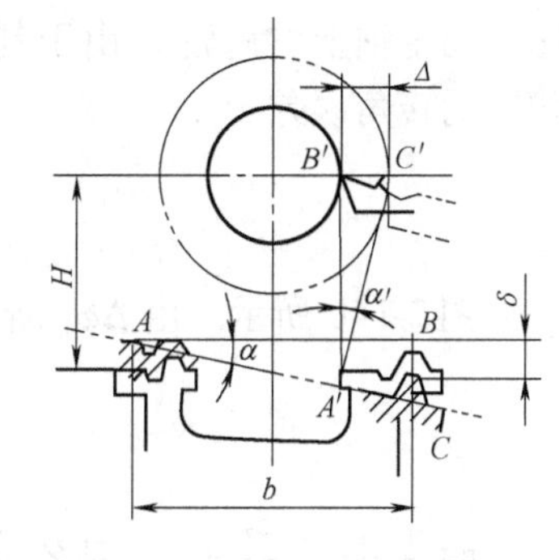

图2-10　导轨在垂直平面内平行度误差对加工精度的影响

（3）主轴回转轴线的位置误差　仍以车床为例，分析车削外圆柱面时如果主轴的回转轴线与床身导轨不平行，所引起的加工误差。

1）在水平面内主轴的回转轴线与导轨不平行。对于这种一情况，纵向进给时，刀尖移动的轨迹与工件的回转轴线成α角，如图2-11所示。由于刀尖轨迹包含在过工件回转轴线的水平面内，所以被加工表面成为锥角为2α的锥体，使工件产生形状误差。

2）在垂直平面内主轴的回转轴线与导轨不平行。对于这种情况，纵向进给时，刀尖移动的轨迹为包含在垂直平面内的直线$\overline{AB}$，如图2-12a所示。它与工件的回转轴线是两条交错的空间直线，工件的被加工表面也可以看成是$\overline{AB}$绕工件轴线作圆周运动形成的。由数学方面的有关知识得知，$\overline{AB}$绕轴线回转所形成的表面是单叶回转双曲面，如图2-12b所示。如果包含工件的回转轴线作轴向截面，则加工表面与截面的交线为单叶双曲线。若垂直于工件的回转轴线作不同的截平面，则加工表面与各截面的交线为直径不等的圆。所以，在车削外圆柱面时，如果车床主轴的回转轴线在垂直平面内与床身导轨不平行，工件将产生圆柱度误差。

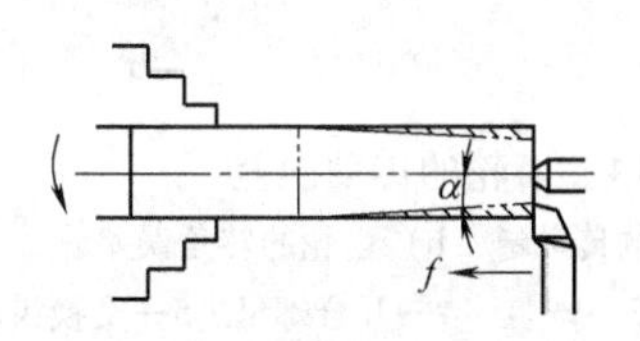

图2-11　主轴回转轴线与导轨在水平面内不平行

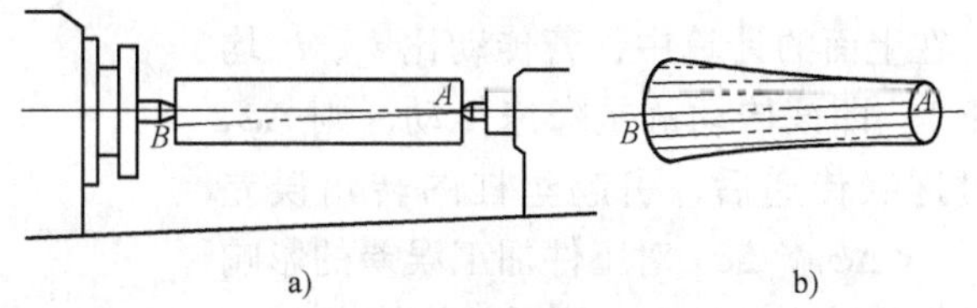

图2-12　在垂直平面内主轴回转轴线与床身导轨不平行引起的加工误差

a）刀尖运动轨迹　b）加工表面的形状

以上分析了车床主轴（或工件）的回转轴线与床身导轨之间的位置误差，对工件加工精度的影响。对于不同的情况和机床，主轴位置误差的影响也各不相同。图2-13所示是在立式坐标镗床上镗孔，如果镗床主轴对工作台面存在垂直度误差，将导致被加工孔也产生垂直度误差。在这种情况下加工出的上、下模座的导柱孔和导套孔有可能使模架在装配后运动不灵活，发生滞阻现象，加速导向元件的磨损，严重时将使上、下模座无法组合在一起。

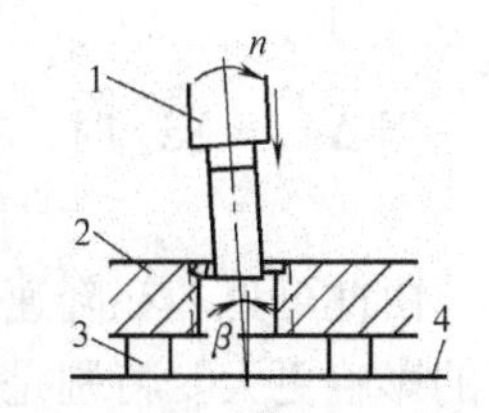

图2-13　镗床主轴对工作台面不垂直

1—主轴　2—工件　3—垫块　4—工作台

（4）传动误差　在机械加工中，被加工表面的形状主要依靠刀具和工件间的成形运动来获得。成形运动是通过机床的传动机构实现的。由于传动机构中各传动零件的制造误差、安装误差和在工作中的磨损，使成形运动产生误差，这种误差称为传动误差。

以在车床上车削螺纹为例，分析传动误差对工件螺距精度的影响。图 2-14a 所示是车削螺纹的传动链，假设联系车床主轴和丝杠的传动交换齿轮，其传动比准确地等于所要求的传动比。而主轴上的齿轮 z_1 由于制造或安装不准确，产生了 $\Delta\varphi_1$ 的转角误差，它将使 z_2 也产生相应的转角误差

$$\Delta\varphi_2 = \Delta\varphi_1 \frac{z_1}{z_2} = \Delta\varphi_1 i$$

如图 2-14b 所示。由 $\Delta\varphi_1$ 所引起的丝杠的转角误差为 $\Delta\varphi_{丝杠}$，根据齿轮传动原理得

$$\Delta\varphi_{丝杠} = \Delta\varphi_1 \frac{z_1}{z_2} \frac{z_3}{z_4} = \Delta\varphi_1 i_1 i_2$$

其中$\frac{z_1}{z_2} = i_1$、$\frac{z_3}{z_4} = i_2$，是各级齿轮的传动比。

丝杠的转角误差 $\Delta\varphi_{丝杠}$引起的螺距误差（Δ_s）为

$$\Delta_s = \Delta\varphi_1 i_1 i_2 (P_h / 2\pi)$$

式中　P_h——丝杠导程。

因为 $\Delta\varphi_1$ 有周期性，所以使工件产生周期性的螺距误差。若该传动链中的其他齿轮也存在类似的转角误差，各个齿轮的转角误差都将按照以上规律传递到丝杠，整个传动链的传动误差就等于各元件传动误差的综合影响。

在上面的计算中，若传动比 i_1、i_2 均小于 1，即该传动链是降速传动，则 $\Delta\varphi_1$ 经过逐级传递后，引起丝杠的转角误差 $\Delta\varphi_{丝杠} < \Delta\varphi_1$。$\Delta\varphi_1$ 对工件加工误差的影响已经大为减小。反之，则误差将扩大。

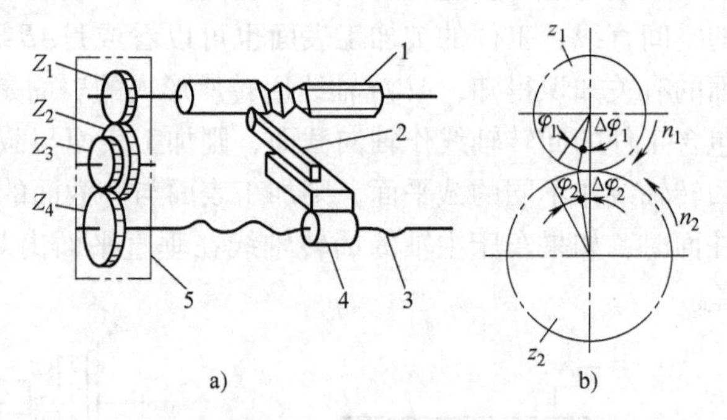

图 2-14　齿轮的传动误差

a）车削螺纹的传动链　b）齿轮的转角误差

1—工件　2—车刀　3—丝杠　4—开合螺母　5—交换齿轮

在图 2-14 中，若传动链末端齿轮 z_4 的转角误差为 $\Delta\varphi_4$，则由 $\Delta\varphi_4$ 引起的丝杠的转角误差为

$$\Delta\varphi_{4丝杠} = \Delta\varphi_4$$

若 z_3 的转角误差为 $\Delta\varphi_3$，则由 $\Delta\varphi_3$ 引起的丝杠的转角误差为

$$\Delta\varphi_{3丝杠} = \Delta\varphi_3 i_2$$

当 $\Delta\varphi_3 = \Delta\varphi_4$ 时，在 $i < 1$ 的情况下，有

$$\Delta\varphi_{3丝杠} < \Delta\varphi_{4丝杠}$$

由此可见，在降速传动情况下，由传动链末端的传动元件导致的传动误差对工件加工精度的影响更大。特别是丝杠自身的螺距误差将直接反映到工件上去。

从以上的分析中可以看出，要提高加工螺纹的螺距精度，应提高传动元件的制造和安装精度。在加工高精度的螺纹时，如果仅仅用提高传动元件的制造和安装精度来减小加工螺纹的螺距误差，往往使传动元件的制造精度要求过高，制造困难，甚至无法制造。在生产中广泛应用误差补偿来消除传动误差。图 2-15 所示是在高精度丝杠车床或螺纹磨床上用校正装

置来补偿丝杠螺距误差的示意图。图中螺旋传动副的螺母和摆杆连接为一体，摆杆的另一端和校正尺接触，当螺母移动时，摆杆就沿校正尺滑动。由于校正尺上与摆杆接触的表面预先已加工出与丝杠螺距误差相对应的曲线，当螺母移动时，摆杆就随曲线的凸、凹抬高或下降，造成了螺母的附加转动。当螺母的转动与丝杠的转动方向相反时，工件的螺距增大；相同时螺距减小。这种增大和减小正好抵消丝杠的螺距误差。

2. 刀具、夹具的制造误差和磨损

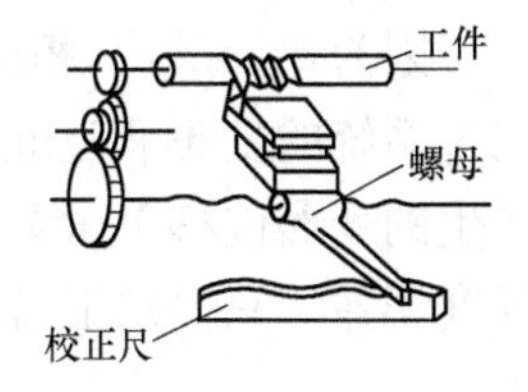

图2-15　螺距校正机构

（1）刀具的制造误差和磨损　刀具的制造误差和磨损对零件加工精度的影响，随刀具的种类不同而异。当用定尺寸刀具，如钻头、键槽拉刀、丝锥、板牙、键槽铣刀等进行加工时，被加工表面的尺寸精度主要受刀具工作部分的尺寸及制造精度的影响。

对于成形刀具（如成形车刀、成形铣刀等）和按展成法加工的刀具（如齿轮滚刀、花键滚刀、插齿刀等），其刃口轮廓及有关尺寸精度将直接影响被加工表面的精度。

对以上的各种刀具，应根据工件的精度要求来进行设计、制造和选用。

对于普通车刀、刨刀等单刃刀具来说，制造误差对加工精度影响极小。

在切削过程中，随着刀具的磨损，刀尖和工件的相对位置要改变，加工误差也会随之增大。在一般情况下，车刀、刨刀等单刃刀具磨损后对加工精度的影响较小，可以不予考虑。但当用这些刀具加工大直径的长工件、大平面，或在一次装刀后要加工一批工件时，刀具磨损的影响也应当加以注意。对于不同的加工要求，应合理控制刀具的磨损，及时进行调整或刃磨。在刃磨成形刀具和展成刀具时，除恢复刀具的切削性能外，还应注意保证不破坏它们的精度要求。否则，刃磨后将造成较大的加工误差。考虑到刀具的磨损对加工精度的影响，在切削加工过程中要注意正确选择切削用量和切削液，以减小刀具的磨损速度。

除刀具的制造误差和磨损对加工精度的影响外，对于成形刀具，如果装夹不正确，加工时也会使被加工表面产生误差。如图2-16所示，在车削螺纹时，由于螺纹车刀刀尖角的等分线与工件回转轴线不垂直，使螺纹的断面角产生误差。所以，使用成形刀具必须特别注意刀具的正确装夹。

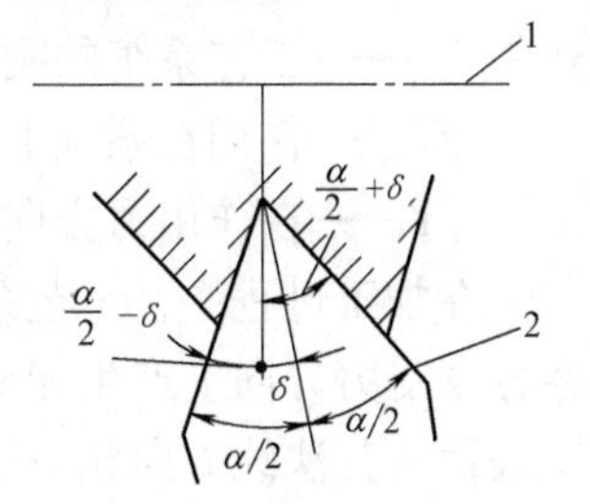

图2-16　螺纹车刀的装夹误差

1—工件轴线　2—螺纹车刀

（2）夹具的制造误差和磨损　工件通过夹具定位，使被加工表面相对于机床和刀具具有正确的位置。因此夹具上的定位元件、导向元件、对刀元件、分度机构、夹具体等的制造误差和磨损，将直接影响工件的加工精度。例如，自定心卡盘的定心误差，使车削的外圆柱面和内孔与工件的定位基准间产生同轴度误差。若铣床夹具上支承工件的水平定位面与铣床工作台不平行，铣出的平面将和定位面间产生平行度误差，对刀装置的误差将影响加工表面的尺寸和位置精度。因此，设计夹具时应根据工件的加工要求规定夹具及主要零件的尺寸、位置公差。如果夹具上的定位元件和导向元件磨损，将进一步增大加工误差。因此，夹具在使用过程中应定期检验，及时更换或修理磨损超差的元件。

3. 工件的几何误差

在切削加工前，由于工件或毛坯上的待加工表面自身存在形状或位置误差，加工后在加工表面上会出现与毛坯误差相类似的加工误差，这种现象称为误差复映。图 2-17 所示是车削一个有圆度误差的毛坯，车削时将刀尖调整到图示的圆周位置处。因为工件存在形状误差，在切削过程中背吃刀量 a_p 是变化的，由金属切削原理可知，车削的背向力 F_Y 与背吃刀量 a_p 成正比。

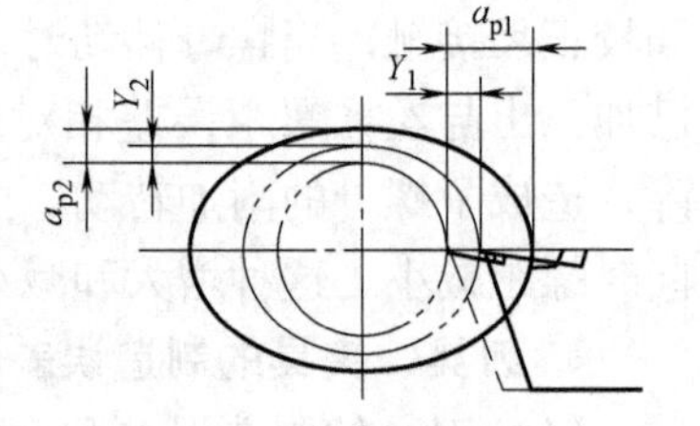

图 2-17　毛坯形状误差

因为 $a_{p1} > a_{p2}$，相应的背向力 $F_{Y_1} > F_{Y_2}$，由切削力引起的工艺系统的变形程度也不一样，使 a_{p1}、a_{p2} 处刀具与工件间产生的变形位移 $Y_1 < Y_2$。经过车削后工件仍然有相同方向的圆度误差。只是加工后会以一定的比例将毛坯误差缩小，直到缩小到允许的范围之内。

2.2.3　工艺系统的力效应对加工精度的影响

在加工过程中，工艺系统的组成环节在切削力、传动力、惯性力、重力等的作用下，可能产生弹性变形，某些接触面上还可能产生塑性变形。由于系统中某些配合零件间存在着间隙，在力的作用下配合零件也可能产生消除间隙的位移。由于变形和位移的影响，已经调整好的刀具和工件的相对位置将发生改变，从而导致加工误差。

1. 工艺系统的刚度

工艺系统的弹性变形、塑性变形和配合间隙消除所引起的位移量的总和称为工艺系统的总位移。它的大小取决于外力的大小，也取决于工艺系统抵抗变形的能力，这种能力称为系统的刚度。刚度用系统上的作用力与在力作用方向上所引起的位移（图 2-18）之比来表示，即

$$J = \frac{F_Y}{Y}$$

式中　J——工艺系统的刚度（N/mm）；

F_Y——作用在系统上的力（N）；

Y——在作用力方向的位移（mm）。

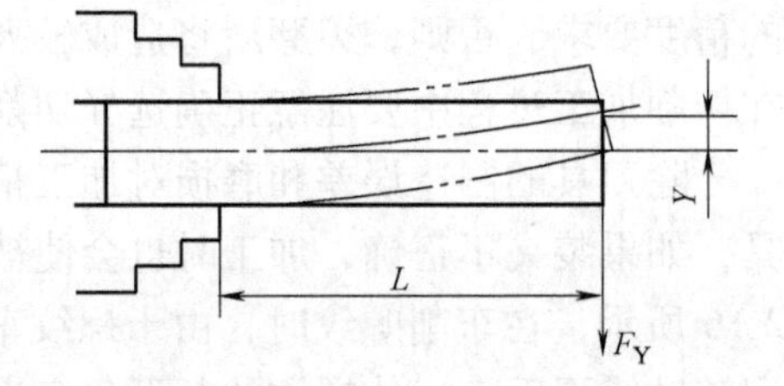

图 2-18　力作用方向上的位移

在加工过程中，工艺系统在各种力的作用下，将在各个受力方向上产生相应的位移。其中以零件被加工表面在其法线方向相对于刀具的位移，对加工精度的影响最大。系统在力作用下的位移为

$$Y = \frac{F_Y}{J} \tag{2-1}$$

可以看出，对于一个确定的工艺系统，作用在系统上的力越大，系统的位移量也越大。假若系统刚度极大，尽管有切削力等的作用，也可以将系统的位移量限制在加工精度所允许的范围之内。

2. 工艺系统刚度对加工精度的影响

工艺系统的刚度由工件、夹具、机床及刀具的刚度决定，当它们中的某个环节不够时，在力的作用下就会产生变形，从而影响零件的加工精度。

（1）工件受力变形对加工精度的影响　在讨论工件的刚度时，为了便于分析，假设机床、夹具和刀具的刚度很大，受力后其变形极小，可略去不计。

以车削外圆柱面为例，对于一端悬伸，一端夹持在卡盘中的光滑圆轴（图 2-18），工件

相当于一端固定的悬臂梁。在径向切削力 F_Y 作用下，工件中心线产生远离刀尖的位移量 Y，在车削过程中由于车刀的进给运动，车刀与工件固定端的距离将逐渐减小，Y 也随之减小。随着工件的回弹，沿工件轴线不同位置的背吃刀量将逐渐增大，加工后工件端部直径最大，已加工表面的母线也不再是直线。

如图2-19所示，用两顶尖支承车削细长轴时，在切削力的作用下，工件因弹性变形而出现弯曲现象，当车刀移动到工件的中间时，工件的弯曲最严重，刀尖距离工件的中心越大，此时车出的半径最大，使工件产生鼓形的圆度误差。

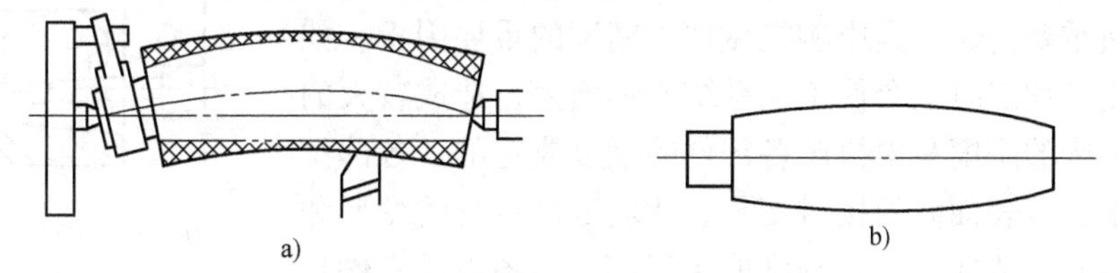

图2-19　车细长轴工件受力变形引起的加工误差

a）加工时工件弯曲　b）加工后工件成鼓形

为了减小加工误差，应合理选择刀具的几何参数（如增大主偏角 κ_r）以减小径向切削力或采用跟刀架，以提高工件抵抗变形的能力。

上面分析了在车床上车削外圆柱面时由切削力 F_Y 引起的加工误差。有些情况下工件的自重也可能导致加工误差。如图2-19a所示装夹条件下车削外圆柱面时，不仅切削力使工件产生弯曲变形，当工件长径比很大时，工件的自重也会使工件产生弯曲变形，在这种情况下工件的加工误差是这两种变形的综合影响。

不仅切削力和重力可能使工件产生弹性变形引起加工误差，在某些情况下夹紧力也会使工件产生较大的弹性变形，造成加工误差。图2-20a所示是将薄壁圆环夹持在自定心卡盘内进行镗孔加工，在夹紧力作用下产生弹性变形的状态。加工出的孔如图2-20b所示。当松开自定心卡盘后，圆环由于弹性恢复，使已经加工好的孔产生形状误差，如图2-20c所示。为了减小夹紧力引起的加工误差，可在薄壁环外套一个开口的过渡环，如图2-20d所示。这样，可使夹紧力在薄壁环的外圆面上均匀分布，从而减小工件的变形和加工误差。不仅薄壁零件在夹紧力作用下产生变形，一些尺寸较大、刚性较大的工件（如导套），如果夹紧力的着力点位置不当或夹紧力过大，同样也会产生大的弹性变形，引起加工误差。所以，装夹工件时合理选择夹紧力的大小及夹紧力的着力点和分布状态对减小加工误差具有十分重要的影响。

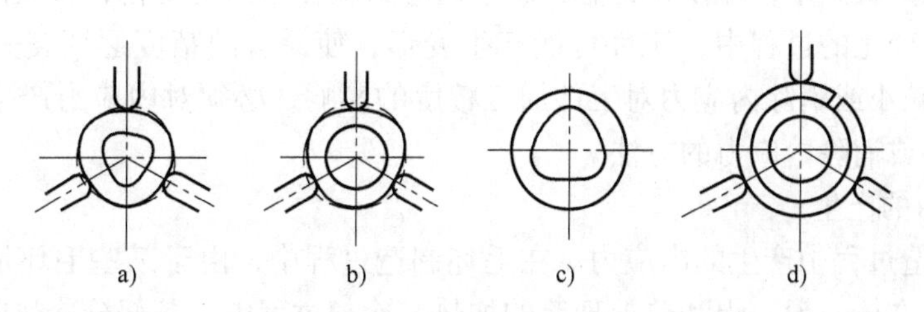

图2-20　夹紧力引起的加工误差

a）工件装夹后弹性变形　b）镗孔后　c）加工误差　d）加开口的过渡环装夹

（2）刀具受力变形对加工精度的影响　刀具的刚度根据刀具结构和工作条件，情况各不相同。车削外圆柱面时，在切削力作用下车刀变形（不包括刀架）的位移量是很小的。由车刀变形引起的加工误差可以不必考虑。但在镗床上由镗杆沿轴向进给进行镗孔时，镗杆可以看成一端固定的悬臂梁，若镗杆的刚度不够，随着刀杆的悬伸长度 L 的逐渐增加，镗杆由于受径向切削力的作用产生弯曲变形，背吃刀量会逐渐减小，使工件产生"喇叭口"，如图 2-21 所示。

（3）机床受力变形对加工精度的影响　机床的刚度是机床性能的一项重要指标，是影响机械加工精度的重要因素。如果机床刚度差，加工时就会使工艺系统变形增大，造成较大的加工误差。机床的刚度是由机床各部件的刚度决定的。各部件的变形是由于连接表面间的接触变形、薄弱零件本身的变形和间隙的影响等原因造成的，其刚度取决于部件中各组成零件自身的受力变形和各零件间的连接情况等。

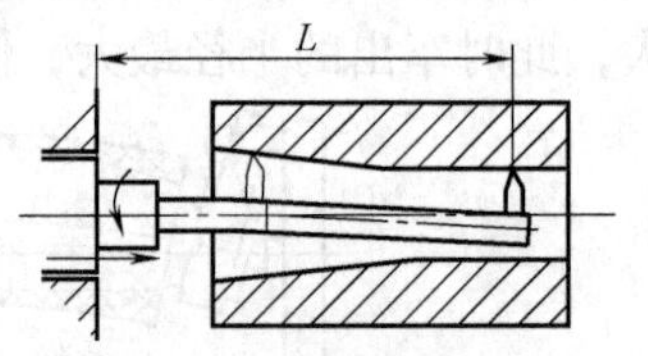

图 2-21　镗杆悬伸过长引起的误差

机床的刚度很难用计算方法求得。目前多数情况都用实验来测定机床各部件的刚度。例如，图 2-22 所示是车床主轴箱、尾座和刀架的刚度情况，设工件为绝对刚体，在径向切削力 F_Y 作用下，前后顶尖处和刀架的水平位移分别为 $Y_{主}$、$Y_{尾}$、$Y_{刀}$。由于前后顶尖的位移，使工件轴线由 AB 移到 $A'B'$。刀尖由 C 移至 C'处。机床的总位移为

$$Y_{机} = Y_X + Y_{刀}$$

而当车刀在 $L/2$ 处时，F_Y 作用在前后顶尖处的径向力都只有 $F_Y/2$（最小），所以此时 $Y_{机}$ 也最小。由此至工件两端 $Y_{机}$ 逐渐增大，所以车出后的工件直径两端大，中间小。又由于车床主轴一端的刚度比尾座一端大，车出后的工件尾座端又比主轴端大，如图 2-23 所示。

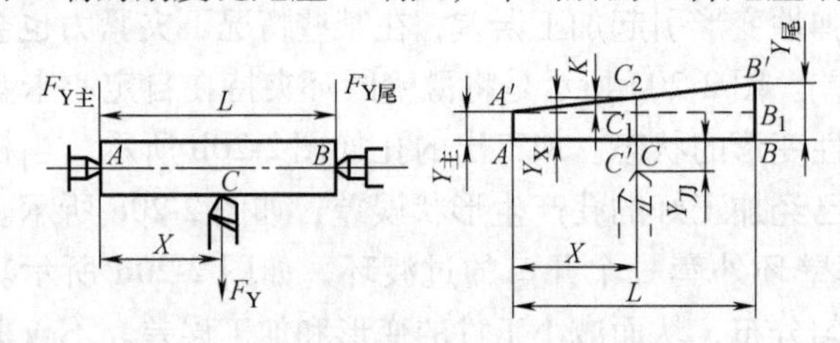

图 2-22　车床主轴箱、尾座和刀架的位移

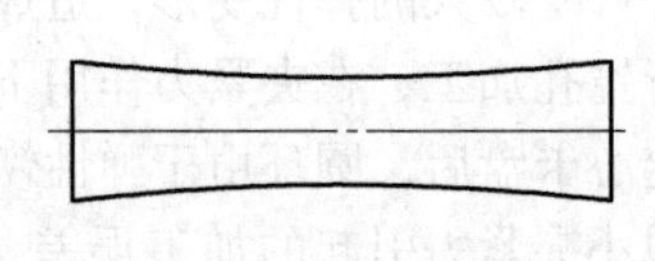
图 2-23　车床刚度引起的位移

3. 工件内应力对加工精度的影响

工件的内应力是指无外载荷作用的情况下，工件内部存在的应力。具有内应力的工件，处在一种不稳定的状态中，即使在常温状态下内应力也在不断地变化，直至内应力全部消失为止。在内应力变化的过程中，工件可能产生变形，使原有的精度逐渐丧失（严重时会导致裂纹）。为了减小或消除内应力对工件加工精度的影响，必须对内应力产生的原因进行研究，以寻求减小或消除内应力的方法。

（1）内应力的产生

1）毛坯制造过程中产生的内应力。在毛坯制造过程中，由于某些毛坯形状复杂，断面尺寸变化较大，在铸、锻、焊和热处理等的加热、冷却过程中，各部分冷热收缩不均匀，因而产生内应力。另外，金相组织转变时的体积变化也会使毛坯内部产生相当大的内应力。图

2-24a 所示零件，在铸造冷却过程中壁 1、3 散热容易，冷却较快，壁 2 较厚，冷却较慢。当壁 1、3 从塑性状态冷却到弹性状态时，因温度降低引起 1、3 沿长度方向收缩，由于壁 2 处的金属温度还高，仍处于塑性状态，所以对壁 1、3 的收缩不起阻碍作用。但当壁 2 也冷却到弹性状态时，壁 1、3 早已进入弹性状态，壁 2 的收缩要受壁 1、3 的阻碍，因此在壁 1、3 的金属内部形成压应力，壁 2 的金属内部形成拉应力，这些应力处于暂时的平衡状态。如果将工件的壁 1 断开，原来的应力平衡状态遭到破坏，在内应力作用下壁 2 沿长度方向收缩，壁 3 沿长度方向伸长，工件产生弯曲变形，如图 2-24b 所示。

和上述情况相类似，整块模坯在热处理时表面冷却速度快，中心冷却速度慢，由于冷却速度不均匀，或热处理后模坯金相组织不一致，常常导致内应力产生。而且越靠近边角处应力变化越大。图 2-25 所示是以整块淬硬钢料为模坯，用电火花线切割加工指针凸模。凸模形状如图中双点画线所示。图 2-25a 所示是从指针凸模左侧开始，按箭头方向进行切割。随着切割的进行，坯料左右两侧的连接材料被逐渐割断，模坯的应力平衡状态逐渐丧失，使坯料的右侧部分（包括指针凸模）不断偏斜。当电极丝切割到指针头部时形成图 2-25a 所示变形状态。因此切割出的凸模达不到预期的尺寸要求。

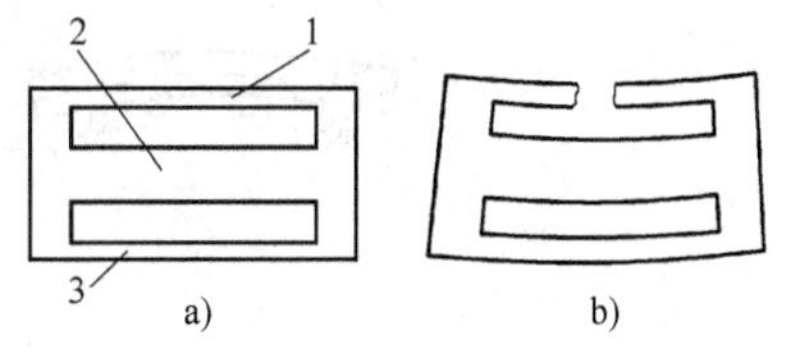

图 2-24　铸造因内应力而引起变形
a）零件毛坯　b）内应力引起的变形

为了消除上述影响，可从指针凸模右侧开始，按箭头方向进行切割。尽管在切割过程中指针凸模右侧部分的坯料也会产生如图 2-25a 相类似的变形，但坯料上的凸模部分并不偏斜，所以坯料的变形不会影响凸模的加工精度。此外，还可考虑在模坯上做出穿丝孔，从模坯内部切割指针凸模，使模坯外形不被切开，仍为一个封闭整体，如图 2-25c 所示，同样可以减小内应力引起的变形，保证加工精度。

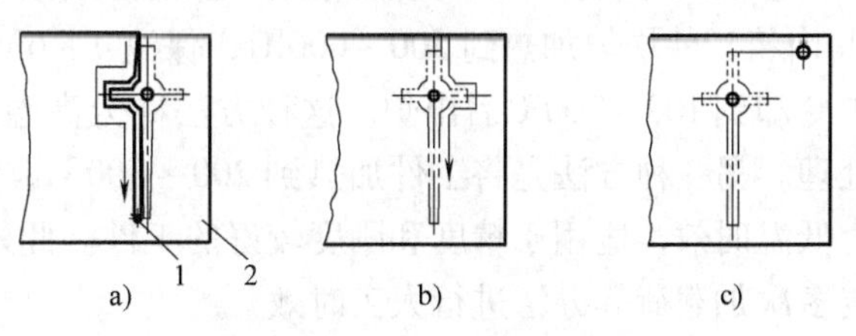

图 2-25　内应力引起模坯变形
a）不正确的切割方式　b）、c）正确的切割方式
1—电极丝　2—模坯

2）冷校直产生的内应力。用冷校直方法校直工件的过程，如图 2-26 所示。图 2-26a 中实线是零件未经校直的状态，设零件未经校直时尚无内应力。在外力 F 的作用下，工件产生弹性变形，其应力分布如图 2-26b 所示。当外力 F 去除后，由于弹性恢复，零件仍成弯曲状态。对处于弹性变形状态下的工件继续加大外力，直到工件上、下部分（图 2-26b、c 中双点画线以外的部分）一定厚度的金属层产生塑性变形。在这种状态下去除外力后，工件内部弹性变形部分的应力形成力矩 M_1，使工件有恢复到原始状态的趋势。由于上、下部分已有一定厚度的金属层产生了塑性变形，阻止这种恢复，形成与弹性变形层应力相反的应力。该应力形成力矩 M_2，如图 2-26c 所示。如果工件逐渐回复到平直状态时 $M_1 = M_2$（内应力处于平衡状态），工件即被校直，但产生了内应力。如果进行机械加工，将塑性变形的金属层部分切除，内应力的平衡状态将被破坏，工件又会产生弯曲变形。

3）切削加工引起的内应力。切削加工时，由于刀具的挤压和摩擦作用，使工件已加工表面的表层金属产生塑性变形，内层金属产生弹性变形。塑性变形层会阻碍内层金属的弹性恢复。另外，表层金属的塑性变形是在一定的切削温度下发生的，由于塑性变形区的温度远高于工件内层金属的温度，当塑性变形层的温度下降时，其热收缩又受到内层金属的阻碍，所以被切削加工后的工件表面将产生内应力。内应力的性质、大小和应力层的深度，因加工方法和切削条件不同而异。在某些情况下，表面层中的应力会使工件变形甚至产生裂纹，影响工件的加工精度和使用性能。每进行一次切削都会产生应力层，但随着工艺过程的继续，其切削用量将越来越小，所以应力层的深度也将越来越小。

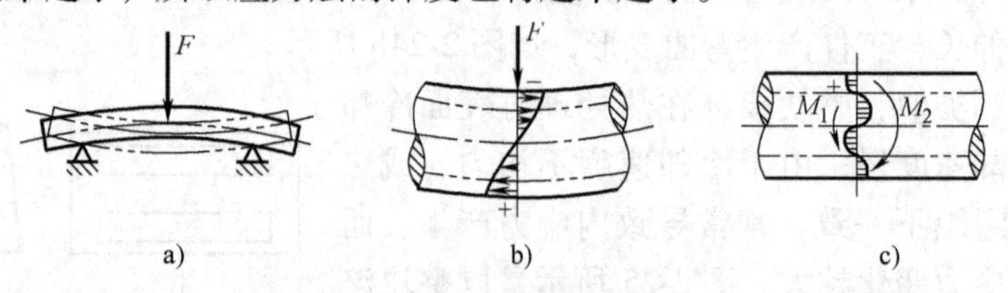

图 2-26　冷校直引起的内应力

（2）减小或消除内应力的措施　从前面的分析可知，无论是在毛坯制造还是在工件的机械加工过程中，往往会程度不同地引起内应力，使加工对象处于一种不稳定的状态中，由于内应力引起的变形，常常使工件原有的加工精度丧失。所以，应设法减小或消除内应力。

1）合理设计工件的结构。在设计机器或模具零件时，应尽量减小断面尺寸的突然变化，以减小铸、锻件在毛坯制造过程中产生内应力。

2）采用时效处理。为了减小或消除内应力，可以对毛坯或半成品工件进行时效处理。时效处理有两种：自然时效和人工时效。

①自然时效。自然时效是工件在大气温度变化的影响下自然变形，使内应力消失。这种方法一般需要 2～3 个月，甚至半年以上，容易造成产品积压。

②人工时效。人工时效是采用人工的办法减小或消除工件的应力。其方法之一是在 3～4h 内将工件均匀加热到 500～600℃，保温 4～6h，然后以 20～50℃/h 的降温速度使工件随炉冷却到 100～200℃后出炉。这种方法称为高温时效，多用于铸造或锻造毛坯的首次时效处理。另一种方法是将工件加热到 200～300℃，以消除部分应力和强化基体。这种方法称为低温时效，适用于精度和刚度较好的工件。此外，对某些工件还可以采用振动、敲击和反复多次加载荷等办法进行人工时效。

一般时效处理可安排在粗加工前、后进行，对于某些精度要求高的零件，在加工过程中常常要反复多次进行时效处理。各种时效处理的目的，都是促使材料通过塑性变形使内应力减小和强化基体，以提高零件抗内应力变形的能力。

2.2.4　工艺系统受热变形对加工精度的影响

在切削加工过程中，工艺系统因受热将产生热变形。由于系统各组成部分的热容、线（膨）胀系数、受热及散热条件不完全相同，各部分热（膨）胀的情况也不完全一样，结果使工艺系统的静态（常温状态）几何精度变化，导致刀具与工件之间的原始相对位置或运动状态的改变，造成加工误差。由热变形引起的加工误差，对精加工和大件加工的影响尤为突出，据统计，在这两类加工中，热变形造成的加工误差占总加工误差的 40%～70%。因此，在精加工中决不能忽视工艺系统热变形的影响。

引起热变形的根源是工艺系统在加工过程中出现的各种热源，这些热源有以下几种：

1）切削热。切削热的产生与被加工材料的性能、切削用量、刀具的几何参数等因素有关。切削热主要传递给工件、刀具和铁屑，它们之间的分配比例将随加工条件而异。对工件的加工精度有直接影响。

2）摩擦热。这部分热量主要产生于机床的运动副（轴和轴承、齿轮副、螺旋副、摩擦离合器、工作台与导轨等），它造成了机床各部分温度的不均匀分布，导致机床零、部件的不均匀膨胀，破坏机床原有的精度，造成加工误差。

3）由动力热源和周围环境传来的热量。机床上的电动机、变压器、接触器和液压传动部分等发出的热量以及工作环境内的加热器、照明设备、日光照射等传来的热量，将通过辐射、对流、传导等方式传递到机床的不同部位，使机床产生不均匀变形，破坏机床原有的几何精度。例如，靠近窗口的机床常受日光照射的影响，当床身的顶部和侧面受日光照射后，就会出现顶部凸起和床身扭曲的现象。上、下照射情况不同，机床的变形也不一样。

研究工艺系统的热变形，不像研究工艺系统的受力变形那样，考虑系统的变形位移时几乎不涉及时间因素。而热变形必须考虑时间因素，这不仅由于切削、摩擦和热辐射释放出的热量多少是时间的函数，而且热量的传导、温度场的变迁也和时间有关。因此，研究热变形对机械加工精度的影响就比较复杂。下面分别对机床、工件、刀具的热变形对加工精度的影响进行讨论。

1. 机床的热变形

机床工作时，轴承、齿轮、丝杠和螺母、离合器、导轨、电动机及其他机床电器、液压部件等产生的热量，一部分为周围介质所吸收，其余部分则传给热源附近的机床零件，使之产生热变形，这种热变形是不均匀的，常常会造成机床零、部件间的相对位置改变，导致加工误差产生。

由于影响机床热变形的因素很多，情况复杂，所以多采用实验方法进行研究。例如，将车床开动后对各部分温度进行测定，获得温度的分布情况，如图2-27所示。图中“.”旁的数字为实际测量的机床在该点的温升（单位为℃）。进一步分析则可判断热源的发热和传递情况，预见机床可能的变形趋势，并采取措施以防止或减小机床的变形。从图中可以看出，主轴前轴承的温升高于后轴承。由于床身的热量来自主轴箱，所以其左端温度高于右端。床身顶面与床脚处的温差达14℃（16～2℃），这就导致床身顶面的膨胀量大于床身下部的膨胀量，使床身向上拱起，并使主轴的回转轴线由图2-27中的位置 a 移至位置 b。主轴箱自身温度的升高，使主轴轴线最终移至 c。由于机床的热变形造成了主轴轴线位置的抬高和倾斜。其抬高和倾斜量随车床运转时间的变化规律如图2-28所示。可以看出，随着机床运转时间的增加，主轴的抬高和倾斜也逐渐增大，当机床运转6h后，即使再继续运转，主轴的抬高和倾斜变化也极小，热变形达到一定程度的稳定，机床处于热平衡状态。

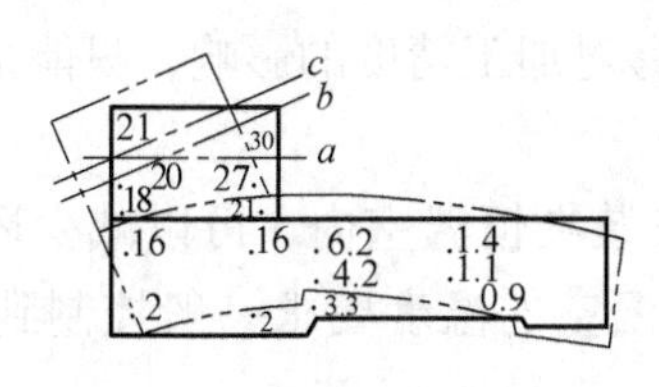

图2-27　车床的热变形

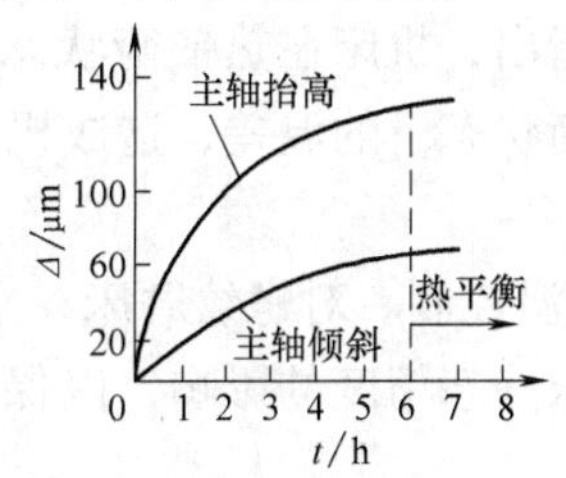

图2-28　机床主轴热变形规律

热平衡是研究加工精度必须关心的一个重要问题。当整个机床达到热平衡后，机床各部件的相对位置便趋于稳定，使热变形引起的加工误差易于控制和补偿。在机床达到热平衡状态之前，机床的几何精度是变化的，它对加工精度的影响也是变化的，要控制这种变化着的误差困难极大。因此，精密加工常在机床达到热平衡之后进行。由于各种机床的差异较大，它们达到热平衡的时间也各不相同。对一般的车床和磨床，达到热平衡需空运转4～6h。某些中小型精密机床经过不断改进之后，达到热平衡的空运转时间可控制到1～2h之内。

图2-29所示是另外几种机床的热变形趋势。图中实线是无热变形的状态，双点画线是变形后的状态。

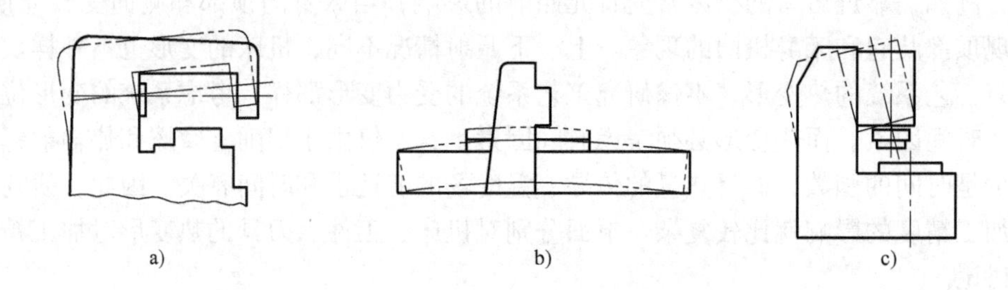

图2-29　几种机床热变形的一般趋势

a）铣床　b）龙门刨床　c）立轴平面磨床

为了减小机床热变形引起的加工误差，可采取以下措施：

1）减小热量的产生。机床上产生热量的主要热源是负载较大、相对运动速度较高的一些零、部件，例如主轴轴承、高速度运动部件的导轨和螺旋传动副等。要减少它们的发热量，主要应从减少这些摩擦副的摩擦系数着手。可以采用液体摩擦（动压和静压技术的应用）和滚动摩擦（如滚动轴承、滚动导轨的应用）代替滑动摩擦，以便大幅度地减小摩擦系数，从而减小摩擦热的产生。在机床上采用静压轴承或导轨以及采用滚动轴承或滚动导轨时，还必须注意解决它们的刚度问题。

2）充分冷却。对容易发热的零、部件采取必要的冷却措施，将机床所产生的热量用外来的介质带走，以减少传给机床部件的热量。

3）在机床达到热平衡后再进行加工。即机床开动后空运转一段时间，让其达到或接近热平衡后再进行加工。对某些精密零件进行加工，尽管有不切削的间断时间，也常使机床不停机空转，以保持机床的热平衡状态。

应当指出，机床在热平衡状态下进行加工，只能消除热平衡前使加工精度不稳定的状态。热平衡状态下的温差，造成机床有关部件的位置偏移对加工精度的影响，只能采用其他方法消除。

4）恒温控制。对螺纹磨床、坐标磨床等精密设备安装在恒温室内，可以减少环境温度变化对机床静态精度的影响，以保证高的加工精度。恒温室的温度要求一般控制到20℃左右。

5）改善机床的结构。在设计机床时，从结构上采取措施对热量进行合理诱导。在机床需要散热的部位加大有关零、部件的散热面积，希望保留热量的部位，减小散热面积、尽量使关键零、部件的温差减小。此外，还可以采用热补偿装置，使机床部件的热变形向无损于加工精度的方向变化。

图 2-30 所示立轴平面磨床采用热空气加热温升较低的立柱后壁，使立柱前后壁的温差减小，以降低立柱的弯曲变形。图中热空气从电机风扇排出，通过特设的管道流向立柱的后壁空间。

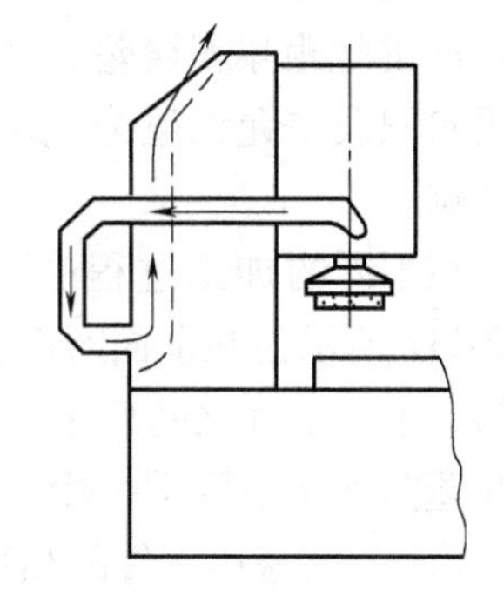

图 2-30　用热空气加热立柱后壁

2. 刀具的热变形

在切削过程中，切削热大部分由切屑带走，其余部分则分别传入工件、刀具和周围介质。传入刀具的热量所占比例虽然不大，但由于刀具体积小、热容小，热量都集中于刀具的切削部分，故刀具仍有相当程度的温升，其热变形也比较显著。

车刀的热变形一般只影响尺寸精度，但在车削长度较大的工件时，进给路程长，在开始阶段切屑与刀具的温差较大，所以传入刀具的热量较多，刀具温度变化较大，产生的热伸长也大，这样就会使车出的外圆直径越来越小，造成形状误差。但是由于刀具的热容小，很快就能达到热平衡，使刀具的热变形量保持不变。在某些情况下，刀具的热变形还能与刀具的磨损相互补偿，故在一般情况下对加工精度的影响并不严重。

为减小刀具热变形对加工精度的影响，其主要措施是加切削液。通过流动液体将大量的切削热带走；由于切削液有润滑作用，也减小了摩擦热的产生，从而使刀具的热变形减少到极微小的数值。

3. 工件的热变形

在切削加工中，工件的热变形主要是由于切削热的作用。据一些试验结果表明，对于不同的加工方法，传入工件的热量也不相同，车削加工时有 50% ~80% 的切削热由切屑带走，10% ~40% 传入刀具，3% ~9% 传入工件；而钻削加工时，切屑带走的热量约 28%，14.5% 传入刀具，52.5% 传入工件。即使传入工件的热量相同，对于形状和尺寸不同的工件，温升和热变形也不一样。由于加工的精度要求不同，工件热变形对加工精度的影响有时可以忽略，有时则不能忽略。因此，研究工件热变形对加工精度的影响，应联系实际加工要求和条件进行。以车削外圆柱面为例，在开始车削时工件的温升为零，随着切削时间的增加，工件的温度逐渐升高，工件直径也逐渐增大，在达到热平衡状态时直径的增大量为最大。因其增大量均在加工过程中被切除，因此工件冷却后将出现靠尾座一端直径大，主轴箱一端直径小的锥度，外圆柱面很难达到高的精度要求。要使工件外径达到高的精度（特别是形状精度），应在粗加工之后再进行精加工。精加工（精车或磨）必须在工件冷却后再进行。可采用高速精车或施用大量切削液进行磨削，以消除工件的热变形对加工精度的影响。

此外，工件受热后还会产生轴向伸长，若在顶尖间进行车削加工，由于轴向伸长受两顶尖的阻碍，造成轴向压力，对长径比较大的细长工件，当温升足够大时，工件将产生纵向弯曲，使被加工表面产生形状误差。有经验的车工在车削过程中，总是根据实际情况，适时放松尾顶尖，以调整顶尖对工件的轴向压力，或者采用类似于外圆磨床的弹性顶尖。

在螺纹加工中，工件的热伸长使螺纹产生螺距累积误差。根据实验可知，一般磨削螺纹时，工件的温度平均高出室温 3.5℃左右，并高于机床丝杠的温升，如机床丝杠与工件的温差为 1℃，400mm 长的工件将出现 4.4μm 的螺距累积误差。对于Ⅴ级精度的丝杠，在 400mm 长度上螺距累积误差允许值为 5μm。所以，必须采取措施以减小热变形的影响。

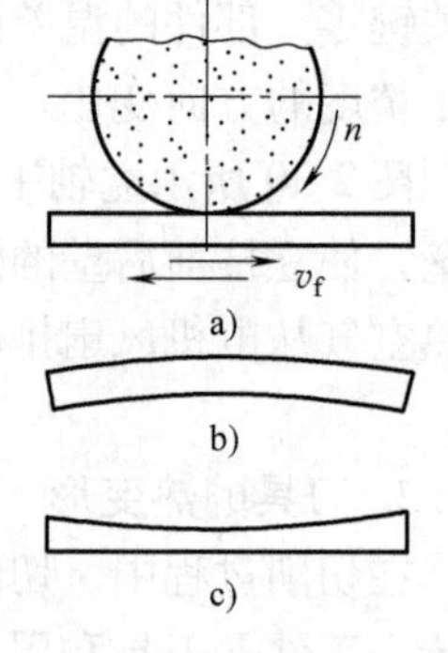

图 2-31　切削热对薄板工件加工的影响

在不同的加工过程中，切削热使工件变形的情况也不相同。图 2-31a 所示是在平面磨床上磨削较薄的平板状工件。工件因单面受热，上、下面之间产生温差导致工件翘曲，如图 2-31b 所示。工件在翘曲状态下磨平，冷却后则出现（上凹）形状误差，如图 2-31c 所示。欲减小工件的热变形，必须减小上、下面的温差。可以采用流量充足的切削液，或者提高进给速度 v_f，使砂轮保持锋利等工艺措施，以减少传入工件的热量和热量的产生。

2.2.5　其他误差对加工精度的影响

1. 原理误差

由于采用了近似的成形运动或近似的刀具刃口轮廓而引起的加工误差，称为原理误差。

在加工时，为了得到要求的加工表面，必须使刀具和工件作相应的成形运动。例如车削螺纹，必须使车刀和工件之间有准确的螺旋运动，即工件绕轴线回转一周，车刀必须沿工件的轴线方向准确地移动一个螺纹导程。如果联系车床主轴和丝杠的传动交换齿轮（图 2-14），其传动比不是准确地等于所要求的传动比，采用具有近似传动比的交换齿轮，加工后螺纹的螺距必然不等于理想螺距，而产生加工误差。又如电火花线切割加工时，一般情况下都是用折线（电极丝的运动轨迹）代替设计图样上的理想曲线或直线段，也同样使所切出的线段产生了加工误差。这两种情况都是由于采用了近似的成形运动，其加工误差都属于原理误差。

除上述情况外，在用成形刀具加工成形表面时，为了简化刀具的设计及制造，常常用近似的圆弧刃口来代替非圆弧曲线的刃口，或者用其他近似的刃口轮廓来代替理想的刃口轮廓，加工后必然使加工表面产生形状误差，这种加工误差也属于原理误差。

从理论上讲，应该采用理想的成形运动和理想的刀具刃口轮廓进行加工，以获得加工表面的理想形状，但这样做有时会使机床、夹具、刀具的结构极其复杂，制造困难，或者由于成形运动的环节增多，机构运动的误差增大，反而得不到高的加工精度。相反，由于采用了近似的成形运动或刀具刃口轮廓，既可满足加工的精度要求，又可以简化设备及工装，使工艺过程更为经济。所以，决不能认为存在原理误差的加工方法就不是一种理想的加工方法。

2. 装夹误差

定位误差与夹紧误差之和称为装夹误差。定位误差包含定位基准与设计基准不重合引起的基准不重合误差和基准位移误差。这类误差在《机床夹具设计》中已有详细论述，故不再重叙。

3. 调整误差

调整误差是指工艺系统在加工时未调整到理想位置而产生的误差。例如采用调整法加工时，刀具相对于工件未调整到正确位置，必然会产生加工误差，降低工件的加工精度。为了调整方便，在铣床夹具上常常设计有专门的对刀装置来调整；在成批或大量生产时可制造一个标准件来调整刀具和工件的相对位置；在精密加工中常常采用对刀显微镜、光测、电测等仪器来调整刀具和工件的相对位置。

调整误差的大小，与调整中所用工具（标准件、对刀样板等）的精度、调整过程中测量工件所产生的误差、机床调整机构的精度和灵敏度等因素有关。

4. 测量误差

机械加工时，需要以测量结果作为依据来控制加工过程或对工艺系统进行调整。由于测量工具自身不可避免地存在误差，此外，测量过程中由于测量方法、环境条件、测量操作人员的经验等原因也会使测量结果产生误差。所以，测量误差是测量工具自身误差和测量过程中产生的误差之和。由于测量误差的存在，必然会使工件的加工精度降低。

为了提高测量精度，选择量具时应从工件的精度要求出发，使所选量具的极限测量误差在工件公差的1/10～1/3的范围内，且在测量过程中，应尽量减小量具和被测量工件的温度差。精密测量应在相应等级的恒温条件下进行。

2.2.6　机械加工的表面质量

1. 表面质量的含义

机械加工的表面质量是指工件经过切削加工后，已加工表面在一定深度内出现的金属的物理力学性能的变化状况，表面的微观几何形状误差和表面波度。

（1）表面的微观几何形状误差（即表面粗糙度）　它主要受切削时的残留面积高度、积屑瘤、鳞刺以及切削过程中工艺系统的振动等因素的综合影响。

（2）表面波度　表面波度是介于表面宏观几何形状误差（如平面度、圆度等）和微观几何形状误差之间的一种表面误差，一般由加工过程中工艺系统的强迫振动引起。

（3）表面层的物理力学性能　表面层的物理力学性能主要是指表面层冷作硬化的程度及深度，表面层残余应力的性质、大小及分布状况等。已加工表面物理力学性能的变化状况，主要受被加工材料的性能、切削变形区的变形程度及切削温度等因素的综合影响。

2. 表面质量对零件使用性能的影响

（1）表面粗糙度的影响

1）表面粗糙度影响零件的耐磨性。当两个零件表面相互接触时，最初接触的只是表面微观几何形状的一些凸锋，因此实际接触面积只是理论接触面积的一部分，单位面积上的压力很大。对于有相对运动的接触表面，由于微观几何形状的凹凸部分相互咬合、挤裂和切断，因而会加速零件的磨损。即使在有润滑的条件下，由于凸峰处的压强超过临界值，使润滑油膜破坏，金属直接接触，也同样使零件的磨损加剧。但并不是说表粗糙度值越小越耐磨。因为在正常状态下工作的零件，其磨损过程划分成初期磨损、正常磨损和剧烈磨损三个阶段。零件主要工作在前两个阶段中。在正常磨损阶段，即使经过较长的工作过程也不会出现明显的磨损。

根据有关实验表明，当Ra值为0.63～0.32μm时，零件的初期磨损量最小。由于初期磨损量小，就能使零件在较长时间内保持其配合状态。过分光滑的表面，储存润滑液的能力变差，润滑条件恶化，在紧密接触的两表面间产生分子粘合现象而咬合在一起，同样会导致磨损加剧。

2）表面粗糙度影响零件的配合性质。对于有相对运动要求的配合零件，由于磨损会使零件的尺寸发生变化，影响零件的配合性质。零件表面粗糙度选择不当，会使零件的磨损速度加快，装配时所得到的合理间隙便迅速增大，一台新设备很快就失去正常的工作能力。所以，在要求配合精密、间隙很小的情况下，不仅要保证配合面的尺寸和几何形状精度，同时还应保证一定的表面粗糙度。同样，对于过盈配合的零件，其过盈量是轴和孔的直径之差，如果表面粗糙度选择不当，由于轴、孔表面微观几何误差的波峰在装配时被挤平，填入波谷后，将使实际的过盈量减小，达不到预期的配合要求。

3）表面粗糙度影响零件的疲劳强度。当零件承受交变载荷时，表面微观几何形状的凹入处容易出现应力集中，导致疲劳裂纹。表面越粗糙，疲劳强度越低。

4）表面粗糙度影响零件的耐腐蚀性能。表面粗糙的零件容易在表面微观几何形状的谷底聚集水分和其他腐蚀性物质而遭受腐蚀，随着腐蚀作用逐渐深入金属内部，会造成零件材料的逐渐剥落和破坏。另外，表面粗糙的零件相配合时，会使连接表面的有效接触面积减小，接触刚度下降。对于某些要求具备密封性能的表面，小的表面粗糙度值能够获得较好的密封性能。

（2）表面冷作硬化的影响　机械加工过程中都会产生不同程度的冷作硬化现象，使零件表面层硬度增加，脆性增大，抗冲击的能力下降。冷硬层一般都能提高零件的耐磨性和疲劳强度，但并不是冷作硬化的程度越高越好。当冷作硬化现象达到一定程度后，如果再提高硬化程度，会使零件表面产生裂纹，其耐磨性和疲劳强度反而下降。因此，机械加工中应注意不使其产生过度的冷作硬化。

（3）表面残余应力的影响　加工过程中所产生的表面残余应力有拉应力和压应力之分。拉应力容易使已加工表面产生裂纹，降低零件的疲劳强度。而残余压应力则能使疲劳强度提高。

3. 影响表面质量的因素及改善途径

（1）影响表面粗糙度的因素及改善措施　切削加工产生表面粗糙度的原因，可归纳为三个方面：一是切削过程中切削刃在工件表面留下的残留面积；二是在切削过程中塑性变形及积屑瘤和鳞刺生成的影响；三是切削过程中切削刃与工件相对位置微幅振动。前两个原因受工件材料、切削用量、刀具几何参数及冷却润滑等因素影响，后一个原因与工艺系统振动有关。

1）工件材料的影响。一般韧性较大的塑性材料，加工后表面粗糙度值较大，而韧性较小的塑性材料加工后易得到较小的表面粗糙度值。对于同种材料，金相组织的粒度越细，热处理后得到的硬度越高，加工后表面粗糙度值越小。因此，对调质或正火处理过的材料，可以获得均匀细密的晶粒组织和较大的硬度，加工后可以得到较小的表面粗糙度值。

2）切削用量的影响。在低速切削或变速切削时，切屑和加工表面塑性变形小，也不容易产生积屑瘤，因而加工表面粗糙度值小。但是在一定切削速度范围内，加工塑性材料时，由于容易产生积屑瘤和鳞刺，且塑性变形较大，所以表面粗糙度值较大。加工塑性材料时，切削速度与表面轮廓的最大高度 Rz 的关系如图 2-32 所示。切削脆性材料时，切削速度对表面粗糙度值影响较小。

减小进给量 f 可减小残留面积高度，使表面粗糙度值降低。但当进给量太小而切削刃又不够锋利时，切削刃不能切削而形成挤压，增大了工件的塑性变形，反而使表面粗糙度值增大。

背吃刀量对表面粗糙度的影响不明显，一般可忽略。但当背吃刀量 $a_p<0.02$mm 时，由于切削刃不是绝对尖锐，而是有一定的圆弧半径，这时切削刃与工件产生挤压与摩擦，从而使表面恶化。因此，加工时不能选用过小的背吃刀量。

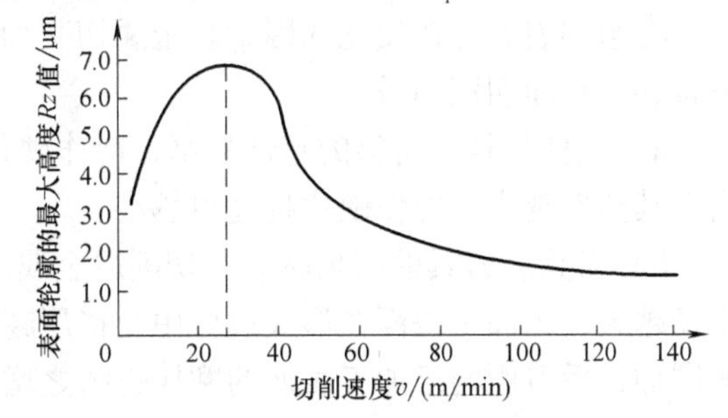

图2-32　加工塑性材料时切削速度对表面粗糙度的影响

3）刀具几何参数的影响。刀具几何参数对表面粗糙度的影响主要有以下几个方面：

①刀尖圆弧半径r_ε。由图2-33a可以看出，刀尖圆弧半径 r_ε 越大，残留面积高度 H 越小。可见，刀尖圆弧半径 r_ε 直接影响残留面积高度。

②主偏角 κ_r 和副偏角 κ_r'。由图2-33b可以看出，减小主偏角 κ_r 和副偏角 κ_r'，可降低表面粗糙度值。

③前角 γ_o。前角 γ_o 对表面粗糙度没有直接影响。由于 γ_o 大时对抑制积屑瘤和鳞刺有利，故在中、低速范围内增大 γ_o 有利于降低表面粗糙度值。

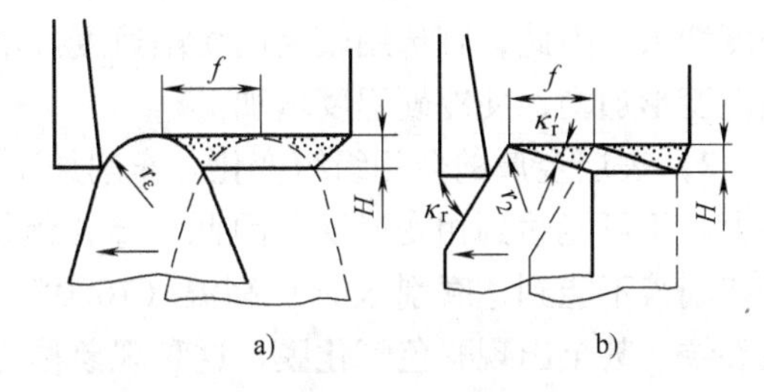

图2-33　车削加工理论残留面积高度

另外，刀具材料对积屑瘤、鳞刺的生成影响很大。实验表明，在其他条件相同的情况下，用硬质合金刀具加工的工件，表面粗糙度值比用高速钢刀具加工的小。用金刚石车刀加工，因不易形成积屑瘤，可获得更低的表面粗糙度值。

4）切削液的影响。使用切削液能有效地减小表面粗糙度值。切削液能减少切削过程中刀具与工件加工表面间的摩擦，降低切削温度，从而减小材料的塑性变形，抑制积屑瘤与鳞刺的产生，因此可大大减小表面粗糙度值。

5）工艺系统振动的影响。工艺系统的振动可引起切削刃与工件相对位置微幅变动，使表面质量恶化。因此，提高工艺系统刚度与抗振性可降低加工表面粗糙度值。

（2）影响表层金属物理力学性能的因素及其改进措施　由于受到切削力和切削热的作用，表面金属层的物理力学性能会产生很大的变化，最主要的变化是表层金属显微硬度的变化、金相组织的变化以及在表层金属中产生残余应力等。

1）加工表面层的冷作硬化。下面介绍加工过程中冷作硬化的产生机理和影响表面冷作硬化的因素。

①冷作硬化的产生。机械加工过程中产生的塑性变形，使晶格发生扭曲、畸变，晶粒间产生滑移，晶粒被拉长，这些都会使表面层金属的硬度增加，这种现象统称为冷作硬化（或称为强化）。表层金属冷作硬化的结果，会增大金属变形的抗力，减小金属的塑性，使金属的物理性质（密度、导电性、导热性等）有所变化。

金属冷作硬化的结果是使金属处于高能位不稳定状态，只要有条件，金属的冷硬结构会向比较稳定的结构转化。这种现象统称为弱化。机械加工过程中产生的切削热，将使金属在塑性变形中产生的冷硬现象得到一定的恢复。

由于金属在机械加工过程中同时受到力和热的作用，机械加工后表面层金属的性质取决于强化和弱化两个过程的综合结果。

②影响表面冷作硬化的因素。金属切削加工时，影响表面层冷作硬化的主要因素有工件材料、刀具和切削用量。

a）工件材料。材料的塑性越高，冷作硬化程度也越严重。碳钢中含碳量越高，强度越高，其塑性越小，冷作硬化程度也越小。

b）刀具。刀具的前角越大，切削层金属的塑性变形越小，硬化层深度越小；刀尖圆弧半径越大，已加工表面在形成过程中受挤压越大，加工硬化也越大；随着刀具后刀面磨损量的增加，后刀面与已加工表面的摩擦也随之增加，硬化层深度也增大。

c）切削用量。切削用量的三要素对冷作硬化都有一定的影响。随着切削速度的增大，塑性变形将不充分，冷作硬化层的深度和硬化程度都会减小；同时，切削温度也会随之升高，回复作用增大，因此冷硬程度将减小。但若切削速度很高，回复来不及进行，则冷硬层深度增大。因此，宜选用较高的切削速度。增大背吃刀量和进给量会增大切削力，表层金属塑性变形加剧，使冷硬程度增加。

2）表层金属的金相组织变化。车削加工中，切削热大部分被切屑带走，表面温度升高不大，不可能达到相变温度。因此，金相组织发生变化主要由磨削（尤其在切削液不充分或切削液不能到达磨削区时）高温（1000℃）引起。金相组织变化后，硬度下降，出现细微裂纹，甚至出现彩色氧化膜，这种现象称为烧伤。

磨削烧伤与温度有着十分密切的关系。因此，防止磨削烧伤可以从控制切削时的温度入手。

①合理选用磨削用量。背吃刀量对磨削温度影响极大。加大横向进给量对减轻烧伤有利，但会导致工件表面粗糙度值变大，这时可采用较宽的砂轮来弥补。加大工件的回转速度，磨削表面的温度升高，但其增长速度与磨削深度的影响相比小得多。从要减轻烧伤而同时又要尽可能保持较高的生产率方面考虑，在选择磨削用量（尤其粗磨）时，应选用较大的工件回转速度和较小的背吃刀量。

②正确选择砂轮。磨削导热性差的材料（如耐热钢、轴承钢及不锈钢等）容易产生烧伤现象，应特别注意合理选择砂轮的硬度、结合剂和组织。硬度太高的砂轮，磨粒钝化之后不易脱落，砂粒在工件表面打滑，仅起挤压和摩擦作用，使磨削温度增高，容易产生烧伤。因此，为避免产生烧伤，应选择较软的砂轮。砂轮的结合剂应具有一定弹性（如橡胶结合剂、树脂结合剂），这有助于避免烧伤的产生。此外，为了减少砂轮与工件之间的摩擦热，在砂轮的孔隙内浸入石蜡之类的润滑物质，对降低磨削区的温度、防止工件烧伤也有一定效果。

③改善冷却条件。磨削时磨削液若能直接进入磨削区，对磨削区进行充分冷却，就能有效地防止烧伤现象的产生。

3）表层金属的残余应力。在机械加工过程中，由于热作用、容积变化和机械力作用的结果，会在表层金属出现不同性质（拉或压）的残余应力。如挤压、滚压加工时，表层金属被压薄，其长度和宽度必然要增大，但由于基体金属的限制又不能增大，所以在表层产生压应力；另外，冷态塑性变形导致金属密度下降（或称比体积增大），也会产生表层残余压应力。又如磨削加工钢件时，如果表面温度达到800℃以上，这时钢的弹性已全部消失，即表层金属在高温下伸长时，表层不产生任何应力。但当冷却到800℃以下时，金属就逐渐恢复弹性，由于表层与基部金属为一体，收缩必受阻止。由于这层金属现在已为弹性体，收缩受阻后，必然在表层产生拉应力。如果该拉应力超过了一般钢材的强度极限，磨削区的高温足以使工件产生残余拉应力，并由此而产生表面裂纹。

4）表面强化工艺。表面强化工艺是指通过冷压加工方法使表面层金属发生冷态塑性变形，以降低表面粗糙度值，提高表面硬度，并在表面层产生压缩残余应力，使工件表面得到强化的工艺。冷压加工强化工艺是一种既简便又有明显效果的加工方法，因而应用十分广泛。

①喷丸强化。喷丸强化是利用大量快速运动的珠丸打击被加工工件的表面，使工件表面产生冷硬层和压缩残余应力，从而提高零件的疲劳强度和使用寿命。

珠丸可以是铸铁的珠丸，也可以是切成小段的钢丝（使用一段时间之后自然变成球状）。对于铝质工件，为避免表面残留铁质微粒而引起电解腐蚀，宜采用铝丸或玻璃丸。珠丸的直径一般为0.2～4 mm，对于尺寸较小、要求表面粗糙度值较小的工件，应采用直径较小的珠丸。

②滚压加工。滚压加工是利用经过淬硬和精细研磨过的滚轮或滚珠，在常温状态下对金属表面进行挤压，将表层的凸起部分向下压，凹下部分往上挤，这样逐渐将前道工序留下的波峰压平，从而修正工件表面的微观几何形状的方法，如图2-34所示。此外，它还能使工件表面的金属组织细化，形成压缩残余应力。

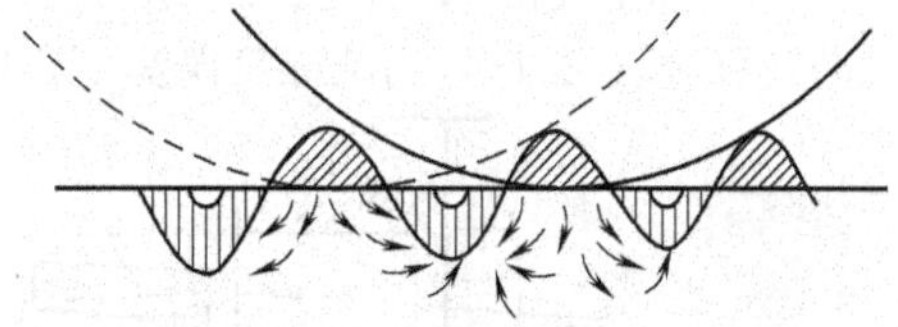

图2-34　滚压加工原理图

③挤压加工。挤压加工是将经过研磨的、具有一定形状的超硬材料（金刚石或立方氮化硼）作为挤压头，安装在专用的弹性刀架上，在常温状态下对金属表面进行挤压的方法。挤压后的金属表面粗糙度值下降，硬度提高，表面形成压缩残余应力，从而提高了表面的抗疲劳强度。

2.3　任务实施

1. 鼓形误差分析

车削细长轴时，按如图2-1a所示装夹工件，分析出现如图2-1b所示鼓形误差的原因以及预防措施。

1）车削细长轴时，由于工件的刚性差，在切削力的作用下容易向远离刀尖的方向弯曲，当车刀进给到轴的中间时，工件弯曲最大，工件轴线离刀尖的距离最远，车出的半径也最大，形成如图2-1b所示的鼓形误差。预防措施是增加工件装夹刚度，由前、后顶尖装夹改为卡盘、顶尖装夹，或加用跟刀架等。

2）由于工件热变形伸长，前、后顶尖又顶得过紧，阻碍工件伸长，在切削力的作用下工件必然向远离刀尖的方向弯曲，也形成如图2-1b所示的鼓形误差。预防措施是在加工长轴时，尽量减少热变形，并在加工过程中适当地放松后顶尖的支顶，或采用弹性后顶尖。

2. 锥度误差分析

精车长轴时，按如图 2-1a 所示装夹工件，分析出现如图 2-1c 所示锥度误差的原因以及预防措施。

1）刀具在一次行程中磨损过快，越靠近车床床头一端，由于切削时间越长，刀具磨损越多，刀尖离主轴轴线的距离越远，车出的工件半径越大。预防措施是选取较耐磨的刀具材料或降低切削速度。

2）车床导轨在水平方向与主轴中心不平行，靠近床头一端车床导轨与主轴中心的距离比床尾近。预防措施是维修、调整机床精度。

习题与思考题

2-1 零件的加工精度包括哪几个方面？

2-2 产生主轴回转误差的原因有哪些？

2-3 机床导轨误差对加工精度有何影响？

2-4 如图 2-35 所示，在车床上加工内孔和端面，试分析产生下列误差的原因。

1）在车床自定心卡盘上镗孔时，引起内孔与外圆的同轴度误差，端面与外圆的垂直度误差（图 2-35a）。

2）在车床上镗孔时，引起被加工孔圆度误差（图 2-35b）。

3）在车床上镗孔时，引起锥度误差（图 2-35c）。

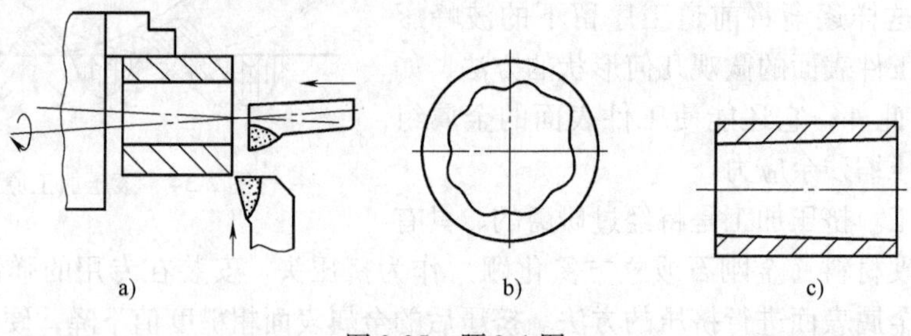

图 2-35 题 2-4 图

2-5 如图 2-36 所示，在车床上用顶尖安装工件，车削外圆和轴肩时，外圆出现同轴度误差、两轴肩端面出现平行度误差是什么原因造成的？应采取什么措施来保证加工精度达到图样精度要求？

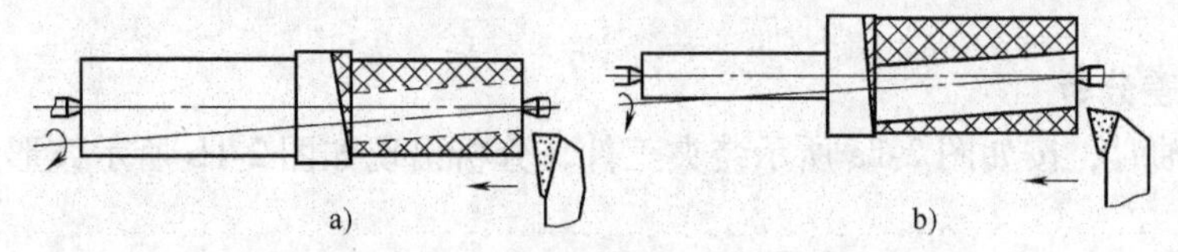

图 2-36 用顶尖夹紧车削外圆及轴肩

2-6 零件的表面质量对零件的使用性能有哪些影响？

2-7 影响表面粗糙度的工艺因素有哪些？其控制措施是什么？

教学单元3　冲模的机械加工

3.1　任务引入

图3-1所示是一副冲模的凸模和凹模，模具材料为CrWMn，淬火硬度为58～62HRC。凹模的刃口尺寸有公差，凸模的刃口尺寸必须按凹模刃口尺寸配作。加工这副模具的方法有哪些？应如何编制其机械加工工艺过程？

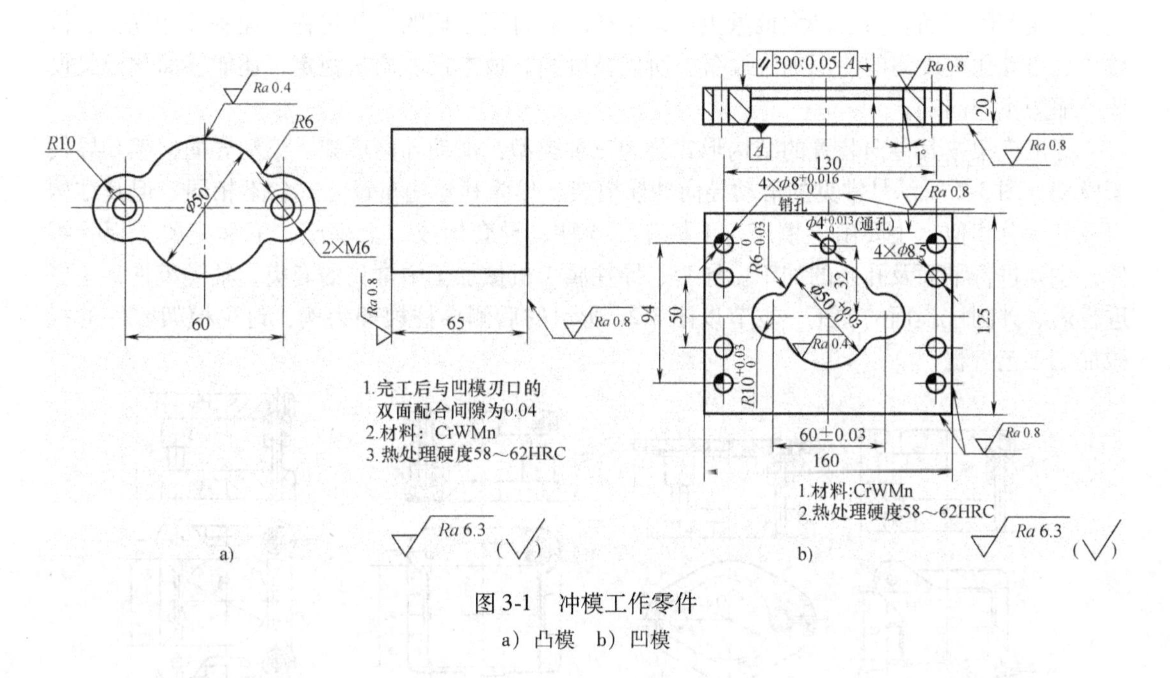

图3-1　冲模工作零件
a）凸模　b）凹模

3.2　相关知识

冲模零件加工是模具制造的一个重要环节，根据冲模零件的结构特点，主要分析模架的加工和凸、凹模的加工。模架主要有导柱、导套、上模座和下模座，主要特点是加工精度高，通常用机械加工方法达到技术要求。凸、凹模是冲模的工作零件，主要特点是形状复杂，精度高，热处理硬度高，通常还需要配作。常用的加工方法主要有机械加工、电火花成形加工和电火花线切割加工等。

机械加工是模具加工中传统的加工方法，广泛用于模具零件的制造。当模具要求一般，且形状、结构简单时，采用机械加工方法可以完成模具零件加工。对于复杂模具，或模具的工作零件（凸模、凹模等），即使采用其他工艺方法（如电火花加工），仍然需要采用机械加工完成模具的粗加工、半精加工，为模具的进一步加工创造条件。

电火花成形加工和电火花线切割加工是当今模具制造的重要手段，是凸、凹模加工的主要方法，将在教学单元4 中进一步介绍。

不论采用什么方法加工模具，没有合理的工艺过程，也不能保证模具的加工质量、提高生产效率、降低生产成本。所以，冲模零件机械加工工艺的编制在冲模制造中也很重要。

3.2.1　模架的加工

1. 冲模模架的结构特点和工艺特点

（1）标准模架的结构　模架用来安装模具的工作零件和其他结构零件，并保证模具的工作部分在工作过程中具有正确的相对位置。冲模模架有标准模架和非标准模架两大类。非标准模架是企业根据特殊需要自行生产的模架。标准模架是专业模具生产厂家根据国家标准大批量生产的产品。由于是大批量生产，生产时制订了合理的工艺规程，配备性能优良、机械化、自动化程度高的专用加工设备，所以精度高、成本低、质量稳定，还能够简化模具设计，缩短生产周期。

标准模架按其导向装置的结构形式分为三种类型：滑动导向模架、滚动导向模架和导板模模架。图 3-2 所示是常见的滑动导向冲模模架。尽管其导柱布置方式各不相同，但其结构组成却十分相似，主要由上模座、下模座、导柱、导套构成。上模座、下模座属于板状零件，主要进行平面及孔系的加工。导套、导柱属于机械加工中常见的套类、轴类零件，主要进行内、外圆柱表面的加工。本节以图 3-2c 所示的后侧导柱模架为例，讨论模架零件的机械加工工艺过程。

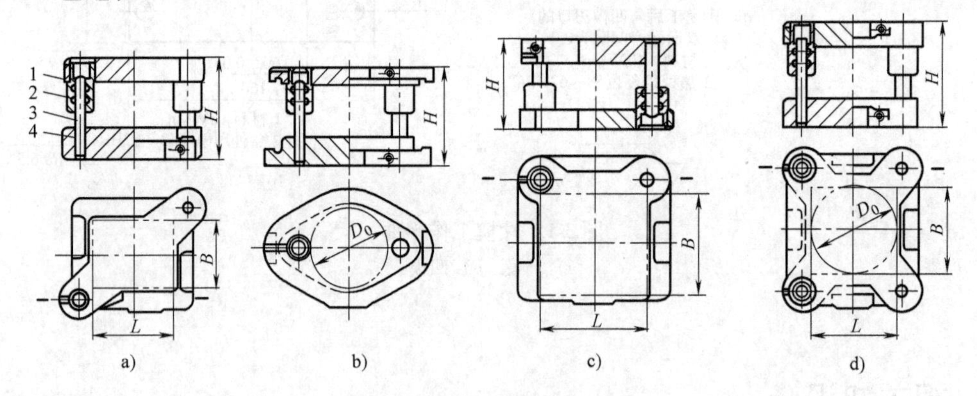

图 3-2　冲模模架

a）对角导柱模架　b）中间导柱模架　c）后侧导柱模架　d）四导柱模架

1—上模座　2—导套　3—导柱　4—下模座

（2）标准模架生产的工艺特点

1）导柱、导套及上、下模座等零件的加工，必须全部实现互换性生产。

2）铸造模座应采用金属模进行机器造型。钢板模板应采用轧制钢板，精度高，加工余量小。

3）尽量采用高效、性能优良的机械化、自动化程度高的专用机床设备，如在加工模座的导套孔、导柱孔时，可采用双轴镗床，使孔距及孔径精度高、质量好。

4）采用专用夹具。

5）设计和建立合理的机械加工工艺路线，在加工及装配时，应有机械加工工艺过程卡片、机械加工工序卡片等工艺文件，有秩序地指导生产。

2. 导柱和导套的加工

（1）导柱和导套的结构　模架中的导柱、导套是导向零件，也是模架中的关键零件。常用的导柱、导套一般有四种类型，如图3-3、图3-4所示。

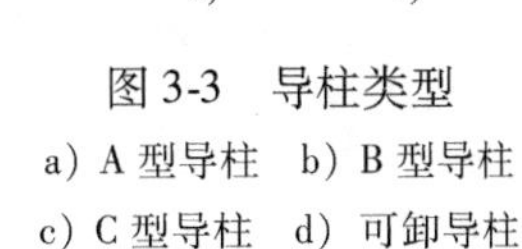

图3-3　导柱类型

a）A型导柱　b）B型导柱　c）C型导柱　d）可卸导柱

导柱、导套的一般技术要求为：

1）导柱、导套的配合间隙见表3-1。

2）导柱、导套的配合表面的表面粗糙度 Ra 值小于0.80μm。

3）导柱、导套的材料一般用20钢制造。为增加表面硬度和耐磨性，加工后应进行表面渗碳淬火处理，渗碳层为0.8～1.2mm。渗碳后的淬火硬度为58～62HRC。

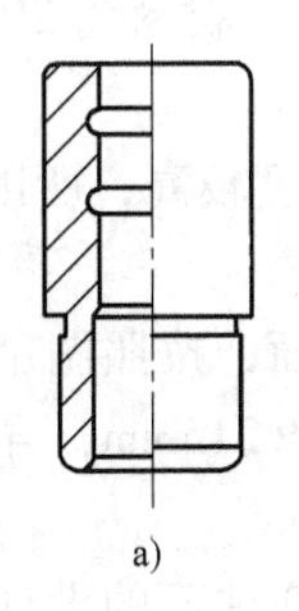

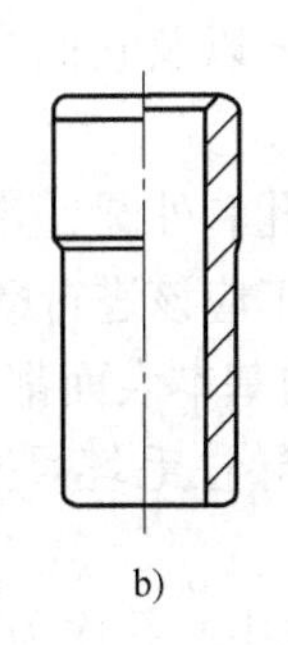

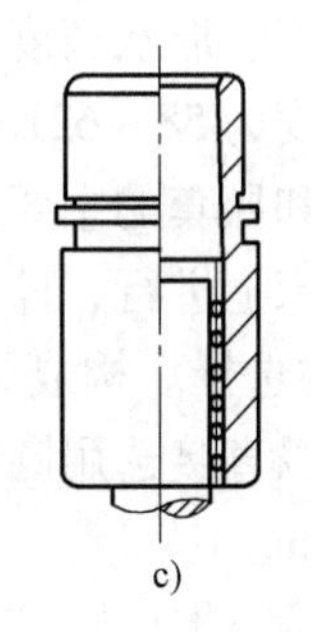

图3-4　导套类型

a）A型导套　b）B型导套　c）C型导套

表3-1　导柱、导套的配合精度　（单位：mm）

配合形式	导柱直径	配合精度		配合后过盈值
		H6/h5	H7/h6	
		配合后的间隙值		
滑动导向模架	≤18	0.002～0.010	0.005～0.015	—
	>18～28	0.004～0.011	0.005～0.018	
	>28～50	0.005～0.013	0.007～0.022	
	>50～80	0.005～0.015	0.008～0.025	
	>80～100	0.006～0.018	0.009～0.028	
滚动导向模架	>18～35	—		0.01～0.02

（2）导柱和导套的机械加工工艺过程　图3-5a、b所示为冲模标准导柱和导套的零件图。为保证良好的导向性，导柱和导套装配后应保证模架的活动部分运动平稳，无滞阻现象。

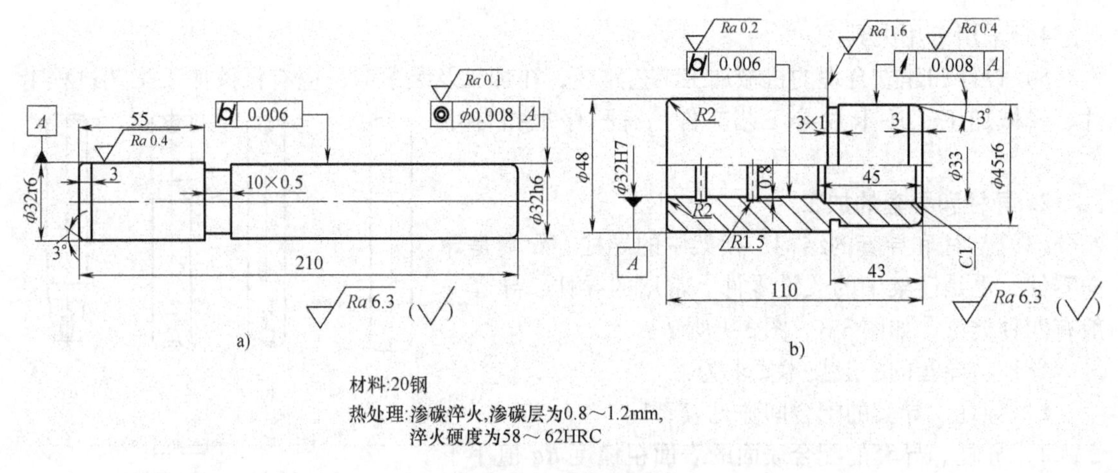

图 3-5　冲模结构零件

a）导柱　b）导套

1）零件工艺性分析。导柱加工的关键是要保证 ϕ32h6 和 ϕ32r6 外圆的尺寸精度、形状精度、表面粗糙度以及它们之间的同轴度；而导套加工的关键是要保证 ϕ32H7 孔和 ϕ45r6 外圆的尺寸精度、形状精度、表面粗糙度以及它们之间的同轴度。材料为 20 钢，热处理是渗碳淬火，硬度为 58 ~62HRC。

由于导柱和导套的主要加工表面是孔和外圆，热处理淬火硬度较高，所以粗加工和半精加工应该在车床上进行，淬火后的精加工应该进行磨削。

2）毛坯的选择。构成导柱和导套的基本表面都是回转体表面，按照图示的结构尺寸和设计要求，可以直接选用圆钢作毛坯。导柱毛坯尺寸为 ϕ35mm × 215mm，导套毛坯尺寸为 ϕ52mm × 115mm。

3）定位基准的选择。对于导柱，选中心孔作为精基准，外圆柱面的设计基准与工艺基准重合，并使各主要工序的定位基准统一，能保证 ϕ32h6 和 ϕ32r6 外圆的同轴度和各磨削表面有均匀的磨削余量；对于导套，在批量不大时，可以在万能外圆磨床上一次装夹 ϕ48mm 外圆柱面，磨削 ϕ45r6 外圆和 ϕ32H7 孔，有利于避免由于多次装夹所带来的误差，保证内外圆柱面的同轴度要求。当加工的导套尺寸相同，数量较多时，可先磨削内孔，再将导套安装在专门设计的锥度心轴上，如图 3-6 所示。以心轴两端的中心孔定位（使定位基准与设计基准重合），借心轴与导套间的摩擦力带动工件旋转磨削外圆柱面，能满足较高的同轴度要求，还能简化操作过程，提高生产效率。此时，心轴应具有较高的制造精度，其锥度在 $\left(\frac{1}{1000} \sim \frac{1}{5000}\right)$ 的范围内选取，硬度在 60HRC 以上。

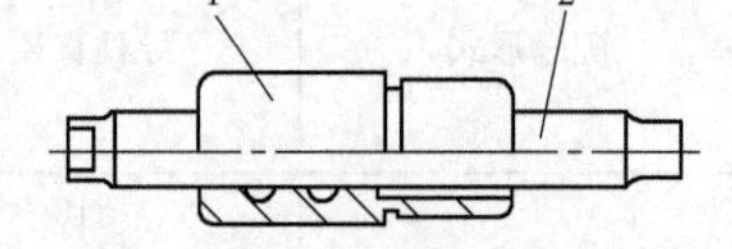

图 3-6　用小锥度心轴安装导套

1—导套　2—心轴

4）中心孔的选用和加工

①中心孔的类型和选用。中心孔的类型如图 3-7 所示，A 型是普通中心孔，60°锥面与顶尖贴合起定心作用，前面圆柱孔的作用是不使顶尖尖端触及工件，以保证顶尖与圆锥孔贴合，一般用于单件小批生产且工序不多的情况；B 型是带护锥的中心孔，端部 120°的护锥保

护了60°的锥面，使它不被碰伤，可长期保持定心精度。对于精度要求较高、工序较多、需多次使用中心孔的工件，一般都采用这种带护锥的中心孔；C型是带螺纹的中心孔，用于工件需要安装吊环或者轴端要装其他零件的情况。

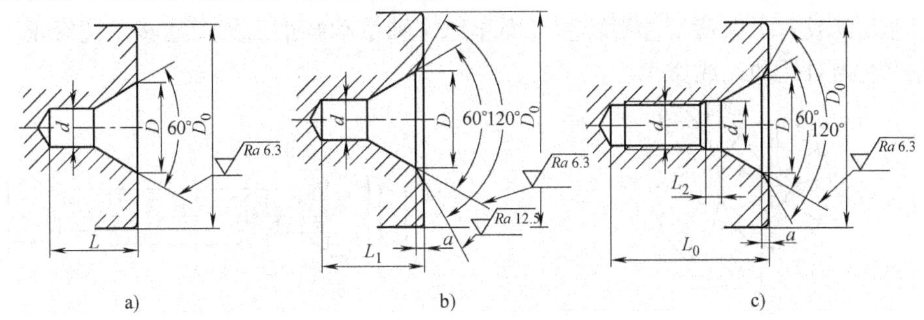

图3-7　中心孔的类型

a）A型不带护锥中心孔　b）B型带护锥中心孔　c）C型带螺纹中心孔

中心孔的表示方法用中心孔的类代号和圆柱孔的直径d来表示。例如："B3"表示圆柱孔直径为3mm的B型中心孔。

当零件图上没有中心孔时，工艺上有时要增加工艺中心孔，中心孔的大小可根据表3-2来确定。

表3-2　中心孔大小的选用　（单位：mm）

d		A型、B型、C型孔				C型孔		选择中心孔的参考数据		
A型及B型孔	C型孔	D最大	L	L_1	a	d_1	L_0最小	原料端部最小直径D_0	轴状原料最大直径D_0	工件的最大质量/kg
0.5	—	1	1	1.2	0.2	—	—	2	2～3.5	—
0.7	—	2	2	2.3	0.3	—	—	3.5	>3.5～4	—
1	—	2.5	2.5	2.9	0.4	—	—	4	>4～7	—
1.5	—	4	4	4.6	0.6	—	—	6.5	>7～10	15
2	—	5	5	5.8	0.8	—	—	8	>10～18	120
2.5	—	6	6	6.8	0.8	—	—	10	>18～30	200
3	M3	7.5	7.5	8.5	1	3.2	0.8	12	>30～50	500
4	M4	10	10	11.2	1.2	4.3	1	15	>50～80	800
5	M5	12.5	12.5	14	1.5	5.3	1.2	20	>80～120	1000
6	M6	15	15	16.8	1.8	6.4	1.5	25	>120～180	1500

②中心孔的加工。中心孔一般用中心钻加工，但当定位精度要求高或者淬火过后，就必须对中心孔进行修正。

导柱等轴类零件的加工过程中，外圆柱面的车削和磨削都以两端中心孔定位，因此，在外圆柱面进行车削、磨削之前，应先加工中心孔，为后续工序提供可靠的定位基准。两中心孔的形状精度和同轴度，对加工精度有直接影响。若中心孔的同轴度误差较大，中心孔与顶尖不能良好接触，将影响加工精度。尤其当中心孔出现圆度误差时，该误差将直接反映到工件上，使工件也产生圆度误差，如图3-8所示。导柱在热处理后，中心孔已经产生了氧化皮、变形及其他缺陷，只有修正后才能保证磨削外圆柱面时获得精确定位，以保证外圆柱面的精度要求。

修正中心孔可在车床上进行，如图 3-9 所示。用合适的顶紧力把工件顶在顶尖和修正工具之间，用夹具或者手保持工件不转动，而车床主轴带动修正工具慢速转动使修正工具和中心孔之间产生相对运动完成修正。

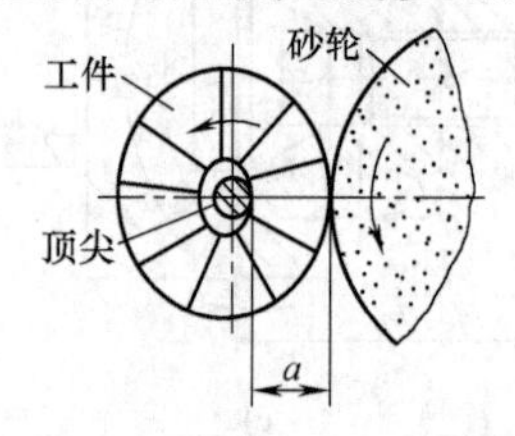

图 3-8 中心孔圆度误差导致工件圆度误差示意图

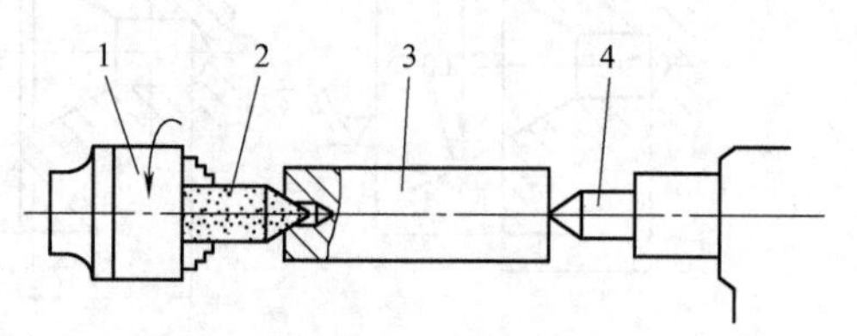

图 3-9 修正中心孔
1—自定心卡盘 2—砂轮
3—工件 4—尾顶尖

由于修正工具不同，修正中心孔的方法主要分以下几种：

a）用 60°砂轮修正中心孔。用 60°锥形砂轮作修正工具，在它们之间加入少量煤油或机油，手持工件进行磨削。这种方法修正中心孔效率高，质量较好。但砂轮磨损快，需要经常修整，只适合批量不大的情况。

b）用 60°铸铁研磨头修正中心孔。以锥形铸铁研磨头代替锥形砂轮，在被研磨的中心孔表面加研磨剂进行研磨。如果使用与磨削外圆的磨床顶尖相同的铸铁顶尖作研磨工具进行中心孔研磨，效果更好，能够保证中心孔和磨床顶尖的良好配合，磨削的外圆柱面圆柱度和同轴度误差不超过 0.002mm。

c）用 60°硬质合金多棱顶尖修正中心孔。修正工具用硬质合金多棱顶尖，如图 3-10 所示。多棱顶尖安装在车床主轴的锥孔内，其操作与磨削中心孔相类似，利用车床的尾顶尖将工件压向多棱顶尖，通过多棱顶尖的挤压作用，修正中心孔的几何误差。此法生产率高，但质量稍差，一般用于修正精度要求不高的中心孔。

5）导柱、导套的研磨。为提高其尺寸精度和减小表面粗糙度值，对导柱的 ϕ32h6 外圆和导套的 ϕ32H7 孔应留有 0.01 ~ 0.015mm 的研磨加工余量，以便研磨。在大批量生产时，导柱、导套的研磨可以在专用研磨机上进行；在单件小批生产时，也可以采用如图 3-11、图 3-12 所示简单的研磨工具在卧式车床上进行。

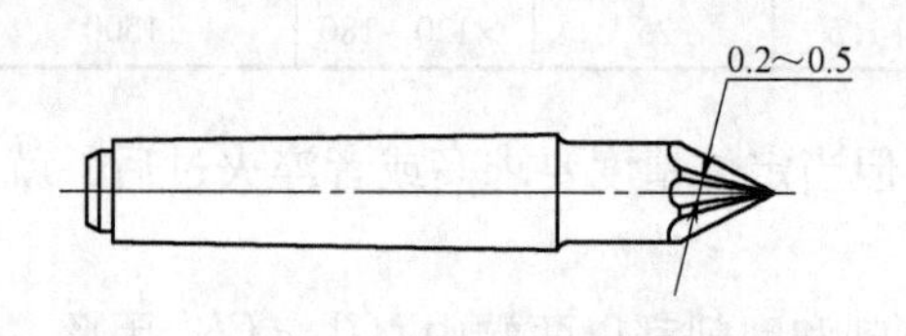

图 3-10 硬质合金多棱顶尖

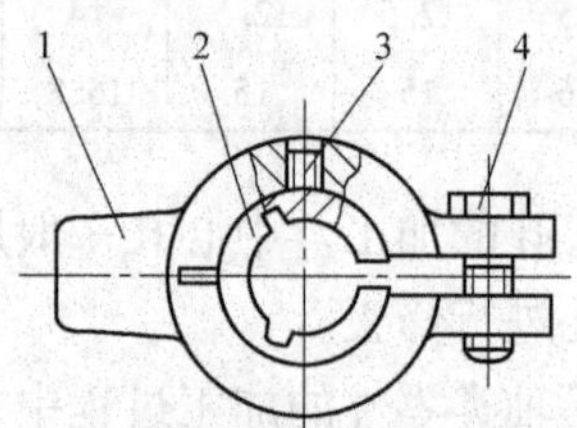

图 3-11 导柱研磨环
1—研磨架 2—研磨套
3—止动螺钉 4—调节螺钉

①导柱的研磨。研磨时将导柱安装在车床上，由主轴带动旋转，导柱表面均匀涂敷一层研磨剂，套上研磨环，如图3-11所示。用手握住研磨环作轴线方向的往复运动。研磨环上的调节螺钉可以调节研磨套的直径，以控制研磨量的大小。

②导套的研磨方法。在车床上安装研磨工具，如图3-12所示，研磨工具表面均匀涂敷研磨剂，套上导套，用车床尾座顶尖顶住研磨工具。再调节好研磨工具与导套的紧度。研磨时，机床带动研磨工具旋转，导套由手动或机动作往复的轴向运动。同理，研磨工具上的调节螺母可以调节研磨套的直径，以控制研磨量的大小。

导套孔磨削和研磨中，常见的缺陷是“喇叭口”（孔尺寸两端大、中间小）。造成这种缺陷的原因可能来自以下两方面：第一，在磨削内孔过程中，当砂轮完全处在孔内（图3-13中实线）时，砂轮与孔壁的轴向接触长度最大，磨杆所受的径向推力也最大，由此引起的径向弯曲位移会使磨削深度减小，孔径相应变小。当砂轮沿轴向运动到两端孔口部位时，为保证磨削完整，砂轮必需超越导套端面（图3-13中虚线）。砂轮超越导套端面的长度越大，与孔壁的轴向接触长度越小，磨杆所受的径向推力也越小，磨杆因弯曲位移减小而产生回弹，使孔径增大。要减小“喇叭口”就应合理控制砂轮相对孔口端面的超越距离，以便使孔的加工精度达到规定的技术要求。第二，研磨时工件的往复运动使磨料在孔口处堆积，导致孔口处磨削作用增强。因此，研磨过程中应及时清除堆积于孔口的研磨剂，以减轻“喇叭口”缺陷的产生。

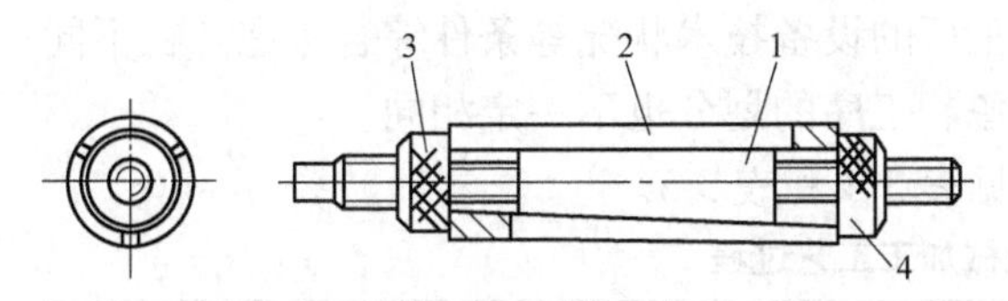

图3-12　导套研磨工具

1—锥度心轴　2—研磨套　3、4—调节螺钉

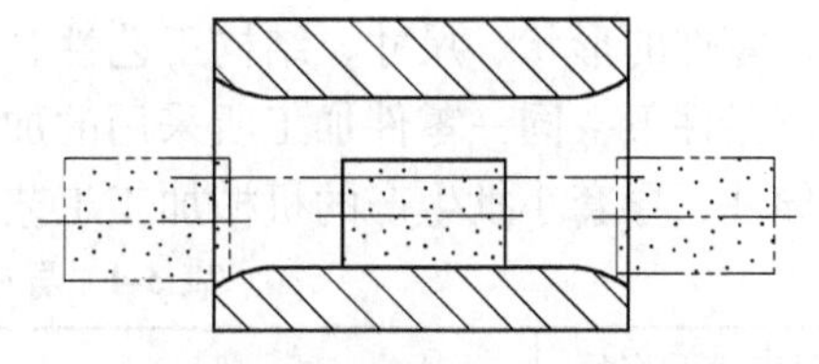

图3-13　孔研磨的“喇叭口”现象

③研磨剂。作为研磨工具的研磨环、研磨棒常用优质铸铁制造。研磨剂的配置见表3-3。

表3-3　导柱、导套研磨剂配制

用　　途	成　　分	比例（%）	配制方法	备　　注
导套用研磨剂	氧化铝 油酸 凡士林油 猪油 混合脂	52 7 10 5 26	将油酸、凡士林、猪油、混合脂混合加热至60℃，再将氧化铝粉倒入，搅拌均匀后，冷却即可使用	混合脂由60%的硬脂酸、28%的牛骨油和12%的蜂蜡混合而成
导柱用研磨剂	抛光膏302号 猪油 机械油32号	50 25 25	将猪油溶化再加抛光膏（302号）、机械油混合而成	—

6）导柱、导套机械加工工艺过程的编制。由于导柱、导套要进行渗碳淬火热处理，硬度要求高。加工方案如下。

①导柱的加工方案。参考表1-10得知按其经济精度确定导柱的配合表面采用的加工方

案（大批生产）。

ϕ32h6 外圆柱面：粗车→半精车→粗磨→精磨→研磨。

ϕ32r6 外圆柱面：粗车→半精车→粗磨→精磨。

所以，大批生产时导柱的机械加工工艺过程是：粗车→半精车→检验→热处理→修研中心孔→粗磨→精磨→研磨→检验。

粗车工序的加工内容是车端面并打中心孔，夹外圆打一端中心孔后，应该光外圆再调头夹光过的外圆打另一端中心孔，以避免粗基准使用两次。热处理前安排检验工序，避免把不合格的半成品拿去淬火，影响生产周期。如果是小批量生产，在满足质量要求的前提下，工序应该适当集中，如粗、精磨可以合并为一个工序。

②导套的加工方案。参考表 1-10、表 1-11 得知按其经济精度确定导套的配合表面采用的加工方案（大批生产）：

ϕ45r6 外圆柱面：粗车→半精车→粗磨→精磨。

ϕ32H7 孔：钻孔 →镗孔→粗磨→精磨→研磨。

所以，大批生产时导套的机械加工工艺过程是：粗车→半精车→检验→热处理→修研中心孔→粗磨→精磨→研磨→检验。

如果是小批生产，粗、精磨都可以合并为一个工序。

各加工阶段中应如何划分工序，零件在加工中应采用的工艺方法和设备等，应根据生产类型，零件的形状、尺寸、结构工艺性，以及工厂的设备技术状况等条件综合考虑。在不同的生产条件下，同一零件加工所采用的加工设备、工序的划分也不一定相同。

导柱、导套小批生产的机械加工工艺过程见表 3-4 和表 3-5。

表 3-4　导柱的机械加工工艺过程

工序号	工序名称	工 序 内 容	定位基准
1	下料	按尺寸 ϕ35mm × 215mm 下料	
2	车	车一端面，钻 B3 中心孔并光外圆 车另一端面，保证长度尺寸 210mm，钻 B3 中心孔	外圆
3	车	车各外圆，ϕ32h6 和 ϕ32r6 外圆柱面留磨削余量 0.6mm，其余达到图样尺寸	外圆、中心孔
4	检验		
5	热处理	渗碳淬火，保证渗碳层厚度为 0.8 ~ 1.2mm，硬度为 58 ~ 62HRC	
6	修研中心孔	研磨两端中心孔，60°锥面粗糙度 *Ra* 值为 0.63μm	中心孔
7	磨	粗、精磨 ϕ32h6 和 ϕ32r6 外圆，ϕ32h6 的表面留研磨余量 0.01 mm	中心孔
8	研磨	研磨 ϕ32h6 表面达到设计要求，抛光圆角	
9	检验	按图样检验	

表 3-5　导套的机械加工工艺过程

工序号	工序名称	工 序 内 容	定位基准
1	下料	按尺寸 ϕ52mm × 115mm 下料	
2	车	车端面并钻、镗内孔，车外圆，ϕ45r6 外圆面及 ϕ32H7 内孔留磨削余量 0.4mm，其余达设计尺寸	外圆

（续）

工序号	工序名称	工 序 内 容	定位基准
3	检验		
4	热处理	渗碳淬火，保证渗碳层厚度为0.8～1.2mm，淬火硬度为58～62HRC	
5	磨	用万能外圆磨床一次装夹磨 ϕ45r6 和 ϕ32H7 内孔，内孔留研磨余量0.01mm	ϕ48mm 外圆
6	研磨	研磨 ϕ32H7 内孔达设计要求，抛光圆角	ϕ32H7 内孔
7	检验		

3. 上、下模座的加工

冲模的上、下模座用来安装导柱、导套和凸、凹模等零件。其结构、尺寸已标准化。上、下模座可采用灰铸铁（HT200），也可采用45钢制造，分别称为铸铁模架和钢板模架。

（1）上、下模座的技术要求　为保证模架的装配要求，使模架工作时上模座沿导柱往复运动平稳，无滞阻现象，加工后，模座的上、下平面应保持平行，对于不同尺寸的模座其平行度公差见表3-6。上、下模座上导柱、导套安装孔的孔间距离尺寸应保持一致。导柱轴线与基准面的垂直度公差见表3-7。

表3-6　模座上、下平面平行度公差

公称尺寸/mm	公差等级		公称尺寸/mm	公差等级	
	4	5		4	5
	公差值/mm			公差值/mm	
>40～63	0.008	0.012	>250～400	0.020	0.030
>63～100	0.010	0.015	>400～630	0.025	0.040
>100～160	0.012	0.020	>630～1000	0.030	0.050
>160～250	0.015	0.025	>1000～1600	0.040	0.060

注：1. 公称尺寸是指被测表面的最大长度尺寸或最大宽度尺寸。
2. 公称等级按GB/T 1184—1996《形状和位置公差　未注公差值》。
3. 公差等级4级，适用于0Ⅰ，Ⅰ级模架。
4. 公差等级5级，适用于0Ⅱ，Ⅱ级模架。

表3-7　导柱轴线对下模座下平面的垂直度公差

被测尺寸/mm	模架精度等级			
	0Ⅰ级	Ⅰ级	0Ⅱ级	Ⅱ级
	垂直度公差值/mm			
>40～63	0.008		0.012	
>63～100	0.010		0.015	
>100～160	0.012		0.020	
>160～250	0.025		0.040	

（2）上、下模座的机械加工工艺过程

1）零件工艺分析。后侧导柱模架的标准铸铁模座如图3-14所示，其加工的关键是平面加工和孔系加工，要保证上、下表面的平行度、表面粗糙度，导柱、导套孔的尺寸精度、形状精度、表面粗糙度以及上、下模座两孔距离一致。

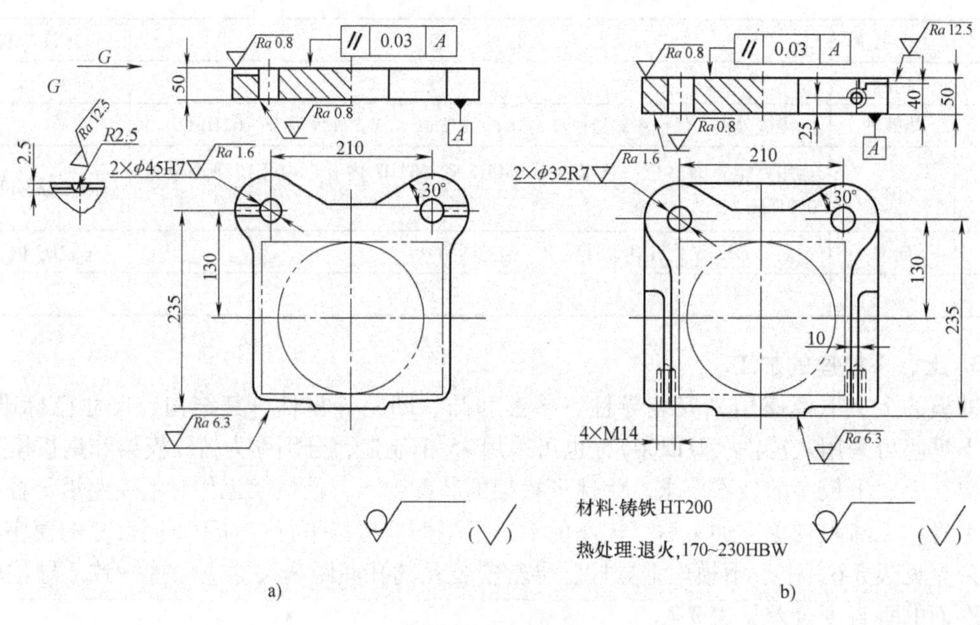

图 3-14　冲模座

a）上模座　b）下模座

2）定位基准的选择。在平面加工时应选对应的平面为精基准，符合互为基准原则，便于保证两平面的平行度。在孔加工时应选对应的平面为精基准，符合基准重合原则，便于保证导柱、导套孔与平面的垂直度。

3）上、下模座机械加工工艺过程的编制。参考表 1-12 得知按其经济精度确定上、下模座平面采用的加工方案（单件小批生产）：刨（铣）平面→磨平面。

参考表 1-11 得知按其经济精度确定导柱、导套孔的加工方案（单件小批生产）：加工时，用钻孔后镗孔的加工过程达到要求。为了上、下模座两孔距离一致，根据实际加工条件和生产批量，生产时可在专用镗床、双轴镗床上进行，如图 3-15a 所示；也可在铣床或摇臂钻床等机床上，利用专用夹具进行加工。若无上述设备或批量不大的情况下，也可在立式镗床或立铣床上，将上、下模座重叠在一起通过一次装夹，配合镗出导柱、导套孔，如图 3-15b 所示，以确保导柱、导套孔距一致。应特别注意在合镗后上、下模座没有互换性，镗后打号以免装配时弄错。

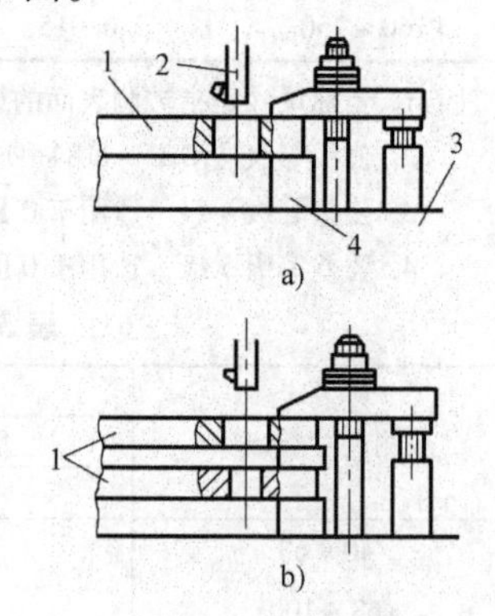

图 3-15　上、下模座孔的精镗

a）单个镗孔　b）合镗孔

1—上、下模座　2—镗杆

3—工作台　4—等高垫铁

铸造毛坯要经过退火和自然时效处理，其目的是消除残余应力，以免在使用过程中变形而导致精度丧失。铣或刨削第一平面时，应留有 3. 0 ~ 3. 5mm 的余量，铣或刨削第二平面时，应留有 0. 3 ~ 0. 5mm 的磨削余量；钻导柱、导套孔时，应留 2mm 的最后镗孔余量；螺孔、销孔此时不加工，装配时与凸、凹模固定板配合加工。另外，加工后的模板，还应作必要的去除毛刺、修整未加工表面等钳工修整工作。单件小批生产上、下模座的机械加工工艺过程见表3-8和表3-9。

表3-8　上模座的机械加工工艺过程

工序号	工序名称	工序内容	定位基准
1	备料	铸造毛坯	
2	热处理	退火，170～230HBW	
3	刨（铣）	刨（铣）上、下平面，留0.8mm的磨削余量	平面
4	磨平面	磨尺寸达50mm，保证两平面的平面度和表面粗糙度	平面
5	划线	划前部、*R*2.5mm圆弧槽线及导套安装孔线	毛坯中心
6	铣前部	按线铣前部	按线
7	钻孔	钻ϕ45H7到尺寸ϕ43mm	按线
8	镗孔	与下模座合镗导套安装孔至尺寸ϕ45H7，保证垂直度要求	下平面
9	铣槽	铣*R*2.5mm圆弧槽	按线
10	检验		

表3-9　下模座的机械加工工艺过程

工序号	工序名称	工序内容	定位基准
1	备料	铸造毛坯	
2	热处理	退火	
3	刨（铣）	刨（铣）上、下平面达尺寸50.8mm	平面
4	磨平面	磨上、下平面达尺寸50mm，保证平行度	平面
5	划线	划前部线、导柱孔线及螺孔线	毛坯中心
6	铣	铣前部，铣两侧压紧面达尺寸	按线
7	钻	钻ϕ32R7到ϕ30mm，钻螺纹底孔，孔口倒角并攻螺纹	按线
8	镗	与上模座重叠镗孔达尺寸ϕ32R7，保证垂直度要求	下平面
9	检验		

3.2.2　凸、凹模的机械加工

凸、凹模是冲模的工作零件，它们是直接与制品材料接触，完成材料成形的零件。凸、凹模形状复杂多样，按其工作表面结构的工艺特点，凸、凹模可分为圆形和非圆形两大类。按其设计和工艺要求，凸、凹模刃口的加工方法分为分别加工法和配作法两种。一般情况下，圆形凸、凹模用分别加工法，非圆形凸、凹模用配作法。当然圆形凸、凹模也可以用配作法。凸模和凹模镶块是外工作型面，凹模是内工作型面，不同的工作型面其加工方法也不相同。

如果用分别加工法，加工时只要按刃口的标注尺寸和公差加工就可以了；如果用配作法，一副模具相配的凸、凹模刃口尺寸只需要其中一个标注尺寸和公差，另一个只需要标注公称尺寸，在技术要求里注明按多少冲裁间隙配作即可。下面分别讨论不同情况下凸、凹模的机械加工工艺过程。

1. 圆形凸、凹模的机械加工工艺过程

（1）圆形凸模和单圆型孔凹模的机械加工工艺过程　有一副圆形刃口冲模的凸、凹模分别如图3-16、图3-17所示，生产数量为2副。

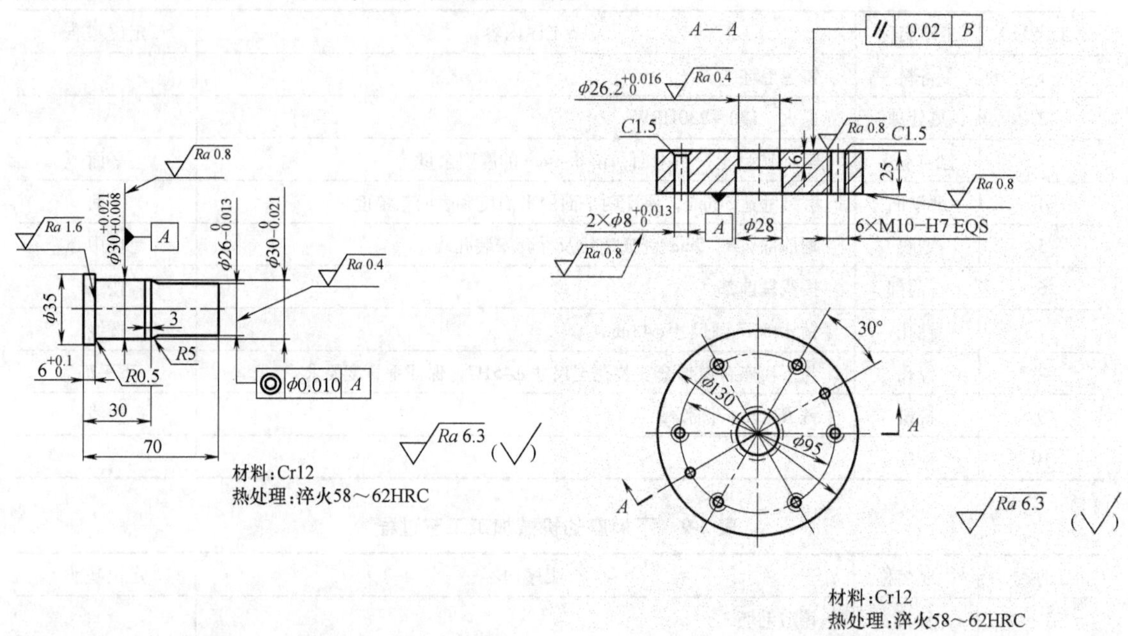

图3-16　圆形凸模　　　图3-17　单圆型孔凹模

凸、凹模刃口尺寸都标有公差，所以用分别加工法进行加工。凸、凹模都由回转面组成，属于单件小批生产，适合在卧式车床上粗加工和半精加工，在万能外圆磨床上精加工。

1）零件工艺分析。凸模加工的关键是保证凸模刃口尺寸 $\phi26_{-0.013}^{0}$ mm的精度及与装配基准 $\phi30_{-0.021}^{0}$ mm的同轴度、表面粗糙度；凹模加工的关键是上、下表面的平行度，凹模刃口尺寸 $\phi26.2_{0}^{+0.016}$ mm的精度及表面粗糙度。

2）基准的选择。根据基准重合、基准统一原则，凸模的主要精基准是中心孔，凹模的主要精基准是上、下平面。

3）毛坯的选择。由于冲裁模刃口受力条件差，Cr12通过锻造，使零件材料内部组织细密、碳化物分布和流线分布合理，从而提高模具的质量和使用寿命，所以应选锻件。

4）圆形凸模、凹模机械加工工艺过程的编制。由于凸模和凹模刃口尺寸都标有公差，所以用分别加工法。

参考表1-10得知按其经济精度确定凸模的外圆表面采用的加工方案（单件小批生产）：粗车→半精车→热处理→磨外圆。参考表1-11、表1-12得知按其经济精度确定凹模的内孔表面采用的加工方案（单件小批生产）：车→热处理→磨削；端面的加工方案：车→粗磨→热处理→精磨。

根据基准先行原则，凸模粗车时应钻中心孔并保证总长，淬火热处理应安排在半精车之后、磨削之前。淬火热处理后应修研中心孔，以保证精加工定位精度。凹模在车床上完成外圆、平面、中心大孔的粗加工和半精加工，然后磨平上、下平面，再由钳工划线、钻所有固定用孔，攻螺孔、铰销孔，然后进行淬火、回火，热处理后在平面磨床上磨削上、下平面，在万能外圆磨床上磨型孔。

这里要特别说明几点，第一，整体式凹模淬火硬度为 58 ~ 62HRC，销孔无法装配时配作，应在淬火前加工好。但淬火过程中变形会影响销孔的精度，为解决以上问题，应该用标准硬质合金铰刀（或者用线切割、电火花加工），在装配时以凹模上已经铰好的销孔导向配铰下模座上的相应销孔，如图 3-18 所示。第二，为了保证各孔加工时与定位面的垂直度和位置精度，凹模孔加工前要对工件的定位基准进行磨削。第三，凸模的两端面在装入固定板后配磨。

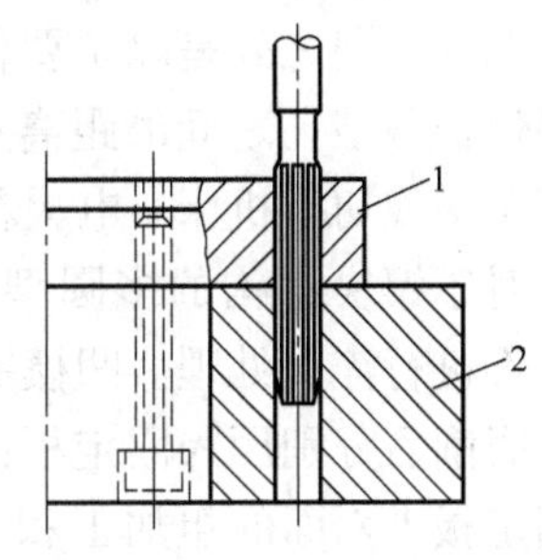

图 3-18　通过淬硬凹模 1 的孔铰模座 2 的孔

圆形凸模、凹模的机械加工工艺过程分别见表 3-10、表 3-11。

表 3-10　圆形凸模的机械加工工艺过程

工序号	工序名称	工序内容	定位基准
1	备料	按尺寸 ϕ43mm × 80mm 锻造毛坯	
2	热处理	退火	
3	车	车端面，钻 B3 中心孔，光外圆	外圆
4	车	车外圆，$\phi 26^{\ 0}_{-0.013}$ mm、$\phi 30^{\ 0}_{-0.021}$ mm 留 0.5mm 磨削余量	外圆、中心孔
5	热处理	淬火，58 ~ 62HRC	
6	修研中心孔	修研中心孔	中心孔
7	磨	磨外圆到图样尺寸	中心孔
8	钳工	修研	
9	检验	按图样检验	

表 3-11　单圆型孔凹模的机械加工工艺过程

工序号	工序名称	工 序 内 容	定位基准
1	备料	按尺寸 ϕ140mm × 35mm 锻造毛坯	
2	热处理	退火	
3	车	粗车、半精车两端面、外圆，中心钻孔、镗孔，厚度车到 25.4mm，刃口尺寸留 0.5mm 磨削余量	外圆、端面
4	磨	磨上、下平面	平面
5	钳工	划螺孔、销孔位置线	
6	钻	加工螺孔、销孔	端面、按线
7	热处理	淬火，硬度为 58 ~ 62HRC	
8	磨	磨上、下平面	平面
9	磨	在万能外圆磨床上磨刃口达要求	端面、外圆
10	钳工	修研	
11	检验	按图样检验	

（2）多圆型孔凹模的机械加工工艺过程　图 3-19 所示是镶块结构的多圆型孔凹模，图 3-20 所示是整体结构的多圆型孔冲模的凹模，它们与单圆型孔凹模不同之处是除了要保证各孔的尺寸精度外，还必须要保证各型孔之间的距离尺寸精度，常用坐标镗床、坐标磨床、线切割机床、电火花机床等精密机床精加工。

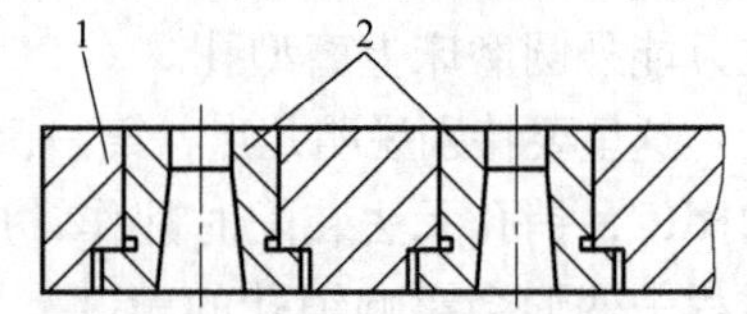

图 3-19　镶块结构的多圆型孔凹模

1—固定板　2—凹模镶件

对于镶块结构的多圆型孔凹模，固定板 1 材料为 45 钢，不进行淬火处理。凹模镶件材料为 Cr12，经淬火、回火和磨削后分别压入固定板的相应孔内。在普通铣床上完成固定板 1 六面的粗加工和半精加工，然后磨平上、下平面和相邻垂直侧面，再由钳工划线，加工凹模固定孔（留镗削余量），钻、攻螺孔，最后在坐标镗床或线切割机床上精加工凹模固定孔，保证孔的尺寸和位置精度。各工序的精基准都是下表面和相邻垂直侧面。单件小批生产凹模固定板的机械加工工艺路线：下料→铣六面→磨平上、下平面和相邻垂直侧面→钳工划线→半精加工凹模固定孔，钻、攻螺孔→坐标镗型孔→钳工→检验。

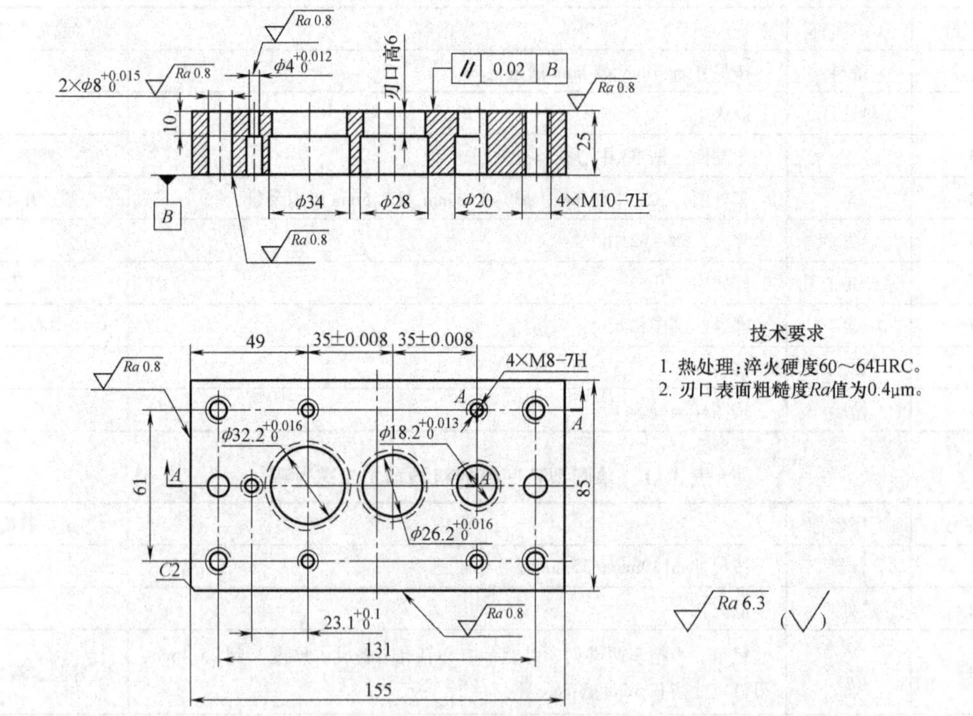

图 3-20　整体结构的多圆型孔冷冲模的凹模

整体结构多圆型孔凹模，材料为 Cr12，热处理淬火硬度为 60 ~ 64HRC。制造时，毛坯必须经锻造退火后，在镗床（或铣床、钻床）上对各平面进行粗加工和半精加工，钻、镗型孔。在上、下平面及型孔处留适当的磨削余量，然后进行淬火、回火。热处理后，磨削上、下平面和两相邻基准侧面并保证相互垂直，以下表面和相邻基准侧面定位在坐标磨床或线切割机床上对型孔进行精加工。

在对型孔进行镗削加工时，必须使孔系的位置尺寸达到一定的精度要求，否则会给坐标磨床加工造成困难。整体结构多圆型孔凹模的机械加工工艺：锻造毛坯→退火→铣六面→磨平上、下平面和相邻垂直侧面→钳工划线→半精加工凹模型孔、销孔，完成漏料孔、螺孔的加工→热处理淬火→磨上、下平面和四侧面，保证相邻基准侧面相互垂直→坐标磨型孔、销孔→钳工修研→检验。

1）坐标镗。坐标镗床是具有精密坐标定位装置，用于加工高精度孔或孔系的一种镗床。在坐标镗床上还可进行钻孔、扩孔、铰孔、铣削、精密刻线和精密划线等工作，也可作孔距和轮廓尺寸的精密测量。坐标镗床适于在工、模具车间加工夹具、量具和模具等，也用在生产车间加工精密工件，是一种用途较广泛的高精度机床。

①坐标镗床的结构。坐标镗床按其结构形式分为单柱式坐标镗床、双柱式坐标镗床和卧式坐标镗床三种，按坐标定位方式分为数控定位、数显定位、光学定位和机械式定位四种，其中数控定位精度最高，如台面宽1000mm时，定位精度小于0.005mm。机械式定位精度最低。光学定位是常用的坐标镗床定位方式，定位精度也较高，如台面宽1000mm时，定位精度为0.009～0.014mm。

单柱式坐标镗床的结构如图3-21所示，主轴垂直布置，并由主轴带动刀具作旋转主运动，主轴套筒沿轴向作进给运动。工作台沿滑座作纵向移动，滑座沿床身导轨作横向移动，以配合坐标定位。工作台三面敞开，结构简单，操作方便，特别适宜加工板状零件的精密孔，但它的刚性较差，所以这种结构只适用于中小型坐标镗床。坐标定位精度为0.002～0.004mm。

双柱式坐标镗床的结构如图3-22所示，两立柱上部通过顶梁连接，横梁可沿立柱导轨上下调整位置。主轴上安装刀具作主运动，主轴箱沿横梁导轨作横向移动，工作台沿床身导轨作纵向移动，以配合坐标定位。大型的双柱式坐标镗床在立柱上还配有水平主轴箱。采用双柱框架式结构，刚度很高，大中型坐标镗床多为这种形式，坐标定位精度为0.003～0.010mm。

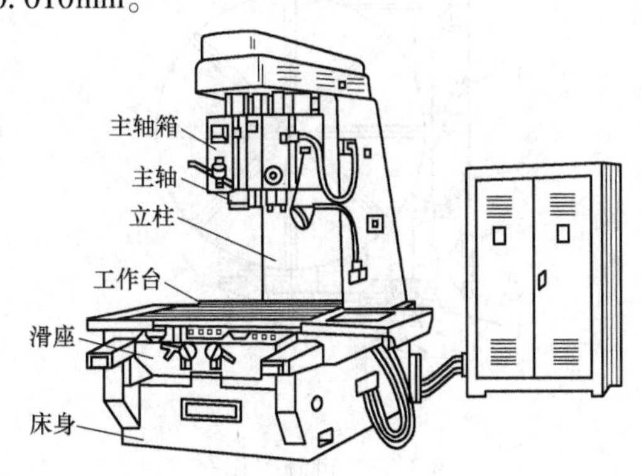

图3-21　单柱式坐标镗床

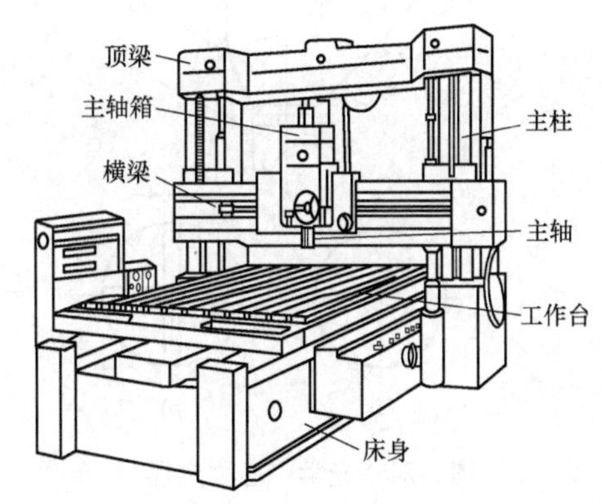

图3-22　双柱式坐标镗床

卧式坐标镗床如图3-23所示，两个坐标方向的移动分别为工作台横向移动和主轴箱垂直移动。工作台可在水平面内回转。进给运动由纵向滑座的轴向移动或主轴套筒伸缩来实现。由于主轴平行于工作台面，利用精密回转工作台可在一次安装工件后很方便地加工箱体类零件四周所有的坐标孔，而且工件安装方便，生产效率较高。这种镗床适合箱体类零件的加工。

②主要附件。坐标镗床的主要附件有光学中心测定器、可倾工作台、镗孔夹头等，下面作简单介绍。

a）光学中心测定器。光学中心测定器以其锥柄安装在机床主轴的锥孔内，光源的光线通过物镜照明工件的定位部分，如图3-24所示。在目镜中可看到工件上刻线的投影，同时，还可看到测定器本体内的玻璃上的两条（图3-24a）或四条十字刻线（图3-24b）。使用时，只要将测定器对准工件的基准边或基准线，使它们的影像与两条十字线重合，或处于相互垂直的双刻线的中间即可。此时，机床主轴已对准两基准边或基准线的交点。

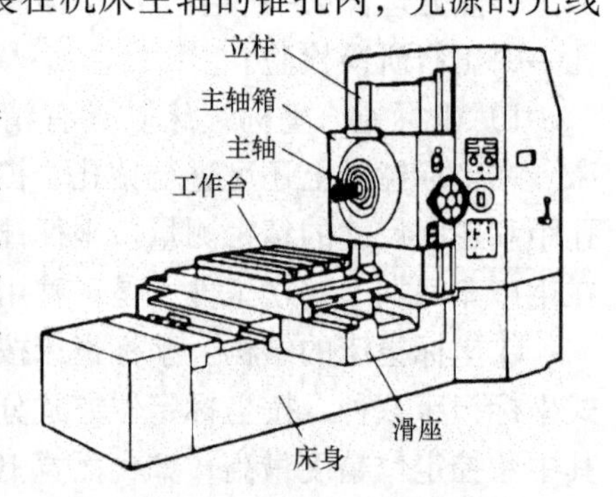

图3-23　卧式坐标镗床

b）可倾工作台。可倾工作台如图3-25所示，安装在坐标镗床的工作台上，利用圆盘的T形槽可将工件夹紧在圆盘上。旋转手轮可使圆盘和工件绕垂直轴回转任意角度（0°~360°），用于加工在圆周上分布的孔。另外，旋转手轮可使圆盘和工件绕水平轴作0°~360°的旋转，用于加工和工件轴线成一定角度的斜孔。

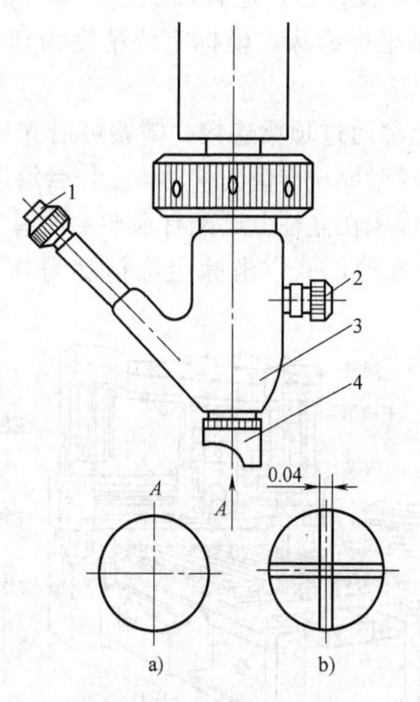

图3-24　光学中心测定器

a）两条十字刻线　b）四条十字刻线

1—目镜　2—螺纹照明灯

3—镜体　4—物镜

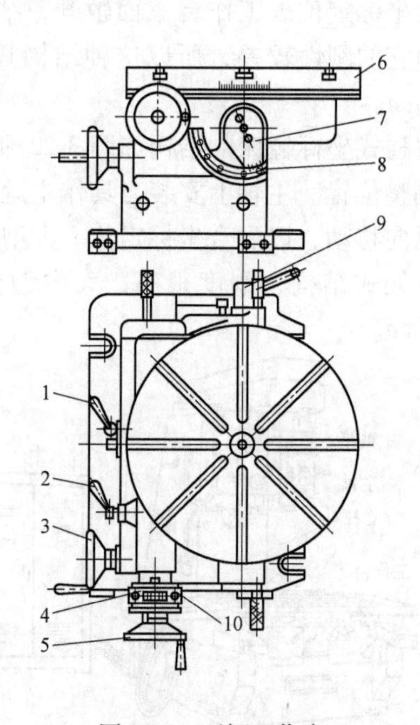

图3-25　可倾工作台

1、2、9—手柄　3、5—手轮　4、8—游标盘

6—转台　7—分度盘　10—偏心套

c）镗孔夹头。镗孔夹头是坐标镗床的最重要的附件之一，其作用是按被镗孔径的大小精确地调节镗刀刀尖与主轴轴线间的距离。图3-26所示为镗孔夹头。镗头以其锥柄插入主轴的锥孔内，镗刀装在刀夹内。旋转带有刻度的螺钉，可调整镗刀的径向位置，以镗削各种

不同直径的孔。调整后用螺钉将刀夹锁紧。

影响坐标镗床加工精度的因素有：机床的定位精度，测量装置的定位精度，机床与工件的温差，加工方法和工具的正确性，工件重量及切削力所产生的机床和工件的热变形和弹性变形，操作工人的技术熟练程度等。坐标镗床加工前应使机床和工件在温度（20±1）℃、湿度在55%左右的恒温恒湿条件下保持12h以上。对于ϕ20mm以上的孔，应预先钻孔，留2.5～3mm的加工余量。被加工工件的硬度应小于40HRC，基准面和加工面的平行度和垂直度在100mm长度上小于0.01mm，表面粗糙度Ra值≤1.6μm。

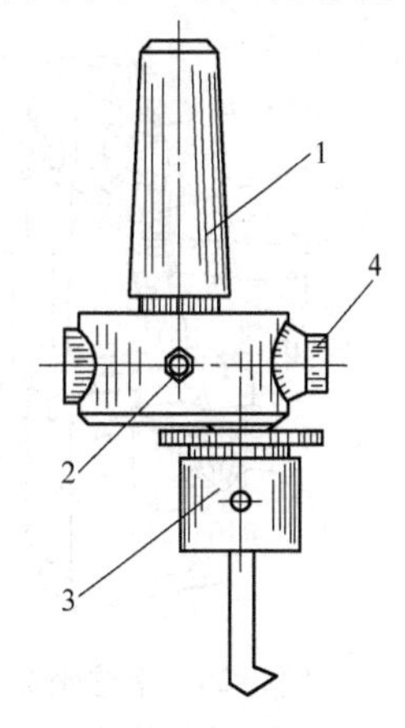

图3-26　镗孔夹头
1—锥柄　2—螺钉　3—刀夹
4—带有刻度的螺钉

③坐标镗床上镗孔。在坐标镗床上按坐标法镗孔，是将各孔间的尺寸转化为直角坐标尺寸，如图3-27所示。加工时，将工件置于机床的工作台上，用指示表找正相互垂直的基准面a、b，使其分别和工作台的纵、横运动方向平行后夹紧。然后使基准a与机床主轴的轴线对准，将工作台纵向移动x_1。再使基准b与主轴的轴线对准，将工作台横向移动y_1。此时，主轴轴线与孔1的轴线重合，可将孔1加工到所要求的尺寸。加工完孔1后，按坐标尺寸x_2、y_2及x_3、y_3调整工作台，使孔2及孔3的轴线依次和机床主轴的轴线重合，镗出孔2及孔3。

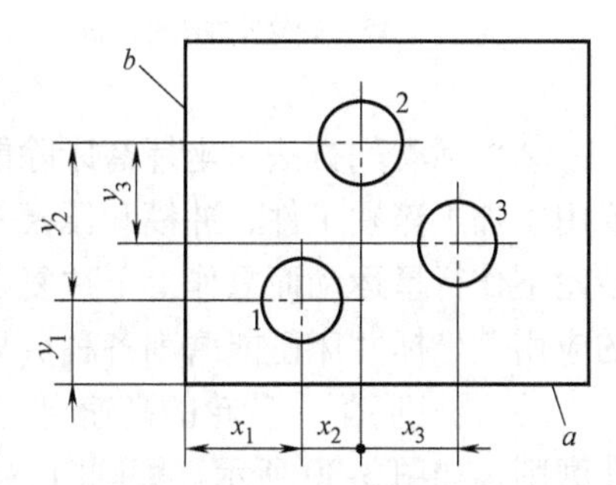

图3-27　孔系直角坐标尺寸

对具有镶块结构的多圆型孔凹模加工，在缺少坐标镗床的情况下，也可在立式铣床上用坐标法加工孔系。为此，可在铣床工作台的纵横运动方向上，附加量块、指示表测量装置来调整工作台的移动距离（具体方法参考教学单元5），以控制孔间的坐标尺寸。其距离精度一般可达0.02mm。

2）坐标磨。坐标磨削是一种高精度的加工方法，主要用于淬火后的工件和高硬度工件的孔距精度要求很高的精密孔和孔系以及成形表面的磨削。坐标磨削可以加工直径在1～200mm的高精度孔，加工精度可达0.005mm，表面粗糙度Ra值可达0.8～0.4μm，最高可达0.2μm。

坐标磨削目前主要有两种类型：一种是手动坐标磨削，另一种是连续轨迹数控坐标磨削。手动坐标磨削是在手动坐标磨床上用点位进给法实现对工件的内孔或外形轮廓的磨削加工。连续轨迹数控坐标磨削是在数控坐标磨床上用计算机自动控制进行工件型面的加工，该磨削方法的加工效率较高，通常为手动坐标磨削的2～10倍，轮廓曲面连接处精度高。

①坐标磨床。坐标磨床与坐标镗床有相同的结构布局，不同的是镗刀主轴换成了高速磨头。磨削时，工件固定在能按坐标定位移动的工作台上，砂轮除高速自转外还通过行星传动机构作慢速公转，并能作垂直进给运动。改变磨头行星运动的半径，可实现径向进给。

立式单柱坐标磨床如图3-28所示。它的纵、横向工作台6装有数显装置的精密坐标机构。磨头10装在主轴箱12上。主轴箱装在立柱上并使磨头随之作行星运动，主轴除转动外还可上下往复运动，如图 3-29 所示。改变磨头行星运动的半径，可实现径向进给。磨头的转动由高频电动机驱动，其转速为 4000 ~ 80000r/min，可以用立方氮化硼磨头磨削 0.5mm 的小孔。

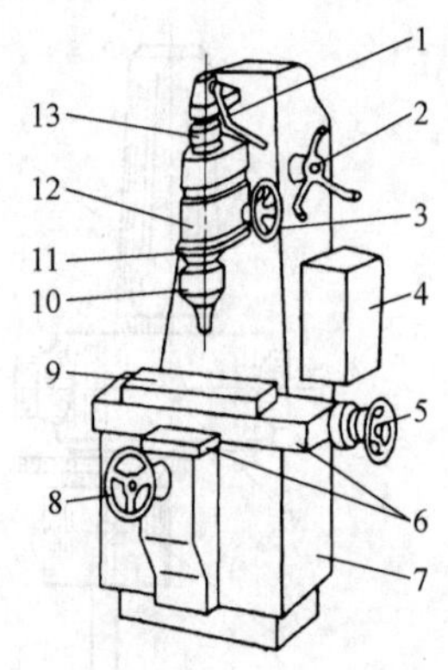

图 3-28　单柱坐标磨床

1—离合器拉杆　2—主轴箱定位手轮　3—主轴定位手轮　4—控制箱　5—纵向进给手轮　6—纵、横向工作台　7—床身　8—横向进给手轮　9—工作台　10—磨头　11—磨削轮廓分度盘　12—主轴箱　13—砂轮外进给分度盘

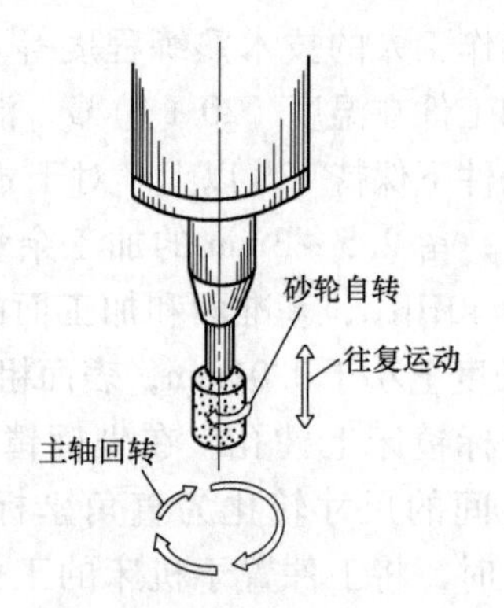

图 3-29　坐标磨床三个运动

②坐标磨削方法。坐标磨床除能磨削圆柱孔外，还可磨削圆弧内外表面和圆锥孔等，主要用于加工淬硬工件、冲模和压模等。在磨头上安装插磨附件，使砂轮轴线处于水平位置，砂轮不作行星运动而只作上下往复运动，可进行类似于插削形式的磨削。随着数字控制技术的应用，坐标磨床已能磨削各种成形表面。下面介绍不同表面的磨削方法。

a）内孔磨削。砂轮的高速自转、绕主轴中心线的行星转动和上下往复运动即可实现内孔磨削，如图 3-30 所示。磨削时，砂轮的直径约为孔径的 3/4，约为其心轴直径的 1.5 倍。砂轮的磨削速度和行星转速与砂轮的磨料和工件材料有关。砂轮高速回转的线速度一般不超过 35m/s。行星运动速度大约为主运动的 0.15 倍。砂轮的轴线往复运动的速度与磨削质量有关。粗磨时，行星运动每转一周，砂轮垂直移动的距离约为砂轮宽度的 1/2；而精磨时为 1/2 ~ 1/3。

b）外圆磨削。外圆磨削也是利用砂轮的自转、行星运动和主轴的直线往复运动来实现的，如图 3-31 所示。其径向进给是利用行星运动直径的缩小来实现的。

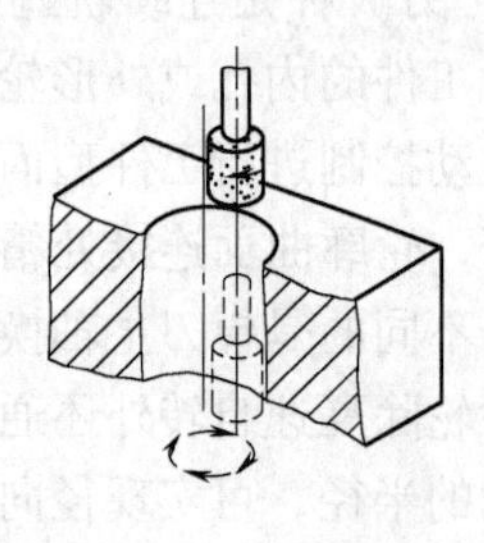

图 3-30　内孔磨削

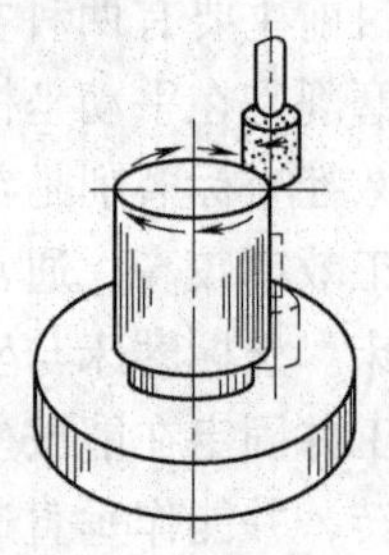

图 3-31　外圆磨削

c）锥孔磨削。锥孔磨削是通过机床上的专门机构使砂轮在作轴向进给的同时连续改变行星运动半径来实现的。锥孔的锥顶角的大小取决于两者变化的比值。磨削锥孔的砂轮也应修出相应的锥顶角。

d）其他线面的磨削。当砂轮只自转而不作行星运动时，工作台作直线运动，这样就可磨削平面和沟槽。在砂轮行星运动时，利用砂轮的端面还可磨削孔的端面。单柱坐标磨床还可磨削具有高精度位置的圆孔、锥孔、型腔及圆弧与圆弧相切的内外轮廓、键槽和方孔等。坐标磨床的基本磨削方法见表3-12。

表3-12　坐标磨削加工的基本方法

序号	类型	简　图	说　明
1	内孔磨削	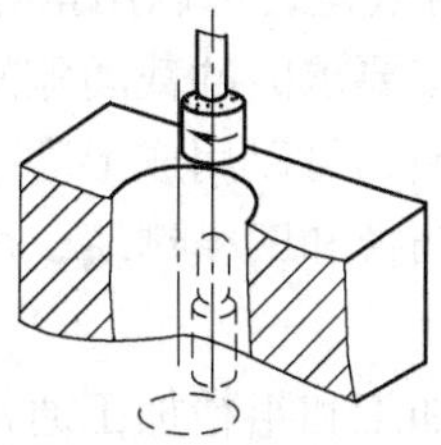	砂轮自转、行星运动和轴向的直线往复运动，通过扩大行星旋转半径作径向进给，砂轮的直径多为孔径的3/4左右
2	外圆磨削	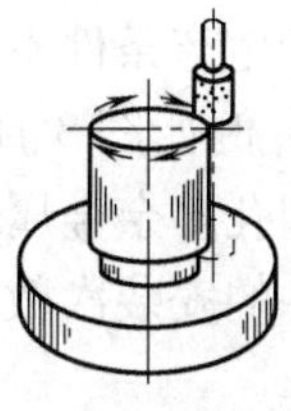	砂轮的自转、行星运动和主轴的轴向往复运动，利用行星运动直径的缩小来实现径向进给
3	锥孔磨削	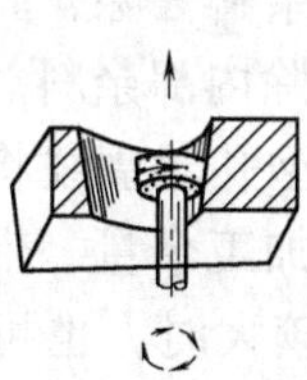	砂轮主轴在作轴向进给的同时，连续改变行星运动的半径，砂轮应修正出相应的锥顶角，一般不超过12°
4	直线磨削	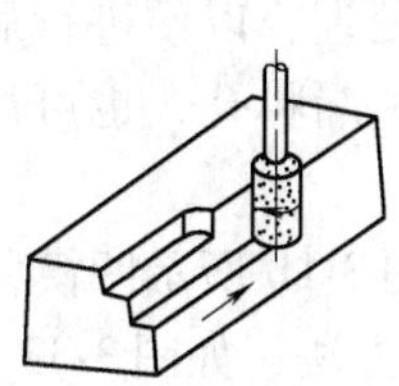	砂轮仅自转而不作行星运动，工作台作直线运动
5	端面磨削	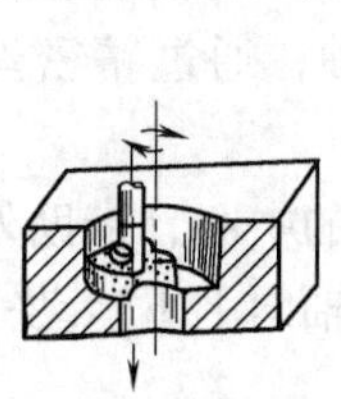	砂轮底面修成3°左右的凹面。磨削台阶孔时，砂轮直径约为大孔半径与通孔半径之和；磨削不通孔时，砂轮直径约为孔径的一半

如图 3-20 所示凹模的磨削，可用点位控制方式进行，磨削时先找正工件上第一个孔的圆心并进行磨削，然后移动工作台使下一个孔的圆心对正磨头主轴的中心并进行磨削。

2. 非圆形凸、凹模的机械加工工艺过程

（1）非圆形凸、凹模的机械加工方法　非圆形凸、凹模的刃口由直线、圆弧或其他曲线组成，如图 3-1 所示。由于刃口曲线不规则，冲裁间隙难于保证，一般用配作法进行加工。

由于数控线切割加工技术的发展和在模具制造中的广泛应用，许多传统的型孔加工方法都为其所取代。机械加工主要用于线切割加工受到尺寸大小限制或缺少线切割加工设备的情况。

图 3-1 所示是一副落料模，凹模刃口尺寸标有公差，可以用坐标磨削法精加工。凸模刃口尺寸没有标公差，只能根据凹模刃口实际尺寸按要求的冲裁间隙配作，如凸模可用压印锉修法配作；如果是冲孔模，凸模刃口尺寸标有公差，可以用成形磨削法精加工，凹模同样可用压印锉修法配作；对于尺寸特别小、精度高的凸模和凹模镶块，可以用光学曲线磨床精加工。

由于模具一般是单件小批生产，凸、凹模粗加工和半精加工通常都采用车床、铣床、平面磨床、钻床、镗床等普通设备。

对同一副模具的凸模或凹模，在制造过程中由于生产条件不同，采用的工艺方法不一定相同，其工艺路线和所安排工序的数目也可能不同。例如图 3-1b 所示凹模，若工厂拥有适合的加工中心，可在加工中心经一次装夹后，完成型孔多余金属的半精加工、固定孔及销孔的加工。使工件不必在多台机床之间周转，减少工件的安装次数，省去划线工序，容易保证加工精度，且工序数减少，工艺路线短，方便管理。

凹模型孔粗加工的第一步就是要将型孔内部的余料去除，其方法如图 3-32 所示，通过沿型孔轮廓线内侧顺次钻孔去除内部余料。有带锯机设备时，可先于型孔的转折处钻孔，由带锯沿型孔轮廓线将内部余料切除，再按后续工序要求沿型孔轮廓线留适当加工余量。带锯机去除余料生产效率高，劳动强度低。当凹模尺寸较大时，也可用气（氧-乙炔焰）割方法去除型孔内部的余料。切割时，型孔应留不小于 2mm 的单边加工余量。气割后的模坯应进行退火处理，以便进行后续加工。余料去除后，可在工具铣床上按线铣型孔和漏料孔，也可用数控加工机床加工。

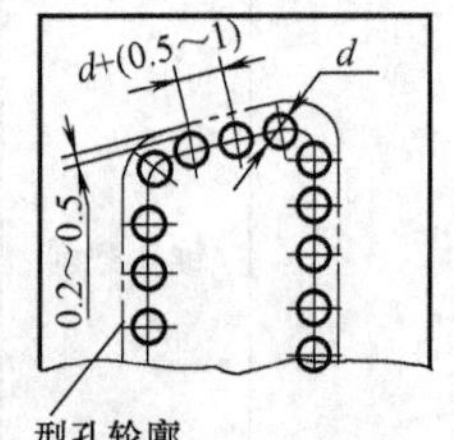

图 3-32　沿型孔轮廓线钻孔

（2）坐标磨床磨削凹模　用坐标磨床磨削如图 3-1b 所示凹模，可用以下两种方法。

方法 1：用点位控制方式磨削，采用分段加工方法，如图 3-33 所示。磨削时，用回转工作台装夹工件，逐次找正工件的回转中心与机床主轴中心重合，分别磨削各段曲线。

磨削直线时，锁定主轴，并垂直于 X 轴或 Y 轴，通过精密丝杠来实现工作台的移动，使磨头沿加工表面在两切点之间移动。

磨削圆弧面时，磨头主轴定位于被磨削圆弧面的中心，借助外进给分度盘移动磨头到预定尺寸，磨头在作旋转运动的同时又作行星运动和轴向上下运动完成磨削。

磨削可按下列步骤进行：

①调整机床主轴轴线使之与孔 O_1 的轴线重合，用磨削内孔的方法磨出 O_1 的圆弧段。

②调整工作台使工件上的 O_2 与主轴中心重合，磨削 O_2 的圆弧到尺寸。

③利用回转工作台将工件回转180°，磨削 O_3 的圆弧到尺寸。

④使 O_4 与机床主轴轴线重合，停止行星运动，通过控制磨头的来回摆动，磨削 O_4 的凸圆弧，此时砂轮的径向进给方向与外圆磨削相同。

⑤利用同样方法，依次磨削 O_5、O_6、O_7 的圆弧。

方法2：在连续轨迹坐标磨床上，用展成法磨削。砂轮一边自转，一边沿工件轮廓移动，其运动轨迹由数控装置精确控制，如图3-34所示。

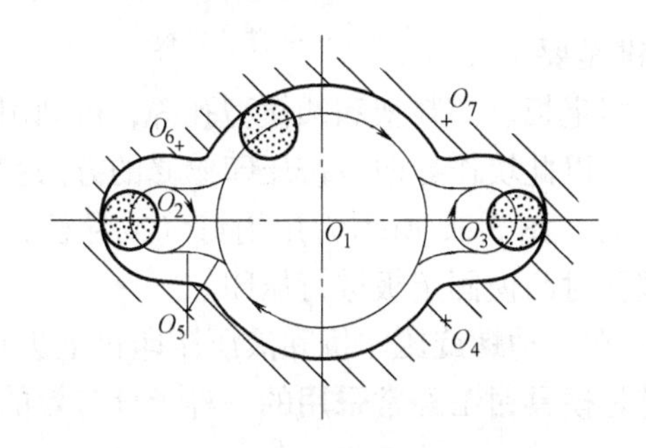

图3-33　点位控制轮廓磨削

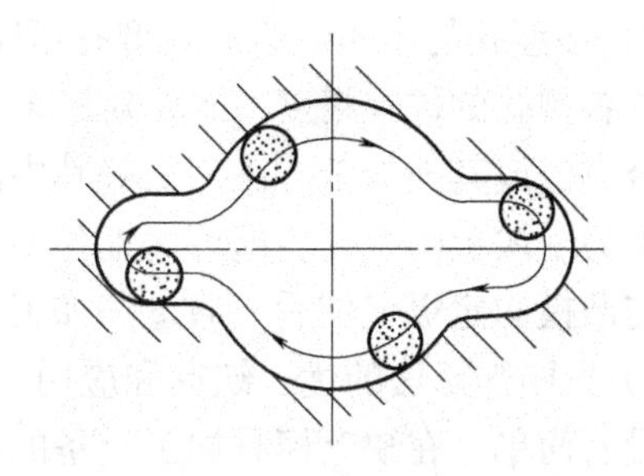
图3-34　连续轨迹轮廓磨削

同理，如果是冲孔模，凸模的刃口尺寸标有公差，凹模刃口尺寸配作，保证规定的冲裁间隙，这时就可在连续轨迹坐标磨床上，用展成法磨削凸模，而凹模用压印锉修法配作。

（3）压印锉修成形法　压印锉修加工是模具钳工常用的加工方法，主要用于缺乏专用设备（如电加工机床）和试制性模具的配作，这种加工方法能保证凸、凹模的刃口形状一致。

1）压印锉修方法。压印锉修是利用经淬硬并已加工完成的凸模、凹模或另外制造的工艺冲头作为压印基准件，垂直放置在未经淬硬（或硬度较低）并留有一定压印锉修余量的对应刃口或工件上，施以压力，经压印基准件的切削与挤压作用，在工件上压出印痕，钳工再按此印痕修整而做出刃口或工件，如图3-35所示。

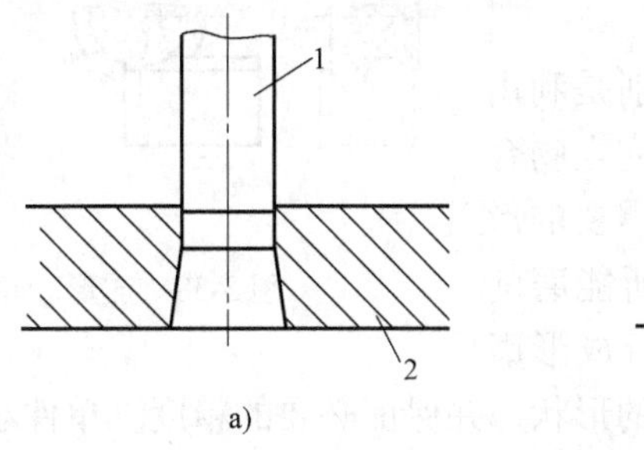

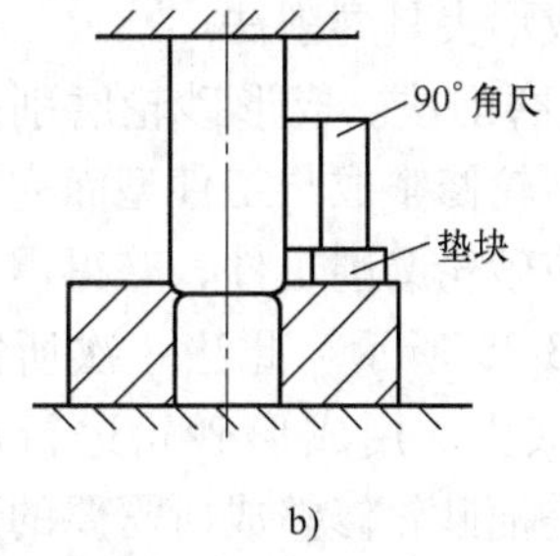

图3-35　凸模和凹模的压印

a）用凹模压印凸模　b）用凸模压印凹模

1—凸模　2—压印基准件

压印前，工件（凸模的外形或凹模的型孔）需经半精加工并留单面余量0.2～0.8mm（单边）的加工余量，当与基准件位置找正后即可在压力机上进行第一次压印，钳工按此印痕将多余的金属锉修除去并使余量减少而均匀后，再次压印，再次锉修，如此反复，直至达到要求为止。

首次压印深度一般控制在 0. 2mm 左右，以后各次的压印深度可适当增大一些。每次压印都应用角尺仔细校正基准件和工件之间的垂直度，如图 3-36 所示。

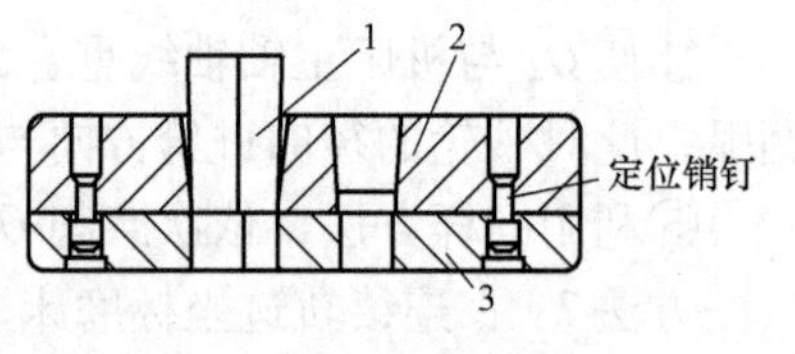

图 3-36 多型孔的压印锉修

1—压印基准件 2—凹模

3—凸模固定板

为了降低压印表面的微观平面度，可用油石将锋利的凸模刃口磨出 0. 1mm 左右的圆角，以增强挤压作用，并在凸模表面上涂一层硫酸铜溶液，以减小摩擦。

2）多型孔的压印锉修。多型孔压印锉修的关键是要保证使各型孔的位置精度一致，对于多型孔的凸模固定板、卸料板和凹模型孔等，可利用压印锉修方法或其他加工方法加工好其中的一块，然后以此块作导向，按压印锉修的方法和步骤加工另一块板的型孔，即可保证各型孔的相对位置。图 3-36 所示为用销钉（或导柱）将凹模与凸模固定板定位后，通过一加工好的凹模型孔对凸模固定板进行压印。

3）压印锉修法的优、缺点和应用。压印加工可在手动螺旋压印机和液压压印机上进行，加工设备简单。在缺乏模具加工设备的条件下，它是模具钳工经常采用的一种十分有效的加工方法，它最适合于加工间隙很小甚至无间隙冲模。它对钳工的技术水平要求高，劳动强度大，生产效率低，模具精度受热处理变形的影响较大，随着模具加工技术的发展已逐步被其他加工方法所代替。

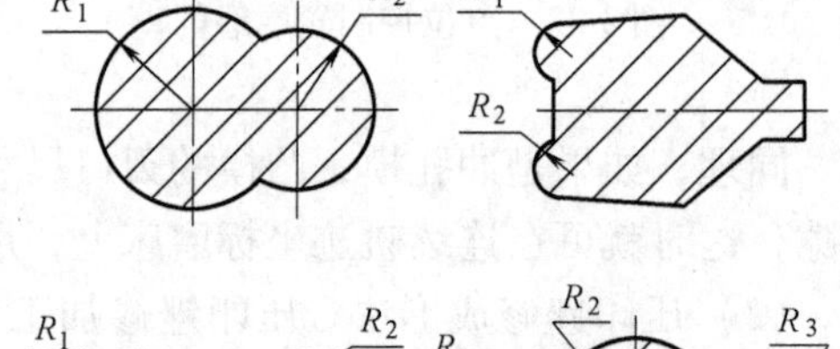

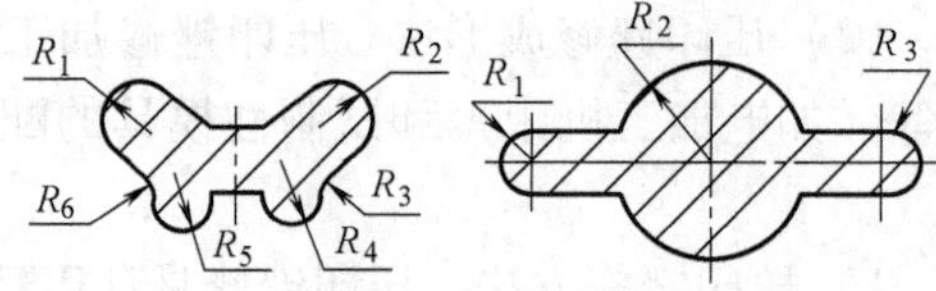

图 3-37 凸、凹模刃口形状

（4）成形磨削法 对于不用配作的非圆形凸模和拼块凹模（图 3-37）等被加工表面暴露在外的模具零件的精加工，通常还可用机械成形磨削的方法进行精加工。机械成形磨削是在成形磨床或平面磨床上，对复杂模具成形表面进行精加工的一种方法。机械成形磨削方法有两种：成形砂轮磨削法和成形夹具磨削法。

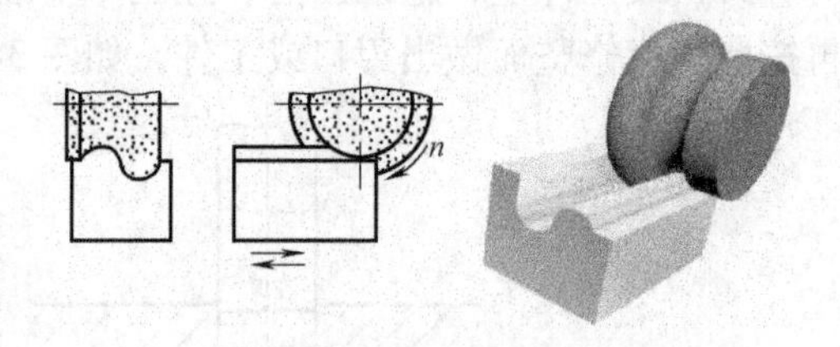

图 3-38 成形砂轮磨削法

1）成形砂轮磨削法。成形砂轮磨削是利用砂轮修整工具将砂轮修整成与工件型面完全吻合的相反型面，用该砂轮磨削工件，获得需要的形状与尺寸，如图 3-38 所示。此法一次所能磨削的表面宽度不能太大。用成形砂轮进行成形磨削，其首要任务是把砂轮修整成所需要的形状，并保证必要的精度。单件小批生产时，常用金刚笔安装在夹具上修整成形砂轮。下面重点介绍修整砂轮角度的夹具和修整砂轮圆弧的夹具。

①修整砂轮角度的夹具。夹具结构如图 3-39 所示，正弦规座 1 可绕心轴 5 旋转，转角大小由正弦圆柱 8 与平板 6 之间垫入适当尺寸的量块控制，如图 3-40 所示。正弦规座调至所需角度后，由螺母 10 通过套筒 11 将其压紧在夹具体 12 上。反复旋转手轮 9，通过齿轮 4 和滑块 2 上的齿条传动，使滑块 2 带着金刚刀 3 沿正弦规座的导轨作往复移动，对砂轮进行修整。

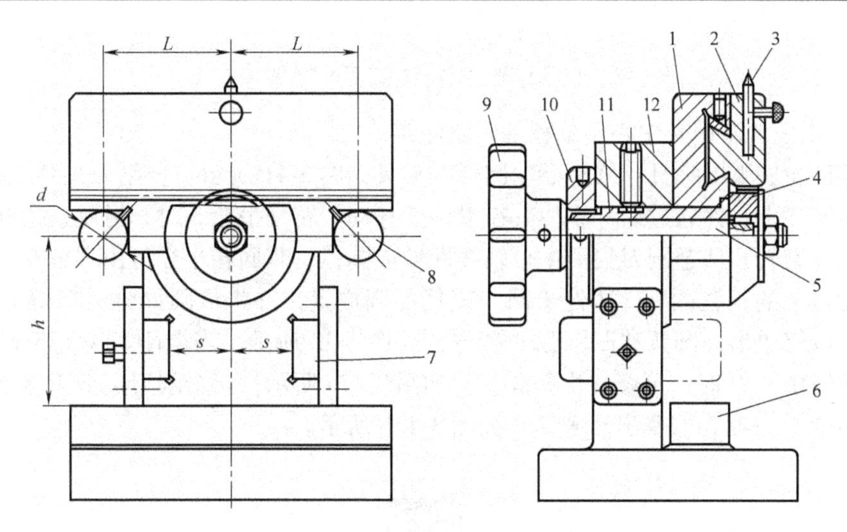

图 3-39　修整砂轮角度的夹具

1—正弦规座　2—滑块　3—金刚刀　4—齿轮　5—心轴　6—平板
7—垫板　8—正弦圆柱　9—手轮　10—螺母　11—套筒　12—夹具体

当砂轮需要修整的角度 $\alpha>45°$ 时，若仍将量块垫在正弦圆柱 8 和平板 6 之间，会造成较大的误差，而且正弦规座可能妨碍量块的放置，这时可将量块垫在正弦圆柱与左侧或右侧垫板之间，如图 3-40b 所示。修整角度小于 45°，不需要使用垫板时，可将它们推进夹具体内，以免妨碍正弦规座的调整。这种夹具可以修整 0°～90°范围内的各种角度。

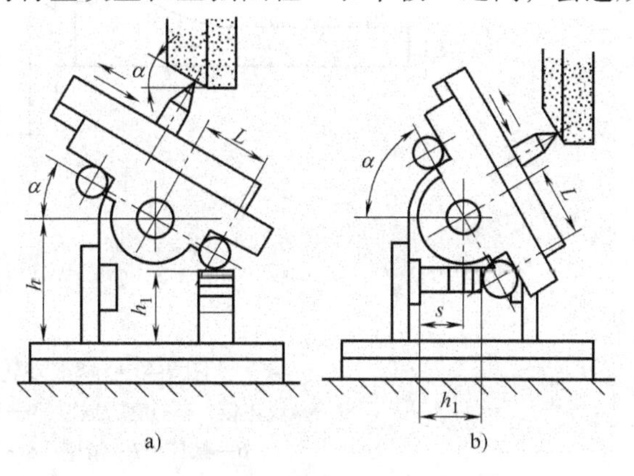

图 3-40　量块的尺寸计算

a) $0°\leqslant\alpha\leqslant45°$　b) $45°\leqslant\alpha\leqslant90°$

当 $0°\leqslant\alpha\leqslant45°$ 时，量块放置在平板 6 上，垫入的量块尺寸为（图 3-40a）

$$h_1=h-\frac{d}{2}\pm L\sin\alpha$$

式中　h_1——垫入量块的尺寸（mm）；

h——夹具回转中心至量块支承面的高度（mm）；

L——正弦圆柱中心至正弦规座回转中心距离（mm）；

d——正弦圆柱的直径（mm）；

α——砂轮的修整角（°）。

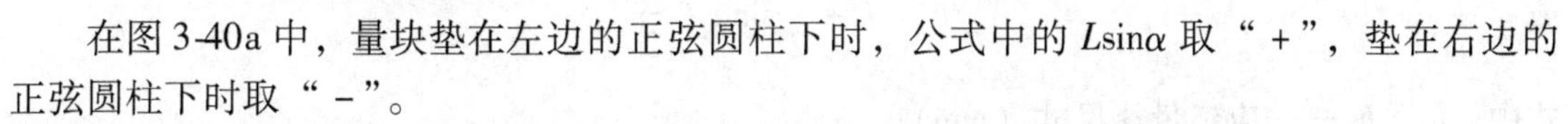

在图 3-40a 中，量块垫在左边的正弦圆柱下时，公式中的 $L\sin\alpha$ 取“+”，垫在右边的正弦圆柱下时取“-”。

当 $45°\leqslant\alpha\leqslant90°$ 时，量块放置在垫板 7 和正弦圆柱之间，如图 3-40b 所示，垫入的量块尺寸为

$$h_1 = s + L\sin(90° - \alpha) - \frac{d}{2} = s + L\cos\alpha - \frac{d}{2}$$

式中　s——正弦规座回转中心至垫板的垂直距离。

②修整砂轮圆弧的夹具。修整砂轮圆弧的夹具如图 3-41 所示。金刚刀 9 装在摆杆 8 上。摆杆装在滑座 7 上，并通过螺杆 6 使其在滑座上移动。转动手轮 3 时，滑座、摆杆和金刚刀均绕主轴轴线旋转，使金刚刀尖沿主轴轴线回转成圆弧，其回转半径可由螺杆 6 调整。分度盘 4 和分度盘上的正弦圆柱 2（处于同一直径的圆周上，并将该圆周分为四等分）用于分度。由此可以修整出凸圆弧和凹圆弧的砂轮，如图 3-42 所示。当金刚刀尖高于修整砂轮圆弧夹具的回转中心 O 时，可修整出凹圆弧，如图 3-42a 所示；当金刚刀尖低于修整砂轮圆弧夹具的回转中心 O 时，修整出凸圆弧，如图 3-42b 所示。

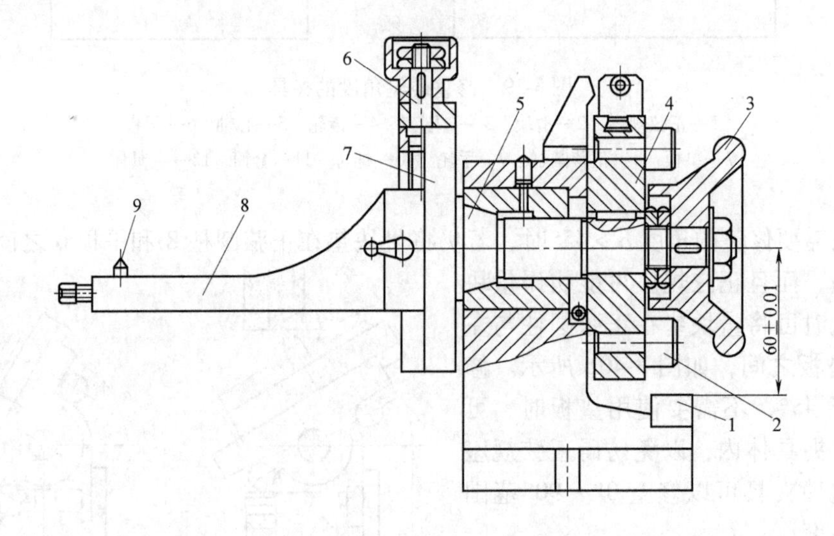

图 3-41　修整砂轮圆弧的夹具

1—量块垫板　2—正弦圆柱　3—手轮　4—分度盘　5—主轴　6—螺杆　7—滑座　8—摆杆　9—金刚刀

修整砂轮时，如果回转角度的精度要求不高，其角度可直接利用分度盘 4 读出；如果工件回转角度的精度要求较高，可在正弦圆柱 2 和量块垫板 1 之间垫入适当尺寸的量块，控制工件回转角度的大小，如图 3-43 所示。为控制转角，垫入的量块尺寸按下式计算，即

$$h_1 = h - \frac{D}{2}\sin\alpha - \frac{d}{2}$$

或

$$h_2 = h + \frac{D}{2}\sin\alpha - \frac{d}{2}$$

式中　h_1、h_2——应垫量块尺寸（mm）；

h——夹具回转中心至量块垫平面的高度（mm）；

D——正弦圆柱中心所在圆的直径（mm）；

d——正弦圆柱直径（mm）。

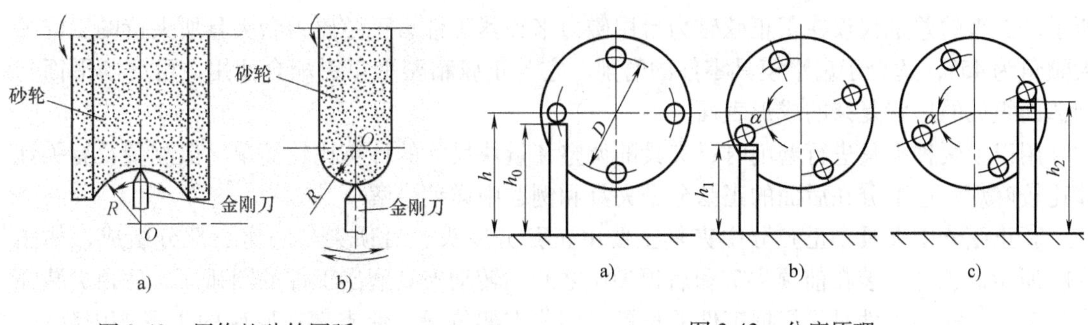

图3-42　用修整砂轮圆弧的夹具修整圆弧

a）修整出凹圆弧　b）修整出凸圆弧

图3-43　分度原理

由于机械式夹具只能修整由直线和圆弧构成的砂轮，所以就只能磨削由直线和圆弧构成的凸模和拼块凹模。如果要用成形砂轮磨削法磨削任意曲线构成的凸模和凹模拼块，就必须利用数控控制的砂轮修整装置完成砂轮的修整，再按相同的方法磨削。

2）成形夹具磨削法。成形夹具磨削法是指将工件置于成形夹具上，利用夹具调整工件的位置，使工件在磨削过程中作定量移动或转动，由此获得所需形状的加工方法，如图3-44所示。成形夹具磨削法中的常用夹具有正弦精密平口钳、正弦磁力台、正弦分中夹具和万能夹具等。

①正弦精密平口钳。正弦精密平口钳用于斜面的磨削，如图3-45所示。工件3装夹在精密平口钳2上，平口钳上的正弦圆柱4与底座1之间垫入量块5，从而使工件精确倾斜一定的角度，依靠工作台的平移完成斜面磨削。利用此夹具所夹持的工件最大倾角为45°，若与成形砂轮配合使用，可磨削由平面与圆弧面组成的复杂型面。

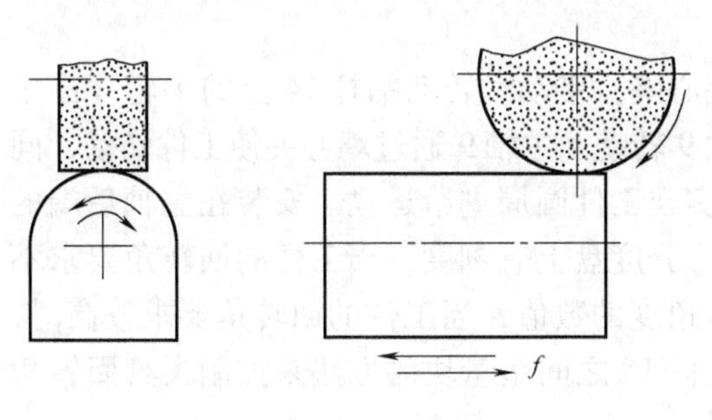

图3-44　成形夹具磨削法

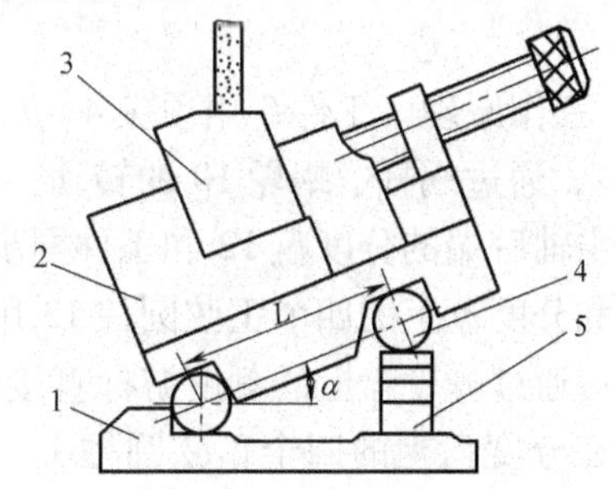

图3-45　正弦精密平口钳

1—底座　2—精密平口钳　3—工件

4—正弦圆柱　5—量块

所垫入的量块值H为

$$H = L\sin\alpha$$

式中　H——应垫量块值（mm）；

L——两正弦圆柱的中心距（mm）；

α——工件需要倾斜的角度（°）。

②正弦磁力台。正弦磁力台的结构原理和应用与正弦精密平口钳基本相同，如图3-46

所示。二者的差别仅仅在于正弦磁力台用磁力来夹紧工件，正弦磁力台夹具所夹持的工件最大倾角为45°，适合于扁平模具零件的磨削。它与正弦精密平口钳配合使用，可磨削平面与圆弧面组成的形状复杂的成形表面。

用以上两种夹具进行磨削时，夹具的调整和量块尺寸的计算比较简单，但测量及有关计算比较麻烦，这部分在后面的正弦分中夹具和例题中详细讲解。

③正弦分中夹具。正弦分中夹具主要由正弦分度头、后顶尖与底座三部分组成，如图3-47所示。工件5装在前顶尖7和后顶尖4之间，转动夹具磨出工件的圆弧面。后顶尖装在支架2上，安装工件时，根据工件的长短，调节支架位置，使支架在底座的T形槽中移动；调节好支架位置后，用螺钉锁紧，同时可以旋转后顶尖手轮3，使后顶尖移动，以调节顶尖与工件的松紧。

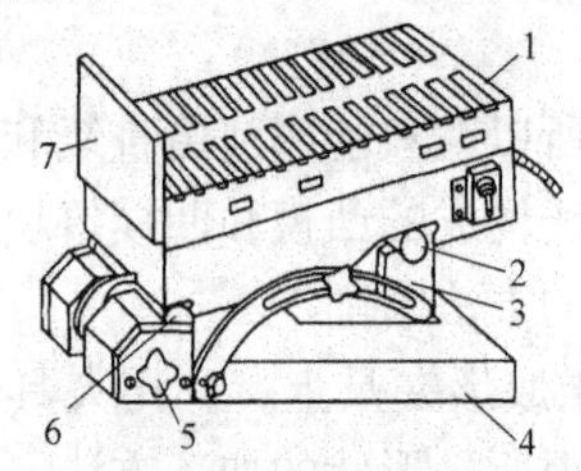

图3-46　正弦磁力台

1—电磁吸盘　2、6—正弦圆柱　3—量块　4—底盘　5—偏心锁紧器　7—挡板

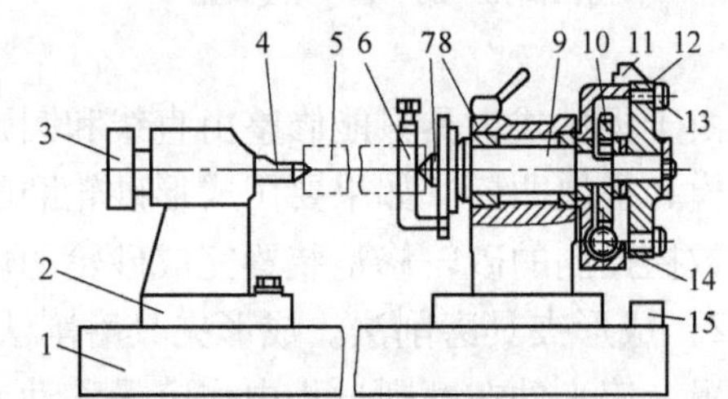

图3-47　正弦分中夹具

1—底座　2—支架　3—手轮　4—后顶尖　5—工件　6—鸡心夹　7—前顶尖　8—前顶座　9—主轴　10—蜗轮　11—零位指示　12—分度盘　13—正弦圆柱　14—蜗杆　15—量块垫板

a）工作原理。工件5用顶尖4、7定位，鸡心夹6带动。转动蜗杆14上的手轮（图中未画出），通过蜗杆、蜗轮10的转动，可使主轴9转动、主轴9通过鸡心夹使工件转动，同时装在主轴后端的分度盘12和工件同步转动，实现工件圆周进给运动。安装在主轴后端的分度盘和分度盘上的四个正弦圆柱13用于分度，分度盘上有刻度，当工件的回转角要求不高时，可通过分度盘上的刻度游标直接读出回转角度的数值；当工件的回转角要求较高时，可利用在分度盘上的四个正弦圆柱13和量块垫板15之间垫量块的方法来控制夹具回转角度。其原理与前面讲的修整砂轮圆弧的夹具相同。

由于工件上的中心孔在顶尖上一次定位后要磨出凸模或拼块凹模的全部型面，才能保证精度。所以，正弦分中夹具只能用于磨削凸模、拼块凹模等具有同一轴线的不同圆弧面、平面及等分槽等。

b）工件的安装。在正弦分中夹具上，工件的安装通常有两种方法。一种是心轴装夹法，另一种是双顶尖装夹法。心轴装夹法如图3-48所示。工件带有内孔，且内

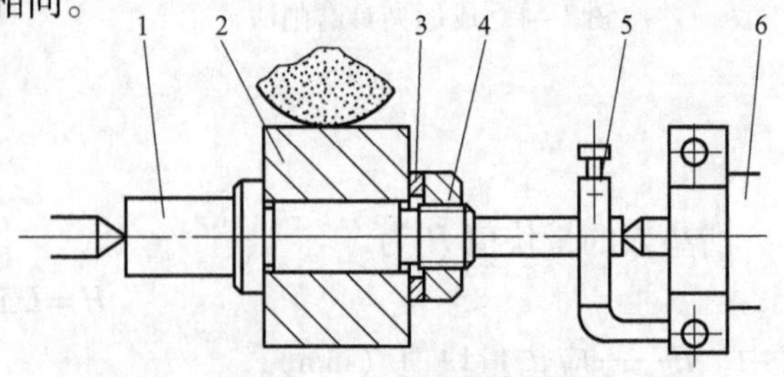

图3-48　心轴装夹法

1—心轴　2—工件　3—垫圈　4—螺母　5—鸡心夹　6—夹具主轴

孔中心为成形表面的回转中心时，可在内孔中装入心轴，利用心轴两端的中心孔安装在夹具的两顶尖之间，并用鸡心夹带动工件旋转。工件没有内孔时，可制作一工艺孔以完成装夹，或采用双顶尖装夹法。双顶尖装夹法如图3-49所示，工件上除了用一对主中心孔外还有一个副中心孔，装入副顶尖后来拨动工件旋转。采用此种方法时，要求主、副顶尖与中心孔配合良好，副顶尖的夹紧力适中，既需顶紧以保证精度要求，又不能过大而使工件产生歪斜和变形，影响加工精度，如图3-50所示。

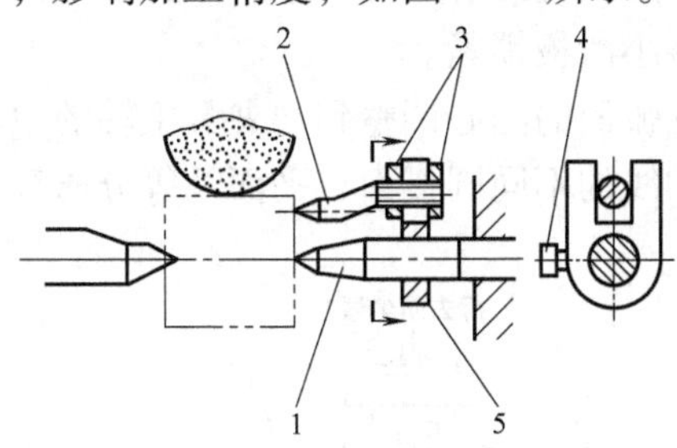

图3-49　双顶尖装夹法
1—主顶尖　2—副顶尖　3—螺母
4—紧定螺钉　5—叉形滑板

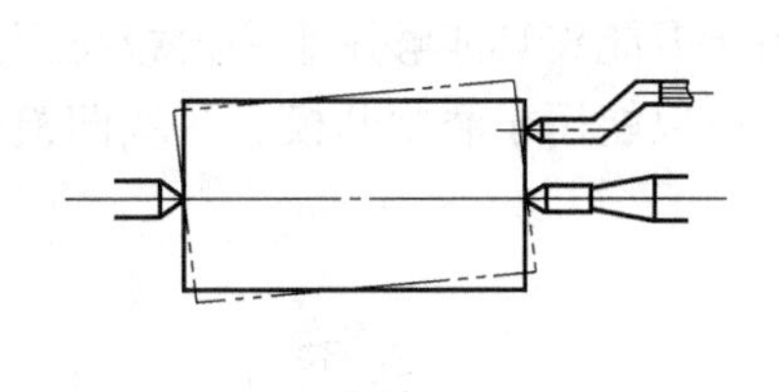

图3-50　装夹不当使工件歪斜

c）测量。用正弦分中夹具磨削工件时，加工表面尺寸的测量一般采用比较法。图3-51所示为测量调整器，它主要由三角架1与量块座2组成。量块座能沿着有T形槽的三角架斜面上下移动，达到适当位置时可用固定螺母3锁紧。为了保证测量精度，量块支承面A、B应分别与安装基面C、D保持平行。

在正弦分中夹具上磨削平面或圆弧面时，都以夹具的回转中心线为测量基准。因此，磨削前应首先调整好量块座的位置，使量块座支承面和夹具中心高之间保持一定的关系。一般将量块支承面的位置调整到低于夹具回转中心线50mm处。调整时，在夹具的两顶尖之间装上一根直径为d的标准圆柱，在量块座基准面上安放一组（$50+d/2$）的量块，用指示表测量，调整量块座的位置，使量块上平面与标准圆柱面最高点等高后，将量块座固定，如图3-52所示。当工件的被测量表面位置高于（或低于）夹具回转中心线时，只要相应地变更量块组合即可。当工件的被测量表面比夹具回转中心线高h时，选用（$50+h$）的量块组。反之，选用（$50-h$）的量块组。再借助于指示表测量工件的被测表面，直到与量块上平面读数相同，表示工件已磨削到要求尺寸。

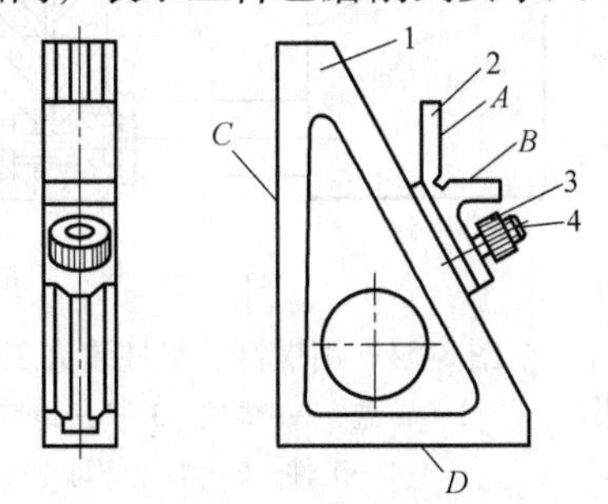

图3-51　测量调整器
1—三角架　2—量块座
3—固定螺母　4—螺钉

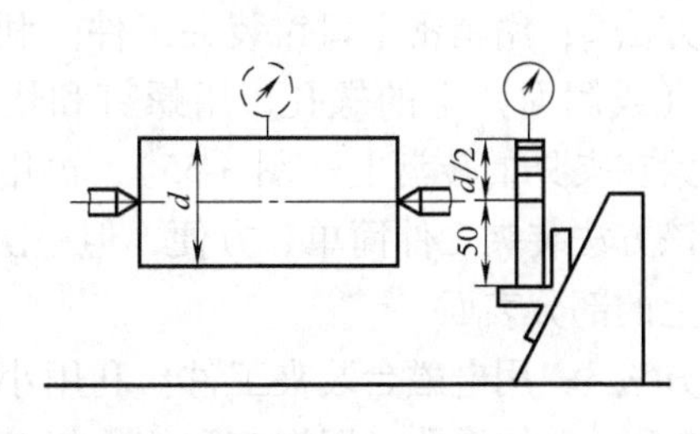

图3-52　测量调整器的调整

④万能夹具。万能夹具是由正弦分中夹具发展起来的更为完善的成形夹具，万能夹具可以在平面磨床或万能工具磨床上使用。万能夹具的结构如图3-53所示。

a）结构原理。工件安装在转盘1上，用手轮12转动蜗杆（图中未画出），通过蜗轮6带动主轴5和正弦分度盘8旋转，工件绕夹具中心旋转。分度部分用来控制夹具的回转角度。其结构和分度原理与正弦分中夹具相同。由中滑板11和小滑板2组成的十字滑板，与四个正弦圆柱的中心连线（也是主轴的中心线）重合。旋转丝杠3和10，可使工件在互相垂直的两个方向上移动。当工件移动到所需位置后将小滑板锁紧。

由于万能夹具能够用十字滑板将工件上要磨削圆弧面的圆心调整到与夹具主轴的中心线重合，所以能用于磨削凸模、拼块凹模等不在同一轴线的不同圆弧面、平面及等分槽等。

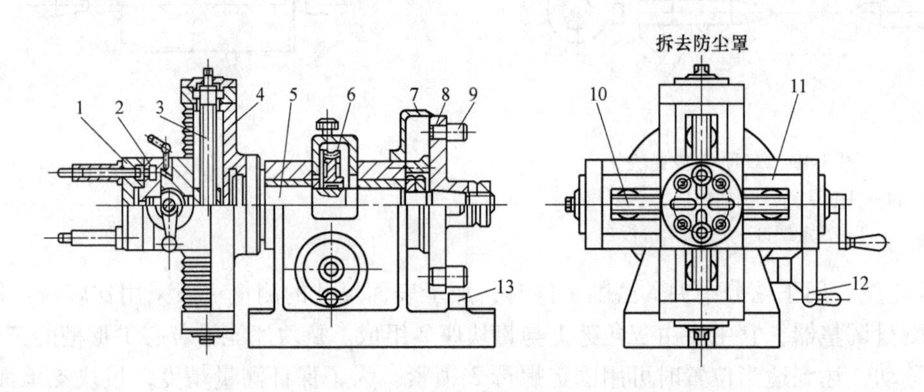

图3-53 万能夹具

1—转盘 2—小滑板 3、10—丝杠 4—座滑板 5—主轴
6—蜗轮 7—游标 8—正弦分度盘 9—正弦圆柱
11—中滑板 12—手轮 13—量块垫板

b）工件的装夹。根据不同的加工对象，可以采用以下几种装夹方法：

方法1：用螺钉、垫柱装夹工件。如图3-54所示，利用凸模端面上的螺孔，通过螺钉3、垫柱2将工件拉紧在转盘1上。转盘1装在万能夹具的小滑板上，可绕轴 O-O 旋转，便于调整工件在圆周方向上的相对位置。用这种装夹方法，能在一次装夹后将凸模的刃口轮廓全部磨出。

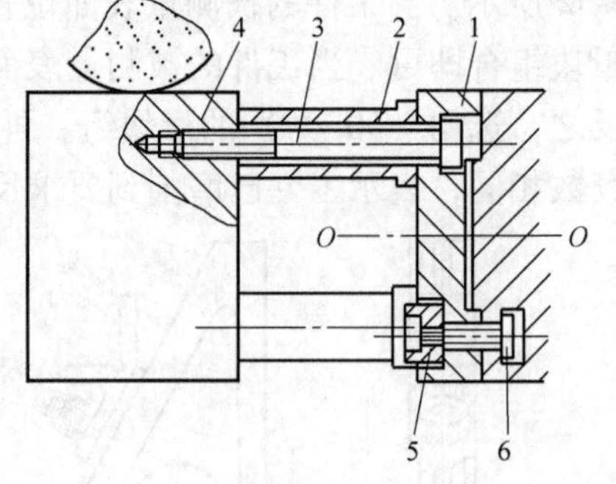

图3-54 用螺钉、垫柱装夹工件

1—转盘 2—垫柱 3、6—螺钉
4—工件 5—滚花螺母

方法2：用精密平口钳装夹工件。利用精密平口钳端部（或侧面）上的螺孔，用螺钉和垫柱将精密平口钳拉紧在夹具的转盘上（图3-55），再用平口钳夹持工件。该方法装夹工件简单、方便，但一次装夹只能磨出工件上的部分表面。

方法3：用电磁台装夹工件。利用小型电磁台端部（或侧面）上的螺孔，用螺钉和垫柱将其拉紧在转盘上（图3-56），再用电磁力吸住工件。电磁台装夹工件迅速、方便，但工件必须以平面定位，一次装夹也只能磨削工件上的部分表面。

c）工艺尺寸换算。在万能夹具上进行磨削时，由于零件的设计尺寸不能直接用于万能夹具的十字拖板带动工件的回转中心的移动，也不能直接用于回转尺寸和角度的测量，因此需将工件的设计尺寸换算为工艺尺寸。

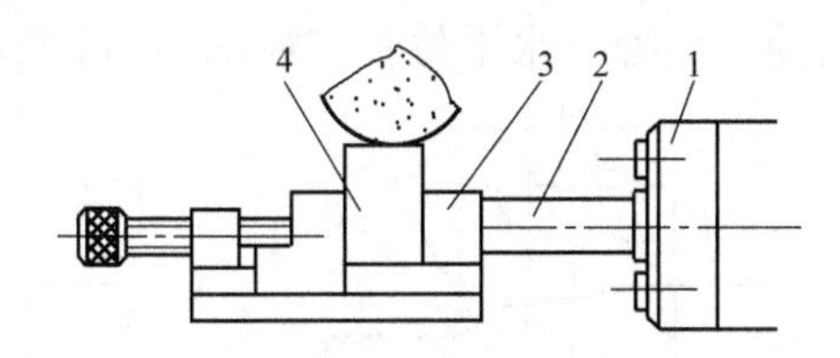

图 3-55　用精密平口钳装夹工件

1—转盘　2—垫柱　3—精密平口钳　4—工件

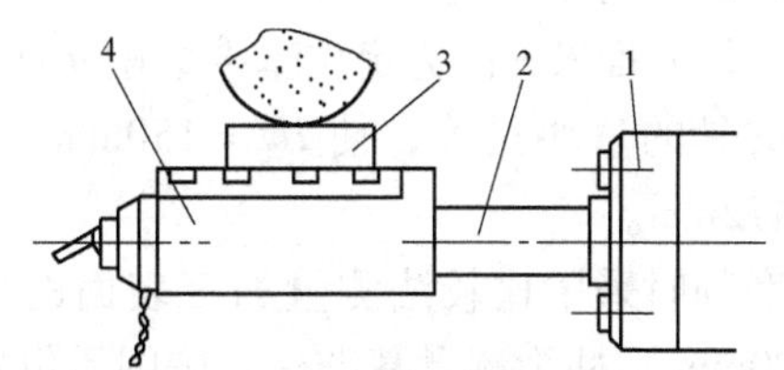

图 3-56　用电磁台装夹工件

1—转盘　2—垫柱　3—工件　4—磁力台

在进行工艺尺寸换算时，首先应根据工件形状确定尽量少的回转中心（或测量中心）个数，否则，会增加夹具的调整次数，从而增大加工误差。通常工件上有多少个不同心的圆弧，就有多少个回转中心（同心圆弧只算一个回转中心）。其次，应确定换算工艺尺寸的坐标系。实践中，为便于换算，一般选择设计尺寸坐标系作为工艺尺寸坐标系，并选择主要回转中心（或测量中心）作为坐标轴的原点。另外，磨削平面时，需换算出各平面对坐标轴的倾斜角度，为便于测量，还应换算平面与回转中心的垂直距离。因此，利用万能夹具进行成形磨削时，应换算以下各项工艺尺寸：各圆弧中心之间的坐标尺寸；各平面对坐标轴的倾斜角度；各平面到相应回转中心的垂直距离；各圆弧的圆心角，磨削圆弧时，若工件可自由回转，又不至于碰伤其相邻表面时，可不计算圆弧的圆心角。

工艺尺寸换算时，应将设计时的名义尺寸，一律换算成中间尺寸，以便保证计算精度。一般数值均运算到小数点后六位，最终所得数值取小数点后二至三位，角度值应精确到10″。

例如，采用万能夹具成形磨削如图 3-57a 所示的凸模刃口轮廓时，凸模上所有圆弧都可用回转法进行磨削，由于其形状对称，工艺尺寸的换算只需对 O、O_1、O_2、O_3 回转中心及有关尺寸进行换算。换算后的工艺尺寸如图 3-57b 所示。

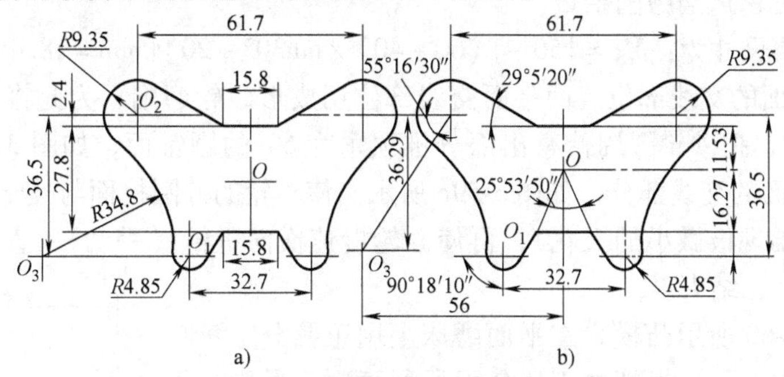

图 3-57　凸模刃口轮廓尺寸换算

例 3-1　如图 3-58 所示凸模，除 a、b、c 面以外的面已加工好，要求用正弦磁力台在平面磨床上磨削 a、b、c 面。

磨削工艺过程如下：

①工件装夹。将夹具置于机床工作台上，找正（使夹具的主轴中心线与机床工作台的纵向运动方向平行）。

②以 d 面及 e 面为定位基准磨削 a 面。调整夹具使 a 面处于水平位置，如图 3-59a 所示。调整夹具的量块尺寸，使 $H_1 = 150\text{mm} \times \sin10° = 26.0472\text{mm}$。

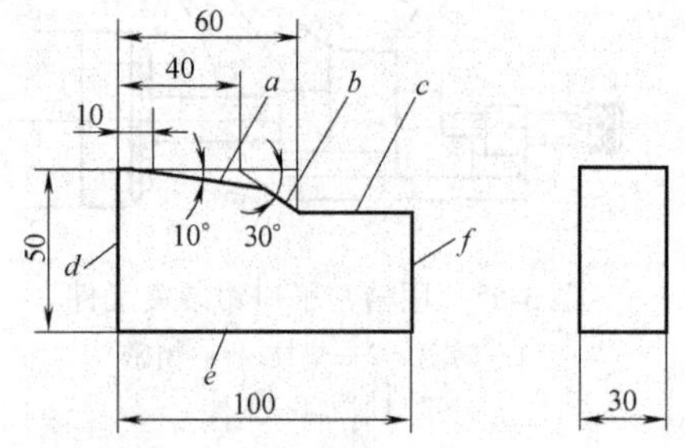

图 3-58 例 3-1 凸模

磨削时采用比较法测量加工表面的尺寸，图中 ϕ20mm 圆柱为测量基准柱。按图示位置调整测量调整器上的量块座，用指示表检查，使量块座的基准平面与测量基准柱的上母线处于同一水平面内，并将量块座固定。检测磨削尺寸的量块按下式计算：$M_1 = [(50-10)\times\cos10° - 10]\ \text{mm} = 29.392\text{mm}$。

加工面 a 的尺寸用指示表检测，当指示表在 a 面上的测量示值与指示表在量块上平面的测量示值相同时，工件尺寸即达到磨削要求。

③磨削 b 面。调整夹具使 b 面处于水平位置，如图 3-59b 所示。调整及测量方法同前。调整夹具的量块尺寸为：$H_2 = 150\text{mm} \times \sin30° = 75\text{mm}$。

测量加工表面尺寸的量块尺寸，使 $M_2 = \{[(50-10)+(40-10)\tan30°]\times\cos30° - 10\}\text{mm} = 39.641\text{mm}$。

注意，当吃刀至与 c 面的相交线附近时应停止，留下适当磨削余量。

④磨削 c 面。调整夹具磁力台成水平位置，如图 3-59c 所示。磨 c 面到要求尺寸。同样，在 b、c 两平面交线处留适当磨削余量。

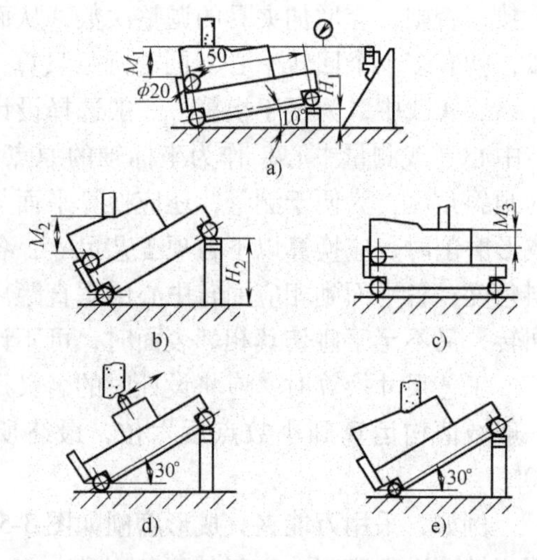

图 3-59 用正弦磁力台磨削凸模

测量用的量块尺寸为：$M_3 = \{50 - [(60-40)\times\tan30° + 20]\}\text{mm} = 18.453\text{mm}$。

⑤磨削 b、c 面的交线部位。两平面交线部位用成形砂轮磨削，为此将夹具磁力台调整为与水平面成 30°，把砂轮圆周修整出部分锥顶角为 60°的圆锥面，如图 3-59d 所示。用成形砂轮磨削 b、c 面的交线部分，如图 3-59e 所示。使砂轮的外圆柱面与处于水平位置的 b 面部分微微接触（出现极微小的火花），再使砂轮慢速横向进给（手动），直到 c 面也出现极微小的火花时，加工结束。

例 3-2 图 3-60 所示凸模，在平面磨床上用正弦分中夹具磨削凸模工作型面。半精加工后各面所留磨削余量为 0.15 ~ 0.2mm。

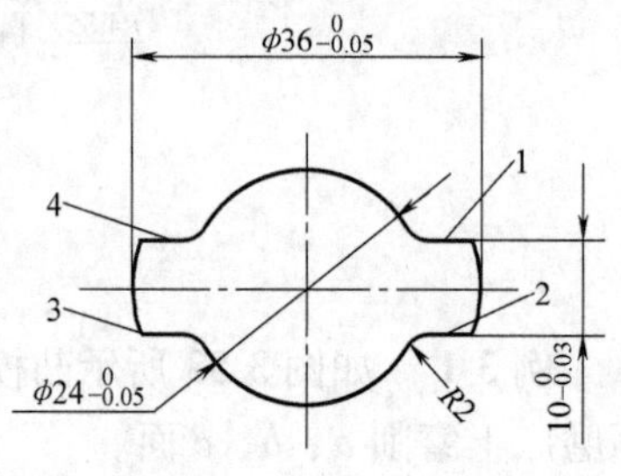

图 3-60 例 3-2 凸模

凸模的磨削过程按下列顺序进行：

①工件装夹。将正弦分中夹具置于机床的工作台上校正。装夹工件，按平面找正，使各面余量均匀。如图 3-61a 所示。

②磨削1、2、3、4平面。调整平面1至水平位置。如图3-61b所示。磨削该平面到尺寸，当砂轮横向进给到距平面与$R2$mm圆弧切点1～2mm处停止进给，以免砂轮切入凹圆弧。检查该平面的量块尺寸为（50+4.993）mm。将工件旋转180°磨削平面3到尺寸。调整砂轮至图中虚线所示位置，磨削平面4、2到尺寸，操作方法与磨削平面1、3相同。

③磨削ϕ36mm圆弧面。将工件旋转90°，如图3-61c所示。通过正弦分中夹具使工件作圆周进给，磨ϕ36mm圆弧面到尺寸。检测该圆弧的量块尺寸为（50+17.988）mm，将工件旋转180°，磨削另一段ϕ36mm的圆弧面到尺寸。

④磨削ϕ24mm圆弧面。将工件旋转90°，如图3-61d所示。用回转法磨削ϕ24mm的圆弧面到尺寸。当砂轮进给到距两圆弧的切点1～2mm时停止进给。检测该圆弧的量块尺寸为（50+11.988）mm。将工件旋转180°，用同样方法磨削另一段ϕ24mm圆弧面到尺寸。

⑤磨削$R2$mm圆弧面。将砂轮两侧修成$R2$mm的圆弧，将工件旋至图3-61e所示位置，使砂轮圆柱面与平面微微接触后顺时针旋转工件至一定位置，将砂轮调整至与ϕ24mm圆弧面微微接触，如图3-61f所示。逆时针方向进给至砂轮圆柱面与平面微微接触。按同一操作方法磨出其余三个$R2$mm的圆弧面。在进行成形磨削时，检测被磨削表面尺寸的量块，均按工件的平均尺寸计算。

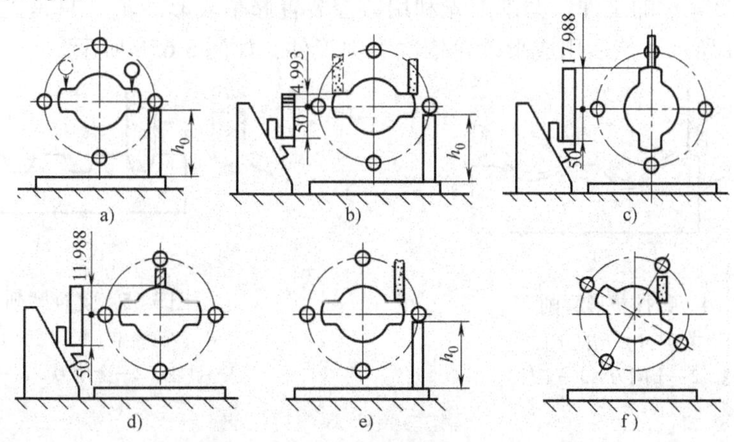

图3-61　利用正弦分中夹具磨削凸模

3）数控磨床成形磨削法。对于高速冲裁的连续模，模具的零件精度要求更高，生产中还须使用数控成形磨床。数控成形磨床利用数字信号控制系统来控制高精度磨床的进给运动，并可以多轴联动。因此它的加工精度高，工艺应用范围较广。数控成形磨床的种类很多，这里介绍在模具加工中使用较广泛的数控平面成形磨床，如图3-62所示。

数控平面成形磨床的运动与普通平面磨床相似，工作台作纵向往复直线运动和前、后（横向）进给运动，砂轮除了作旋转运动外，还可作垂直进给运动。对于砂轮的垂直进给运动和工作台的横向进给运动，都采用了数控装置，加工时能多轴联动。

在数控成形磨床上进行成形磨削的方法主要有如下三种：

①数控成形砂轮磨削。采用这种方法时，首先利用数控装置控制安装在工作台上的砂轮修整装置，使其与砂轮架作规定的相对运动而得到所需形状的成形砂轮，如图3-63a所示。然后用此成形砂轮在普通平面磨床上磨削工件。磨削时，工件作纵向往复直线运动，砂轮作垂直进给运动，如图3-63b所示。数控成形砂轮磨削适用于加工面窄且批量大的工件。

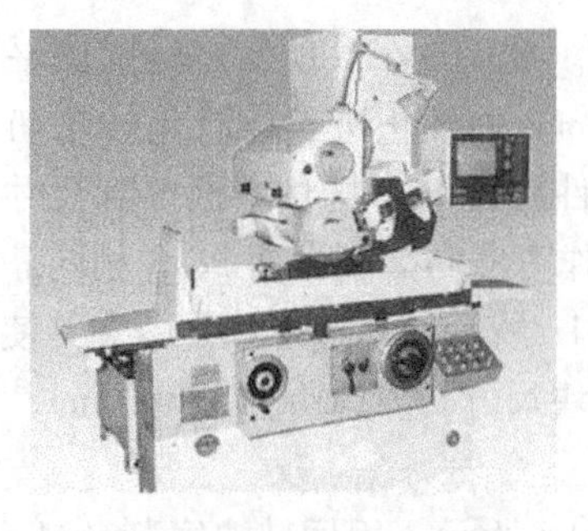

图 3-62　数控平面成形磨床

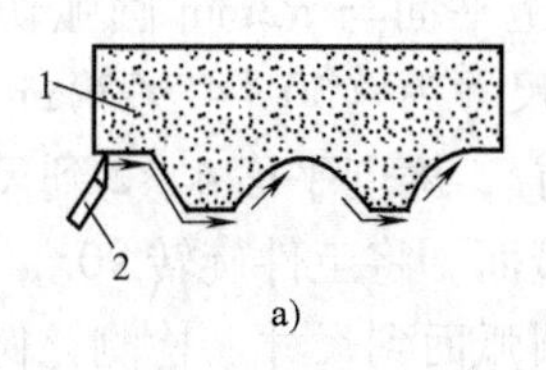

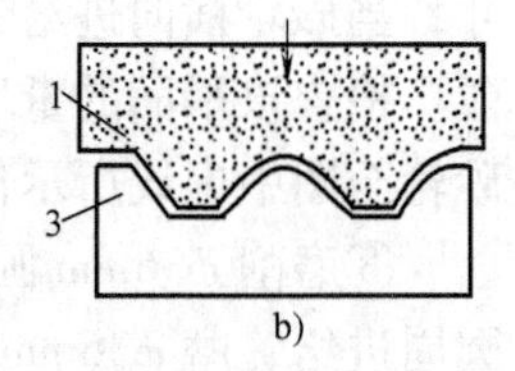

图 3-63　数控成形砂轮磨削

a）砂轮修整　b）磨削工件

1—砂轮　2—金刚刀　3—工件

②数控仿形磨削。利用数控装置把砂轮修整成圆形或 V 形，如图 3-64a 所示。然后由数控装置控制砂轮架的垂直进给运动和工作台的横向进给运动，使砂轮的切削刃沿工件的轮廓进行仿形加工，如图 3-64b 所示。数控仿形磨削适用于加工面宽的工件。

③数控复合磨削。数控复合磨削将上述两种方法结合，用以磨削具有多个相同型面（如齿条形和梳形等）的工件。磨削前先利用数控装置修整成形砂轮（只是工件形状的一部分），如图 3-65a 所示。然后用成形砂轮依次磨削工件，如图 3-65b 所示。

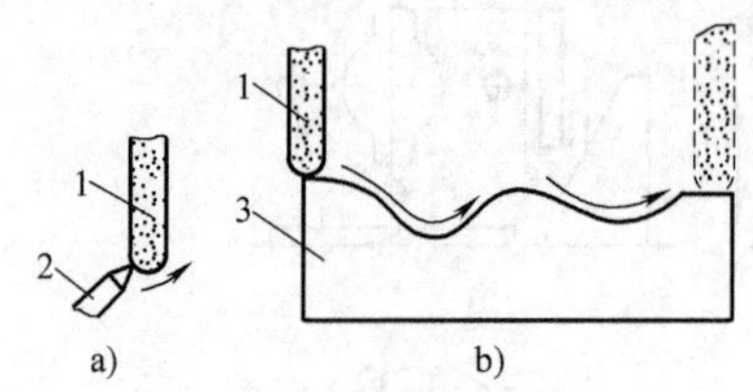

图 3-64　数控仿形磨削

a）砂轮修整　b）磨削工件

1—砂轮　2—金刚刀　3—工件

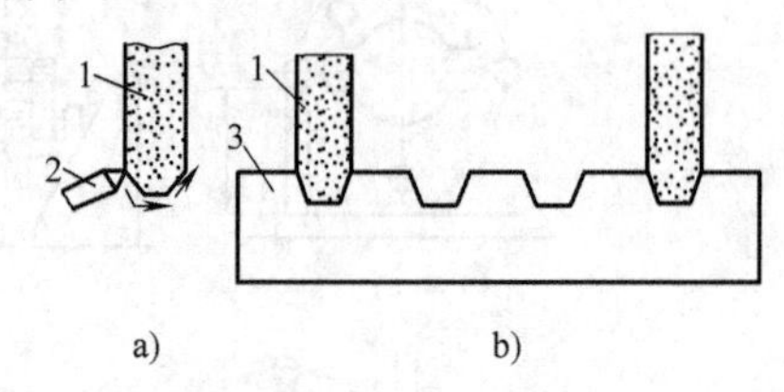

图 3-65　复合磨削

a）砂轮修整　b）磨削工件

1—砂轮　2—金刚刀　3—工件

（5）光学曲线磨床磨削法　在专业模具生产厂家，特别是精密小型模具的生产厂家，光学曲线磨床在模具工作零件的加工中已经应用非常广泛。其加工精度高，表面质量好，生产率高，常用于加工具有非圆形截面的小型零件，如凸模和型芯等。

按控制方式的不同，光学曲线磨床分为手动光学曲线磨床和数控光学曲线磨床，如图 3-66、图 3-67 所示。

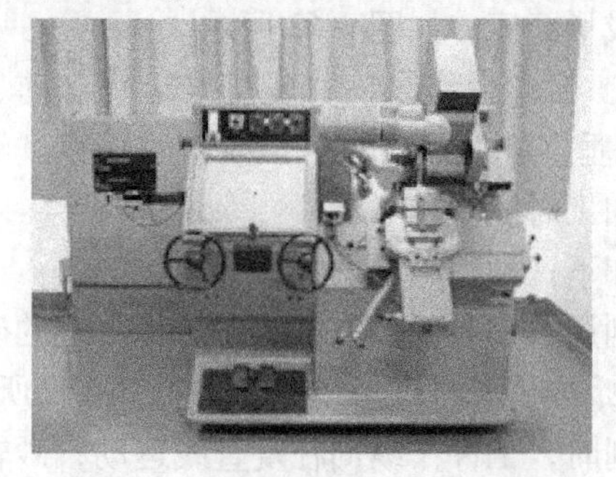

图 3-66　手动卧式光学曲线磨床

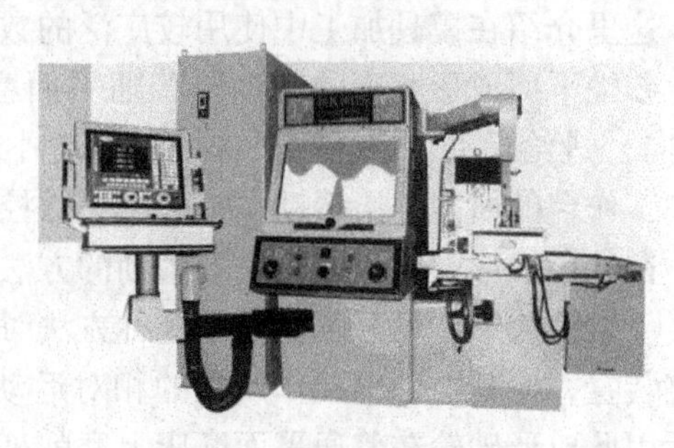

图 3-67　数控光学曲线磨床

数控光学曲线磨床主要由光学投影系统（包括照明部分、放大部分和投影系统）、机床部分（包括床身、坐标磨头架、坐标工作台、回转中心架和砂轮修整器等）、计算机控制部分（包括数控装置、输入装置、控制器、运算器和输出装置等）等几部分组成，机床具有直线、圆弧连续轨迹磨削，参数方程曲线连续轨迹磨削及投影检测功能。与手动光学曲线磨床相比，数控光学曲线磨床精度更高，在高端精密模具制造中起着重要的作用。

手动光学曲线磨床和数控光学曲线磨床都是利用光学投影放大系统将工件放大（一般能放大50倍），然后与标准图样比较进行加工的，但它们的控制和检测方式不同，所能达到的精度也不同。手动光学曲线磨床的精度一般能达到0.02mm，而数控光学曲线磨床能达到0.005mm。下面以手动光学曲线磨床为例介绍光学曲线磨床的结构、原理和应用。

1）结构与工作原理。在手动光学曲线磨床上进行成形磨削，是利用光学投影放大系统将工件放大影像到屏幕上，与夹在屏幕上的工件放大图相对照，加工时工人手动操作砂轮对工件进行磨削，将越过图线的部分磨去，直至物像的轮廓全部重合时为止。

①磨床的结构。手动立式光学曲线磨床主要由床身1、坐标工作台2、砂轮架3和光屏4组成，如图3-68所示。被磨削工件利用专用夹具、精密平口钳等装夹在坐标工作台上，工作台可作纵向、横向和垂直运动。砂轮作旋转主运动，同时在砂轮架的垂直导轨上作直线往复运动；砂轮架可作纵向和横向进给运动（手动），以及沿垂直轴转动和沿水平轴转动，如图3-69所示。

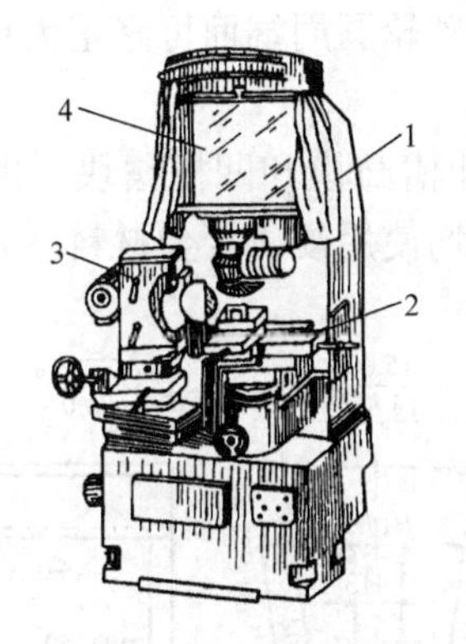

图3-68　手动立式光学曲线磨床结构
1—床身　2—坐标工作台
3—砂轮架　4—光屏

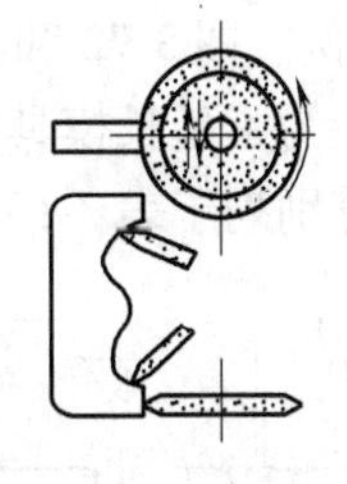
图3-69　磨削曲线轮廓的侧边

②光学放大原理。光学曲线磨床的投影放大原理如图3-70所示。光线由光源1射出，通过被加工工件2和砂轮3，把它们的阴影射入物镜4上，并经过三棱镜5、6的折射和平面镜7的反射，可在光屏8上得到放大50倍的影像。磨削时，用手操纵磨头在纵、横方向的运动，使砂轮的切削刃沿着工件外形移动，一直磨到与理想的放大图完全吻合为止。

放大图要按一定的基准线分段绘制，磨削时按基准线互相衔接，如图3-71所示。由于光屏尺寸为500mm×500mm，只能磨削10mm×10mm的工件。当工件尺寸超过该尺寸时，要采用分段磨削的方法，如图3-71b所示。先按图上的1-2段曲线磨出工件的1-2段型面；调整工作台带动工件向左移动10mm，并按图上的2′-3段曲线磨出工件的2′-3段型面；最后，向左、向上分别使工件移动10mm，按图上的3′-4段曲线磨出工件的3′-4段型面。

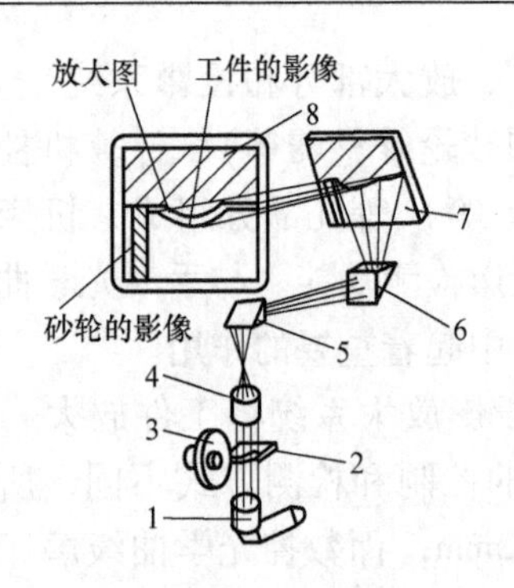

图 3-70　光学曲线磨床的投影放大原理

1—光源　2—工件　3—砂轮

4—物镜　5、6—三棱镜

7—平面镜　8—光屏

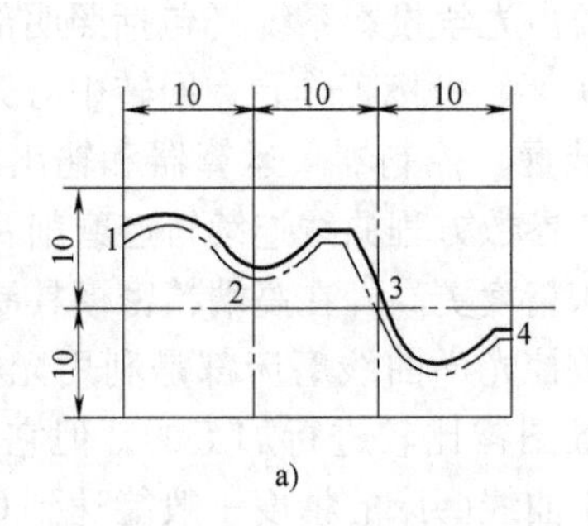
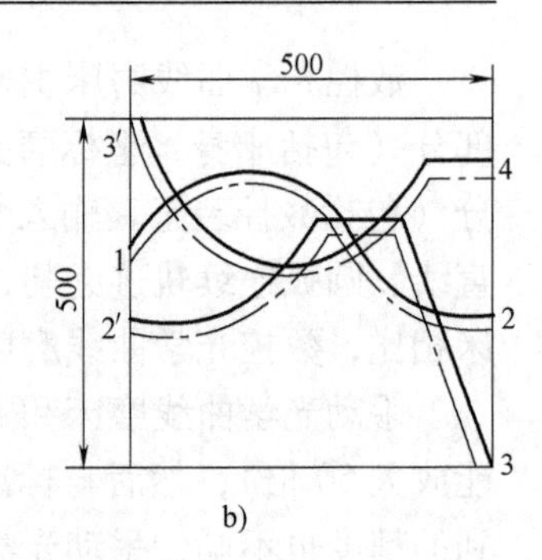

图 3-71　分段磨削

a）工件外形　b）放大图

2）光学曲线磨床的工作过程。光学曲线磨床在成形磨削前，根据被磨削工件的尺寸和精度，在描图纸上按 20、25、50 倍的放大倍数用墨汁画放大图，线条粗细为 0.1 ~ 0.2mm。磨削时，把放大图装在光屏上，利用磨床的光学投影放大系统把被加工零件放大到相应的倍数并和砂轮一起投影到光屏上。然后用手操作磨头作纵向、横向运动，使砂轮的切削刃沿着工件外形磨削，直至工件影像的轮廓与放大图图线全部重合，才算是完成了磨削过程。光学曲线磨床磨削时使用薄片砂轮，根据磨削面的形状不同，砂轮圆周端面可修正为单斜边、双斜边、平直形和凸凹圆弧形，它以逐点磨削方式加工工件。

3）加工实例。图 3-72 和图 3-73 所示是电动机定子冲槽凸模和凹模镶块。由于该模具制造精度较高，为了延长模具寿命，冲槽凸模和凹模镶块均使用硬质合金材料。它们的机械加工工艺过程分别列于表 3-13 和表 3-14。

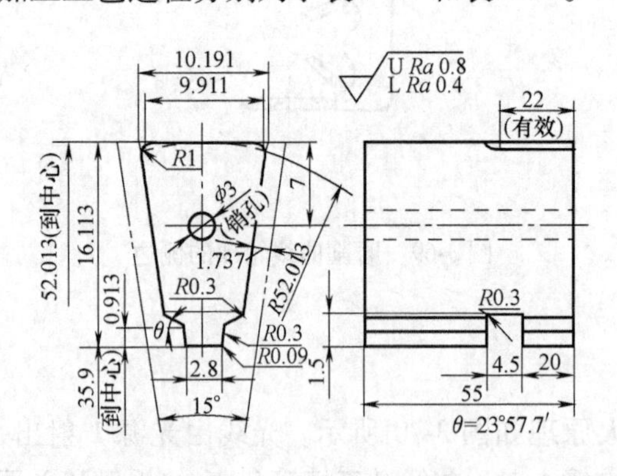

图 3-72　定子冲槽凸模

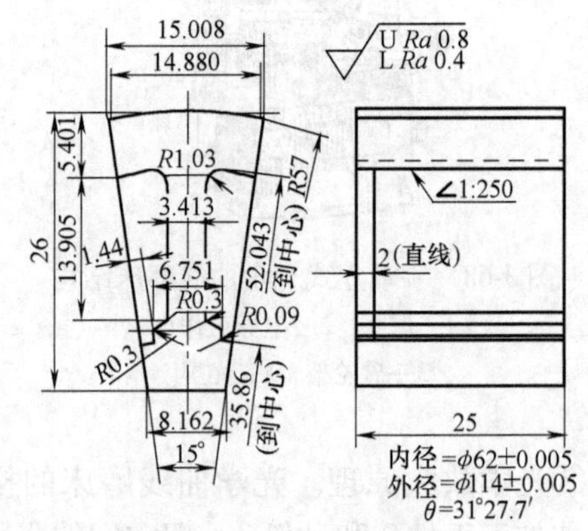

图 3-73　定子冲槽凹模

表 3-13　定子冲槽凸模的机械加工工艺过程

工序号	工序名称	工序内容	设备	加工示意图
1	坯料准备	按加工图要求放适当余量		
2	坯料检验	尺寸、形状和加工余量的检验		

（续）

工序号	工序名称	工序内容	设备	加工示意图
3	平面磨削	粗磨两侧面（将电磁吸盘倾斜15°，工件周围用辅助块加以固定） 磨削上、下平面达要求（用角度块定位）并保证各镶块高度一致 精磨两侧面（方法如前） 磨削两端面使总长（55.5mm）达到一致 磨槽（4.5mm）	平面磨床	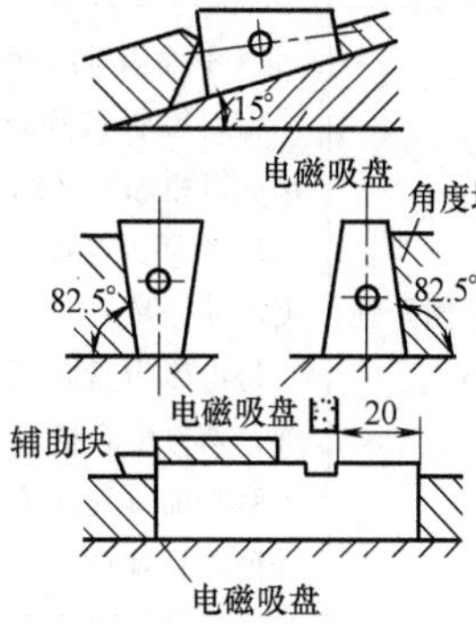 15° 电磁吸盘 角度块 82.5° 82.5° 电磁吸盘 20 辅助块 电磁吸盘
4	磨削外径	磨 $R52.013$mm 的圆弧达精度要求	外圆磨床	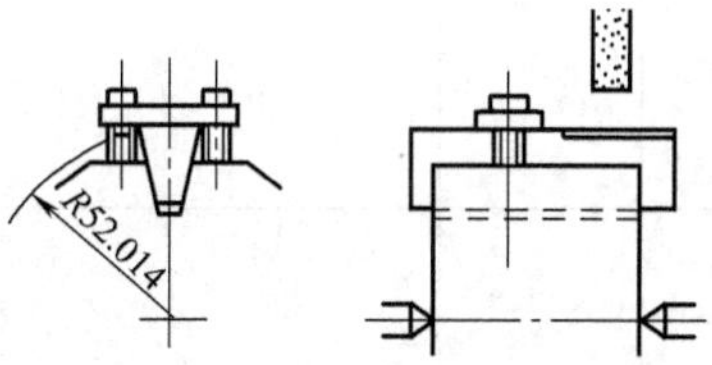 R52.014
5	磨槽部及圆弧	按放大图对拼块槽部进行精磨 按同样方法对反面圆弧进行精磨	光学曲线磨床	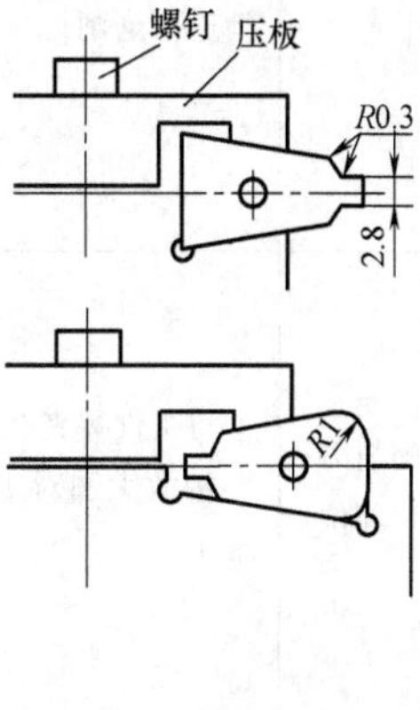 螺钉 压板 R0.3 2.8 R1
6	检验	测量各部分尺寸 形式检验 硬度检验		

表 3-14　定子冲槽凹模的机械加工工艺过程

工序号	工序名称	工序内容	设备	加工示意图
1	坯料准备	按图样要求放适当的加工余量		
2	坯料检验	检验尺寸、形状和加工余量		
3	平面磨削	以 A' 面为基准面磨 A 面 将电磁吸盘倾斜 15°，对侧面 B、B' 进行粗加工（周围用辅助块固定） 以 A 面为基准面磨 A' 面，保证高度尺寸一致 将电磁吸盘倾斜 15°，精磨 B、B' 面，留修配余量 0.01mm 磨端面（对所有拼块同时磨削），保证垂直及总长（25mm）	平面磨床	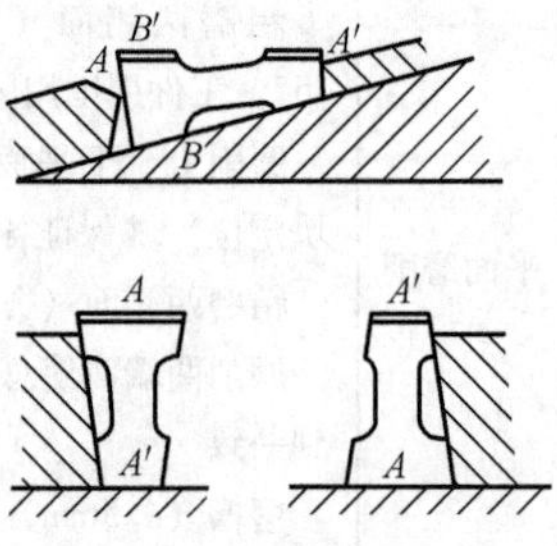 A B' A' B A A' A' A
4	磨外径	将拼块准确地固定在夹具上，磨外径		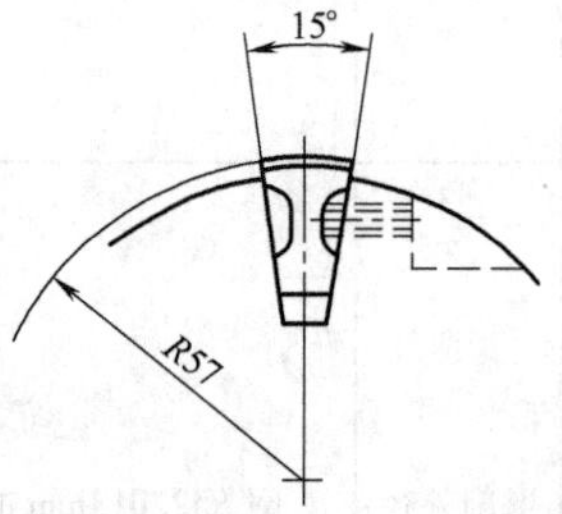 15° R57
5	平面磨削	依次修磨各镶块，镶入内径为 ϕ114mm 的环规中，要求配合可靠，镶入前对各拼块的两拼合面应均匀地进行磨削	平面磨床	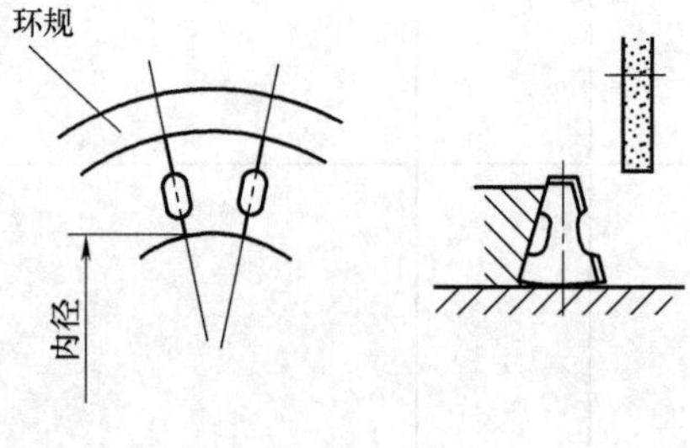 环规 内径
6	磨削刃口部位	将工件装夹在夹具上校正 按放大图对工件进行粗加工和精加工	光学曲线磨床	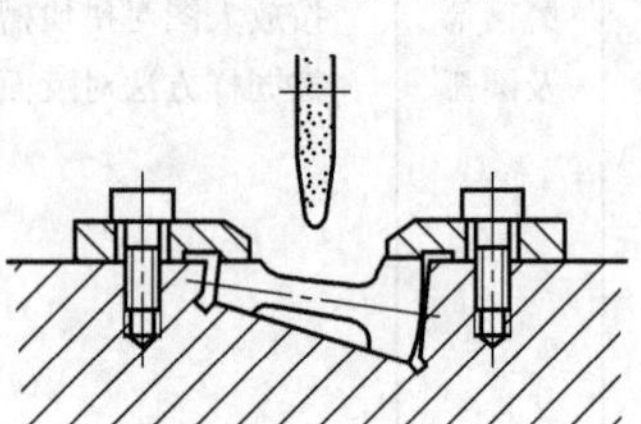
7	检验	用投影仪检验槽形 将拼块压入环规内（见工序 5）测量槽径、内径、后角和型孔的径向性等 硬度检验		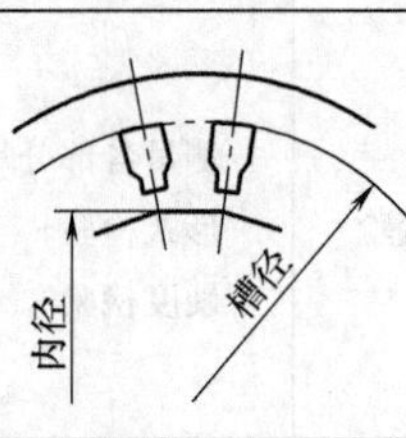 内径 槽径

3.3　任务实施

图3-1所示是一副落料模的凸模和凹模，生产批量为单件小批，编制其机械加工工艺过程。

1. 零件工艺分析

分析凸、凹模零件图得知，这副模具加工的关键技术要求是要保证凸、凹模刃口尺寸精度、表面粗糙度，保证冲裁间隙 $Z=0.04$mm，保证上、下表面的平行度和表面粗糙度。凸、凹模的材料都为CrWMn，淬火热处理硬度为58～62HRC。生产批量属于单件小批生产。

2. 毛坯的选择

为了保证模具的质量和使用寿命，选用锻件。为了便于机械加工和锻造，将凸、凹模毛坯都锻造成六面体。

根据基准重合又便于装夹原则，凸、凹模都选平面和两互相垂直侧面为精基准。

3. 工艺路线的拟定

因为凸、凹模工作型面为非圆形表面，冲裁间隙小，用配作法精加工刃口尺寸。凹模为整体式结构，淬火后可用坐标磨床精加工型孔。因硬度太高，销孔装配时无法配钻铰，安排在淬火前钻铰。凸模采用钳工压印锉修方法进行配作，以保证冲裁间隙。而凸模因为淬火后硬度太高无法修锉刃口型面，必须在淬火前压印锉修。它们的机械加工工艺路线如下。

凹模：锻造→退火→铣毛坯外形→磨上下面→划线→钻去型孔内材料，螺孔和销孔加工→铣刃口型面和漏料孔→淬火热处理→磨平面→坐标磨刃口型面→研磨→检验。

凸模：锻造→退火→铣毛坯外形→磨上下面→划线→螺孔加工→刨刃口型面→压印锉修（与加工好的凹模配作）→淬火热处理→磨平面→研磨→检验。

4. 各工序内容的设计

（1）凹模的工序设计　凹模的机械加工工艺过程见表3-15。

工序1：备料。

按尺寸170mm×135mm×30mm锻造毛坯。

工序2：热处理。

为消除热加工应力和改善切削性能，对毛坯进行退火热处理。

工序3：铣。

对各面进行粗加工和半精加工，为磨削作准备。参考有关手册，上、下表面留0.6mm加工余量，侧面留0.4mm加工余量。

工序4：磨平面。

本道工序是对基准进行精加工，先磨上、下面，留0.3mm余量，保证平行度。然后磨相互垂直的两侧面，主要目的是为钳工划线作准备，为后续工序提供合格的工艺基准。机床用平面磨床M7120。

工序5：钳工。

划出中心线、凹模的刃口轮廓线、螺孔线、销孔线，为后续的机械加工提供依据。

工序6：钻。

在刃口轮廓中心钻 $\phi 26$mm孔，两端圆心处钻 $\phi 16$mm，去除大部分废料。钻攻螺孔、钻

铰销孔和 $\phi4^{+0.013}_{0}$ mm。机床用 Z3025 摇臂钻。

工序 7：铣。

在普通铣床上安装回转工作台，按线铣刃口轮廓和漏料锥面，型孔留 0.3mm 余量，为精加工作准备。机床采用 X52K 立铣床。

工序 8：热处理。

淬火、回火，保证硬度 58～62HRC。

工序 9：磨。

淬火后平面有氧化皮和变形，必须再磨上、下平面和两垂直基准侧面，为后续工序提供工艺基准。

工序 10：坐标磨。

用坐标磨床对刃口型面精加工。

工序 11：钳工。

研磨型孔达规定技术要求。

工序 12：检验。

检验各尺寸达图样要求。

表 3-15　凹模的机械加工工艺过程

工序号	工序名称	工序内容	定位基准
1	备料	将毛坯锻成平行六面体，尺寸为 170mm×135mm×30mm	
2	热处理	退火	
3	铣	铣六面，厚度留磨削余量 0.6mm，侧面留磨削余量 0.4mm	平面
4	磨平面	磨上、下平面，留磨削余量 0.3mm，磨相邻基准侧面，保证垂直度	平面
5	钳工	划出对称中心线、固定孔及小孔线	基准侧面
6	钻	在型孔内钻一个 ϕ26mm 孔，两个 ϕ16mm 孔；钻攻螺孔，钻铰销孔和 $\phi4^{+0.013}_{0}$ mm 孔	下平面、按线
7	铣	铣型孔和漏料孔，型孔留单边加工余量 0.3mm	下平面、按线
8	热处理	淬火，保证硬度 58～62HRC	
9	磨平面	磨上、下面及其相邻基准侧面达要求	平面
10	坐标磨	坐标磨床上磨型孔	下平面、基准侧面
11	钳工	钳工研磨型孔达规定技术要求	
12	检验	检验各尺寸达图样要求	

（2）凸模的工序设计　凸模的机械加工工艺过程见表 3-16。

工序 1：备料。

按尺寸 60mm×75mm×90mm 锻造毛坯。

工序 2：热处理。

为消除热加工应力和改善切削性能，对毛坯进行退火热处理。

工序3：铣。

对各面进行粗加工和半精加工，为磨削作准备。参考有关手册，上、下表面留0.6mm加工余量，侧面留0.4mm加工余量。

工序4：磨。

本道工序是对基准进行精加工，先磨上、下面达图样要求，保证平行度。然后磨相互垂直的两基准侧面，主要目的是为钳工划线作准备，为后续工序提供合格的工艺基准。机床采用平面磨床M7120。

工序5：钳工。

划出凸模的刃口轮廓线、螺孔线，为后续的机械加工提供依据。

工序6：钻。

钻、攻2×M6螺孔，机床用Z3025摇臂钻。

工序7：刨。

按线刨型面，留0.3mm精加工余量。机床采用B665牛头刨。

工序8：钳工。

用压印锉修法精加工凸模刃口尺寸，配作保证冲裁间隙，留0.02mm研磨余量。

工序9：热处理。

淬火、回火，保证硬度58~62HRC。

工序10：磨。

淬火后端面有氧化皮和变形，必须再磨平。

工序11：钳工。

热处理后有氧化皮和变形，精度不能满足设计要求，应安排研磨工序。

工序12：检验。

检验各尺寸达图样要求。

表3-16　凸模的机械加工工艺过程

工序号	工序名称	工序内容	定位基准
1	备料	按尺寸60mm×75mm×90mm锻造毛坯	
2	热处理	退火	
3	铣	铣（刨）六面，上、下表面留0.6mm加工余量，侧面留0.4mm加工余量	平面
4	磨	磨两大平面及相邻基准侧面，保证垂直度	平面
5	钳工	划刃口轮廓线及螺孔线	基准侧面
6	钻	钻、攻螺孔	端面、按线
7	刨	刨刃口型面，留单面余量0.3mm	端面、按线
8	钳工	压印锉修凸模刃口，配作冲裁间隙，留0.02mm研磨余量	端面
9	热处理	淬火，保证硬度58~62HRC	
10	磨	磨两端面，保证与型面垂直	平面

（续）

工序号	工序名称	工序内容	定位基准
11	钳工	修、研刃口型面达设计要求	
12	检验	检验各尺寸达图样要求	

企业专家点评： 东方电机股份有限公司罗大兵高级工程师认为，冲模的机械加工这一教学单元自始至终结合凸模和凹模的机械加工工艺过程来讲，有利于学生掌握相关知识，并将所学的加工方法合理应用于模具加工工艺中。普通机械加工和精密机械加工是冲模制造的重要方法，高职的学生掌握相关知识和技能是十分必要的。

习题与思考题

3-1　导柱、导套加工的主要技术要求有哪些？

3-2　导柱零件热处理后为什么要修研中心孔？

3-3　定位中心孔有哪几种修正方式？

3-4　一般说来，导柱、导套的工艺过程可划分为哪几个阶段？

3-5　上、下模座导柱和导套孔的加工方法有哪些？如何保证孔间距离一致？

3-6　什么是成形砂轮磨削法？什么是成形夹具磨削法？

3-7　如图 3-74 所示凸凹模，生产数量为 5 件，要求用坐标镗床精加工型孔，编制其机械加工工艺过程。

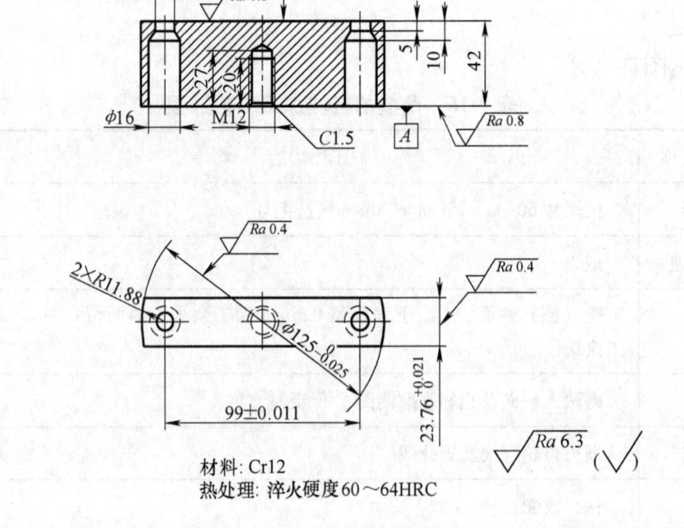

图 3-74　题 3-7 图

3-8　有一副冲模的凸模、凹模如图 3-75 所示，生产数量为各 5 件，编制其机械加工工艺过程。

3-9　如图 3-76 所示凸模，材料为 Cr12，热处理淬火，60～63HRC，编制单件生产的机械加工的工艺过程。

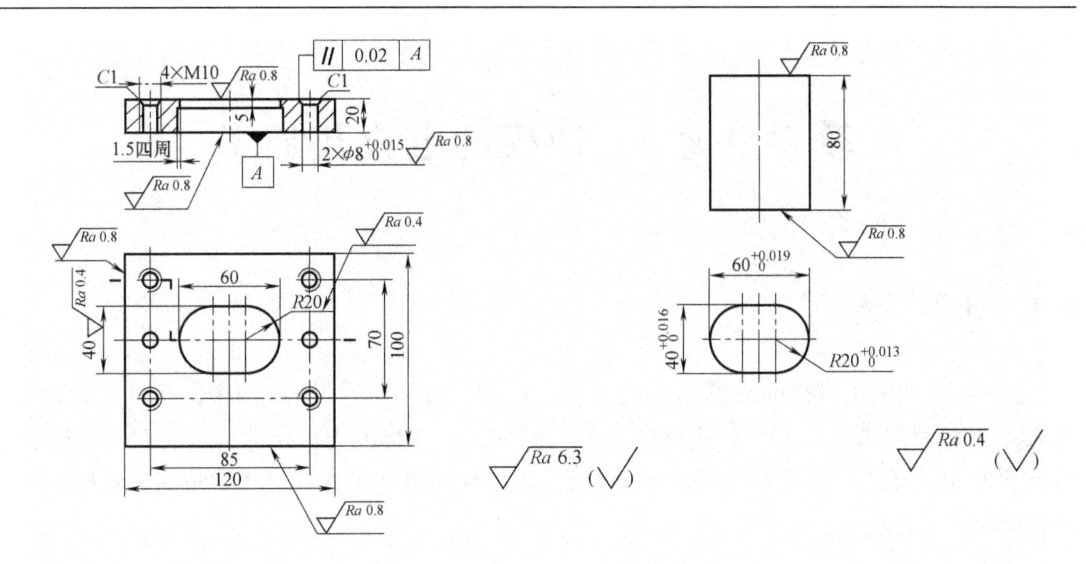

图 3-75　题 3-8 图

a）凹模　b）凸模

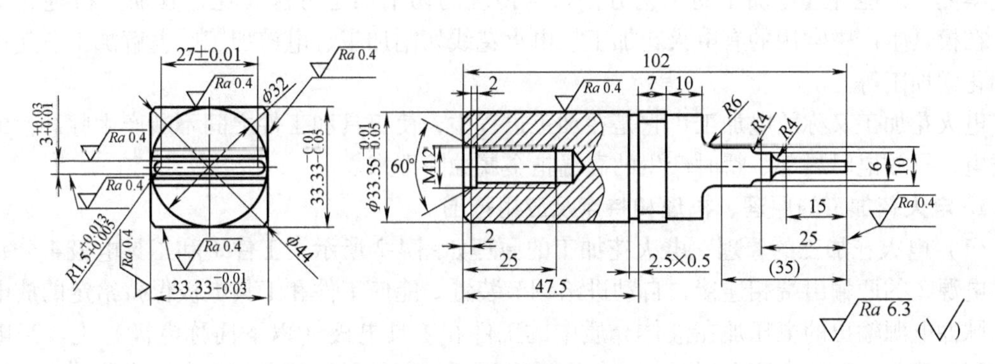

图 3-76　题 3-9 图

教学单元4　冲模的电火花加工

4.1　任务引入

图4-1所示是级进模的凹模和凸模1（$\phi 10^{+0.013}_{0}$mm、$\phi 4^{+0.011}_{0}$mm两个圆形凸模没画出）凸 模、凹模材料都为Cr12，淬火硬度为58～62HRC。凸模的刃口尺寸标有公差，凹模的刃口尺寸没有标公差，必须按凸模刃口尺寸配作。如何用电加工方法配作冲裁间隙？如何编制其机械加工工艺过程？

4.2　相关知识

4.2.1　凸、凹模的电火花成形加工

电火花加工是特种加工方法的一种，特种加工是直接利用电能、热能、光能、化学能、电化学能、声能等进行加工的工艺方法。与传统的切削加工方法相比，其加工机理完全不同。在模具生产中常用的有电火花加工、电火花线切割加工、电铸加工、电解加工、超声加工和化学加工等。

电火花加工又称放电加工，它是在加工过程中，使工具和工件之间不断产生脉冲性的火花放电，靠放电时局部、瞬时产生的高温把金属蚀除下来。

1. 电火花加工的原理、机理和特点及应用范围

（1）电火花加工的原理　电火花加工的原理如图4-2所示，工件1和工具电极4分别与脉冲电源2的两输出端相连接，自动进给调节装置3能使工件和工具电极保持给定的放电间隙。脉冲电源输出的电压加在液体介质中的工件和工具电极（以下简称电极）上。当电压升高到间隙中介质的击穿电压时，会使介质在绝缘强度最低处被击穿，产生火花放电。瞬间高温使工件和电极表面都被蚀除掉一小块材料，形成小的凹坑，如图4-3所示。

一个脉冲放电结束后，经过一段间隔时间（即脉冲间隔时间t_0），使工作液恢复绝缘状态，第二个脉冲放电又开始火花放电，产生的高温使另一处绝缘强度最小的地方电蚀出一个小凹坑。这样随着相当高的频率，连续不断地重复放电，电极不断地向工件进给，使整个被加工表面由无数小的放电凹坑构成，如图4-4所示。电极的轮廓形状便被复制在工件上，达到加工的目的。

基于上述原理，电火花加工是基于电极和工件（正、负电极）之间脉冲火花放电时的电腐蚀现象来蚀除多余的金属，以达到对零件的尺寸、形状及表面质量预定的加工要求的。实际上早在一百多年前，人们就发现电器开关在断开或闭合时，往往会产生火花而把触点腐蚀成粗糙不平的凹坑，并逐渐损坏。这是一种有害的电腐蚀现象。随着人们对电腐蚀现象的研究，认识到在液体介质内进行重复性脉冲放电，能对导电材料进行加工，因而创立了电火

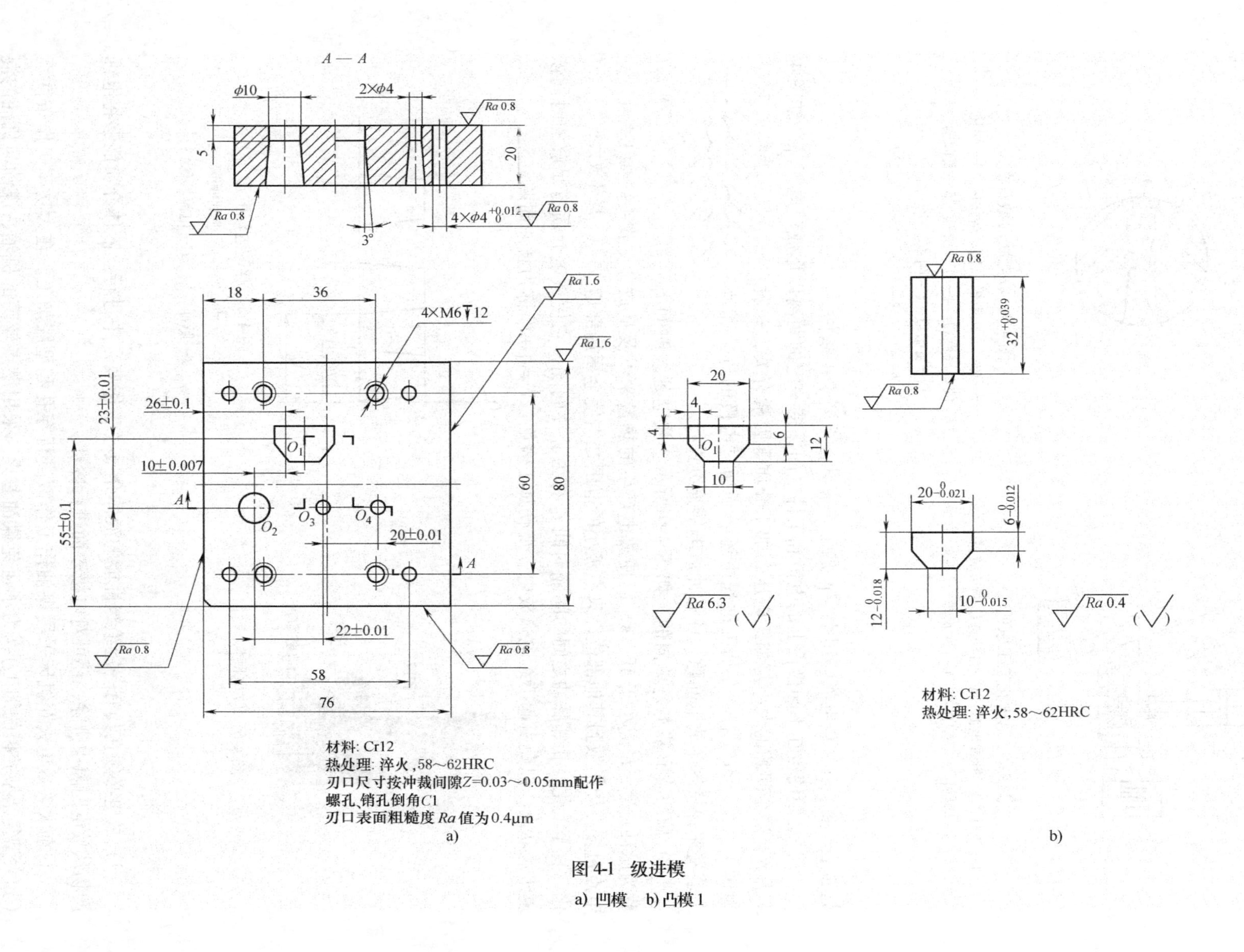

图4-1　级进模
a) 凹模　b) 凸模1

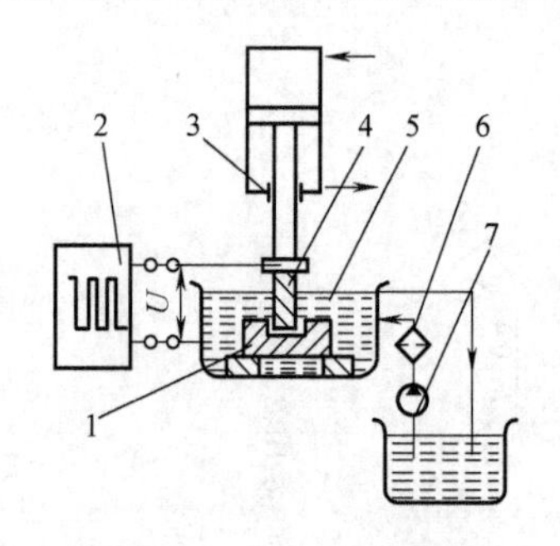

图 4-2 电火花加工原理

1—工件 2—脉冲电源 3—自动进给调节装置 4—工具电极 5—工作液 6—过滤器 7—泵

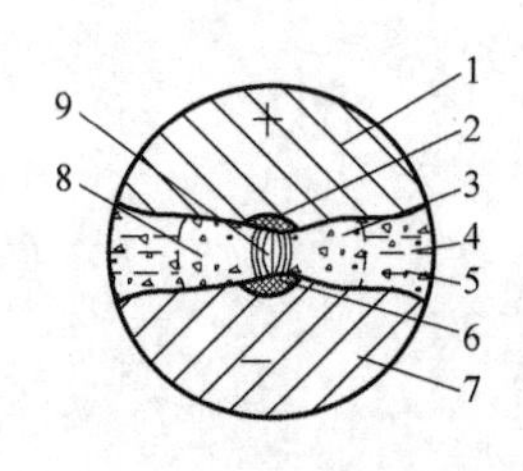

图 4-3 放电状况微观图

1—阳极 2—阳极汽化、熔化区 3—熔化的金属微粒 4—工作介质 5—凝固的金属微粒 6—阴极汽化、熔化区 7—阴极 8—气泡 9—放电通道

花加工。要使脉冲放电能够用于零件加工，应具备下列基本条件：

1）必须使接在不同极性上的电极和工件之间保持一定的距离以形成放电间隙，如图 4-5 所示。这个间隙的大小与加工电压、加工介质等因素有关，一般为 0.01 ~ 0.1mm 左右。在加工过程中还必须通过电极的进给和调节装置来保持这个放电间隙，使脉冲放电能连续进行。

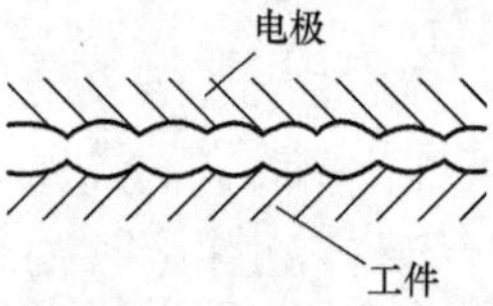

电极

工件

图 4-4 加工表面局部放大图

2）脉冲波形基本是单向的，如图 4-6 所示。放电延续时间 t_i 称为脉冲宽度，t_i 应小于 10^{-3}s，以使放电产生的热量来不及从放电点过多传导扩散到其他部位，只在极小的范围之内使金属局部熔化，直至汽化。相邻脉冲之间的间隔时间 t_0 称为脉冲间隔，它使放电介质有足够的时间恢复绝缘状态，以免引起持续电弧放电，烧伤加工表面。$T = t_i + t_0$ 称为脉冲周期。

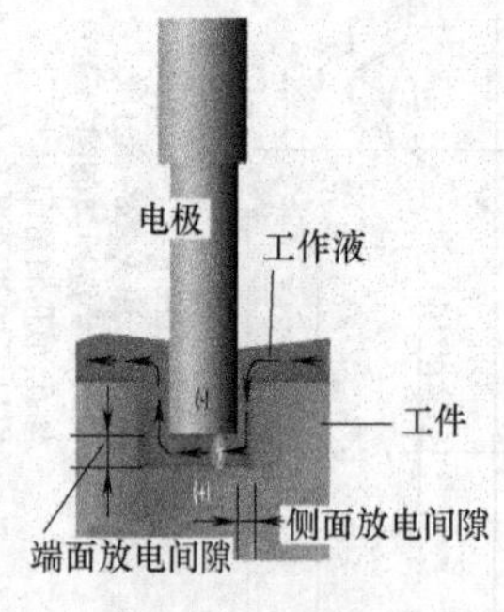

图 4-5 放电间隙

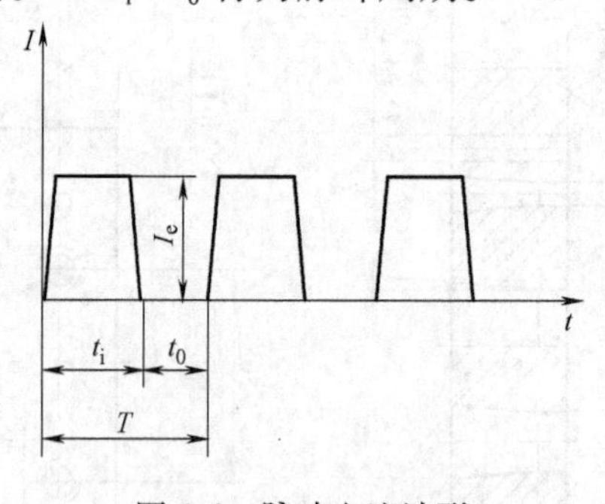

图 4-6 脉冲电流波形

t_i—脉冲宽度 t_0—脉冲间隔 T—脉冲周期 I_e—电流峰值

3）放电必须在具有一定绝缘性能的液体介质（工作液）中进行。液体介质能够将电蚀产物从放电间隙中排除，还可对电极表面进行冷却。

目前大多数电火花机床采用煤油作工作液进行穿孔和型腔加工。在大功率工作条件下（如大型复杂型腔模的加工），为了避免煤油着火，采用燃点较高的机油、煤油与机油的混合油等作为工作液。近年来，新开发的水基工作液可使粗加工效率大幅度提高。

4）有足够的脉冲放电能量，以保证放电部位的金属熔化或汽化。

（2）电火花加工的机理　火花放电时，电极表面的金属材料被蚀除的微观物理过程即所谓电火花加工的机理，了解这一微观过程，有助于掌握电火花加工的基本规律。

一次脉冲放电过程大致可分为以下几个连续的阶段：极间介质的电离、击穿，形成放电通道；电极材料熔化，汽化热膨胀；电极材料的抛出；极间介质的消电离。

1）极间介质的电离、击穿，形成放电通道。当脉冲电压施加于电极与工件之间时，两极之间立即形成一个电场。电场强度与电压成正比，与距离成反比，随着极间电压的升高或是极间距离的减小，极间电场强度也将随着增大，最终在最小间隙处使介质击穿而形成放电通道，电子高速奔向阳极，正离子奔向阴极，并产生火花放电，形成放电通道。放电状况如图4-3所示。

2）电极材料熔化，汽化热膨胀。由于放电通道中电子和离子高速运动时相互碰撞，产生大量的热能，两极之间沿通道形成了一个温度高达10000℃以上的瞬时高温热源，电极和工件表面层金属会很快熔化，甚至汽化。汽化后的工作液和金属蒸气瞬时间体积猛增，迅速热膨胀，具有爆炸的特性。

3）电极材料的抛出。通道和正、负极表面放电点瞬时高温使工作液汽化和金属材料熔化、汽化，热膨胀产生很高的瞬时压力。通道中心的压力最高，使汽化的气体体积不断向外膨胀，形成一个扩张的“气泡”，气泡上下、内外的瞬时压力并不相等，压力高处的熔融金属液体和蒸气，就被排挤、抛出而进入工作液中冷却，凝固成细小的圆球状颗粒，其直径视脉冲能量而异（一般为0.1～500μm），电极表面则形成一个周围凸起的微小圆形凹坑，如图4-7所示。

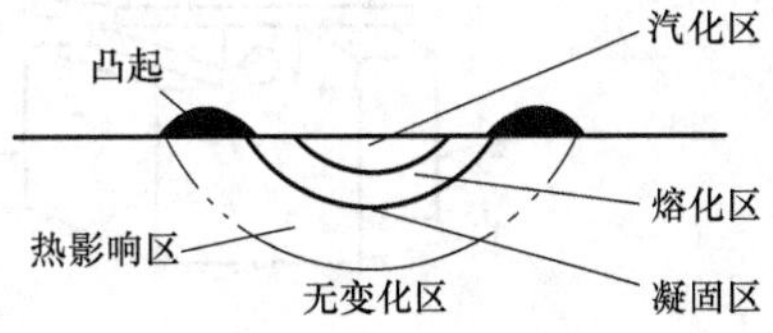

汽化区
凸起
熔化区
热影响区
无变化区
凝固区

图4-7　放电凹坑剖面示意图

4）极间介质的消电离。随着脉冲电压的结束，脉冲电流也迅速降为零，标志着一次脉冲放电结束。但此后仍应有一段间隔时间，使间隙介质消电离，恢复本次放电通道处间隙介质的绝缘强度，以实现下一次脉冲击穿放电。如果电蚀产物和气泡来不及很快排除，就会改变间隙内介质的成分和绝缘强度，破坏消电离过程，易使脉冲放电转变为连续电弧放电，影响加工。

（3）电火花加工的特点及其应用

1）主要优点

①便于加工用机械加工难以加工或无法加工的材料，如淬火钢、硬质合金、耐热合金等。

②电极和工件在加工过程中不接触，两者间的宏观作用力很小，所以便于加工小孔、深孔、窄缝零件，而不受电极和工件刚度的限制；对于各种型孔、立体曲面、复杂形状的工件，均可采用成形电极一次加工。

③电极材料不必比工件材料硬。

④直接利用电、热能进行加工，便于实现加工过程的自动控制。

2）加工的局限性

①主要用于加工金属等导电材料，但在一定条件下也可以加工半导体和非导体材料（必须作导电处理）。

②一般加工速度较慢。因此通常安排工艺时多采用切削加工来去除大部分余量，然后再

进行电火花加工，以求提高生产率。但最近已有新的研究成果表明，采用特殊水基不燃性工作液进行电火花加工，其生产率甚至不亚于切削加工。

③存在电极损耗。由于电极损耗多集中在尖角或底面，影响成形精度。但近年来粗加工时已能将电极的相对损耗比降至0.1%以下，甚至更小。

由于电火花加工具有许多传统切削加工所无法比拟的优点，加上电火花加工工艺技术水平的不断提高，电火花机床的普及，其应用领域日益扩大，已在模具制造、机械、宇航、航空、电子等部门用来解决各种难加工的材料和复杂形状零件的加工问题。

2. 电火花成形加工机床

电火花加工机床种类繁多。不同企业生产的电火花加工机床在机床设备上有所差异。常见的电火花加工机床组成包括机床主体、脉冲电源、伺服进给系统和工作液循环过滤系统等几个部分，另外还有一些机床的附件，如平动头、角度头等。图4-8所示为一种典型的电火花成形加工机床。

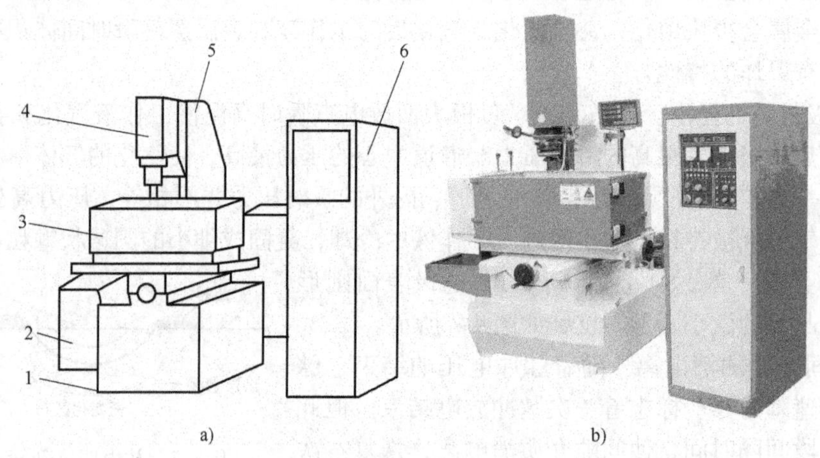

图4-8 电火花成形加工机床

a）结构图 b）外观图

1—床身 2—液压油箱 3—工作液槽 4—主轴头 5—立柱 6—电源箱

（1）机床主体　主体是机床的机械部分，用于夹持电极及支承工件，保证它们的相对位置，并实现电极在加工过程中的稳定进给运动。机床主体主要由床身、立柱、主轴头、工作台及润滑系统组成。

（2）脉冲电源　电火花加工机床的脉冲电源是整个设备的重要组成部分。脉冲电源输出的两端分别与电极和工件连接，在加工过程中不断输出脉冲。对脉冲电源有以下要求：

1）能输出一系列脉冲。

2）每个脉冲应具备一定的能量，波形要合适，脉冲电压、电流峰值、脉冲宽度和间隔都要满足加工要求。

3）工作稳定可靠，不受外界干扰。

（3）伺服进给系统　在电火花加工过程中，电极和工件之间必须保持一定的间隙，但是由于放电间隙很小，而且与加工面积、工件蚀除速度等有关，因此电火花加工的进给速度既不是等速的，也不能靠人工控制，而必须采用伺服进给系统。这种不等速的伺服进给系统也称为自动进给装置。伺服进给系统安装在主轴头内。电火花加工机床的伺服进给系统的功能就是在加工过程中始终保持合适的火花放电间隙。它是电火花机床设备中的重要组成部分，它的性能将直接影响加工质量，对其有以下要求：

1）高度的灵敏性。电火花的加工状态随电极材料、极性、工作液、电规准以及加工方式的不同而不同，自动调节器应该能够适应各种状态下的间隙特性。

2）运动特性要适应各种加工状态。

3）在加工过程中，各种异常放电经常发生，自动调节器要对各种异常放电有所反应，调整、滞后尽量要小。

4）要有较好的稳定性和抗干扰能力。

（4）工作液循环过滤系统　电火花加工一般是在液体介质中进行的，液体介质主要起绝缘作用，而液体的流动又起到排出电蚀产物和热量的作用。因此，工作液循环过滤系统的功能是：

1）通过过滤使工作液始终保持清洁而具有良好的绝缘性能。因为工作液中炭黑和微小金属颗粒的含量增加，将使工作液成为具有一定电阻的导电液体，可能导致电弧。

2）根据加工对象的要求，采用适当的强迫循环方式，从加工区域把电蚀产物和热量排出。工作液循环的方式主要有非强迫循环、强迫冲油和强迫抽油几种。

①非强迫循环。工作液仅作简单循环，用清洁工作液替代脏的工作液。电蚀产物不能被强迫排出，粗、中规准加工时可采用。

②强迫冲油。将清洁的工作液强迫冲入放电间隙，工作液连同电蚀产物一起从电极侧面间隙排出，如图4-9所示。这种方法排屑力强，但电蚀产物通过已加工区，排除时形成二次放电，容易形成大间隙斜度。此外，强迫冲油对自动调节系统有干扰作用，过大的冲油会影响加工的稳定。

③强迫抽油。将工作液连同电蚀产物经过电极的间隙和工件的待加工面被吸出，如图4-10所示。这种排屑方式可得到较高的加工精度，但排屑力比强迫冲油方式小。强迫抽油不能用于粗加工，因为强迫电蚀产物经过加工区域抽出困难。

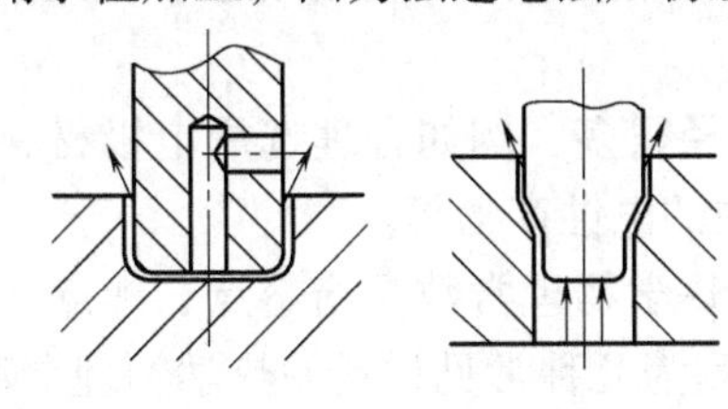

图4-9　强迫冲油

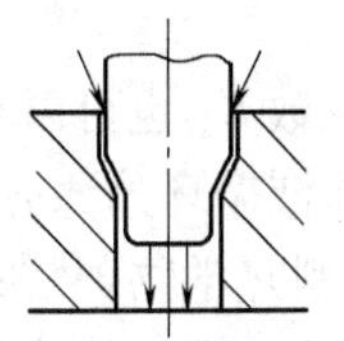

图4-10　强迫抽油

3. 影响电火花加工的主要因素

（1）影响材料放电腐蚀的主要因素　电火花加工过程中，材料被放电腐蚀的规律是十分复杂的综合性问题。研究影响放电腐蚀的因素，对于应用电火花加工方法，提高电火花加工的生产率，降低电极的损耗是极为重要的。

1）极性效应。在脉冲放电过程中，工件和电极都要受到电腐蚀。但正、负两极的蚀除速度不同，这种两极蚀除速度不同的现象称为极性效应。产生极性效应的基本原因是电子的质量小，其惯性也小，在电场力作用下容易在短时间内获得较大的运动速度，即使采用较短的脉冲进行加工也能大量、迅速地到达阳极，轰击阳极表面。而正离子由于质量大，惯性也大，在相同时间内所获得的速度远小于电子。当采用短脉冲进行加工时，大部分正离子尚未到达负极表面，脉冲便已结束，所以负极的蚀除量小于正极。但是，当用较长的脉冲加工时，正离子可以有足够的时间加速，获得较大的运动速度，并有足够的时间到达负极表面，加上它的质量大，因而正离子对负极的轰击作用远大于电子对正极的轰击，负极的蚀除量则大于正极。在电火花加工过程中，极性效应越显著越好，通过充分利用极性效应，合理选择加工极性，以提高加工速度，减少电极的损耗。在实际生产中把工件接正极的加工，称为“正极性加工”或“正极性接法”。工件接负极的加工称为“负极性加工”或“负极性接法”。极性的选择主要靠实验确定。

2）电参数对电蚀量的影响。单位时间内从工件上蚀除的金属量就是电火花加工的生产率。生产率的高低受加工极性、工件材料的热学物理常数、脉冲电源、电蚀产物的排除情况等因素的影响。生产率与脉冲参数之间的关系可用经验公式表示为

$$V_w = K_w W_e f \tag{4-1}$$

式中 V_w——电火花加工的生产率（g/min）；

K_w——系数（与电极材料、脉冲参数、工作液成分等因素有关）；

W_e——单个脉冲能量（J）；

f——脉冲频率（Hz）。

由式（4-1）可知，提高电蚀量和生产率的途径在于：提高脉冲频率f；增加单个脉冲能量W_e，或者说增加矩形脉冲的峰值电流和脉冲宽度t_i，减小脉冲间隔t_0；设法提高系数K_w。实际生产时，要考虑到这些因素之间的相互制约关系和对其他工艺指标的影响。

增加单个脉冲能量将使单个脉冲的电蚀量增大，使电蚀表面粗糙度的评定参数Ra值增大。从而使被加工表面的粗糙度显著增大。因此用增大单个脉冲能量的办法来提高生产率，只能在粗加工或半精加工时采用。提高脉冲频率，脉冲间隔太小会使工作液来不及通过消电离恢复绝缘，使间隙经常处于击穿状态，形成连续的电弧放电，破坏电火花加工的稳定性，影响加工质量。减小脉冲宽度虽然可以提高脉冲频率，但会降低单个脉冲能量，因此只能在精加工时采用。

通过提高系数K_w也可以相应地提高生产率。其途径很多，例如合理选用电极材料和工作液，改善工作液循环过滤方式、及时排除放电间隙中的电蚀产物等。

3）金属材料热学物理常数对电蚀量的影响。所谓热学物理常数是指熔点、沸点（汽化点）、热导率、比热容、熔化热、汽化热等。表4-1所列为几种常见材料的热学物理常数。

表4-1 常用材料的热学物理常数

热学物理常数	材料				
	铜	石墨	钢	钨	铝
比热容 $c/(J \cdot kg^{-1} \cdot K^{-1})$	393.56	1674.7	695.0	154.91	1004.8
密度 $\rho/(kg \cdot m^{-3})$	8.9×10^3	2.2×10^3	7.9×10^3	19.3×10^3	2.7×10^3
热导率 $\lambda/(W \cdot m^{-1} \cdot K^{-1})$	384.93	48.95	33.47	150.62	205.02
熔点 $t_r/℃$	1083	3500	1535	3410	657
熔化热 $q_r/(J \cdot kg^{-1})$	1.80×10^5	—	2.09×10^5	1.59×10^5	3.85×10^5

（续）

热学物理常数	材料				
	铜	石　墨	钢	钨	铝
沸点 t_f/℃	2595	3700	2735	5930	2450
汽化热 $q_g/(\mathrm{J \cdot kg^{-1}})$	3.59×10^6	4.60×10^7	6.65×10^6	3.39×10^6	9.32×10^6
传温系数 $a(a=\lambda/c_p)/(\mathrm{m^2 \cdot s^{-1}})$	1.1×10^{-4}	0.133×10^{-4}	0.061×10^{-4}	0.504×10^{-4}	0.756×10^{-4}

注：1. 热导率为0℃的值。

2. K为热力学温度的单位。

当脉冲放电能量相同时，金属的熔点、沸点、比热容、熔化热、汽化热越高，电蚀量将越少，越难加工；另一方面，热导率越大的金属，由于较多地把瞬时产生的热量传导散失到其他部位，因而降低了本身的蚀除量。

另外，电火花加工过程中，工作液的作用是：形成火花击穿放电通道，并在放电结束后迅速恢复间隙的绝缘状态；对放电通道产生压缩作用；帮助电蚀产物的抛出和排除；对工具、工件的冷却作用。因而对电蚀量也有较大的影响。

加工过程不稳定将干扰以致破坏正常的火花放电，使有效脉冲利用率降低。随着加工深度、加工面积的增加，或加工型面复杂程度的增加，都不利于电蚀产物的排出，影响加工稳定性；降低加工速度，严重时将造成结炭拉弧，使加工难以进行。为了改善排屑条件，提高加工速度和防止拉弧，常采用强迫冲油和电极定时抬刀等措施。

（2）影响加工精度的因素　工件的加工精度除受机床精度、工件的装夹精度、电极制造及装夹精度影响之外，主要受放电间隙和电极损耗的影响。

1）电极损耗对加工精度的影响。在电火花加工过程中，电极会受到电腐蚀而损耗，电极的不同部位，其损耗不同。电极的尖角、棱边等突起部位的电场强度较强，易形成尖端放电，所以这些部位比平坦部位损耗要快。电极的不均匀损耗必然使加工精度下降。所以电火花穿孔加工时，电极可以贯穿型孔而补偿电极的损耗，型腔加工时则无法采用这一方法，精密型腔加工时可采用更换电极的方法。

2）放电间隙对加工精度的影响。电火花加工时，电极和工件之间发生脉冲放电需保持一定的放电间隙。由于放电间隙的存在，使加工出的工件型孔（或型腔）尺寸和电极尺寸相比，沿加工轮廓要相差一个放电间隙（单边间隙）。若不考虑电蚀产物引起的二次放电（由电蚀产物在侧面间隙中滞留引起的电极侧面和已加工面之间的放电现象）和电极进给时机械误差的影响，放电间隙可用下面的经验公式表示为

$$\delta = K_{\delta} t_i^{0.3} I_e^{0.3} \tag{4-2}$$

式中　δ——放电间隙（μm）；

t_i——脉冲宽度（μs）；

I_e——放电峰值电流（A）；

K_{δ}——系数（与电极、工件材料有关）。

从式（4-2）可知，要使放电间隙保持稳定，必须使脉冲电源的电参数保持稳定。同时还应使机床精度和刚度也保持稳定。特别要注意电蚀产物在间隙中的滞留而引起的二次放电对放电间隙的影响。一般单面放电间隙值为0.01～0.1mm。加工精度与放电间隙的大小是

否稳定和均匀有关，间隙越稳定、均匀，加工精度越高。

3）加工斜度对加工精度的影响。在加工过程中随着加工深度的增加，二次放电次数增多，侧面间隙逐渐增大，使被加工孔入口处的间隙大于出口处的间隙，出现加工斜度，使加工表面产生形状误差，如图4-11所示。二次放电的次数越多，单个脉冲的能量越大，则加工斜度越大。二次放电的次数与电蚀产物的排除条件有关。因此，应从工艺上采取措施及时排除电蚀产物，使加工斜度减小。

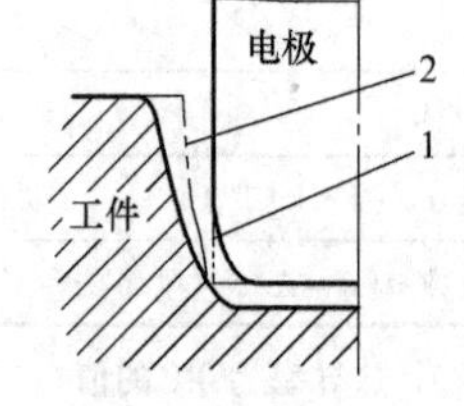

图4-11　电火花加工斜度
1—电极无损耗时工件轮廓线
2—电极有损耗而不考虑二次放电时的工件轮廓线

（3）影响表面质量的因素

1）表面粗糙度。电火花加工后的表面，是由脉冲放电时所形成的大量凹坑排列重叠而形成的。在一定的加工条件下，加工表面粗糙度 Ra 值可用以下经验公式表示为

$$Ra = K_{Ra} t_i^{0.3} I_e^{0.4} \tag{4-3}$$

式中　Ra——实测的表面粗糙度评定参数（μm）；

K_{Ra}——系数（用铜电极加工淬火钢，按负极性加工时，$K_{Ra}=2.3$）；

t_i——脉冲宽度（μs）；

I_e——电流峰值（A）。

由式（4-3）可以看出，电蚀表面粗糙度 Ra 随脉冲宽度 t 和电流峰值 I_e 增大而增大。在一定的加工条件下，脉冲宽度和电流峰值增大使单个脉冲能量增大，电蚀凹坑的断面尺寸也增大，所以表面粗糙度主要取决于单个脉冲能量。

电火花加工的表面粗糙度 Ra 值，粗加工一般可达25～12.5μm，精加工可达3.2～0.8μm，微细加工可达0.8～0.2μm。加工熔点高的硬质合金等可获得比钢更低的表面粗糙度值。由于电极的相对运动，侧壁粗糙度比底面小。近年来研制的超光脉冲电源已使电火花成形加工的表面粗糙度 Ra 值达0.20～0.10μm。

2）表面变化层。经电火花加工后的表面将产生包括凝固层和热影响层的表面变化层。

凝固层是工件表层材料在脉冲放电的瞬时高温作用下熔化后未能抛出，在脉冲放电结束后迅速冷却、凝固而保留下来的金属层。其晶粒非常细小，有很强的耐腐蚀能力。热影响层位于凝固层和工件基体材料之间，该层金属受到放电点传来的高温的影响，使材料的金相组织发生了变化。对于未淬火钢，热影响层就是淬火层。对于经过淬火的钢，热影响层是重新淬火层。

表面变化层的厚度与工件材料及脉冲电源的电参数有关，它随着脉冲能量的增加而增厚。粗加工时，变化层一般为0.1～0.5mm，精加工时一般为0.01～0.05mm。凝固层的硬度一般比较高，故电火花加工后的工件耐磨性比机械加工好。但是随之而来的是增加了钳工研磨、抛光的困难。

变化层的硬度变化情况与电参数、冷却条件及工件材料原来的热处理状况有关。图4-12所示为未淬火钢经过电火花加工后的表面显微硬度变化情况。图4-13所示为已淬火钢的情况。

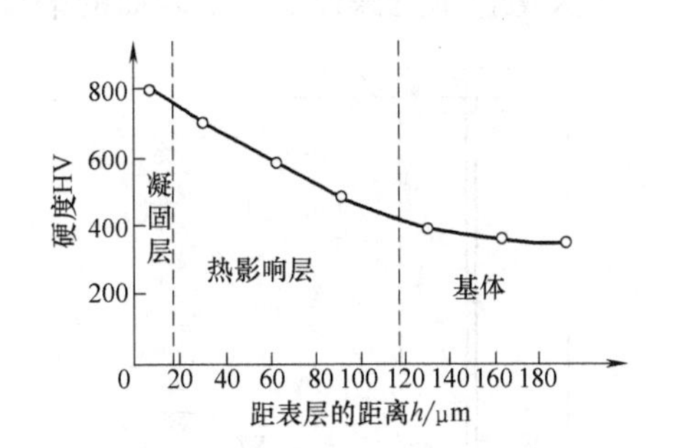

图4-12　未淬火T10钢经电火花在加工后的表面显微硬度变化情况（$t_i=120\mu s$，$I_e=16A$）

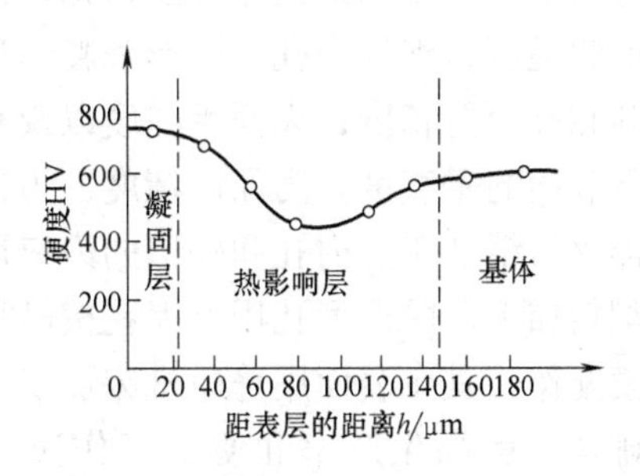

图4-13　已淬火T10钢经电火花在加工后的表面显微硬度变化情况（$t_i=280\mu s$，$I_e=50A$）

4. 冲模的电火花加工工艺

电火花穿孔加工和电火花型腔加工在模具制造中得到了广泛应用。电火花型腔加工在教学单元5详细介绍，这里介绍电火花穿孔加工。

用电火花加工方法加工通孔称为电火花穿孔加工。它在模具制造中主要用于切削加工方法难于加工的凹模型孔。用电火花加工凹模，容易获得均匀的配合间隙和所需的落料斜度，刃口平直耐磨，可以相应地提高冲件质量和模具的使用寿命。但加工中电极的损耗影响加工精度，难以达到小的表面粗糙度值，要获得小的棱边和尖角也比较困难。与后面要讲的线切割相比，电极制造比较麻烦。所以凹模型孔较多时用电火花穿孔加工比较有利。冲模的电火花加工工艺过程如图4-14所示。

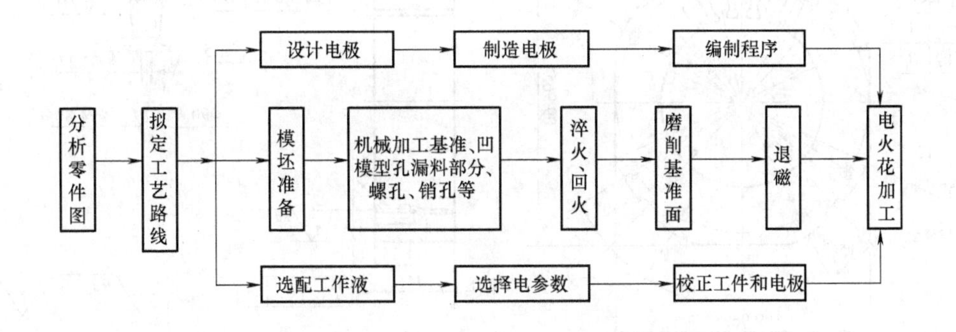

图4-14　冲模的电火花加工工艺过程

图4-15、图4-16所示是一副电机定子模具的凸模和凸凹模，凸模（电极）刃口尺寸有公差，可按图加工。粗加工后可用光学曲线磨床或线切割进行精加工。凸模（电极）的机械加工工艺过程为：锻造→退火→粗、精刨→淬火与回火→磨上、下表面→成形磨削，或锻造→退火→刨（或铣）平面→淬火与回火→磨上、下表面→线切割加工。

凸凹模型孔有24个槽，冲件厚度为0.5mm，加工后保证双面冲裁间隙为0.02～0.03mm，模具材料为Cr12MoV，淬火硬度为60～62HRC。由于冲裁间隙较小，精度要求高，凹模型孔必须与已加工好的凸模配作。

分析电机定子凸凹模零件图得知，该凸凹模的加工关键技术是保证上、下表面的平行度和表面粗糙度，保证内孔、外形和腰形型孔的尺寸和相互位置精度，表面粗糙度以及它们和上、下表面的垂直度。为保证精度，刃口尺寸必须淬火后精加工。内孔和外形的刃口尺寸用线切割精加工，腰形型孔用电火花按已加工好的凸模配作，其余表面用普通机床加工。为了方便排屑、提高生产率和便于工作液强迫循环，因为孔较小，电火花穿孔加工之前应在型孔内加工出冲油孔。电机定子凸凹模的机械加工工艺过程为：锻造→退火→车外圆、端面和中心大孔→磨上、下表面→钳工划线→钻各孔→铣漏料孔→淬火与回火→磨上、下表面→退磁→线切割内孔及外形→电火花加工各腰形型孔→钳工→检验。

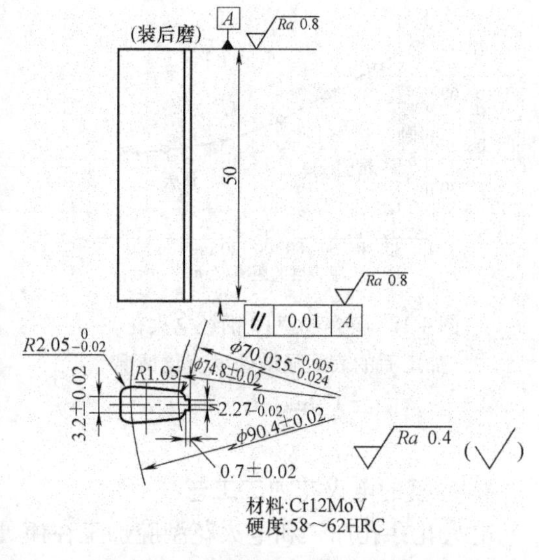

图 4-15 电机定子冲槽凸模零件图

工艺中用到的线切割加工下一节介绍，这里说明电火花加工工艺方法，以及如何保证型孔的精度和冲裁间隙。

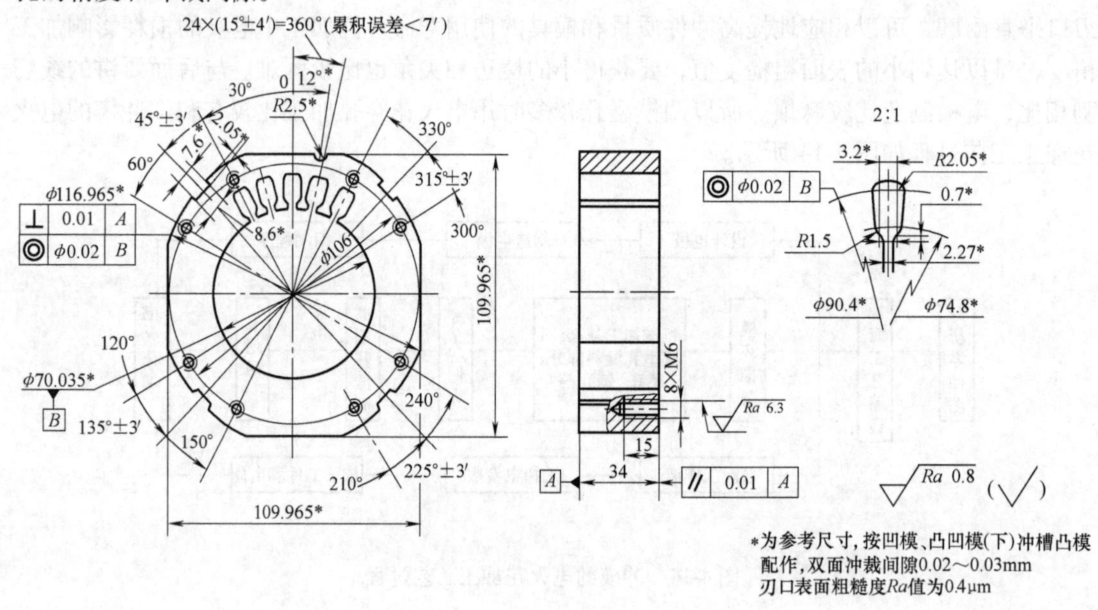

图 4-16 电机定子凸凹模零件图

（1）保证凸、凹模冲裁间隙的方法　在电火花加工中，凹模型孔的加工精度与电极的精度和穿孔时的工艺条件密切相关，在电极精度符合要求的情况下，常用以下几种办法来保证冲模的冲裁间隙。

1）直接法。直接法是用加长的钢凸模作电极加工凹模的型孔，加工后将凸模上的损耗部分去除的方法。凸、凹模的配合间隙靠控制脉冲放电间隙来保证。用这种方法可以获得均匀的配合间隙，模具质量高，不需另外制造电极，工艺简单。但对于这种“钢打钢”，电极和工件都是磁性材料，在直流分量的作用下易产生磁性，电蚀下来的金属屑被吸附在电极放电间隙的磁场中而形成不稳定的二次放电，使加工过程很不稳定。近年来，由于采用了具有附加300V高压击穿（高低压复合回路）的脉冲电源，情况有了很大改善。目前，电火花加工冲模时的单边间隙可小达0.02mm，甚至达到0.01mm，所以对一般的冲模加工，采用控制电极尺寸和火花间隙的方法可以保证冲模配合间隙的要求，故直接法在生产中已得到广泛的应用。

2）混合法。混合法是凸模的加长部分选用与凸模不同的材料，如铸铁等粘接或钎焊在凸模上，与凸模一起加工，以粘接或钎焊部分作穿孔电极的工作部分的方法。加工后，再将电极部分去除。此方法电极材料可选择，因此，电加工性能比直接法好。电极与凸模连接在一起加工，电极形状、尺寸与凸模一致，加工后凸、凹模配合间隙均匀。混合法是一种使用较广泛的方法。

当凸、凹模配合间隙很小时，过小的放电间隙使加工困难。此时，可将电极的工作部分用化学浸蚀法蚀除一层金属，使断面尺寸均匀缩小 $\delta-Z/2$（Z 为凸、凹模双边配合间隙；δ 为单边放电间隙）。反之，当凸、凹模的配合间隙较大，可以用电镀法将电极工作部位的断面尺寸均匀扩大 $Z/2-\delta$，以满足加工时的间隙要求，如图4-17所示。

3）修配凸模法。凸模和电极分别制造，在凸模上留一定的修配余量，按电火花加工好的凹模型孔修配凸模，达到所要求的凸、凹模配合间隙。这种方法的优点是电极可以选用电加工性能好的电极材料。由于凸、凹模的配合间隙靠修配凸模来保证，所以，不论凸、凹模的配合间隙是大是小，均可采用这种方法。其缺点是增加了制造电极和钳工修配的工作量，而且不易得到均匀的配合间隙。故修配凸模法只适合于加工形状比较简单的冲模。

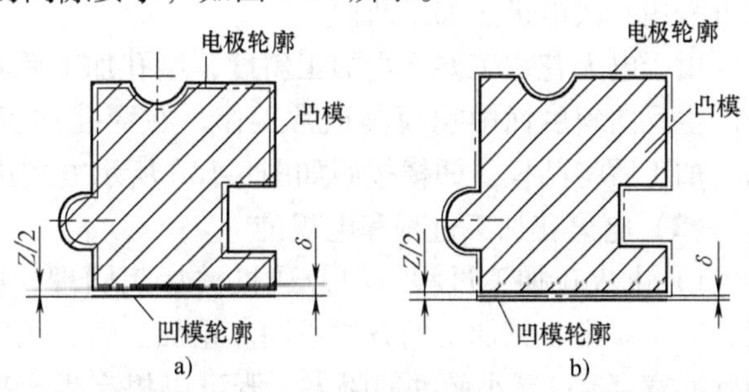

图4-17　混合法保证凸、凹模冲裁间隙

a）冲裁间隙较小时，电极按凸模均匀缩小（$\delta-Z/2$）

b）冲裁间隙较大时，电极按凸模均匀放大（$Z/2-\delta$）

4）二次电极法。二次电极法加工是指利用一次电极制造出二次电极，再分别用一次和二次电极加工出凹模和凸模，并保证凸、凹模配合间隙。一般用于两种情况，一是一次电极为凹型，用于凸模制造有困难者；二是一次电极为凸型，用于凹模制造有困难者。二次电极为凸型电极时的加工方法如图4-18所示。其工艺过程为：根据模具尺寸要求设计并制造一次凸型电极→用一次电极加工出凹模（图4-18a）→用一次电极加工出凹型二次电极（图4-18b）→用二次电极加工出凸模（图4-18c）→凸、凹模配合，保证配合间隙（如图4-18d）。图中 δ_1、δ_2、δ_3 分别为加工凹模、二次电极和凸模时的放电间隙。加工后得到的冲裁间隙为

$$Z=D_{凹}-d_{凸}=(D+2\delta_1)-[(D+2\delta_2)-2\delta_3]=2\delta_1-2\delta_2+2\delta_3 \tag{4-4}$$

式中　Z——冲裁间隙（mm）；

D——一次电极尺寸（mm）；

$D_{凹}$——一次电极加工后的凹模尺寸（mm）；

$d_凸$——二次电极加工后的凸模尺寸（mm）；

δ_1——一次电极加工凹模的放电间隙（mm）；

δ_2——一次电极加工二次电极的放电间隙（mm）；

δ_3——二次电极加工凸模的放电间隙（mm）。

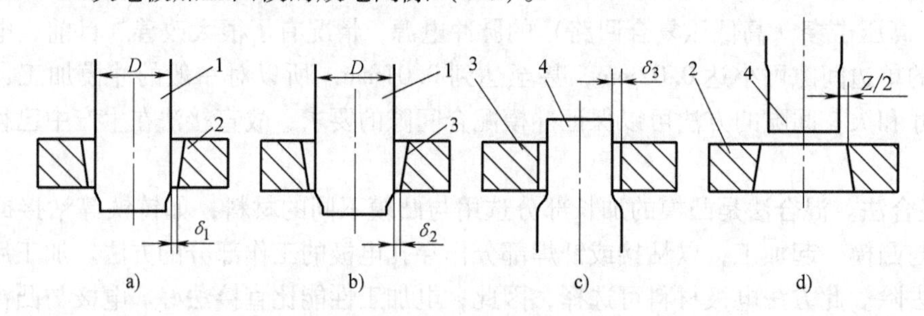

图 4-18　二次电极法

a）加工凹模　b）制造二次电极　c）加工凸模　d）凸、凹模冲裁

1—一次电极　2—凹模　3—二次电极　4—凸模

用二次电极法加工，由于操作过程较为复杂，一般不常采用。但此法能合理调整放电间隙 δ_1、δ_2、δ_3，可加工无间隙或间隙极小的精冲模。对于硬质合金模具，在无成形磨削设备时可采用二次电极法加工凸模。

由于电火花加工要产生加工斜度，型孔加工后其孔壁要产生倾斜，为防止型孔的工作部分产生反向斜度而影响模具正常工作，在穿孔加工时应将凹模的底面向上，如图 4-18a 所示。加工后将凸模、凹模按照如图 4-18d 所示方式进行装配。

（2）电火花加工过程和电规准

1）电火花加工过程。和普通机械加工同理，电火花穿孔加工也能进行粗加工和精加工，但实现粗、精加工的方式不同。粗加工时，用电极的前端部分，选用大的脉冲峰值电流和脉冲宽度 t_i；减小脉冲间隔 t_0，既可以提高生产率，又可以减少电极损耗。当孔穿通后，电极继续往下穿，用新的表面对型孔进行精加工。此时选用小的脉冲峰值电流和脉冲宽度 t_i；增大脉冲间隔 t_0 和频率，得到合格的刃口尺寸和表面粗糙度。为了保证有足够的精加工余量，可以把电极做成台阶形。用台阶形电极穿孔的过程如图 4-19 所示，首先按照要求选定粗加工的电规准；当使用台阶形电极进给到刃口时，转化为中规准：当台阶形电极加工进入刃口 1 ~ 2mm 时，再转为精规准，使用末挡规准修穿型孔。注意，在进行规准转换时，由于间隙逐渐减小，应注意电蚀物的排除条件，应适当加大介质液的压力和流动速度。

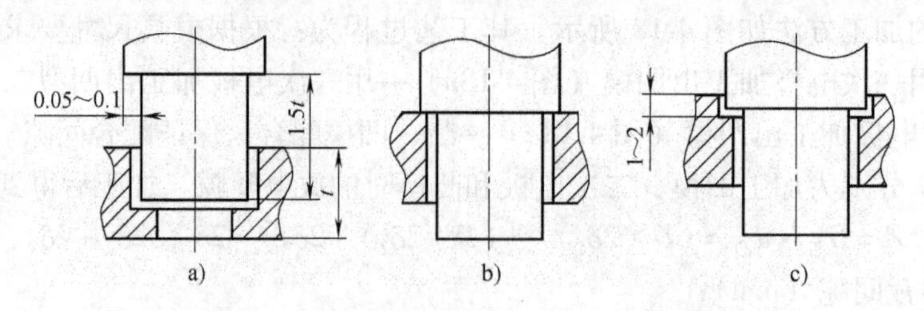

图 4-19　台阶形电极型孔加工电规准的转换

a）采用粗规准加工　b）转换为中规准加工　c）转换为精规准加工

2）电规准的选择与转换。电火花加工中所选用的一组电脉冲参数（如电压、电流、脉冲宽度、脉冲间隔等）称为电规准。选择的电规准是否恰当，不仅影响模具的加工精度，还直接影响加工的生产率。应根据工件的要求、电极和工件的材料、加工工艺指标和经济效果等因素来选择电规准，并在加工过程中及时转换。通常要用几个电规准才能完成凹模型孔的加工。

电规准分为粗、中、精三种，每一种又可分几挡。从一个规准调整到另一个规准称为电规准的转换。

①粗规准。粗规准主要用于粗加工。对它的要求是：生产率高，电极损耗小，加工过程要稳定，当加工精度要求高的孔时，转换中规准之前的表面粗糙度 Ra 值应小于12.5μm，所以粗规准一般采用较大的电流峰值，较长的脉冲宽度（$t_i=50\sim500\mu s$），采用纯铜电极时电极的损耗率应低于1%。

②中规准。中规准是粗、精加工间过渡性加工所采用的电规准，用以减小精加工余量，促进加工稳定性和提高加工速度。中规准采用的脉冲宽度一般为10～100μs。

③精规准。精规准用来进行精加工，要求在保证冲模各项技术要求（如配合间隙、表面粗糙度和刃口斜度）的前提下尽可能提高生产率。故多采用小的电流峰值、高频率和短的脉冲宽度（$t_i=2\sim6\mu s$）。

粗、精规准的正确配合，可以较好地解决电火花加工的质量和生产率之间的矛盾。电火花成形加工的工艺指标主要有表面粗糙度、精度（侧面放电间隙）、生产率（蚀除速度）和电极蚀除速度。在生产中主要通过经验或者通过试验得到的电火花加工工艺曲线图（或电火花成形机床生产厂家提供的数据）来正确选择。

对于脉冲间隔 t_0，粗加工（长脉冲）时取脉冲宽度的1/5～1/10，精加工（短脉冲）时取脉冲宽度的2～5倍。脉冲间隔大，生产率低，但过小则加工不稳定，易拉弧。

（3）电极设计　为了保证型孔的加工精度，在设计电极时必须合理选择电极材料和确定电极尺寸。此外，还要使电极在结构上便于制造和安装。

1）电极材料。根据电火花加工原理，应选择损耗小、加工过程稳定、生产率高、机械加工性能良好、来源丰富、价格低廉的材料作电极材料，常用电极材料的种类和性能见表4-2。选择时应根据加工对象、工艺方法、脉冲电源的类型等因素综合考虑。

表4-2　常用电极材料的种类和性能

电极材料	电火花加工性能		机械加工性能	说明
	加工稳定性	电极损耗		
钢	较差	中等	好	在选择电参数时应注意加工的稳定性，可以凸模作电极
铸铁	一般	中等	好	
石墨	尚好	较小	尚好	机械强度较差，易崩角
黄铜	好	大	尚好	电极损耗太大
纯铜	好	较小	较差	磨削困难
铜钨合金	好	小	尚好	价格贵，多用于深孔、直壁孔、硬质合金穿孔
银钨合金	好	小	尚好	价格昂贵，用于精密及有特殊要求的加工

2）电极结构。电极的结构形式应根据电极外形尺寸的大小与复杂程度、电极的结构工艺性等因素综合考虑。

①整体式电极。这种电极是用一块整体材料加工而成。对于横截面积及质量较大的电极，可在电极上开孔以减轻电极质量，但孔不能开通，孔口向上，如图 4-20 所示。

②组合式电极。组合式电极适合于同一凹模有多个型孔时，可以把多个电极组合在一起（图 4-21），一次穿孔可完成各型孔的加工。

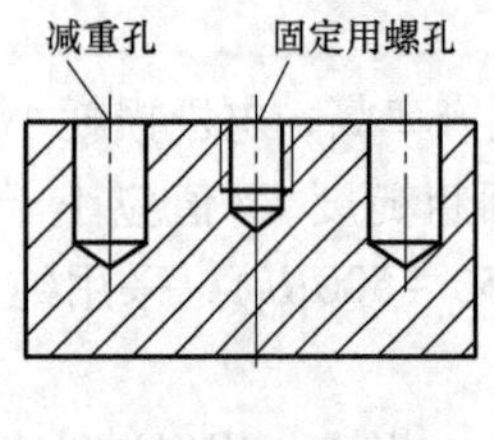

图 4-20 整体电极

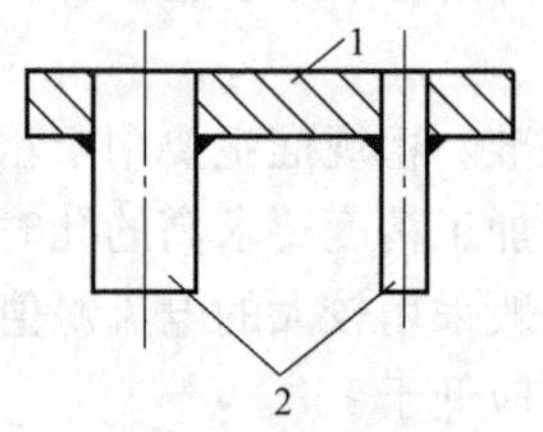

图 4-21 组合式电极

1—固定板 2—电极凸模

③镶拼式电极。镶拼式电极是将电极分成几块，分别加工后再镶拼成整体。镶拼式电极既节省材料又便于电极制造，适合于整体加工有困难、形状复杂的电极。

④分解式电极。分解式电极是电极制造困难且难以保证电加工精度（如内外尖角）时采用的电极形式。分解式电极是将复杂形状的电极分解成若干简单形状的电极，分若干次加工完成。

3）电极尺寸

①电极横截面尺寸的确定。电极横截面尺寸是指垂直于电极进给方向的电极截面尺寸。在凸、凹模图样上的公差有不同的标注方法。当凸模与凹模分开加工时，在凸、凹模图样上均标注公差；当凸模与凹模配合加工时，落料模将公差注在凹模上（冲孔模将公差注在凸模上），落料凸模（冲孔凹模）只标注公称尺寸。因此，电极横截面尺寸分别按下述两种情况计算。

第一，当按凹模型孔尺寸及公差确定电极的横截面尺寸时，电极的轮廓应比型孔均匀地缩小一个放电间隙值。如图 4-22 所示，与型孔尺寸相对应的电极尺寸为

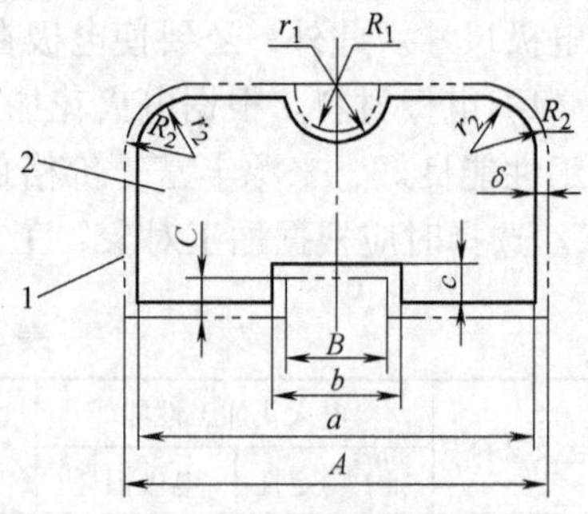

图 4-22 按型孔尺寸计算电极横截面尺寸

1—型孔轮廓 2—电极横截面

$$a = A - 2\delta$$

$$b = B + 2\delta$$

$$c = C$$

$$r_1 = R_1 + \delta$$

$$r_2 = R_2 - \delta$$

式中 A、B、C、R_1、R_2——型孔公称尺寸（mm）；

a、b、c、r_1、r_2——电极横截面公称尺寸（mm）；

δ——单边放电间隙（mm）。

第二，当按凸模尺寸和公差确定电极的横截面尺寸时，随凸模、凹模配合间隙 Z（双面）的不同，分为三种情况：

A. 配合间隙等于放电间隙（$Z = 2\delta$）时，此时电极与凸模截面公称尺寸完全相同。

B. 配合间隙小于放电间隙（$Z<2\delta$）时，电极轮廓应比凸模轮廓均匀地缩小$\frac{1}{2}(2\delta-Z)$，如图4-17所示。

C. 配合间隙大于放电间隙（$Z>2\delta$）时，电极轮廓应比凸模轮廓均匀地放大$\frac{1}{2}$（$Z-2\delta$），如图4-17所示。

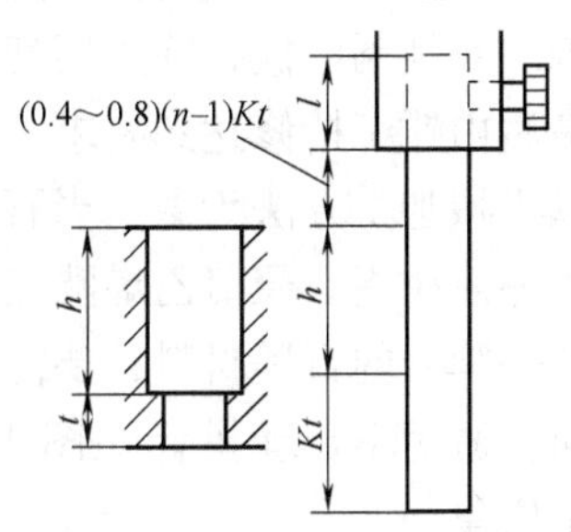

图4-23　电极长度尺寸

②电极长度尺寸的确定。电极的长度取决于凹模结构形式、型孔的复杂程度、加工深度、电极材料、电极使用次数、装夹形式及电极制造工艺等一系列因素，可按图4-23进行计算。

$$L=Kt+h+l+(0.4\sim0.8)(n-1)Kt \tag{4-5}$$

式中　t——凹模有效厚度（mm），即电火花加工的深度；

h——当凹模下部挖空时，电极需要加长的长度（mm）；

l——为夹持电极而增加的长度（mm），$l=10\sim20$mm；

n——电极的使用次数；

K——与电极材料、型孔复杂程度等因素有关的系数。

K值选用的经验数据：纯铜为2～2.5；黄铜为3～3.5；石墨为1.7～2；铸铁为2.5～3；钢为3～3.5。当电极材料损耗小、型孔简单、电极轮廓无尖角时，K取小值；反之取大值。

当加工硬质合金时，由于电极损耗较大，电极长度应适当加长些，但其总长度不宜过长，否则制造困难。

③电极的技术要求。电极横截面的尺寸公差取模具刃口相应尺寸公差的1/2～2/3。电极在长度方向上的尺寸公差没有严格要求。电极侧面的平行度误差在100mm长度上不超过0.01mm。电极工作表面的粗糙度不大于型孔的表面粗糙度。电极形状精度不应低于型孔要求，并应避免在长度方向呈鞍形、鼓形或锥度。凹模有圆角要求时，电极上相应部位的内外半径应尽量小；当无圆角要求时，电极应尽量设小圆角。

（4）电极制造及工件、电极的装夹与校正

1）电极制造

①电极的连接。采用混合法工艺时，电极与凸模连接后加工。连接方法可用环氧树脂胶合，锡焊、机械连接等方法。

②电极的制造方法。根据电极类型、尺寸大小、电极材料和电极结构的复杂程度等进行考虑。孔加工用电极的垂直尺寸一般无严格要求，而水平尺寸要求较高。

若适合于切削加工，可用切削加工方法粗加工和精加工。对于纯铜、黄铜一类材料制作的电极，其最后加工可采用刨削或由钳工精修来完成。也可采用电火花线切割加工来制作电极。

直接用钢凸模作电极时，若凸、凹模配合间隙小于放电间隙，则凸模作为电极部分的断面轮廓必须均匀缩小。可采用氢氟酸（HF）6%（体积分数，后同）、硝酸（HNO_3）14%、蒸馏水（H_2O）80%所组成的溶液浸蚀。此外，还可采用其他种类的腐蚀液进行浸蚀。当凸、凹模配合间隙大于放电间隙，需要扩大用作电极部分的凸模断面轮廓时，可采用电镀法。单边扩大量在0.06mm以下时表面镀铜；单边扩大量超过0.06mm时表面镀锌。

③型腔加工用电极。这类电极水平和垂直方向尺寸要求都较严格，比加工穿孔电极困难。对纯铜电极，除采用切削加工方法加工外，还可采用电铸法、精密锻造法等进行加工，最后由钳工精修达到要求。由于使用石墨坯料制作电极时，机械加工、抛光都很容易，所以以机械加工方法为主。当石墨坯料尺寸不够时，可采用螺栓联接或用环氧树脂、聚氯乙烯醋酸液等粘接，制造成拼块电极。拼块要用同一牌号的石墨材料，要注意石墨在烧结制作时形成的纤维组织方向，避免不合理拼合（图4-24）引起电极的不均匀损耗，降低加工质量。

图4-24　石墨纤维方向及拼块组合
a）合理　b）不合理

2）工件的装夹和校正。电火花成形加工模具工件的校正、压装与电极的定位目的，就是使工件与电极之间可实现 x、y、z 等各坐标的相对移动。特别是数控电火花加工机床，其数控本身都是以 x、y 基准与 x、y 坐标平行为依据的。

工件工艺基准的校正是工件装夹的关键，一般以水平工作台为依据。例如在电火花加工模具型腔时，规则的模板工件一般以分模面作为工艺基准，将此工件自然平置在工作台上，使工件的工艺基准平行于工作台面，即完成了水平校正。

当加工工件上、下两平面不平行，或支承的面积太小，不能平置，则必须采用辅助支撑措施，并根据不同精度要求采用指示表校正水平，如图4-25所示。

当加工单个规则的圆形型腔时，工件水平校正后即可压紧转入加工。但对于多孔或任意图形的型腔，除水平校正外，还必须校正与工作台 x、y 坐标平行的基准。例如，规则的矩形体工件，预先确定互相垂直的两个侧面作为工艺基准，依靠 x、y 两坐标的移动，用指示表校两个侧基准面。若工件非规则形状，应在工件上划出基准线，通过移动 x、y 坐标，用固定的划针进行工件的校正。若需要精密校正时，必须采取措施，专门加工一些定位表面或设计制造专用夹具。

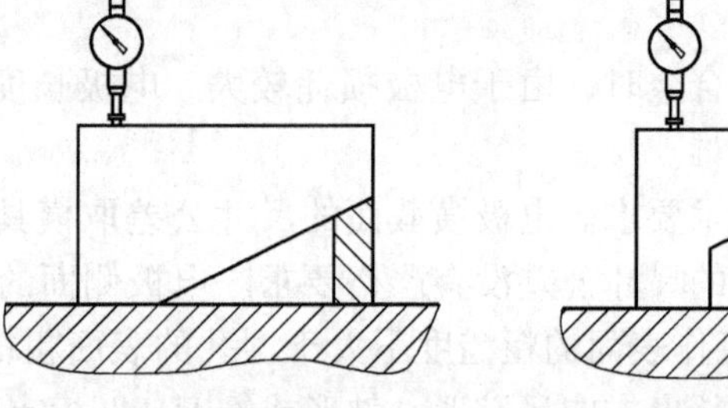
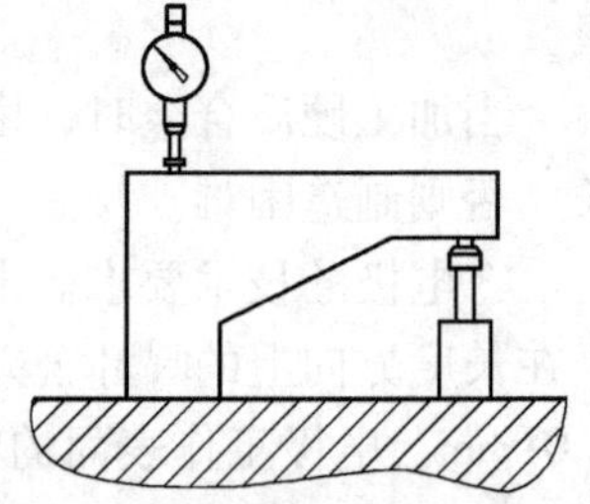

图4-25　用辅助支撑校正工件平面

在电火花加工中，工件和电极所受的力较小，因此对工件压装的夹紧力要求比切削加工时低。为使压装工件时不改变定位时所得到的正确位置，在保证工件位置不变的情况下，夹紧力应尽可能小。

3）电极的装夹和校正。在电火花加工中，机床主轴进给方向都应该垂直于工作台。因此电极的工艺基准必须平行于机床主轴头的垂直坐标。即电极的装夹与校正必须保证电极进给加工方向垂直于工作台平面。

①电极的装夹。由于在实际加工中碰到的电极形状各不相同，加工要求也不一样，因此电极的装夹方法和电极夹具也不相同。下面介绍几种常用的电极夹具：

图4-26a所示为电极套筒，适用于一般圆电极的装夹。

图4-26b所示为电极柄结构，适用于直径较大的圆电极、方电极、长方形电极，以及几

何形状复杂而在电极一端可以钻孔、套螺纹固定的电极。

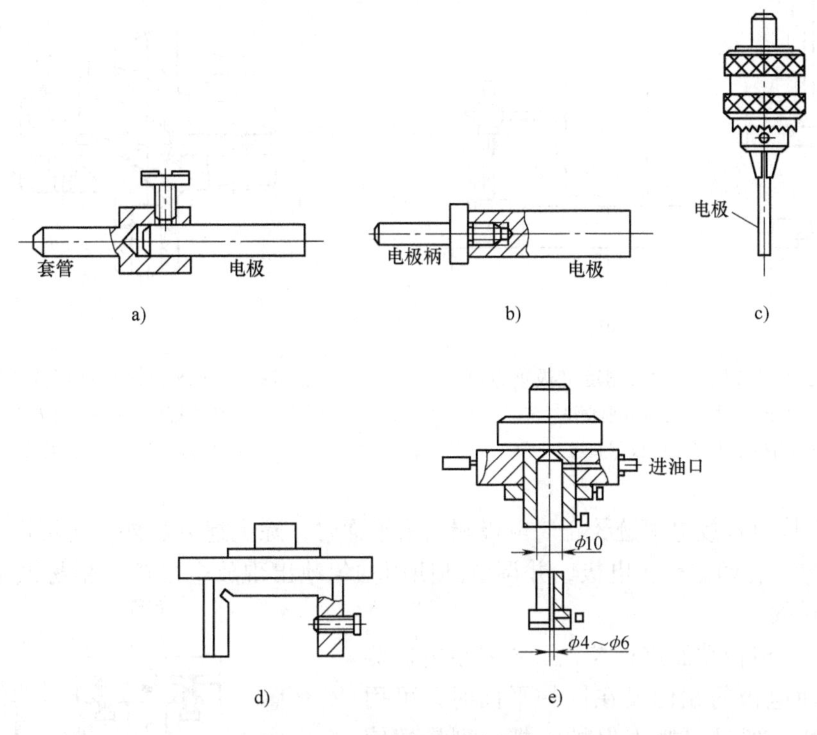

图4-26　几种常用的电极夹具

a）电极套筒　b）电极柄　c）钻夹头　d）U形夹头　e）管状电极夹头

图4-26c所示为钻夹头结构，适用于直径范围在1～13mm之间的圆柄电极。

图4-26d所示为U形夹头，适用于方电极和片状电极。

图4-26e所示为可内冲油的管状电极夹头。

除上面介绍的常用夹具外，还可根据要求设计专用夹具。

②电极的校正。电极的校正方式有自然校正和人工校正两种。所谓自然校正，就是利用电极在电极柄和机床主轴上的正确定位来保证电极与机床的正确关系；而人工校正一般以工作台面x、y水平方向为基准，用指示表、量块或角尺（图4-27）在电极横、纵（即x、y方向）两个方向作垂直校正和水平校正，保证电极轴线与主轴进给轴线一致，保证电极工艺基准与工作台面x、y基准平行。

实现人工校正时，要求电极的吊装装置上装有具有一定调节量的万向装置，通过该装置将电极与主轴头相连接。图4-28所示为常见的钢球铰链式垂直调整装置，电极或电极夹具装夹在电极装夹套4内，通过4个调整螺钉来调整电极垂直度。校正操作时，将指示表顶压在电极的工艺基准面上，通过移动坐标（垂直基准校正时移动z坐标，水平基准校正时移动x和y坐标），观察表上读数的变化，估测误差值，并不断调整万向装置的方向来补偿误差，直到校准为止。

如果电极外形不规则，无直壁等情况下，就需要辅助基准。一般常用的校正方法如下：

方法1：按电极固定板基准校正。在制造电极时，电极轴线必须与电极固定板基准面垂直。校正时，用指示表保证固定板基准面与工作台平行，保证电极与工件对正，如图4-29所示。

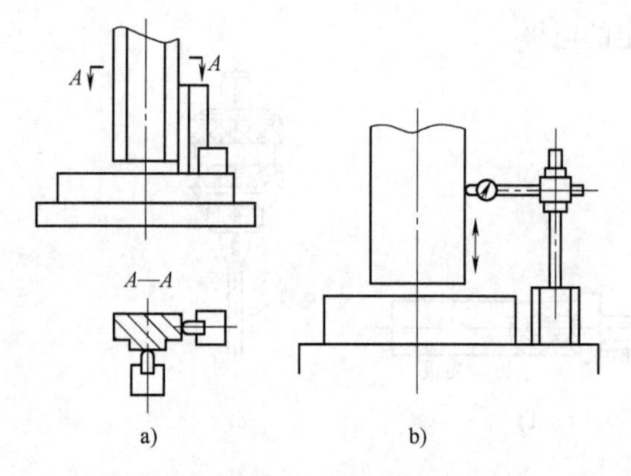

图 4-27　用 90°角尺、指示表测定电极垂直度

a）用 90°角尺测定电极垂直度

b）用指示表测定电极垂直度

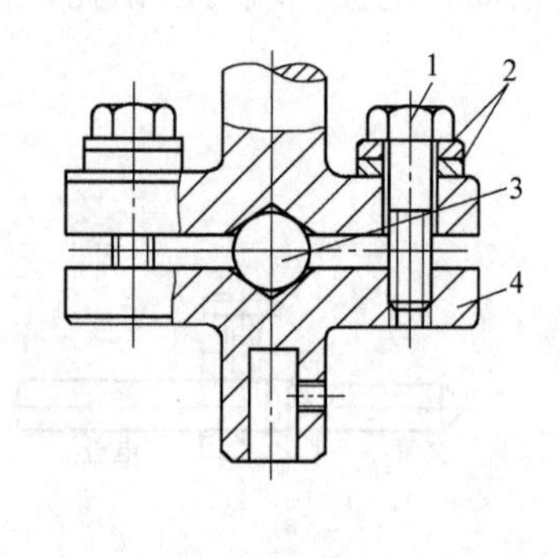

图 4-28　钢球铰链式垂直调整装置

1—调整螺钉　2—球面垫圈

3—钢球　4—电极装夹套

方法 2：按电极放电痕迹校正。电极端面为平面时，除上述方法外，还可用弱规准在工件平面上放电，打印记校正电极，并调节到四周均匀地出现放电痕迹（俗称放电打印法），达到校正的目的。

方法 3：按电极端面进行校正。主要指电极侧面不规则，而电极的端面又在同一平面时，可用量块或等高块，通过“撞刀保护”挡，测量端使四个等高点尺寸一致，即可认定电极端与工作台平行，如图 4-30 所示。

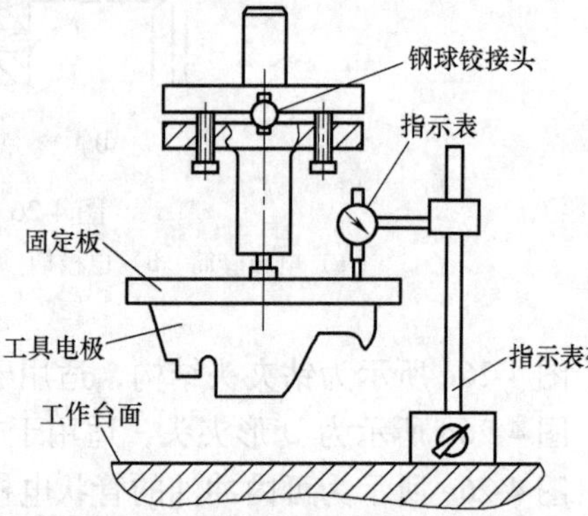

图 4-29　按电极固定板基准面校正

4）工件与电极的对正。工件与电极的工艺基准校正以后，必须将工件和电极的相对位置对正，才能在工件上加工出位置准确的型腔。常用的定位方法主要有以下几种：

①移动坐标法。如图 4-31 所示，先将电极移出工件，通过移动电极的 x 坐标与工件的垂直基准接近。同时密切监视电压表上的指示，当电压表上的指示值急剧变低的瞬间（此时电极的垂直基准正好与工件的垂直基准接触），停止移动坐标。然后移动坐标（$\Delta + x_0$），工件和电极 x 方向对正。在 y 轴上重复以上操作，工件和电极 y 方向对正。

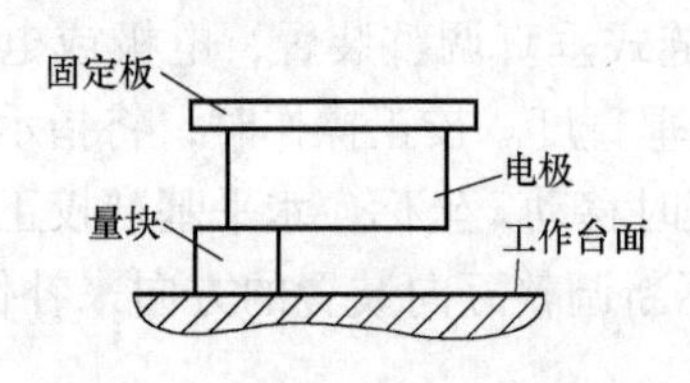

图 4-30　按电极端面进行校正

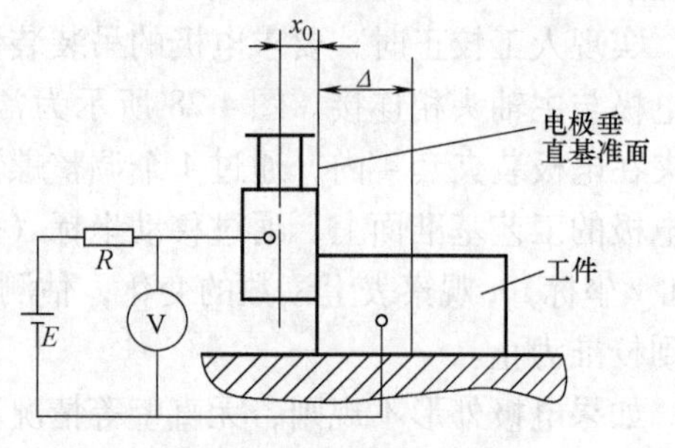

图 4-31　工件与电极垂直基准接触定位对正

在数控电火花机床上，可用其“端面定位”功能代替电压表，当电极的垂直基准正好与工件的垂直基准接触时，机床自动记录下坐标值并反转停止。然后同样按上述方法使工件和电极对正。如果模具工件是规则的方形或圆形，还可用数控电火花机床上的“自动定位”功能进行自动定位。

②划线打印法。如图4-32所示，在工件表面划出型孔轮廓线。将已安装正确的电极垂直下降，与工作表面接触，用眼睛观察并移动工件，使电极对准工件后将工件紧固。或用粗规准初步电蚀打印后观察定位情况，调整位置。当底部或侧面为非平面时，可用角尺作基准。这种方法主要适用于型孔位置精度要求不太高的单型孔工件。

③复位法。这种情况多用于电极的重修复位（例如多电极加工同一型腔）。校正时，电极应尽可能与原型腔相符合。校正原理是利用电火花机床自动保持电极与工件之间的放电间隙功能，通过火花放电时的进给深度来判断电极与原型腔的符合程度。只要电极与原型腔未完全符合，总是可以通过移动某一坐标的某一方向，继续加大进给深度。如图4-33所示，只要向左移动电极，即会加大进给深度。通过反复调整，直至两者工艺基准完全对准为止。

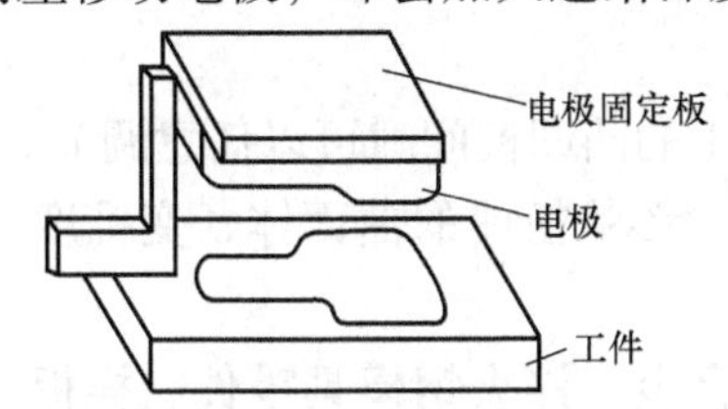

图4-32　用划线打印法对正工件与电极

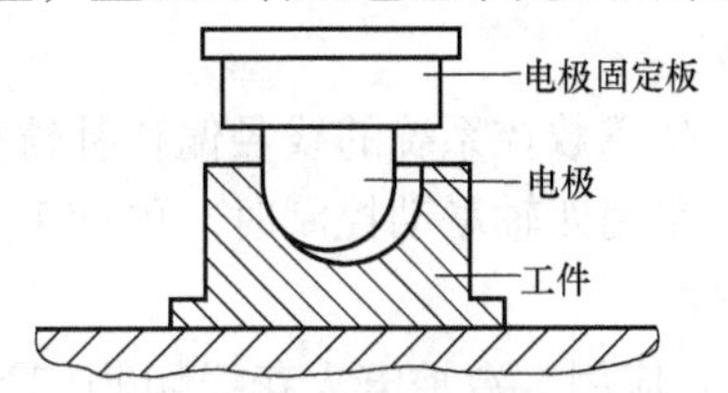

图4-33　用复位法对正工件与电极

4.2.2　凸、凹模的数控电火花线切割加工

数控电火花线切割加工是在电火花成形加工基础上发展起来的，因其由数控装置控制机床的运动，采用线状电极通过火花放电对工件进行切割，故称为数控电火花线切割加工。

1. 数控电火花线切割加工原理、特点及应用

（1）加工原理　数控电火花线切割加工的基本原理与电火花成形加工相同，但加工方式不同，它是用细金属丝作电极，对工件进行脉冲火花放电、切割成形。

根据电极丝的运行速度，电火花线切割机床通常分为两大类：一类是高速走丝（或称快走丝）电火花线切割机床，这类机床的电极丝作高速往复运动，一般走丝速度为8～10m/s，是我国生产和使用的主要机种，也是我国独创的电火花线切割加工模式；另一类是低速走丝（或称慢走丝）电火花线切割机床，这类机床的电极丝作低速单向运动，一般走丝速度低于0.2m/s，这是国外生产和使用的主要机种。

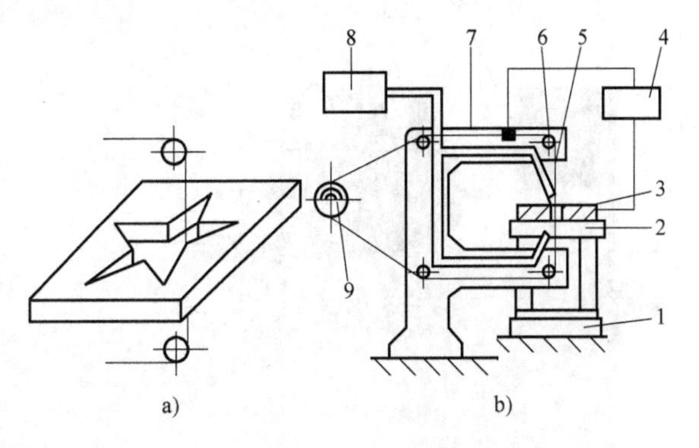

图4-34　快走丝数控电火花线切割加工示意图
1—工作台　2—夹具　3—工件　4—脉冲电源　5—电极丝
6—导轮　7—丝架　8—工作液箱　9—储丝筒

图4-34所示是快走丝数控电火花线切割加工的示意图。利用电极丝5作电极进行切割，一方面储丝筒9使电极丝作正反向交替移动；另一方面，装夹工件的十字工作

台，由数控伺服电动机驱动，在 x、y 轴方向各自按预定的控制程序实现切割进给，使线电极沿加工图形的轨迹，把工件切割成形。加工过程中，在电极丝和工件之间必须浇注工作液介质。

（2）加工的特点

1）它是以金属线为电极，大大降低了成形电极的设计和制造费用，缩短了生产准备时间，加工周期短。

2）能方便地加工出细小或带异形孔、窄缝和复杂形状的零件。

3）无论被加工工件的硬度如何，只要是导电体或半导电体的材料，都能进行加工。由于加工中电极和工件不直接接触，没有像机械加工那样的切削力，因此，也适宜于加工低刚度工件及细小零件。

4）由于电极丝比较细，切缝很窄，能对工件材料进行“套料”加工，故材料的利用率很高，能有效地节约贵重材料。

5）由于采用移动的长电极丝进行加工，使单位长度电极丝的损耗较小，从而对加工精度的影响比较小，特别在低速走丝线切割加工时，电极丝一次使用，电极损耗对加工精度的影响更小。

6）依靠数控系统的线径偏移补偿功能，使冲模加工的凸凹模间隙可以任意调节。

7）采用四轴联动控制时，可加工上、下面异形体，形状扭曲的曲面体，变锥度和球形体等零件。

（3）应用　数控电火花线切割广泛用于加工硬质合金、淬火钢模具零件、样板，各种形状复杂的细小零件、窄缝等，如形状复杂、带有尖角窄缝的小型凹模的型孔可采用整体结构在淬火后加工，既能保证模具精度，也可简化模具设计和制造。此外，数控电火花线切割还可加工除不通孔以外的其他难加工的金属零件。

2. 数控电火花线切割机床

数控电火花线切割加工机床主要由机床本体、脉冲电源、控制系统、工作液循环系统和机床附件等几部分组成。图 4-35 和图 4-36 所示分别为快走丝和慢走丝线切割机床组成。这里主要讲述广泛应用的快走丝线切割机床。

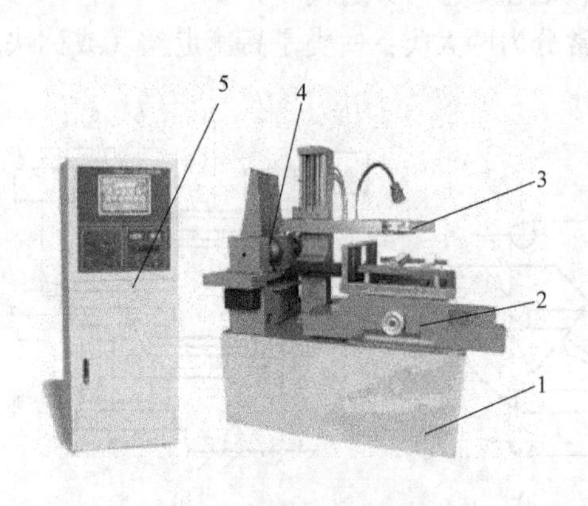

图 4-35　快走丝线切割机床

1—床身　2—坐标工作台　3—丝架

4—卷丝筒　5—电源、控制柜

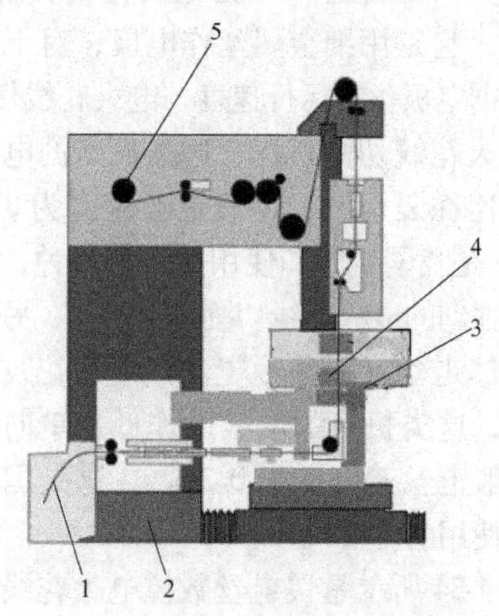

图 4-36　慢走丝线切割机床

1—废丝　2—床身　3—工作台

4—工件　5—新丝放丝卷筒

(1) 机床本体　机床本体由床身、坐标工作台、走丝机构、丝架、工作液箱、附件和夹具等几部分组成。

1) 床身部分。床身通常采用箱式结构，应有足够的强度和刚度。床身内部安置电源和工作液箱，考虑电源的发热和工作液泵的振动，有些机床将电源和工作液箱移出床身外另行安放。

2) 坐标工作台。数控电火花线切割机床最终都是通过坐标工作台与电极丝的相对运动来完成对零件加工的。为保证机床精度，对导轨的精度、刚度和耐磨性有较高的要求。一般都采用“十”字滑板、滚动导轨和丝杠传动副将电动机的旋转运动变为工作台的直线运动，通过两个坐标方向各自的进给移动，可合成获得各种平面图形曲线轨迹。

3) 走丝机构。走丝机构使电极丝以一定的速度运动并保持一定的张力。在快走丝线切割机床上，一定长度的电极丝平整地卷绕在储丝筒上，储丝筒通过联轴器与驱动电动机相连。为了重复使用该段电极丝，电动机由专门的换向装置控制作正反向交替运转。在运动过程中，电极丝由丝架支撑，并依靠导轮保持电极丝与工作台垂直或倾斜一定的几何角度(锥度切割时)。

4) 锥度切割装置。为了切割有落料角的冲模和某些有锥度（斜度）的内外表面，有些线切割机床具有锥度切割功能。快走丝线切割机床上实现锥度切割的工作原理如图4-37所示。图4-37a为上（或下）丝臂平动法，上（或下）丝臂沿 x、y 方向平移，此法锥度不宜过大，否则钼丝易拉断，导轮易磨损，工件上有一定的加工圆角。图4-37b为上、下丝臂同时绕一定中心移动的方法，如果模具刃口放在中心 O 上，则加工圆角近似为电极丝半径。此法加工锥度也不宜过大。图4-37c为上、下丝臂分别沿导轮径向平动和轴向摆动的方法。此法加工锥度不影响导轮磨损。最大切割锥度通常可达5°以上。

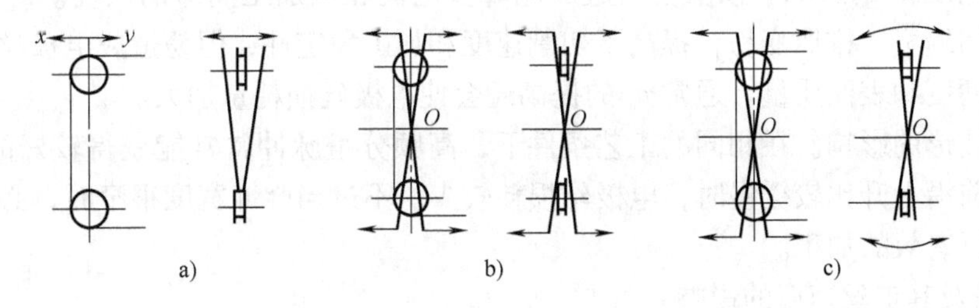

图4-37　偏移式丝架实现锥度加工的方法

(2) 脉冲电源　数控电火花线切割机床的脉冲电源和电火花成形加工机床的原理相同，不过受加工表面粗糙度和电极丝允许承载电流的限制。数控电火花线切割机床脉冲电源的宽度较窄（2~60μm），单个电流能量、平均电流（1~5A）一般较小，所以数控电火花线切割加工总是采用正极性加工。

(3) 工作液循环系统　在数控电火花线切割加工中，工作液对加工工艺指标的影响很大，如对切割速度、表面粗糙度、加工精度等都有影响。慢走丝线切割机床大多采用去离子水作工作液，只有在特殊精加工时才采用绝缘性能较高的煤油。快走丝线切割机床使用的工作液是专用乳化液，目前供应的乳化液有多种，可根据切割速度、切割厚度等要求选用。工作液循环装置一般由工作液泵、液箱、过滤器、管道和流量控制阀等组成。

3. 影响数控电火花线切割加工工艺指标的主要因素

（1）主要工艺指标

1）切割速度 v_{wi}。在保持一定表面粗糙度的切割加工过程中，单位时间内电极丝中心线在工件上切过的面积总和称为切割速度，单位为 mm^2/min。切割速度是反映加工效率的一项重要指标，数值上等于电极丝中心线沿图形加工轨迹的进给速度乘以工件厚度。通常快走丝线切割的切割速度为 $40 \sim 80mm^2/min$，慢走丝线切割的切割速度可达 $350mm^2/min$。

2）切割精度。线切割加工后，工件的尺寸精度、形状精度（如直线度、平面度、圆度等）和位置精度（如平行度、垂直度、倾斜度等）称为切割精度。快走丝线切割的切割精度可达 0.01mm，一般为 $\pm(0.015 \sim 0.02)$mm；慢走丝线切割的切割精度可达 ± 0.001mm 左右。

3）表面粗糙度。线切割加工中的工件表面粗糙度通常用轮廓算术平均值偏差 *Ra* 值表示。快走丝线切割的 *Ra* 值一般为 $1.25 \sim 2.5\mu m$，最低可达 $0.63 \sim 1.25\mu m$；慢走丝线切割的 *Ra* 值可达 $0.3\mu m$。

（2）影响工艺指标的主要因素

1）脉冲电源主要参数的影响

①峰值电流 I_e 是决定单脉冲能量的主要因素之一。I_e 增大时，线切割加工速度提高，但表面质量变差，电极丝损耗比加大甚至断丝。

②脉冲宽度 t_i 主要影响加工速度和表面粗糙度。加大 t_i 可提高加工速度，但表面质量变差。

③脉冲间隔 t_0 直接影响平均电流。t_0 减小时，平均电流增大，切割速度加快，但 t_0 过小，会引起电弧和断丝。

④空载电压 u_i 的影响。该值会引起放电峰值电流和电加工间隙的改变。u_i 提高，加工间隙增大，切缝宽，排屑变易，提高了切割速度和加工稳定性，但易造成电极丝振动，降低加工面形状精度和表面质量。通常 u_i 的提高还会使电极丝损耗量加大。

⑤放电波形的影响。在相同的工艺条件下，高频分组脉冲常常能获得较好的加工效果。电流波形的前沿上升比较缓慢时，电极丝损耗较少。不过当脉冲宽度很窄时，必须要有陡的前沿才能进行有效的加工。

2）电极及其走丝速度的影响

①电极丝直径的影响。线切割加工中使用的电极丝直径，一般为 $\phi 0.03 \sim 0.35$mm。电极丝材料不同，其直径范围也不同，一般纯铜丝为 $\phi 0.15 \sim 0.30$mm，黄铜丝为 $\phi 0.1 \sim 0.35$mm，钼丝为 $\phi 0.06 \sim 0.25$mm；钨丝为 $\phi 0.03 \sim 0.25$mm。切割速度与电极丝直径成正比，电极丝直径越大，切割速度越快，而且还有利于厚工件的加工。但是电极丝直径的增加，要受到加工工艺要求的约束，另外增大加工电流，加工表面的表面质量会变差，所以电极丝直径的大小，要根据工件厚度、材料和加工要求确定。

②电极丝走丝速度的影响。在一定范围内，随着走丝速度的提高，线切割速度也可以提高，提高走丝速度有利于电极丝把工作液带入较大厚度的工件放电间隙中，有利于电蚀产物的排除和放电加工的稳定。走丝速度也影响电极在加工区的逗留时间和放电次数，从而影响电极丝的损耗。但走丝速度过高，将使电极丝的振动加大，降低精度、切割速度并使表面粗糙度值增加，且易造成断丝，所以，快走丝线切割加工时的

走丝速度一般以小于10m/s为宜。

在慢走丝线切割加工中，电极丝材料和直径有较大的选择范围，高生产率时可用直径为ϕ0.3mm以下的镀锌黄铜丝，允许较大的峰值电流和汽化爆炸力。精微加工时可用直径为ϕ0.03mm以上的钼丝。由于电极丝张力均匀，振动较少，所以加工稳定性、表面粗糙度、精度指标等均较好。

3）工件厚度及材料的影响。工件材料薄，工作液容易进入并充满放电间隙，对排屑和消电离有利，加工稳定性好。但工件太薄，金属丝易产生抖动，对加工精度和表面粗糙度不利。工件厚，工作液难于进入和充满放电间隙，加工稳定性差，但电极丝不易抖动，因此精度和表面粗糙度较好。切割速度v_{wi}随厚度的增加而增加，但达到某一最大值（一般为50～100mm²/min）后开始下降，这是因为厚度过大时，排屑条件变差。工件材料不同，其熔点、汽化点、热导率等都不一样，因而加工效果也不同。例如采用乳化液加工时：

①加工铜、铝、淬火钢时，加工过程稳定，切割速度高。

②加工不锈钢、磁钢、未淬火高碳钢时，稳定性较差，切割速度较低，表面质量不太好。

③加工硬质合金时，比较稳定，切割速度较低，表面质量好。

此外，机械部分精度（例如导轨、轴承、导轮等磨损、传动误差）和工作液（种类、浓度及其脏污程度）都会影响加工效果。当导轮、轴承偏摆，工作液上下冲水不均匀时，会使加工表面产生上下凹凸相间的条纹，工艺指标将变差。

4）诸因素对工艺指标的相互影响关系。前面分析了各主要因素对数控电火花线切割加工工艺指标的影响。实际上，各因素对工艺指标的影响往往是相互依赖又相互制约的。

切割速度与脉冲电源的电参数有直接的关系，它将随单个脉冲能量的增加和脉冲频率的提高而提高。但有时也受到加工条件或其他因素的制约。因此，为了提高切割速度，除了合理选择脉冲电源的电参数外，还要注意其他因素的影响，如工作液种类、浓度、脏污程度的影响，线电极材料、直径、走丝速度和抖动的影响，工件材料和厚度的影响，切割加工进给速度、稳定性和机械传动精度的影响等。合理地选择搭配各因素指标，可使两极间维持最佳的放电条件，以提高切割速度。

表面粗糙度主要取决于单个脉冲放电能量的大小，但线电极的走丝速度和抖动状况等因素对表面粗糙度的影响也很大，而线电极的工作状况则与所选择的线电极材料、直径和张紧力大小有关。

加工精度主要受机械传动精度的影响，但线电极的直径、放电间隙大小、工作液喷流量大小和喷流角度等也影响加工精度。

因此，在线切割加工时，要综合考虑各因素对工艺指标的影响，善于取其利，去其弊，以充分发挥设备性能，达到最佳的切割加工效果。

4. 数控电火花线切割加工工艺的制订

数控电火花线切割加工，一般在工件淬火后进行，使工件达到图样规定的精度和表面粗糙度。其加工工艺过程如图4-38所示。数控电火花线切割加工工艺制订的内容主要有以下几个方面：零件图的工艺分析、工艺准备、加工参数的选择等。

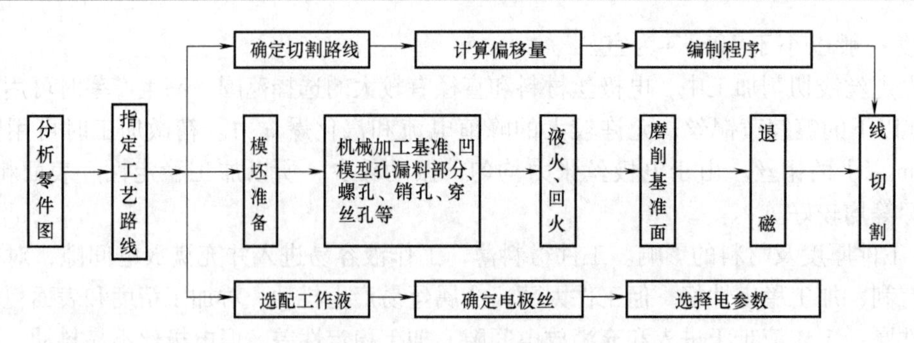

图 4-38 数控电火花线切割加工工艺过程

（1）零件图的工艺分析 主要分析零件的凹角和尖角是否符合线切割加工的工艺条件，零件的加工精度、表面粗糙度是否在线切割加工所能达到的经济精度范围内。

1）凹角和尖角的尺寸分析。因电极丝具有一定的直径 d，加工时又有放电间隙 δ，使电极丝中心的运动轨迹与加工面相距 l，即 $l=d/2+\delta$，如图 4-39 所示。因此，加工凸模类零件时，电极丝中心轨迹应放大；加工凹模类零件时，中心轨迹应缩小，如图 4-40 所示。

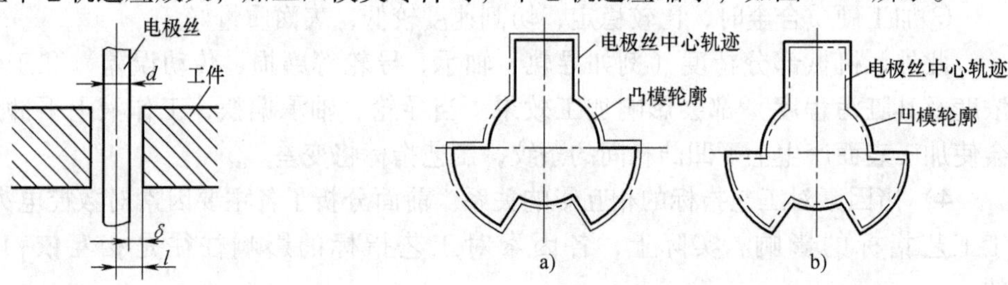

图 4-39 电极丝与工件加工面的位置关系

图 4-40 线电极中心轨迹的偏移
a）加工凸模类零件 b）加工凹模类零件

在线切割加工时，在工件的凹角处不能得到“清角”，而是圆角。对于形状复杂的精密冲模，在凸、凹模设计图样上应说明拐角处的过渡圆弧半径 R。同一副模具的凸、凹模中，尺寸要符合下列条件，才能保证加工的实现和模具的正确配合。

对凹角 $$R_1 \geqslant l = d/2 + \delta$$

对尖角 $$R_2 = R_1 - Z/2$$

式中 R_1——凹角圆弧半径；

R_2——尖角圆弧半径

Z——凸、凹模的配合间隙。

2）表面粗糙度及加工精度分析。数控电火花线切割加工表面和机械加工的表面不同，它由无方向性的无数小坑和硬凸边所组成，特别有利于保存润滑油；而机械加工表面则存在切削或磨削刀痕，具有方向性。在相同的表面粗糙度和有润滑油的情况下，数控电火花线切割表面润滑性能和耐磨损性能均比机械加工表面好。所以，在确定加工面表面粗糙度 Ra 值时要考虑到此项因素。

合理确定线切割加工表面粗糙度 Ra 值是很重要的。因为 Ra 值的大小对线切割速度 v_{wi} 影响很大，Ra 值降低一个档次将使线切割速度 v_{wi} 大幅度下降。所以，要检查零件图样上是否有过高的表面粗糙度要求。此外，线切割加工所能达到的表面粗糙度 Ra 值是有限的，譬

如欲达到优于 Ra 值为0.32μm 的要求还较困难。因此，若不是特殊需要，零件上标注的 Ra 值尽可能不要太小，否则，对生产率的影响很大。

同样，也要分析零件图上的加工精度是否在数控电火花线切割机床加工精度所能达到的范围内，根据加工精度要求的高低来合理确定线切割加工的有关工艺参数。

（2）工艺准备　工艺准备主要包括线电极准备、工件准备和工作液准备。

1）线电极准备

①线电极材料的选择。目前线电极材料的种类很多，主要有纯铜丝、黄铜丝、专用黄铜丝、钼丝、钨丝、各种合金丝及镀层金属丝等。表4-3是常用线电极材料的特点，可供选择时参考。

表4-3　各种线电极材料的特点

材料	线径/mm	特　点
纯铜	0.1~0.25	适合于切割速度要求不高或精加工时用。丝不易卷曲，抗拉强度低，容易断丝
黄铜	0.1~0.30	适合于高速加工，加工面的蚀屑附着少。表面粗糙度和加工面的平直度也较好
专用黄铜	0.05~0.35	适合于高速、高精度和理想的表面粗糙度加工以及自动穿丝、但价格高
钼	0.06~0.25	由于抗拉强度高，一般用于快走丝；在进行微细、窄缝加工时，也可用于慢走丝
钨	0.03~0.10	由于抗拉强度高，可用于各种窄缝的微细加工，但价格昂贵

一般情况下，快走丝线切割机床常用钼丝作线电极，钨丝或其他昂贵金属丝因成本高而很少用，其他线材因抗拉强度低，在快走丝线切割机床上不能使用。慢走丝线切割机床上则可用各种铜丝、铁丝、专用合金丝，以及镀层（如镀锌等）电极丝。

②线电极直径的选择。线电极直径 d 应根据工件加工的切缝宽窄、工件厚度及拐角尺寸大小等选择。由图4-41可知，线电极直径 d 与拐角半径 R 的关系为 $d \leqslant 2(R-\delta)$。所以，在拐角要求小的微细线切割加工中，需要选用线径细的电极丝，但线径太细，能够加工的工件厚度也将会受到限制。表4-4列出了线径与拐角和工件厚度的极限的关系。

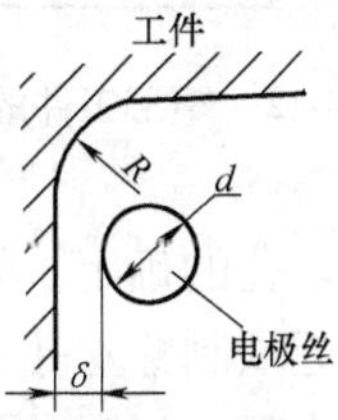

图4-41　线电极直径与拐角的关系

表4-4　线径与拐角和工件厚度的极限　（单位：mm）

线电极直径 d	拐角极限 R_{min}	切割工件厚度
钨0.05	0.04~0.07	0~10
钨0.07	0.05~0.10	0~20
钨0.10	0.07~0.12	0~30
黄铜0.15	0.10~0.16	0~50
黄铜0.20	0.12~0.20	0~100以上
黄铜0.25	0.15~0.22	0~100以上

2）工件准备

①工件材料的选定和处理。工件材料的选择是由图样设计时确定的。作为模具加工，在加工前毛坯需经锻打和热处理。加工过程中残余应力的释放会使工件变形，从而达不到加工尺寸精度要求，为消除锻打后和淬火后的残余应力，工件需经两次以上回火或高温回火。另外，加工前还要进行消磁处理及去除表面氧化皮和锈斑等。例如，以线切割加工为主要工艺时，钢件的加工工艺路线一般为：下料→锻造→退火→机械粗加工→淬火与高温回火→磨加工（退磁）→线切割加工→钳工修整。

②工件加工基准的选择。为了便于线切割加工，根据工件外形和加工要求，应准备相应的校正和加工基准，并且此基准应尽量与图样的设计基准一致，常见的有以下两种形式。

形式 1：以外形为校正和加工基准。外形是矩形状的工件，一般需要有两个相互垂直的基准面，并垂直于工件的上、下平面，如图 4-42 所示。

形式 2：以外形一侧为校正基准，内孔为加工基准。无论是矩形、圆形还是其他异形的工件，都应准备一个与工件的上、下平面保持垂直的校正基准，此时其中一个内孔可作为加工基准，如图 4-43 所示。在大多数情况下，外形基面在线切割加工前的机械加工中就已准备好了。工件淬硬后，若基面变形很小，可稍加打光便可进行线切割加工；若变形较大，则应当重新修磨基面。

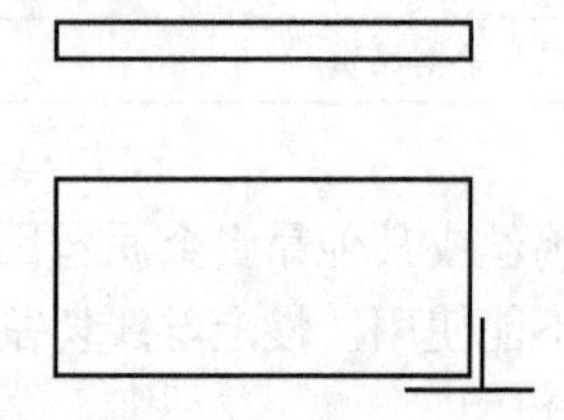

图 4-42　矩形工件的校正与加工基准

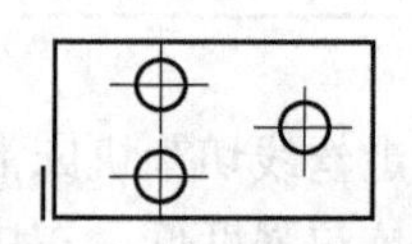

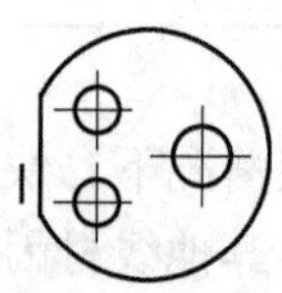

图 4-43　外形一侧为校正基准，内孔为加工基准

③穿丝孔的确定。切割凸模类零件时，为避免将坯件外形切断引起变形，通常在坯件内部外形附近预制穿丝孔，如图 4-44c 所示。切割凹模、孔类零件时，可将穿丝孔位置选在待切割型孔内部。当穿丝孔位置选在待切割型孔的边角处时，切割过程中无用的轨迹最短；而穿丝孔位置选在已知坐标尺寸的交点处则有利于尺寸推算；切割孔类零件时，若将穿丝孔位置选在型孔中心，可使编程操作容易。因此，要根据具体情况来选择穿丝孔的位置。穿丝孔大小要适宜，一般不宜太小，如果穿丝孔径太小，不但钻孔难度增加，而且也不便于穿丝。但是，若穿丝孔径太大，则会增加钳工工艺上的难度。一般穿丝孔常用直径为 $\phi3 \sim \phi10$mm。如果预制孔可用车削等方法加工，则穿丝孔直径也可大些。

④切割路线的确定。线切割加工工艺中，切割起始点和切割路线的确定合理与否，将影响工件变形的大小，从而影响加工精度。图 4-44 所示的由外向内顺序的切割路线，通常在加工凸模零件时采用。其中，图 4-44a 所示的切割路线是错误的，因为当切割完第一边，继续加工时，由于原来主要连接的部位被割离，余下材料与夹持部分的连接较少，工件的刚度大为降低，容易产生变形而影响加工精度。图 4-44b 所示的切割路线加工，可减少由于材料割离后残余应力重新分布而引起的变形。所以，一般情况

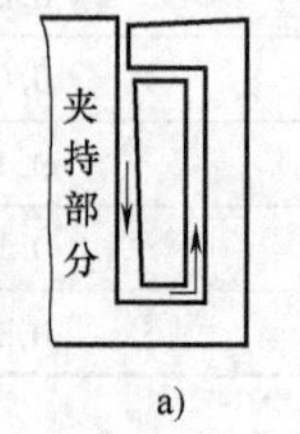

a)

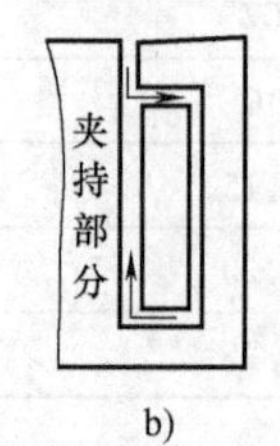

b)

c)

图 4-44　切割起始点和切割路线的安排

下，最好将工件与其夹持部分分割的线段安排在切割路线的末端。对于精度要求较高的零件，最好采用如图4-44c所示的方案，电极丝不由坯件外部切入，而是将切割起始点取在坯件预制的穿丝孔中，这种方案可使工件的变形最小。

切割孔类零件时，为了减少变形，还可采用二次切割法，如图4-45所示。第一次粗加工型孔，各边留余量0.1～0.5mm，以补偿材料被切割后由于内应力重新分布而产生的变形。第二次切割为精加工。这样可以达到比较满意的效果。

⑤接合突尖的去除方法。由于线电极的直径和放电间隙的关系，在工件切割面的交接处，会出现一个高出加工表面的高线条，称为突尖，如图4-46所示。这个突尖的大小取决于线径和放电间隙。在快走丝线切割加工中，用细的线电极加工，突尖一般很小，在慢走丝线切割加工中就比较大，必须将它去除。下面介绍几种去除突尖的方法。

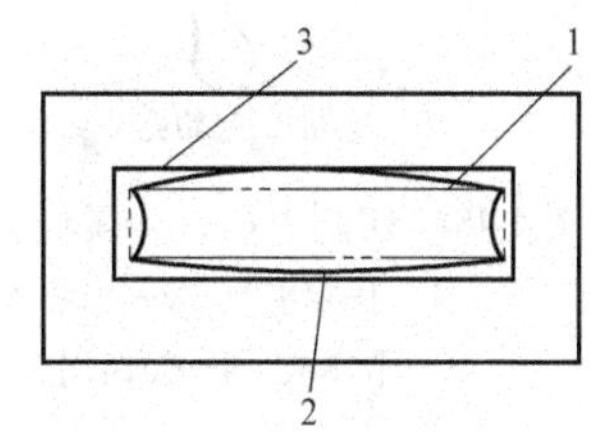

图4-45　二次切割孔类零件
1—第一次切割的理论图形　2—第一次切割的实际图形　3—第二次切割的图形

方法1：利用拐角的方法。凸模在拐角位置的突尖比较小，选用如图4-47所示的切割路线，可减少精加工量。切下前要将凸模固定在外框上，并用导电金属将其与外框连通，否则在加工中不会产生放电。

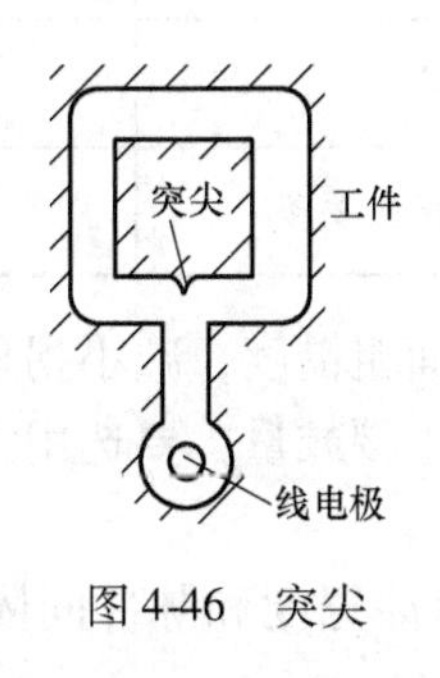

图4-46　突尖

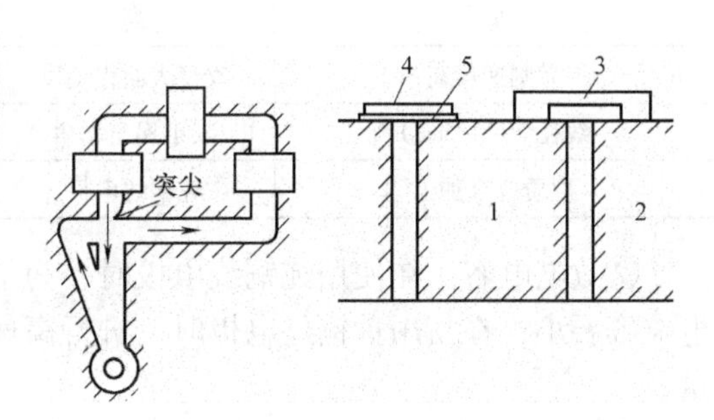

图4-47　利用拐角去除突尖
1—凸模　2—外框　3—短路用金属
4—固定夹具　5—粘结剂

方法2：切缝中插金属板的方法。将切割要掉下来的部分，用固定板固定起来，在切缝中插入金属板，金属板长度与工件厚度大致相同，金属板应尽量向切落侧靠近，如图4-48所示。切割时，应往金属板方向多切入大约一个线电极直径的距离。

方法3：用多次切割的方法。即工件切断后，对突尖进行多次切割精加工。一般分三次进行，第一次为粗切割，第二次为半精切割，第三次为精切割。也可采用粗、精二次切割法去除突尖，如图4-49所示。切割次数的多少，主要由加工对象精度要求的高低和突尖的大小来确定。

改变偏移量的大小，可使线电极靠近或离开工件。第一次比原加工路线增加大约0.04mm的偏移量，使线电极远离工件开始加工，第二次、第三次逐渐靠近工件进行加工，一直到突尖全部被除掉为止。一般为了避免过切，应留0.01mm左右的余量供手工精修。

3）工作液准备。根据线切割机床的类型和加工对象，选择工作液的种类、浓度及电导率等。对快走丝线切割加工，一般常用质量分数为10%左右的乳化液，此时可达到较高的线切割速度。对于慢走丝线切割加工，普遍使用去离子水。

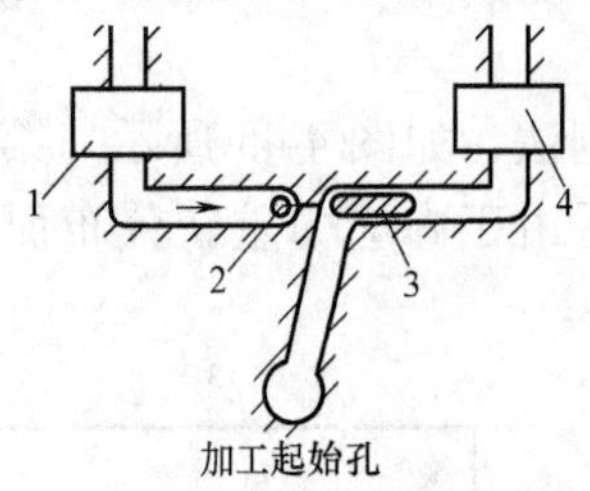

图4-48　切割中插入金属板去除突尖

1—固定夹具　2—电极丝

3—金属板　4—短路用金属

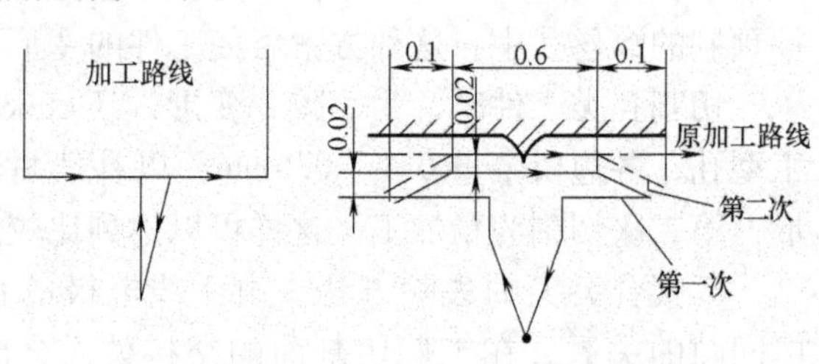

图4-49　二次切割去除突尖的路线

（3）加工参数的选择

1）电参数的选择

①空载电压。空载电压的高低，一般可按表4-5所列情况进行选择。

表4-5　空载电压的选择

空载电压			
低	高	低	高
切割速度高	改善表面粗糙度	切缝窄	
线径细(0.1mm)	减小拐角塌角		
硬质合金加工	纯铜线电极	减少加工面的腰鼓形	

②放电电容。在使用纯铜线电极时，为了得到理想的表面粗糙度，减小拐角的塌角，放电电容要小；在使用黄铜丝电极时，进行高速切割，希望减小腰鼓量，要选用大的放电电容量。

③脉冲宽度和脉冲间隔。可根据电容量的大小来选择脉冲宽度和脉冲间隔，见表4-6。要求理想的表面粗糙度时，脉冲宽度要小，脉冲间隔要大。

表4-6　脉冲宽度和间隔的选择

电容器容量/μF	脉冲宽度/μs	脉冲间隔/μs
0~0.5	2~4	>2.0
0.5~1.0	2~6	>3.0
1.0~3.0	2~6	>5.0

④峰值电流。峰值电流 I_e 主要根据表面粗糙度和电极丝直径选择。要求 Ra 值小于1.25μm时，I_e 取6.8A以下；要求 Ra 值为1.25~2.5μm时，I_e 取6~12A；Ra 值大于2.5μm时，I_e 可取更高的值。电极丝直径越粗，I_e 的取值可越大。表4-7列出了不同直径钼丝可承受的最大值峰值电流。

表4-7　峰值电流与钼丝直径的关系

钼丝直径/mm	0.06	0.08	0.10	0.12	0.15	0.18
可承受的 I_e/A	15	20	25	30	37	45

2）速度参数的选择

①进给速度。工作台进给速度太快，容易产生短路和断丝；工作台进给速度太慢，加工表面的腰鼓量就会增大，但表面粗糙度值较小。正式加工时，一般将试切的进给速度下降10% ~20%，以防止短路和断丝。

②走丝速度。走丝速度应尽量快一些，对快走丝线切割来说，会有利于减少因线电极损耗对加工精度的影响，尤其是对厚工件的加工，由于线电极的损耗，会使加工面产生锥度。一般走丝速度是根据工件厚度和切割速度来确定的。

3）线径偏移量的确定。正式加工前，按照确定的加工条件，切一个与工件相同材料、相同厚度的正方形，测量尺寸，确定线径偏移量。这项工作对第一次加工是必不可少的，在积累了足够的工艺数据或生产厂家提供了有关工艺参数时，可参照相关数据确定。

进行多次切割时，要考虑工件的尺寸公差，估计尺寸变化，分配每次切割时的偏移量。偏移量的方向，按切割凸模或凹模及切割路线的不同而定。

（4）工件的装夹和位置校正

1）对工件装夹的基本要求

①工件的装夹基准面应清洁无毛刺，经过热处理的工件，在穿丝孔或凹模类工件扩孔的台阶处，要清理热处理液的渣物及氧化膜表面。

②夹具精度要高，工件至少用两个侧面固定在夹具或工作台上，如图4-50所示。

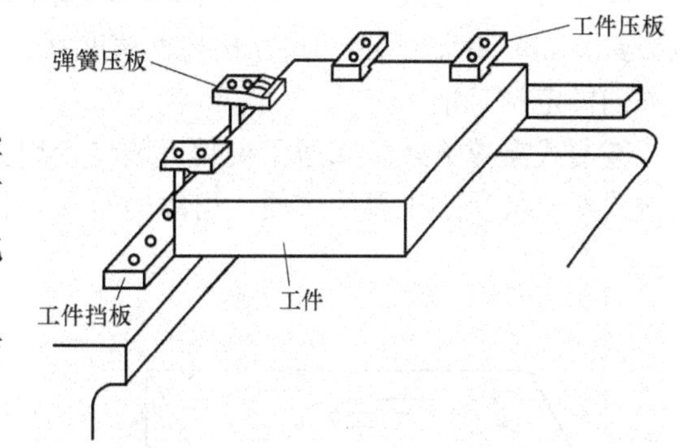

图4-50　工件的固定

③装夹工件的位置要有利于工件的找正，并能满足加工行程的需要，工作台移动时，不得与丝架相碰。

④装夹工件的作用力要均匀，不得使工件变形或翘起。

⑤批量零件加工时，最好采用专用夹具，以提高效率。

⑥细小、精密、壁薄的工件应固定在辅助工作台或不易变形的辅助夹具上，如图4-51所示。

2）工件的装夹方式

①悬臂支撑方式。图4-52所示的悬臂支撑方式通用性强，装夹方便。但工件平面与工作台面找平困难，工件受力时位置易变化。因此，只在工件加工要求低或悬臂部分小的情况下使用。

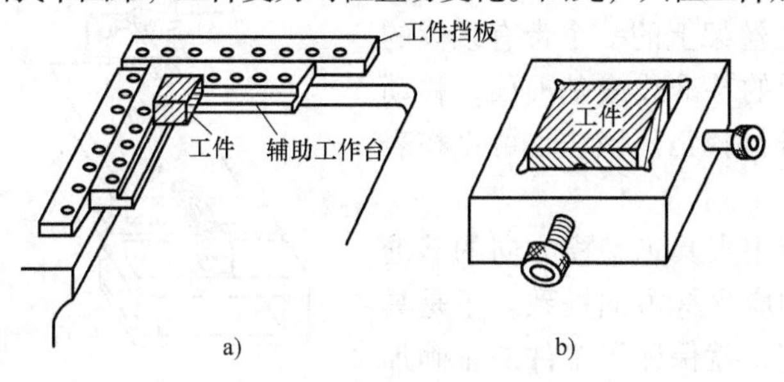

图4-51　辅助工作台和夹具
a）辅助工作台　b）夹具

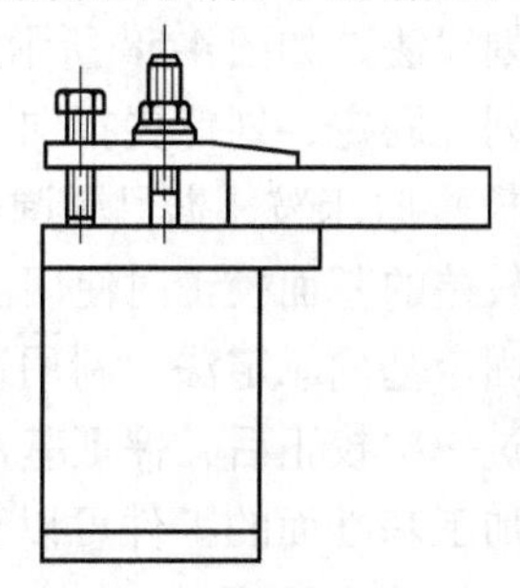

图4-52　悬臂支撑方式

②两端支撑方式。两端支撑方式是将工件两端固定在夹具上，如图 4-53 所示。这种方式装夹方便，支撑稳定，定位精度高，但不适于小工件的装夹。

③桥式支撑方式。桥式支撑方式是在两端支撑的夹具上放两块支撑垫铁，如图 4-54 所示。此方式通用性强，装夹方便，小型工件都适用。

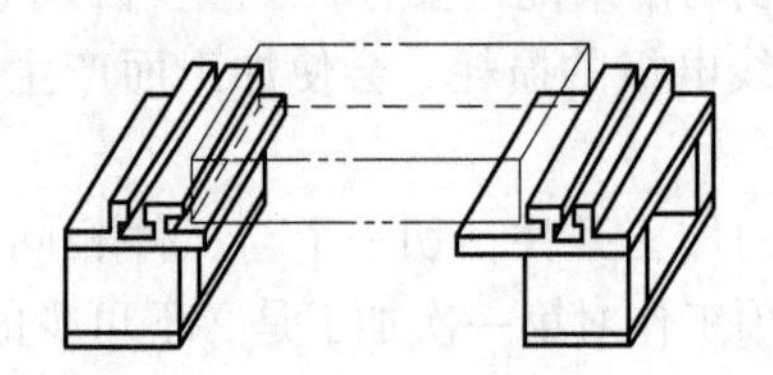

图 4-53　两端支撑方式

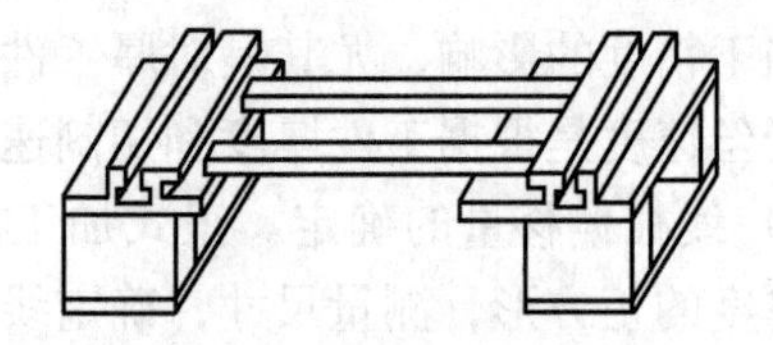

图 4-54　桥式支撑方式

④板式支撑方式。板式支撑方式是根据常规工件的形状，制成具有矩形或圆形孔的支撑板夹具，如图 4-55 所示。此方式装夹精度高，适用于常规与批量生产。同时，也可增加纵、横方向的定位基准。

⑤复式支撑方式。在通用夹具上装夹专用夹具，便成为复式支撑方式，如图 4-56 所示。此方式对于批量加工尤为方便，可缩短装夹和校正时间，提高效率。

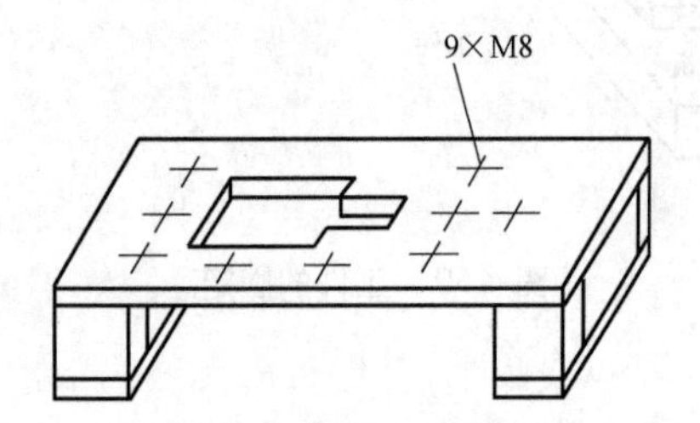

图 4-55　板式支撑方式

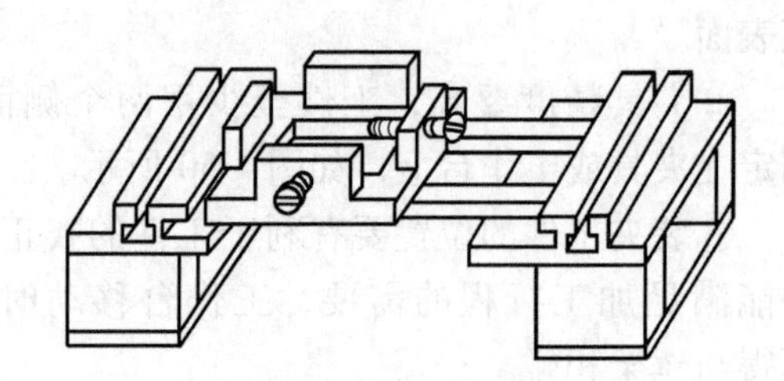

图 4-56　复式支撑方式

3）工件位置的校正方法

①拉表法。拉表法是利用磁力表架，将指示表固定在丝架或其他固定位置上，指示表头与工件基面接触，然后往复移动床鞍，按指示表指示数值调整工件。校正应在三个方向上进行，如图 4-57 所示。

②划线法。工件待切割图形与定位基准相互位置要求不高时，可采用划线法，如图 4-58 所示。固定在丝架上的一个带有顶丝的零件将划针固定，划针尖指向工件图形的基准线或基准面，移动纵（或横）向床鞍，据目测调整工件进行找正。该法也可以在表面质量较差的基面校正时使用。

③固定基面靠定法。利用通用或专用夹具纵、横方向的基准面，经过一次校正后，保证基准面与相应坐标方向一致。于是具有相同加工基准面的工件可以直接靠定，就保证了工件的正确加工位置，如图 4-59 所示。

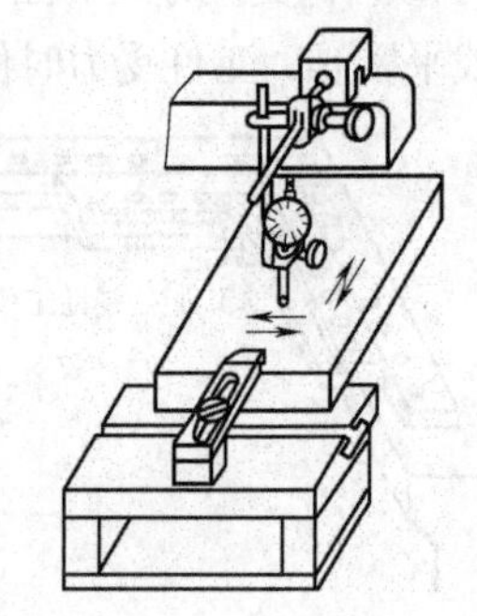

图 4-57　拉表法校正

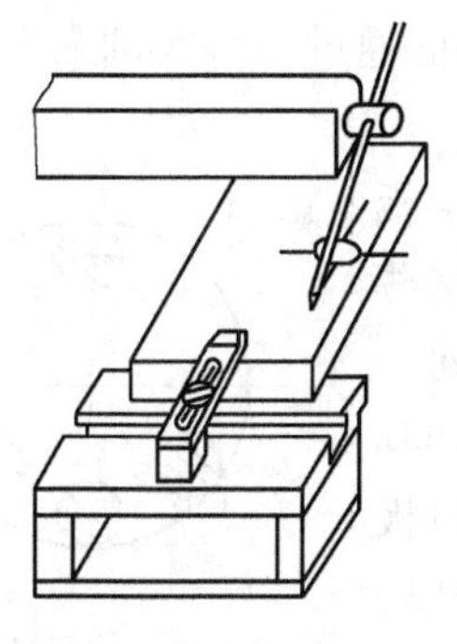

图4-58　划线法校正

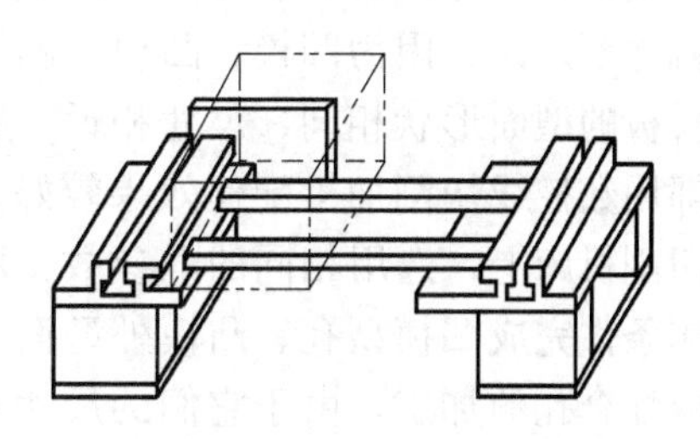

图4-59　固定基面靠定法校正

4）线电极的位置校正。在线切割前，应确定线电极相对于工件基准面或基准孔的坐标位置。

①目视法。对加工要求较低的工件，在确定线电极与工件有关基准线或基准面相互位置时，可直接利用目视或借助于2～8倍的放大镜进行观察。图4-60所示为观察基准面校正线电极位置。当线电极与工件基准面初始接触时，记下相应床鞍的坐标值。线电极中心与基准面重合的坐标值，则是记录值减去线电极半径值。

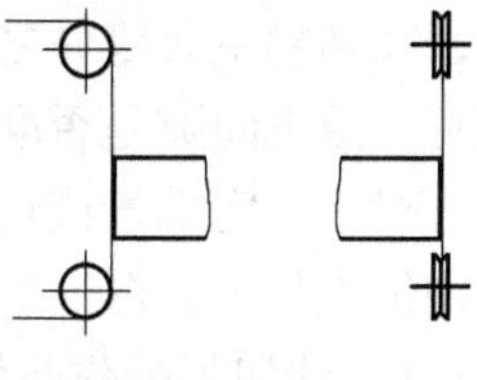

图4-60　观测基准面校正线电极位置

如图4-61所示，观测基准线校正线电极位置。利用穿丝孔处划出的十字基准线，观测线电极与十字基准线的相对位置，移动床鞍，使线电极中心分别与纵、横方向基准线重合，此时的坐标值就是线电极的中心位置。

②火花法。火花法是利用线电极与工件在一定间隙时发生火花放电来校正线电极的坐标位置的，如图4-62所示。移动拖板，使线电极逼近工件的基准面，待开始出现火花时，记下拖板的相应坐标值来推算线电极中心坐标值。此法简便、易行。但线电极的运转抖动会导致误差，放电也会使工件的基准面受到损伤。此外，线电极逐渐逼近基准面时，开始产生脉冲放电的距离，往往并非正常加工条件下线电极与工件间的放电距离。

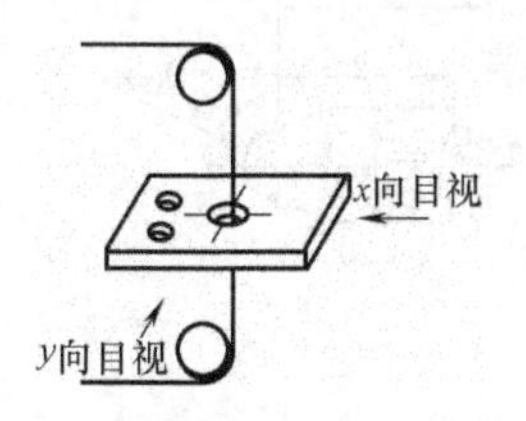

图4-61　观测基准线校正线电极位置

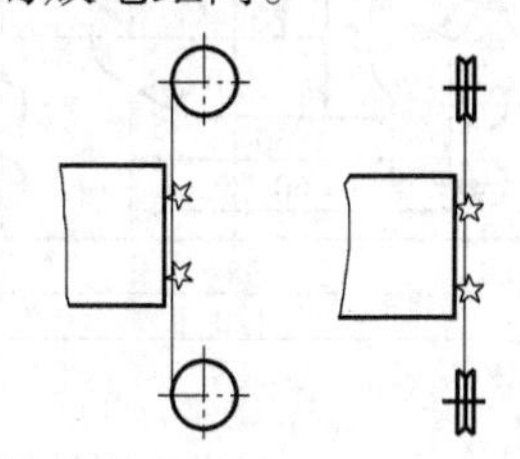

图4-62　火花法校正线电极位置

③自动法。自动找中心是为了让线电极在工件的孔中心定位。具体方法为：移动横向床鞍，使电极丝与孔壁相接触，记下坐标值 x_1，反向移动床鞍至另一导通点，记下相应坐标值 x_2，将拖板移至两者绝对值之和的一半处，即 $(|x_1|+|x_2|)/2$ 的坐标位置。同理也可得到 y_1 和 y_2，则基准孔中心与线电极中心相重合的坐标值为 $[(|x_1|+|x_2|)/2,(|y_1|+|y_2|)/2]$，如图4-63所示。

（5）实例分析　用数控电火花线切割机床加工冲模在工厂应用非常广泛。前面对数控电火花线切割的基本原理、加工方法和工艺进行了分析，下面通过一些实例来学习数控电火花线切割加工在冲模加工中的应用，提高综合应用能力。

就冲模来说，因为凹模、凸模、侧刃、导板、凸模固定板和卸料板的型面形状相同，尺寸相近，所以同一副模具的这些零件都用数控线切割加工配作效果较好。具体方法是：在同一台线切割机床上，选用相同的电参数，用相同的切割路线和其他工作条件完成凹模型孔、凸模外型面、凸模固定板和卸料板与凸模配合孔的加工。由于它们的尺寸不同，而且凸模是外表面的加工，其余零件是孔的加工，加工时尺寸肯定是不同的，但它们只是均匀地扩大或缩小了一圈。只要用相同的公称尺寸，根据各零件的加工尺寸和电极丝偏移方向计算出相应的偏移量就可完成不同零件的加工。

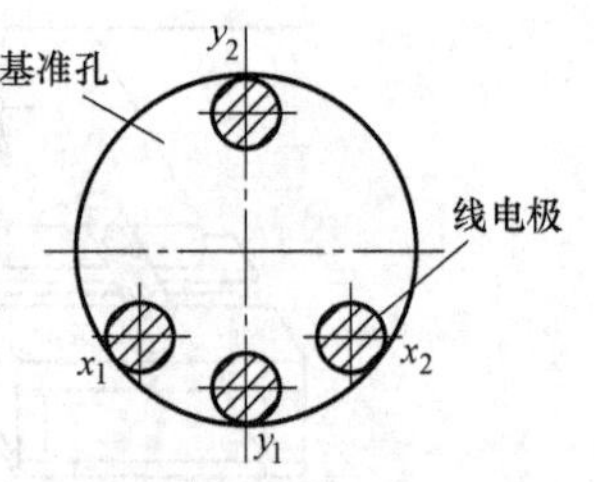

图 4-63　自动法

要特别注意的是，凹模、凸模、侧刃、导板、凸模固定板和卸料板线切割的加工顺序原则是：先切割凸模固定板、卸料板等非主要零件，然后再切割凹模、凸模等主要零件。这样，在切割主要零件之前，通过对非主要零件的切割，可检验程序是否正确，机床工作是否正常，放电间隙是否准确，如果有问题可以及时得到纠正。

对于一定批量或经常生产的材料、高度相同的各种小型凸模，可以在一块较大的坯件上分别依次加工成形。这就是常说的“一坯多件”。

1）线切割配作凸模、凹模冲裁间隙。图 4-64、图 4-65 所示分别是冲模的凹模和凸模，如果用线切割加工方法配作凸模和凹模刃口的冲裁间隙，分析线切割加工工艺过程。

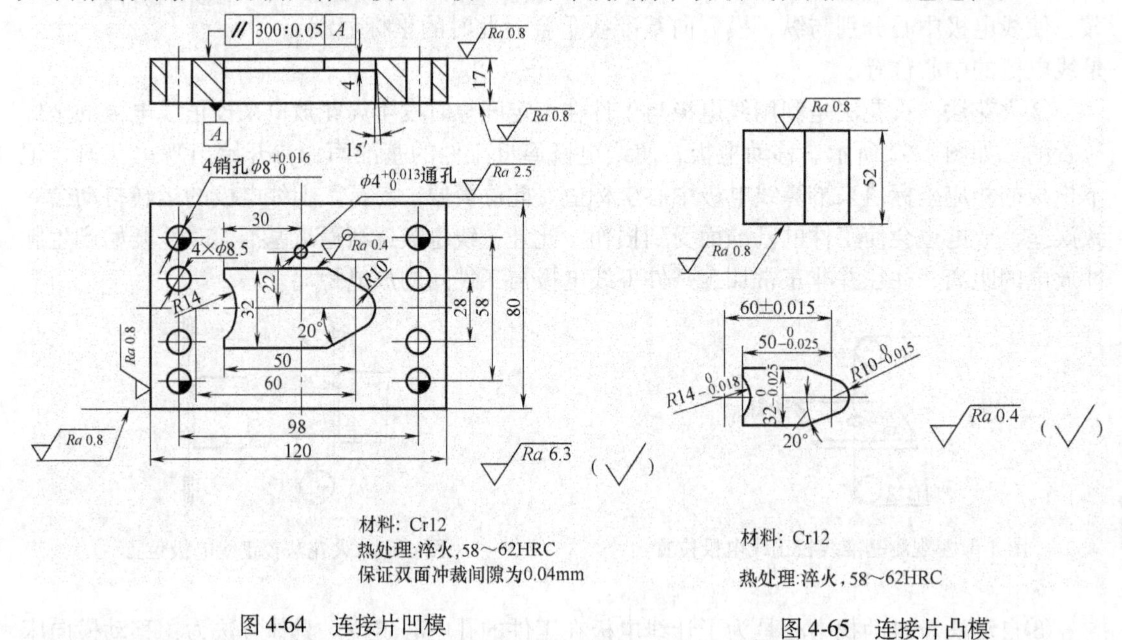

图 4-64　连接片凹模　　图 4-65　连接片凸模

根据机械加工工艺要求，凸模和凹模刃口用线切割配作，凹模漏料孔由线切割锥度加工功能完成。

①机床的选用。选择 DK-7740C 型快走丝数控电火花线切割机床。

②选择电极丝。选择直径为 ϕ0.12mm 的钼丝。

③穿丝孔位置。凸模可直接选在坯料的外面，凹模选在图4-65中尖角处，穿丝孔直径取 ϕ3mm。根据穿丝孔位置确定编程原点。

④选择电参数和工作液。空载电压峰值为80V，脉冲宽度为8μs，脉冲间隔为30μs，平均电流为1.5A。采用快速走丝方式，走丝速度为9m/s，线电极为 ϕ0.12mm的钼丝，工作液为乳化液。

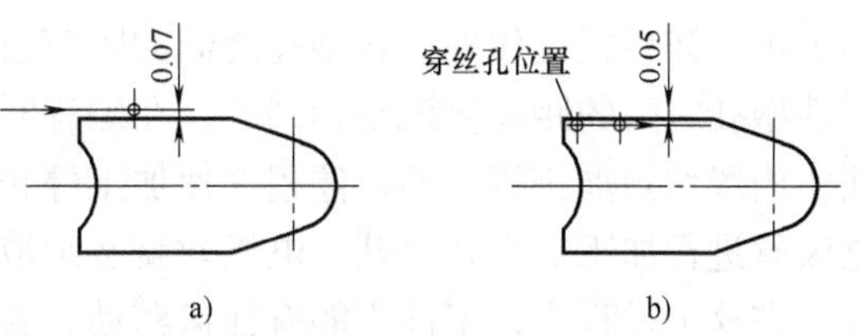

图4-66　凸、凹模线切割分析图
a）切割凸模电极丝偏移量、穿丝孔位置
b）切割凹模电极丝偏移量、穿丝孔位置

⑤计算偏移量，确定偏移方向并选定切割路线。由于凸模的刃口尺寸标有公差，取凸模刃口的平均尺寸作为线切割的公称尺寸。放电间隙 δ=0.010mm，凸模的偏移量=0.01mm+0.06mm=0.07mm，偏移方向如图4-66a所示。切割路线为沿着箭头顺时针方向。凹模的偏移量=0.01mm+0.06mm-0.02mm=0.05mm，偏移方向如图4-66b所示。切割路线为沿着箭头顺时针方向。

⑥校正电极丝。用机床配的标准块校正电极丝，使它与机床工作台垂直。

⑦安装、校正工件。凹模以上、下面和相互垂直的侧面为基准，用指示表或已校正的电极丝找正；凸模应该以上、下面和已加工好的螺孔位置为基准，用指示表等找正。

⑧电极丝的对正。利用数控电火花线切割机床的自动找正功能和手动对定功能将电极丝置于编程原点。

2）级进模的线切割加工

①机械加工工艺分析。图4-67所示为一级进模的凹模零件图。其单件小批生产的机械加工工艺路线为：下料→锻造→退火→刨六面→磨上、下平面和基面→钳工划线→钻穿丝孔和无公差要求的通孔→淬火和回火→磨上、下平面和基面→退磁→线切割加工型孔和销孔→钳工修配。

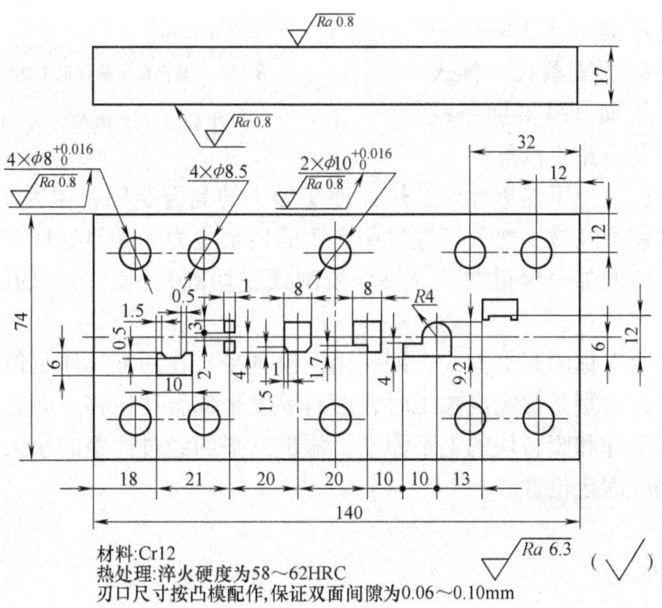

图4-67　级进模的凹模零件图

②线切割工艺分析。因为是级进模，应该注意以下几个方面：第一，有两个小的矩形孔的宽度只有1mm，其穿丝孔直径必须比1mm小；第二，除了各型孔的尺寸要与凸模、凸模固定板、卸料板配作外，各型孔之间的距离也要和凸模固定板、卸料板配作，也就是说，各零件型孔之间的距离应该是相同的，在编程时要特别注意配作；第三，加工完一个孔后，必须使用线切割加工机床的暂停程序使加工停止，取下电极丝让程序空走到下一个孔，再穿上电极丝进行加工。有几个孔，电极丝就必须取几次。但所有的型孔必须用一个主程序加工完成，在这个过程中，工件不能有任何移动，否则就达不到配作的目的。

3）大、中型凹模的线切割加工。这里说的大、中型凹模是相对于前面的小模具而言的。实际上，一般太大的凹模（比如ϕ500mm以上）就采用镶拼结构了，一方面是便于加工，节约贵重材料；另一方面是太大毛坯的锻造质量不能保证。因为毛坯太大了锻不透，中心的材料不能得到合格的材料组织和力学性能要求。

如图4-68所示凹模，待加工图形为长条形，重量大，厚度大，去除金属量大。为保证工件的加工质量，在工艺上应注意以下几个方面。

①机械加工工艺分析。图4-68所示为一较大的卡箍落料模凹模。其单件小批生产的机械加工工艺路线为：下料→锻造→退火→刨六面→磨上、下平面和相互垂直基准面→钳工划线→在型孔内钻大孔去掉多余材料，钻穿丝孔、螺孔→粗铣型孔→淬火和回火→磨上、下平面和基准面→线切割加工型孔和销孔→钳工修配；或者下料→锻造→退火→刨六面→磨上、下平面和相互垂直基准面→钳工划线→钻穿丝孔、螺孔→线切割型孔→淬火和回火→磨上、下平面和基准面→线切割加工型孔和销孔→钳工修配。

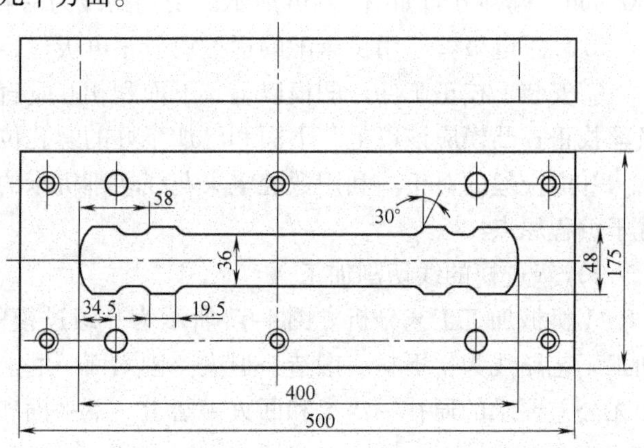

图4-68　卡箍落料模凹模

虽然工件材料已选择了淬透性好、热处理变形小的高合金钢，但因工件外形尺寸较大，为保证型孔位置的硬度及减少热处理过程中产生的残余应力，除热处理工序应采取必要的措施外，在淬硬前，应增加一次粗加工（钻、铣削或线切割），使凹模型孔各面均留2～3mm的余量。

②加工时采用双支撑的装夹方式。即利用凹模本身架在两夹具体定位平面上。

③在切割过半，特别是快完成加工时，废料易发生偏斜和位移，而影响加工精度或卡断线电极。为此，在工件和废料块的上平面上，添加一平面经过磨削的永久磁钢，以利于废料块在切割的全过程中固定位置。

4.3　任务实施

图4-1所示是一副级进模的凸模1（$\phi 10^{+0.013}_{0}$mm、$\phi 4^{+0.011}_{0}$mm两个圆形凸模没画出）和

凹模，生产数量为一副，分别用电火花和线切割两种方法加工，编制其机械加工工艺过程。

1. 零件工艺分析

分析图4-1得知，这副模具加工的关键是要保证凸、凹模刃口尺寸精度、表面粗糙度，保证双面冲裁间隙 $z=0.03\sim0.05$mm，保证上、下表面的平行度和表面粗糙度。为了保证凸、凹模对齐，保证凹模型孔与凸模固定板（图4-69）凸模安装孔之间的位置尺寸[如尺寸(22±0.01)mm、(20±0.01)mm、(23±0.01)mm、(10±0.007)mm]一致就特别重要。凸模材料都为Cr12，淬火热处理硬度为58~62HRC。

2. 毛坯的选择

为了保证模具的质量和使用寿命，凸、凹模都选用锻件。为了便于机械加工和锻造，将凸、凹模毛坯都锻造成六面体。

3. 定位基准的选择

根据基准重合又便于装夹原则，凸、凹模都选平面和两互相垂直侧面为精基准。

4. 工艺过程的编制

（1）用电火花成形加工凹模的工艺分析

1）凸、凹模机械加工工艺过程。凸模刃口尺寸标有公差，可用精密磨床精加工刃口尺寸，如图4-1所示凸模1的机械加工工艺过程见表4-8。凹模为整体结构，型孔可在钻大部分孔后半精铣，淬火后用电火花配作，以保证冲裁间隙。圆形漏料孔为便于加工做成直孔；非圆形漏料孔用立铣刀铣后，剩余的圆角部分用电火花加工完成。销孔和螺孔都在淬火前加工好。凹模机械加工工艺过程见表4-9。

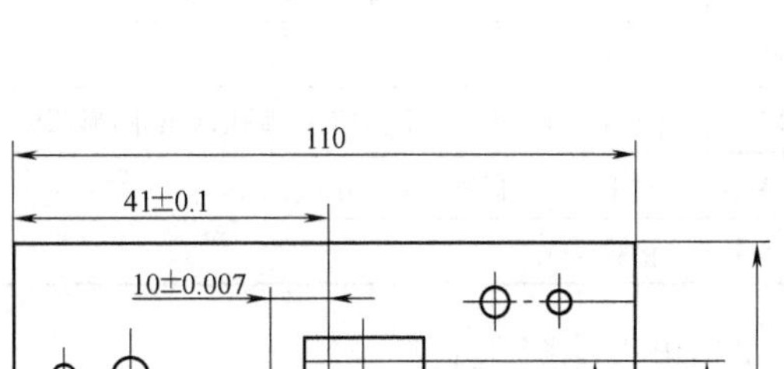

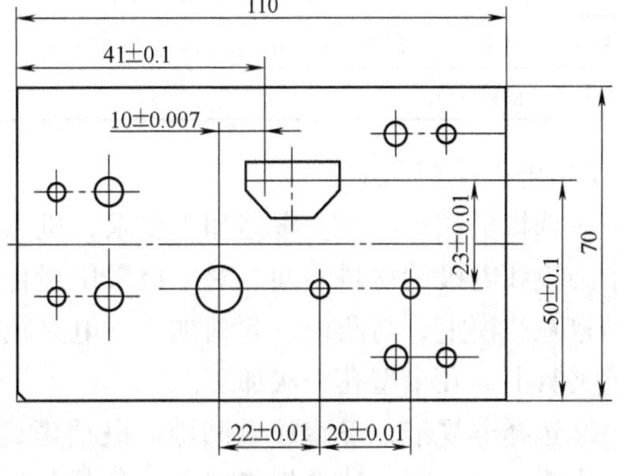

图4-69　凸模固定板

表4-8　凸模机械加工工艺过程

工序号	工序名称	工序内容	定位基准
1	备料	把毛坯锻造成18mm×26mm×38mm的六面体	
2	热处理	退火	
3	铣	铣成12.6mm×20.6mm×32.6mm的六面体	平面
5	热处理	淬火，硬度为58~62HRC	
6	磨	磨各面达图样要求	平面
7	钳工	钳工研磨刃口	
8	检验	按图样检验	

表 4-9　凹模机械加工工艺过程

工序号	工序名称	工 序 内 容	定 位 基 准
1	备料	把毛坯锻造成 30mm × 86mm × 90mm 的六面体	
2	热处理	退火	
3	铣	铣六面,留单面余量 0.4mm	平面
4	磨	磨上、下面及基准侧面,保证相互垂直	平面
5	钳工	划各孔线,型孔内钻穿丝孔位置线	基准侧面
6	钻	在凹模孔内钻穿丝孔,扩圆形凹模的漏料孔,钻、攻螺纹,钻、铰销孔	端面、按线
7	铣	铣非圆形凹模漏料孔	端面、按线
8	热处理	淬火与回火,硬度为 58 ~ 62HRC	
10	磨	磨上、下面和垂直基准侧面	平面
11	退磁		
12	电火花	电火花配加工各型孔,修非圆形凹模漏料孔	端面、基准侧面
14	钳工	研磨刃口	
15	检验		

2）电火花穿孔工艺

①选择机床和电极。根据加工要求，机床用 D7140 电火花加工机床，电极材料选铸铁。由于凸模和电极的材料不同，对电极采用混合法加工，由放电间隙配作保证冲裁间隙。将电极粘接在凸模上，与凸模一起精加工。电火花穿孔时，可将电极安装在一个与凸模固定板相似的夹具上，几个型孔一次加工。

②选择电规准，确定放电间隙。既要考虑保证精度和模具的使用寿命，又要提高生产率，用粗、中、精三挡电规准加工。参考有关电火花加工工艺曲线图选电规准如下：

粗规准：$t_i = 360\mu s$，$t_0 = 60\mu s$，电流为 16A。此时蚀除速度（生产率）为 $50mm^3/min$。

中规准：$t_i = 80\mu s$，$t_0 = 30\mu s$，电流为 10A。

精规准：$t_i = 6\mu s$，$t_0 = 12\mu s$，电流为 4A。此时的侧面放电间隙 $\delta = 0.012mm$，表面粗糙度 Ra 值为 $0.40\mu m$。符合加工要求。

③电极尺寸的确定。电极尺寸包括横截面尺寸和长度尺寸。由于冲裁间隙的平均值是 0.04mm，精规准的放电间隙 $\delta = 0.012mm$，所以应在加工好的电极表面镀一层 $0.02mm - 0.012mm = 0.008mm$ 的铜，才能保证冲裁间隙。电极长度尺寸可在凸模上加长 $L = Kt$（使用一次），铸铁的损耗率低，取 $K = 2.5$，$t = 5mm$，计算得 $L = 2.5 \times 5mm = 12.5mm$。

④编程（略）。

⑤工件的装夹和定位。将工件端面和机床工作台清理干净，放上等高垫铁，工件放置在等高垫铁上。然后用指示表校正，使两垂直基准面分别与机床工作台的纵、横进给方向一致，并用压板压紧。

⑥电极的装夹和校正。将装好电极和校正棒的夹具安装在机床主轴上，用指示表校正电极（方法与工件校正相似），通过机床的自动找正功能使电极的中心与凹模内孔的中心重合。

⑦加工。

（2）用电火花线切割加工凸、凹模的工艺分析

1）凸模、凹模机械加工工艺分析。凸模、凹模以及凸模固定板的刃口尺寸都用线切割精加工并在同一台机床上配作能够得到更好的加工精度。单件小批生产凸模1的机械加工工艺路线为：锻造→退火→铣上、下面→淬火与回火→磨上、下面→线切割→钳工研磨→检验。单件小批生产凹模的机械加工工艺路线为：备料→铣六面→磨平面→钳工划线→钻、攻螺孔和各穿丝孔→淬火与回火→磨上、下平面和垂直基准侧面→线切割型孔和销孔（与凸模配作，保证双面冲裁间隙为0.03～0.05mm）→钳工研磨→检验。这里销孔用线切割精加工更能保证精度。为了保证冲裁间隙，凸模固定板的凸模固定孔也应用线切割加工，并要保证它们的位置尺寸与凹模一致。单件小批生产如图4-69所示凸模固定板的机械加工工艺路线为：下料→铣六面→磨平面→钳工划线→钻螺孔和各穿丝孔→退磁→线切割凸模固定孔（与凹模配作，保证固定孔距离尺寸与凹模一致）→检验。这里销孔在装配时配钻、铰。

2）电火花线切割工艺

①机床和电极丝的确定。机床用DK-7740C，电极丝采用ϕ0.12mm的钼丝。

②选择电参数。$t_i=4\mu s$，$t_0=10\mu s$，电流为3.2A。此时的侧面放电间隙$\delta=0.01$mm，表面粗糙度Ra值为0.4μm。符合加工要求。

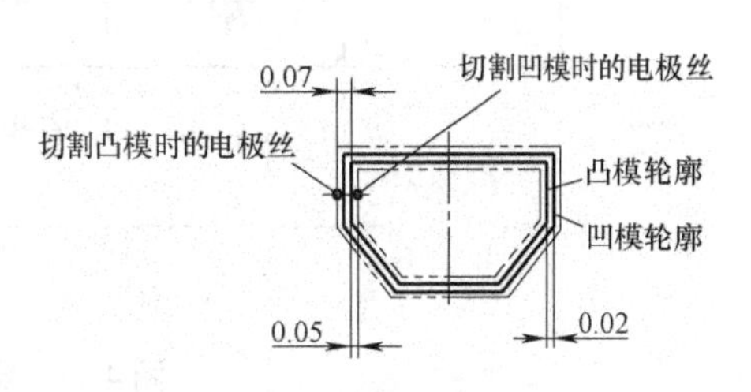

图4-70　电极丝偏移量

③计算偏移量。因该模具是冲孔模，冲下零件的尺寸由凸模决定，所以凸模上标有公差，凹模按凸模配作，保证平均冲裁间隙$Z=0.04$mm。如图4-70所示，以凸模的平均尺寸作为编程的公称尺寸，凸模的偏移量应该等于放电间隙加上电极丝半径$l_{凸}=r_{丝}+\delta_{电}=(0.06+0.01)$mm $=0.07$mm，而凹模的偏移量包含了冲裁间隙，故凹模的间隙补偿量为$l_{凹}=r_{丝}+\delta_{电}-Z/2=(0.06+0.01-0.02)mm=0.05$mm。

④选择穿丝孔位置和切割路线。凸、凹模穿丝孔位置和切割路线如图4-71所示。

根据图样要求，凹模的切割路线为：以相互垂直基准面为基准找正点O_1，切割非圆形孔，然后按$O\rightarrow O_1\rightarrow O_2\rightarrow O_3\rightarrow O_4$的顺序切割，基准与孔之间、孔与孔之间的坐标尺寸由程序保证；再以相互垂直基准面为基准找正点a_1，切割ϕ10mm孔，然后按$O\rightarrow a_1\rightarrow a_2\rightarrow a_3\rightarrow a_4$的顺序切割各销孔。凸模以点$O$为坐标原点建立坐标系，从点$P$开始按箭头方向切割，点$K$结束。

切割凹模型孔与切割凸模1时的机床进给方向要一致，避免机床丝杠的反向间隙对加工精度的影响。切割凸模固定板时，定位尺寸4mm应根据凸模固定板的具体尺寸配作。同一个工件上的偏移方向要一致，便于编程，如凹模各孔都应是右偏移。凸模固定板上的凸模固定线切割时，应与凹模用同一台机床，而且用相同的进给路线和方向，以保证精度。

⑤编程（略）。

⑥校正电极丝的垂直度。在机床工作台的基准面上放上标准找正块，用火花法校正电极丝的垂直度。

⑦装夹、校正工件。用指示表或电极丝校正工件，使工件上、下表面与机床的工作台平行，两垂直基准侧面分别与机床的进给方向平行。

⑧穿丝、找正、切割。

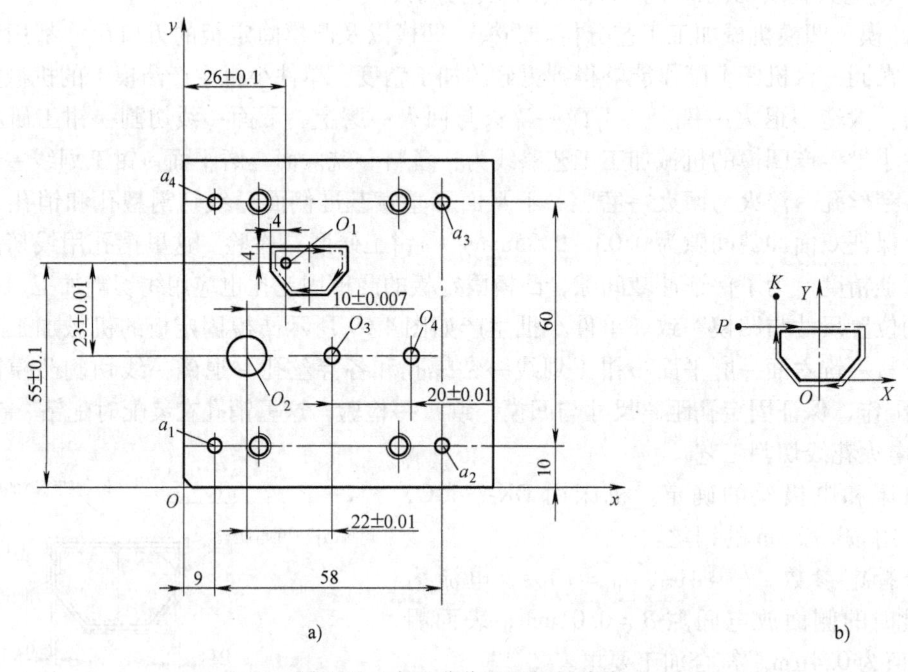

图 4-71　穿丝孔位置和切割路线

企业专家点评：东方电机股份有限公司罗大兵高级工程师表示，电火花加工在模具制造企业已经得到广泛应用，冲模的电火花加工这一教学单元围绕如何保证凸模和凹模的加工精度和冲裁间隙详细介绍了电火花和线切割加工冲模的加工原理、影响质量的因素和工艺方法，符合模具制造企业对模具制造人才的要求。

习题与思考题

4-1　电火花的加工原理和特点是什么？

4-2　电火花成形加工时，应怎样选择和转换电规准？

4-3　电腐蚀现象用于对金属材料进行尺寸加工的必要条件有哪些？

4-4　影响电火花成形加工精度的主要因素有哪些？

4-5　电火花成形加工时，电极损耗、放电间隙和加工斜度是如何影响加工精度的？

4-6　数控电火花线切割加工中，影响表面粗糙度的主要因素有哪些？其影响规律如何？

4-7　电火花加工过程中，工作液的作用是什么？

4-8　数控电火花线切割加工的主要工艺指标有哪些？影响工艺指标的因素有哪些？

4-9　数控电火花线切割加工中，对工件装夹有哪些要求？

4-10　数控电火花线切割加工的加工参数包括哪些内容？

4-11　如何确定穿丝孔的位置和尺寸？

4-12　数控电火花线切割加工图 4-72 所示凸模，材料为 Cr12，淬火硬度为 60～63HRC，试制订单件小批生产的数控电火花线切割加工工艺（图 4-72a、c、d 中表面粗糙度 Ra 值均为 3.2μm，图 4-72b 中表面粗糙度 Ra 值为 6.3μm）。

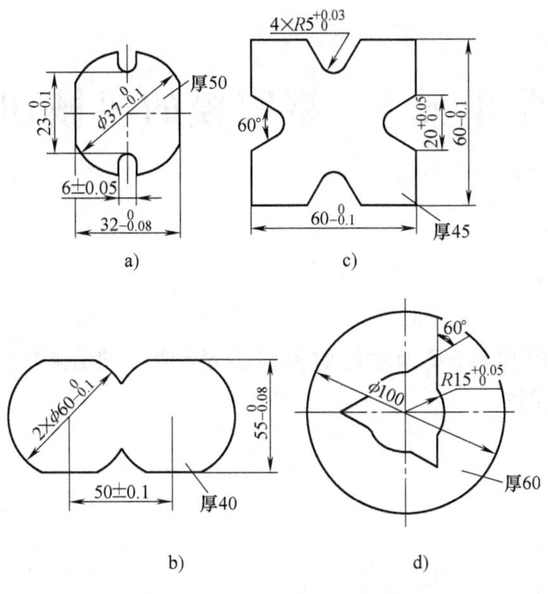

图 4-72　题 4-12 图

4-13　如图 4-73 所示凸模，编制单件小批生产的机械加工工艺过程。

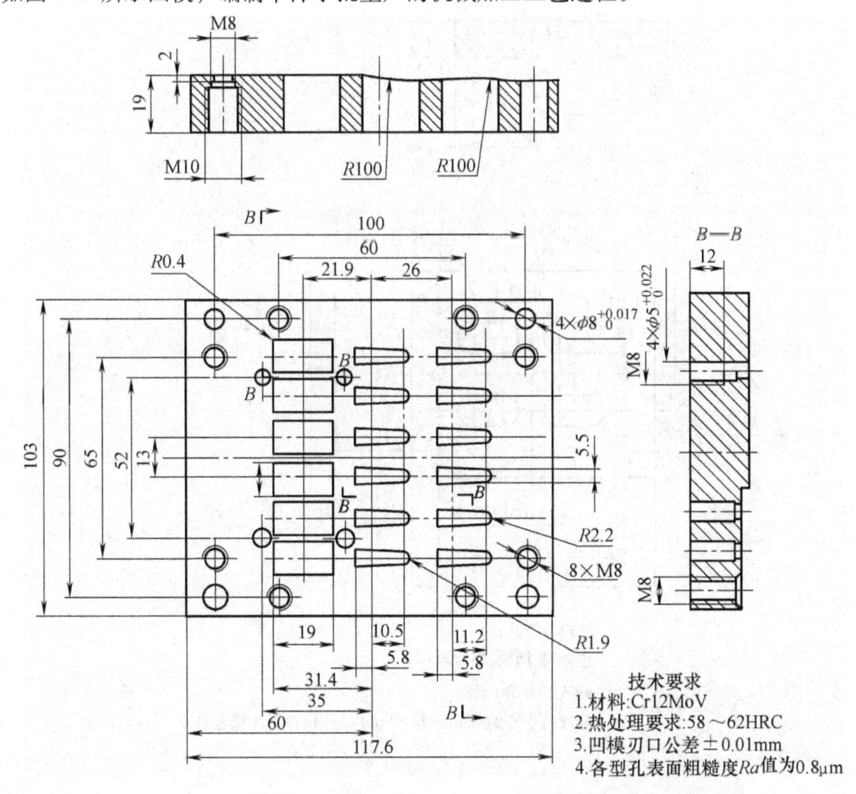

图 4-73　题 4-13 图

教学单元 5　型腔模的机械加工

5.1　任务引入

图 5-1 所示塑料压模和图 5-2 所示注射模型芯固定板，能用哪些方法加工？如何编制塑料模的机械加工工艺过程？

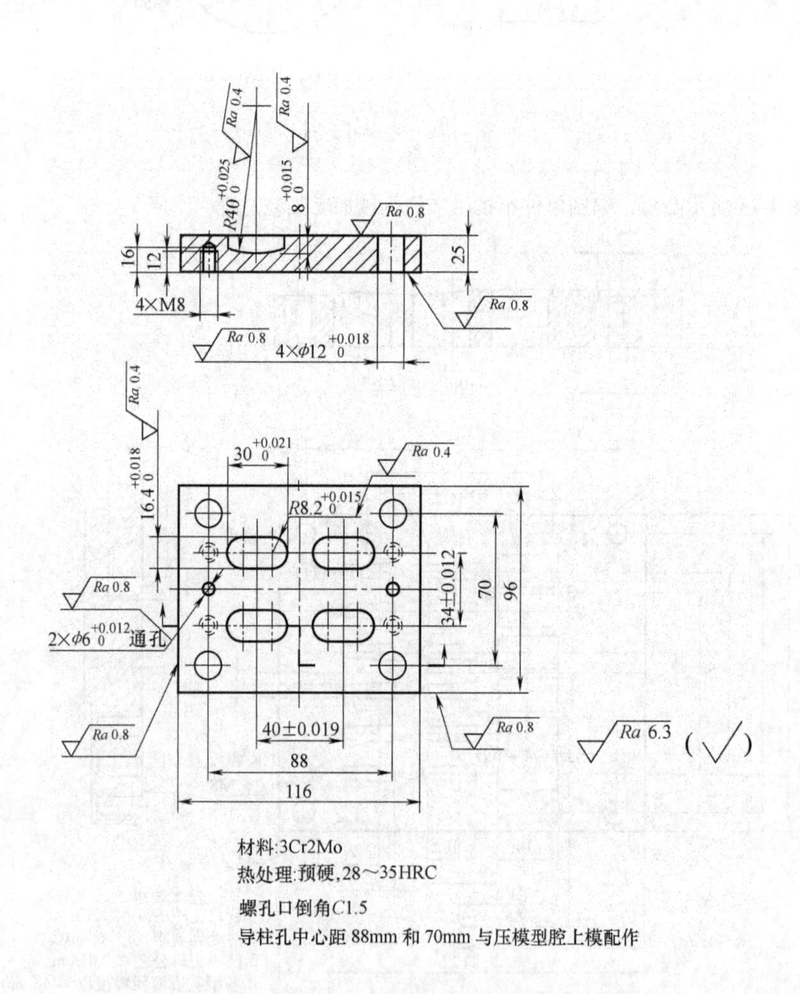

图 5-1　塑料压模下模

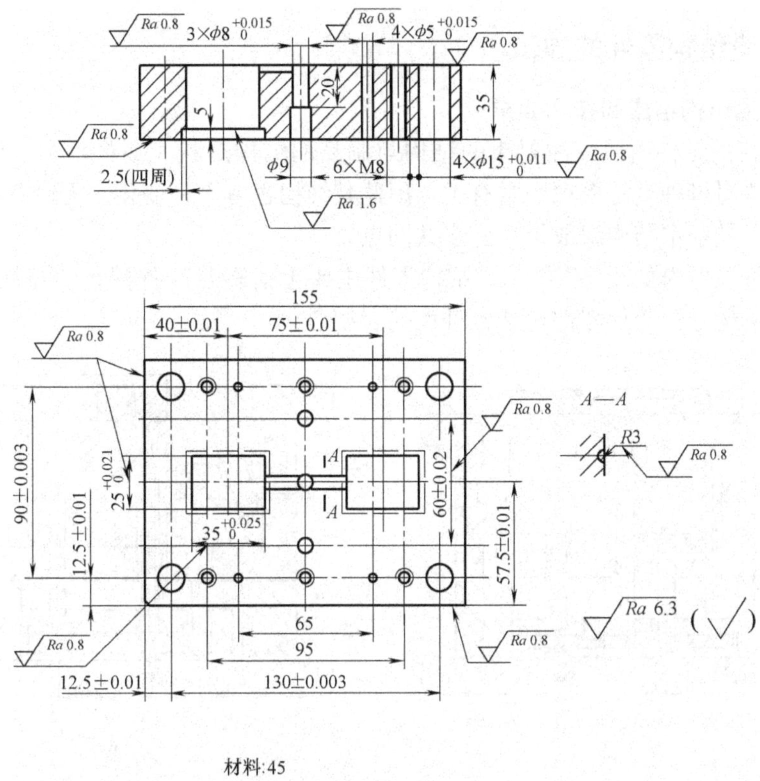

材料:45
热处理:调质25～28HRC
螺孔、销孔口倒角C1.5

图 5-2　型芯固定板

5.2　相关知识

型腔模主要是指工作表面是由型腔和型芯组成的一类模具，如塑料模、锻模、铸造模、橡皮模等都属于型腔模。型腔模零件加工工艺的编制是模具制造的一个重要部分，由于这类模具在结构上有很多相似之处，其加工工艺也有很多共同点。下面主要以塑料模为主分析型腔模的加工工艺。根据型腔模的结构、复杂程度和精度要求不同，其加工方法主要有以下几种：机械加工、电火花成形加工、数控加工，以及型腔的抛光和研磨。

不论采用什么加工方法加工模具，没有合理的机械加工工艺过程，也不能保证模具的加工质量、提高生产效率、降低生产成本。所以，型腔模工作零件机械加工工艺的编制在型腔模制造中也十分重要。

在注射模中，根据各零（部）件与塑料的接触情况，可将注射模零件分为成形零件和结构零件两类。成形零件是指与塑料接触、构成模腔的零件。成形零件决定着塑料制品的几何形状和尺寸，是注射模的工作零件，加工比较麻烦。结构零件是指除成形零件以外的其他模具零件，这些零件具有支承、导向、排气、顶出制品、侧向抽芯、侧向分型、温度调节、引导塑料熔体向型腔流动等功能。

5.2.1 注射模结构零件的加工

1. 注射模的结构组成和技术要求

(1) 注射模的结构组成　注射模的结构与制品的结构形状、塑料种类、制品产量、注射工艺条件、注射机种类等多项因素有关，因此其结构也有多种变化。无论各种注射模结构之间差异多大，其基本结构组成仍有许多共同点。

常用的几种注射模如图 5-3 所示，结构零件主要包括模架（各模板、导柱和导套）、浇口套、侧抽芯机构等；成形零件包括各种型腔、型芯。

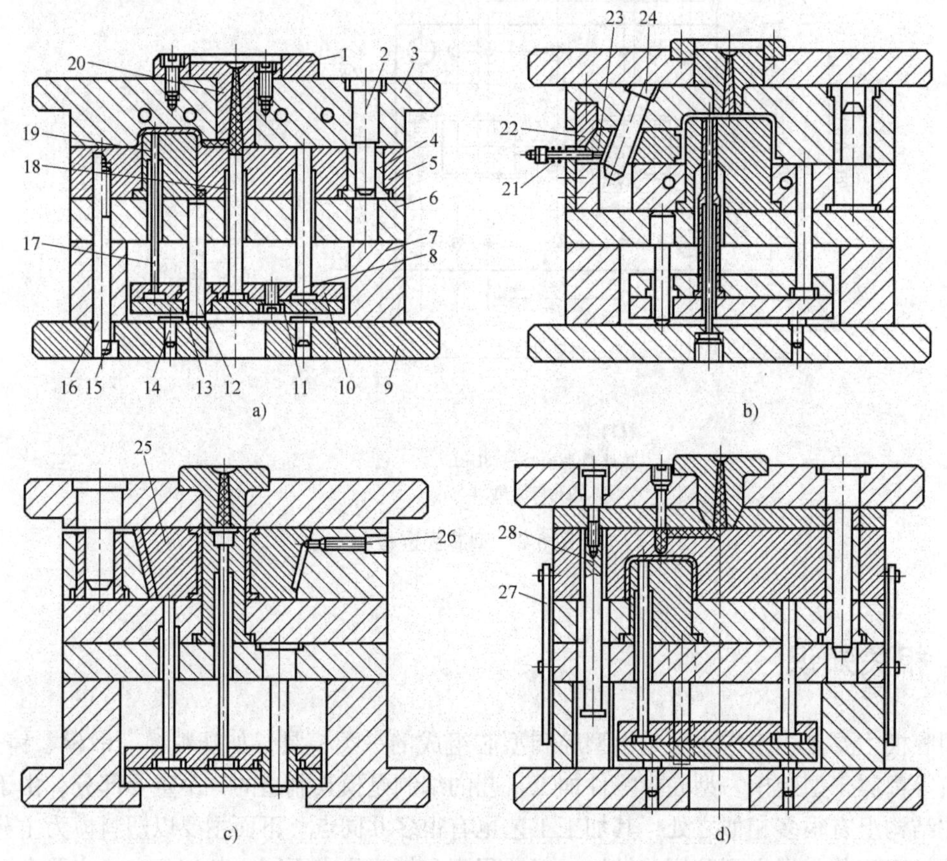

图 5-3　注射模的结构

a）普通模架注射模　b）侧抽芯式注射模　c）拼块式注射模　d）三板式注射模

1—定位圈　2—导柱　3—定模板　4—导套　5—型芯固定板　6—支承板　7—垫块　8—复位杆　9—动模座板　10—推杆固定板　11—推板　12—推板导柱　13—推板导套　14—限位钉　15—螺钉　16—定位销　17—推杆　18—拉料杆　19—型芯　20—浇口套　21—弹簧　22—楔紧块　23—侧型芯滑块　24—斜销　25—斜滑块　26—限位螺钉　27—定距拉板　28—定距拉杆

(2) 注射模的技术要求　模架作为安装或支承成形零件和其他结构零件的基础，应保证动、定模上有关零件的准确对合（如型腔和型芯），并避免模具零件间的干涉。因此，模架组合后，其定模座板的上平面和动模座板的下平面应保持平行，模板导柱孔应与其端面垂直，中小型注射模模架的平行度和垂直度要求见表 5-1。导柱、导套装配后保证精度要求、运动灵活、无阻滞现象。模具主要分型面闭合时的贴合间隙值应符合下列要求：Ⅰ级精度模架为 0. 02mm；Ⅱ级精度模架为 0. 03mm；Ⅲ级精度模架为 0. 04mm。

有关注射模模架组合后的详细技术要求，可参阅 GB/T 12555—2006《塑料注射模模架》、GB/T 12556—2006《塑料注射模模架技术条件》。

表 5-1　中小型注射模模架精度分级要求

项目序号	检 查 项 目	主参数/mm		精度分级 Ⅰ	精度分级 Ⅱ	精度分级 Ⅲ
				公差等级		
1	定模座板的上平面对动模座板的下平面的平行度	周界	≤400	5	6	7
			400～900	6	7	8
2	模板导柱孔的垂直度	厚度	≤200	4	5	6

2. 注射模结构零件的加工

（1）注射模模架的加工　注射模模架是注射模支撑、导向的重要部件，主要由导柱、导套和各种模板零件组成，如图 5-4 所示。加工时保证各模板的平面度，导柱、导套的导向精度十分重要。

导柱、导套的加工主要是内、外圆柱面加工，其加工方法、工艺方案及基准选择等已在冲模模架的加工中讨论。各种模板、支承板属于平板零件，制造时主要进行平面加工、孔系加工和相互垂直侧面基准的加工。平面加工、孔系加工方法可参考冲模模架的加工。根据导向精度要求，孔系加工除了用冲模模架的加工方法外，还可以用坐标镗床、加工中心等方法加工。因为注射模有的模板很薄，在平面加工过程中应特别注意防止弯曲变形。粗加工后模板发生的弯曲变形，磨削加工时电磁吸盘会将其校正，但磨削后加工表面的形状误差并不会得到校正。为此，应在电磁吸盘未接通电流的情况下，用适当厚度的垫片，垫入模板与电磁吸盘间的间隙中，再进行磨削。上、下表面用同样方法交替进行磨削，可获得较高的平面度。若需要精度更高的平面，应采用刮研方法加工。

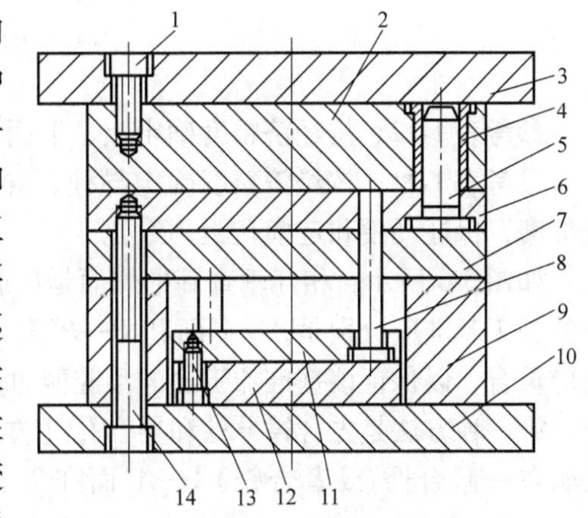

图 5-4　注射模模架
1、13、14—螺钉　2—定模板　3—定模座板　4—导套　5—导柱　6—动模板　7—支承板　8—复位杆　9—垫块　10—动模座板　11—推杆固定板　12—推板

型腔模在加工过程中保证型腔、型芯相互对齐是十分重要的，否则加工出的制件就会出现飞边。定模板 2 和动模板 6 在使用过程中由导柱、导套定位，是保证注射模在工作过程中型腔、型芯能够对齐的关键零件，其零件简图如图 5-5 所示（螺孔、销孔等没画出）。

动模板和定模板加工的关键是要保证导柱、导套孔的尺寸精度、位置精度和表面粗糙度；保证孔与孔之间的距离尺寸一致；保证上、下平面的平面度和表面粗糙度；保证基准侧面相互垂直，且用导柱、导套定位合模后两个零件的基准侧面重合。

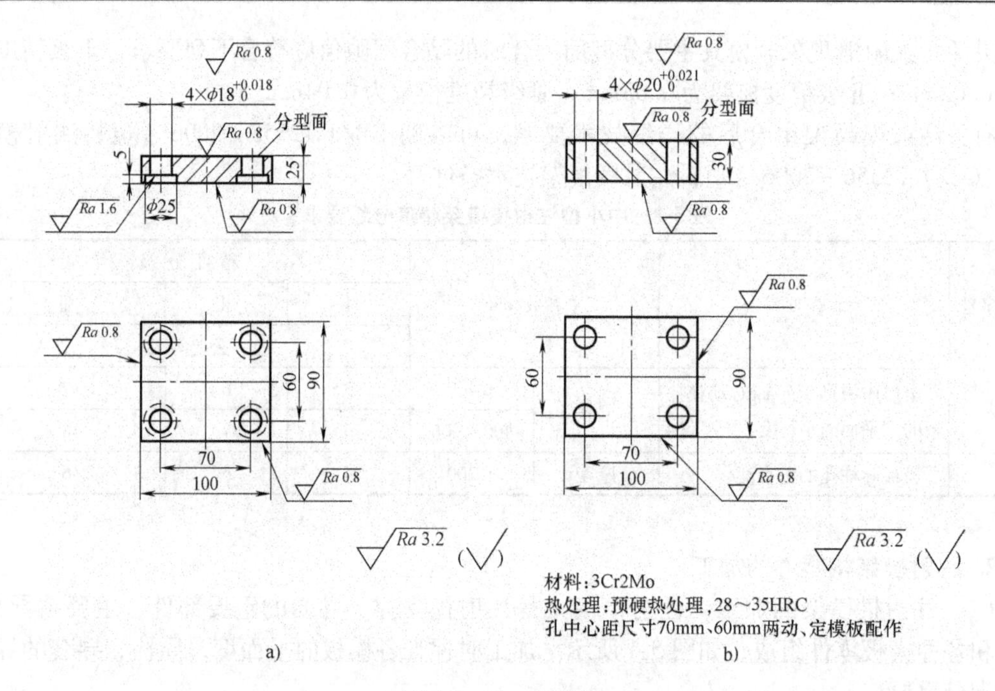

图 5-5　动、定模板

a）动模板　b）定模板

参考表 1-12，按经济精度确定上、下面的加工过程为：铣→磨。

参考表 1-11，按经济精度确定导柱、导套孔的加工过程为：钻孔→半精镗→合镗（或坐标磨，保证动模和定模孔距一致）。

如图 5-6 所示，相互垂直基准侧面是型腔加工的基准（动、定模沿 $O—O$ 轴线打开，型腔的加工基准应分别是 $A—A'$ 面和 $B—B'$ 面），当导柱、导套定位合模后两个零件的基准侧面应重合，以保证该基准加工出的型腔能对齐。其工艺方法主要有以下两种。

第一种方法是先合镗导柱和导套孔（方法见图 3-15），然后把导柱、导套，定、动模板装配在一起合磨(或者合铣)$A—A'$面和$B—B'$面，如图5-7所示。用合镗加工孔，单件小批

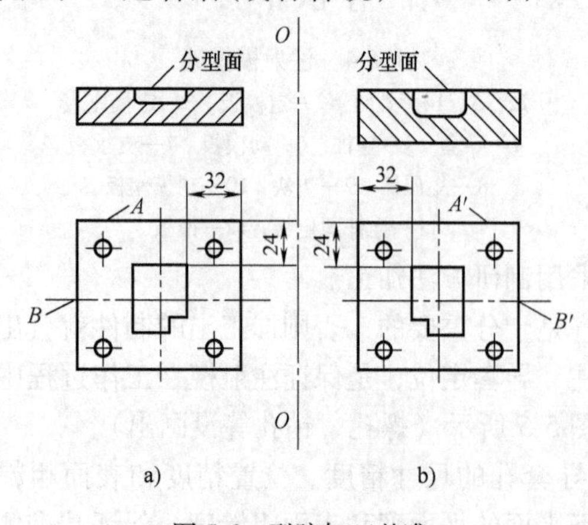

图 5-6　型腔加工基准

a）动模板　b）定模板

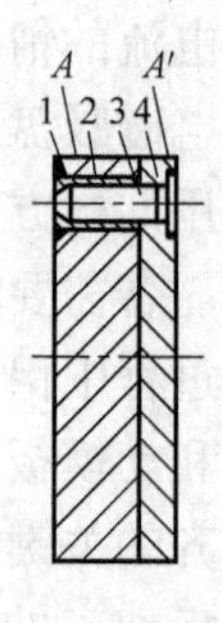

图 5-7　合磨（铣）基准侧面

1—导套　2—动模板

3—导柱　4—定模板

生产模板的工艺过程是：下料→铣六面→磨上、下面和垂直基准侧面→划各孔位置线→钻各孔→合镗导柱、导套孔，镗台阶孔→装导柱、导套→合磨（铣）垂直基准侧面，保证基准面相互垂直→钳工→检验。

第二种方法是用高精度机床（如坐标镗、坐标磨等）单独加工导柱和导套孔，由机床保证导柱、导套各孔之间以及它们与垂直基准侧面的尺寸精度，这时零件图上应标注导柱和导套孔位置尺寸精度要求，如图5-8所示。用坐标镗加工孔，单件小批生产的加工工艺过程是：下料→铣六面→磨上、下面和垂直基准侧面→划各孔位置线→钻各孔→半精镗各孔并镗沉孔→坐标镗（或坐标磨）孔→钳工→检验。

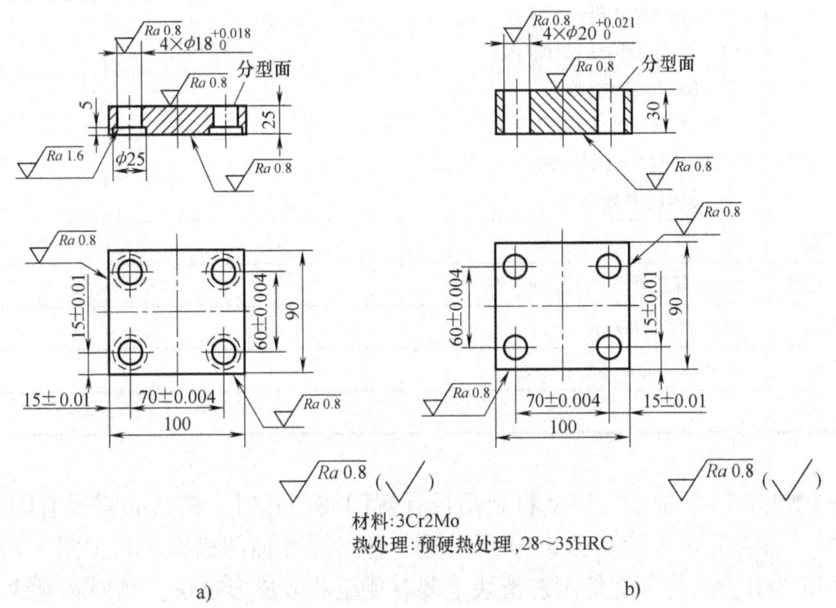

图5-8　动、定模板

a）动模板　b）定模板

（2）浇口套的加工　常见的浇口套有两种类型，如图5-9所示。B型结构在模具装配时，用固定在定模上的定位圈压住左端台阶面，防止注射时浇口套在塑料熔体的压力作用下退出定模。d 和定模上相应孔的配合为H7/m6，D 与定位环内孔的配合为H10/f9。注射成型时，浇口套与高温塑料熔体和注射机喷嘴反复接触、碰撞。

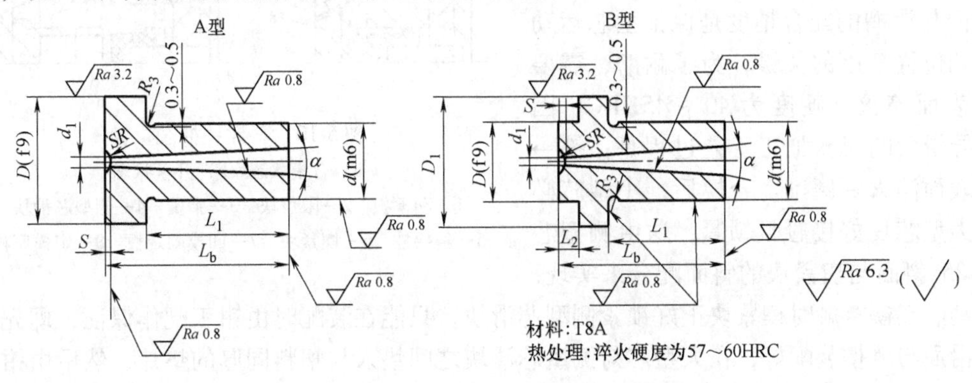

图5-9　浇口套

与一般套类零件相比，浇口套锥孔小（其小端直径一般为3～8mm），加工较难，同时还应保证浇口套锥孔与外圆的同轴度，以便在模具安装时通过定位圈使浇口套与注射机的喷嘴对准。通过车床、电火花加工单件小批生产浇口套的工艺路线见表5-2。

表5-2　浇口套加工工艺路线

工序号	工序名称	工序内容	定位基准
1	备料	按毛坯尺寸下料(或锻造)，D外圆加长便于夹持	
2	车	车外圆d及端面，留磨削余量 车退刀槽达设计要求 钻孔，镗锥孔达设计要求 调头车D_1外圆达设计要求 车外圆D，留磨削量 车端面，保证尺寸L_b 车球面凹坑达设计要求 抛光锥面、SR球面	外圆
3	检验		
4	热处理	淬火，保证硬度为57～60HRC	
5	钳工	研磨锥孔、SR球面	
6	磨	磨外圆d及D达设计要求	锥孔
7	检验		

（3）侧型芯滑块的加工　当塑料制品带有侧凹或侧孔时，模具必需带有侧向分型或侧向抽芯机构，如图5-3b所示。图5-10所示是一种斜导柱抽芯机构，其中图5-10a为合模状态，图5-10b为开模状态。在侧型芯滑块上装有侧型芯或成形镶块。侧型芯滑块与滑槽可采用不同的结构组合，如图5-11所示。

侧型芯滑块是侧向抽芯机构的重要组成零件，如图5-12所示。注射成型精度和抽芯的可靠性是由其运动精度和定位精度保证的，其主要加工面包括导滑面、25°斜面、型芯安装孔高度、斜导柱孔等。滑块导滑面与滑槽的配合精度是保证型芯运动精度和位置精度的关键，为了耐磨，需要局部表面淬火，硬度为40～45HRC。因此，导滑面的机械加工工艺过程是：铣→局部表面淬火→磨削。合模后，小型芯必须和大型芯良好接触且锁紧，这由侧型芯滑块25°斜面与楔紧块的斜面配合来实现，要使动、定模接触时楔紧块正好锁紧侧型芯滑块，只能在装配时由钳工配作保证，即先将滑块导滑面与滑槽装配好，在大型芯与侧型芯滑块之间垫入与塑料同厚的垫片，然后由钳工修配25°斜面达要求。为了便于加工且保证小型芯的位置精度（尺寸h_1），侧型芯滑块上的小

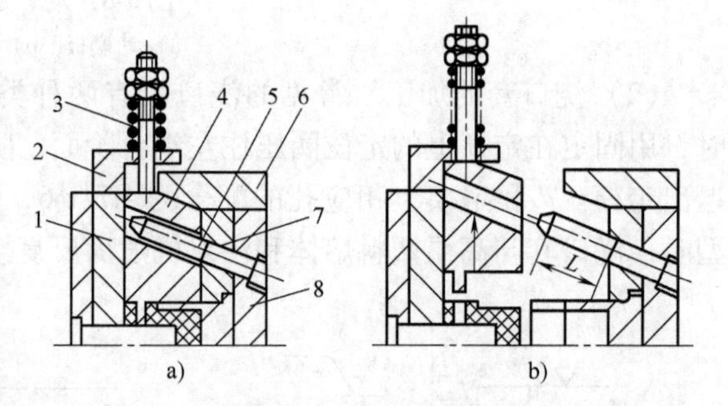

图5-10　斜导柱抽芯机构
a）合模状态　b）开模状态
1—动模板　2—限位块　3—弹簧　4—侧型芯滑块
5—斜导柱　6—楔紧块　7—凹模固定板　8—定模座板

型芯孔最好也在滑块导滑面与滑槽装配好后钳工配作。斜导柱孔虽然精度不高，但位置不好定，所以也要在其余部分加工好后与定模合在一起用平行夹头夹紧，在镗床的可倾工作台上进行镗削加工，或将其装夹在卧式镗床的工作台上，将工作台偏转一定角度进行加工。单件小批生产侧型芯滑块的机械加工工艺过程见表5-3。

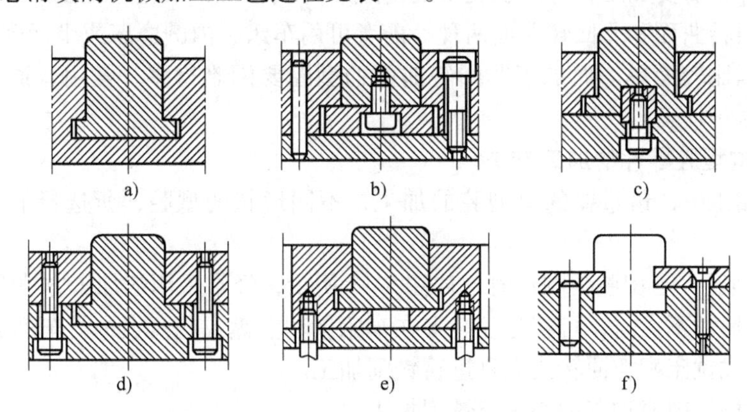

图5-11　侧型芯滑块导滑形式

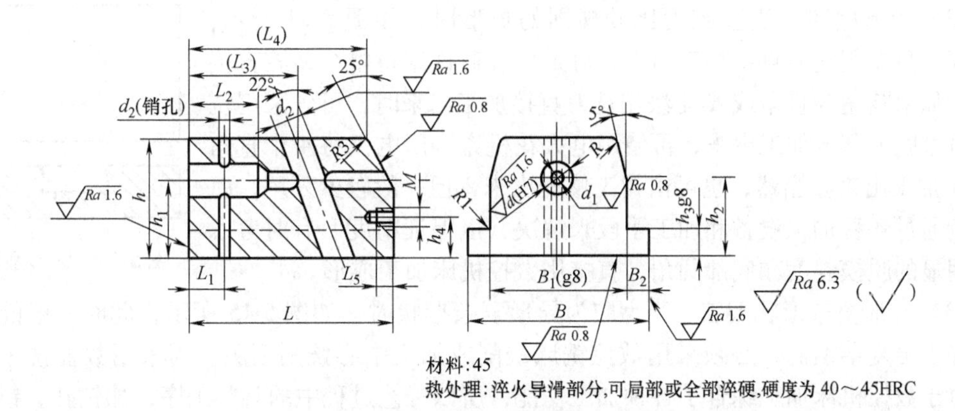

图5-12　侧型芯滑块零件图

表5-3　侧型芯滑块的机械加工工艺过程

工序号	工序名称	工 序 内 容	定 位 基 准
1	备料	按毛坯尺寸锻造(有合适的钢板可直接下料)	
2	铣	铣六面	平面
3	钳工	划滑导部轮廓线、斜面位置线	中心线
4	铣	铣滑导部,留0.3mm磨削余量,铣各斜面达设计要求	按线
5	钳工	去毛刺、倒钝锐边,钻、攻螺纹孔	按线
6	热处理	滑导部表面淬火,硬度为40～45HRC	
7	磨	磨各平面,磨滑导部达设计要求	底面
8	钳工	将滑块装入滑槽内并调整好位置,配修25°斜面;划型芯固定孔位置(尺寸h_1)	
9	车	钻、镗型芯固定孔	底面、按线
10	镗	动模板、定模板组合,楔紧块将侧型芯滑块锁紧,将组合的动、定模板装夹在卧式镗床的工作台上,按斜导柱孔的斜角偏转工作台并镗孔	上平面
11	检验	按图检验	

5.2.2 型腔零件的机械加工

在各类型腔模中，型腔的作用是成形制件外表面，其加工精度和表面质量一般要求较高。型腔加工常常需要加工各种形状复杂的内成形面或花纹，工艺过程复杂。常见的型腔形状大致可分为回转曲面和非回转曲面两种。前者可用车床、内圆磨床或坐标磨床和钳工进行加工，工艺过程比较简单。而加工非回转曲面的型腔要困难得多，常用普通铣床、数控铣床、电火花和钳工加工。

1. 不同结构型腔零件的加工方法

凹模零件加工中，最重要的是型腔的加工，不同形状的型腔，所选择的加工方法也不同。

（1）圆形型腔　当型腔为圆形时，如图5-13所示，经常采用的加工方法有以下几种：

1）当型腔尺寸不大时，可将型腔装夹在车床单动卡盘或花盘上进行车削加工。

2）采用立式铣床配合回转式夹具进行铣削加工。

3）采用数控铣削或加工中心进行铣削加工。

4）淬火后可在内圆磨床上或电火花机床上完成精加工。

（2）矩形型腔　当型腔为比较规则的矩形时，如图5-14所示，图中圆角只能用铣刀直接加工出来，可采用普通铣床将整个型腔直接铣出。如果圆角为直角或 R 无法用铣刀直接加工出来时，可先采用铣削，将型腔大部分加工出来，再使用电火花机床，用电极将4个直角或小 R 加工出来。当然，也可由钳工修配出来，但一般较少采用，而应尽量通过各种加工设备和加工手段来解决，以保证精度。有时考虑到有明显的脱模斜度和底部圆角，直接用数控机床加工成形。

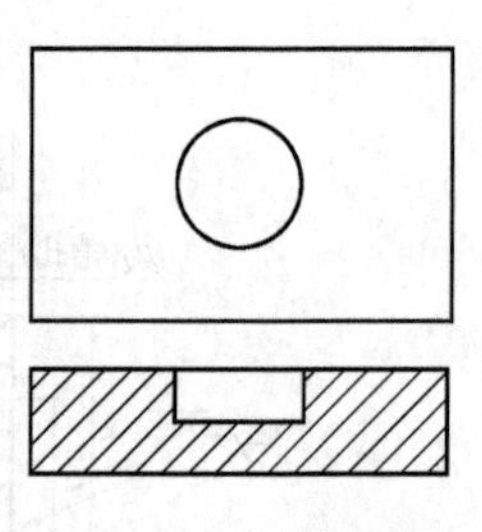

图5-13　圆形型腔

（3）异形复杂形状型腔　当型腔为异形复杂形状时，如图5-15所示，此时一般的铣削无法加工出复杂型面，必须采用数控铣床铣削或加工中心铣削型腔。当采用数控铣床铣削时，由于数控机床加工综合了各种加工功能，所以工艺过程中的某些工序，如钻孔、镗孔等都可由数控机床在一次装夹中一起完成。

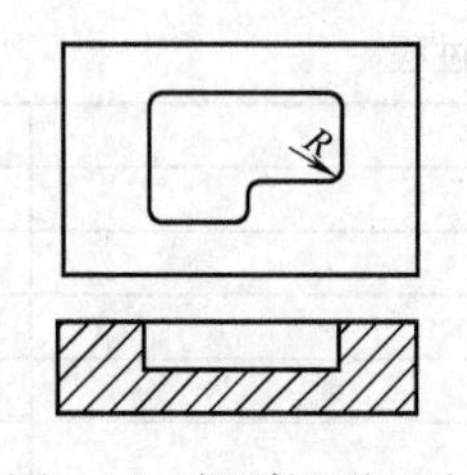

图5-14　规则矩形型腔

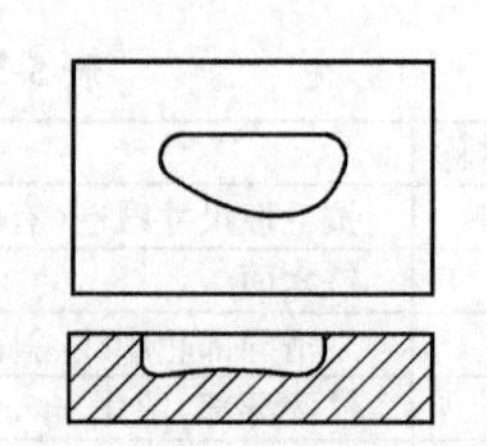

图5-15　异形复杂形状型腔

（4）底部有孔的型腔　当型腔底部有孔时，如图5-16所示，这时要先加工出型腔。如果底部的孔是圆形，可用机床直接加工，或先钻孔，再进行坐标磨削；如果底部的孔是异形，只能先在粗加工阶段钻好预孔，再用线切割机床切割出来；如果是不通孔，且孔径较小，只能用电火花机床进行加工。

（5）有特殊结构的型腔　如图5-17所示，当型腔中有薄的侧槽、窄肋、尖角等数控铣削难以加工的型腔结构时，一般先数控铣削出型腔，再通过电火花机床补充加工出型腔中的特殊结构。

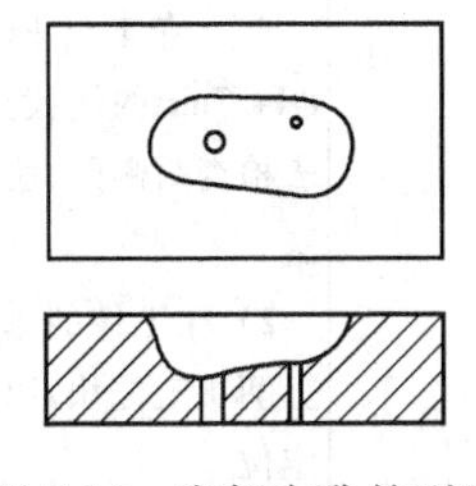

图5-16　底部有孔的型腔

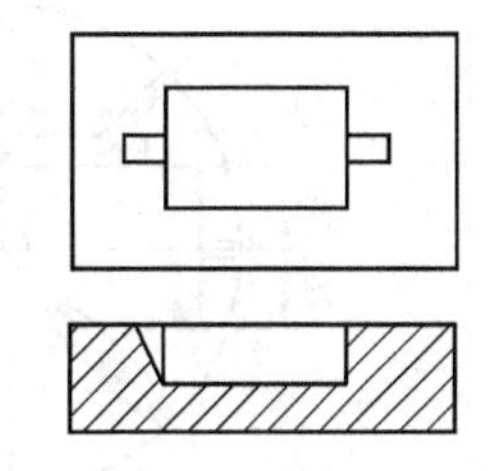

图5-17　有特殊结构的型腔

（6）镶拼型腔　镶拼型腔的镶块可通过铣削、线切割加工、光学曲线磨或其他加工方式完成；镶拼型腔的固定板可用普通铣床、钻床、加工中心、线切割机床等加工。

（7）型腔热处理　由于变形原因和装配修模的需要，塑料成型模的型腔经常用合金钢预硬热处理到30HRC左右，然后作表面硬化处理。当型腔需要淬火时，由于会引起变形，型腔的精加工应放在淬火之后。又因为工件经过热处理后硬度会明显提高，此时应选择磨削、电火花、线切割等精加工手段。

2. 普通车削加工

车削加工是型腔模回转面加工的重要方式之一，主要用于加工回转曲面的型腔或型腔的回转部分，车削加工后工件公差等级可达IT6～IT11，表面粗糙度 Ra 值可达0.8～12.5μm。根据使用的机床不同，主要有普通车削和数控车削。数控车削主要用于精度高或者形状复杂的情况，普通车削在模具加工中仍然使用非常广泛。

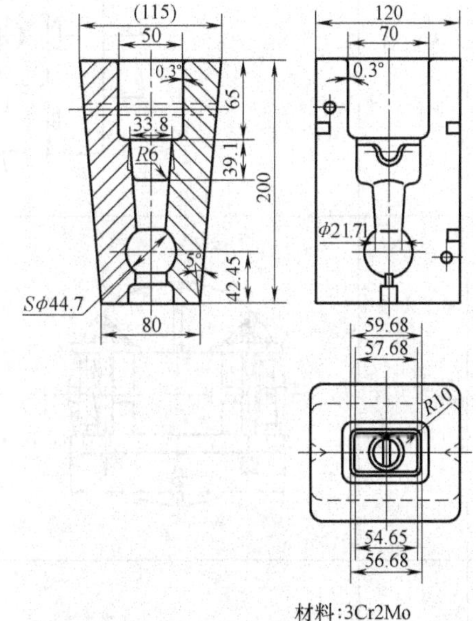

图5-18　对拼式塑压模型腔

图5-18所示是一副对拼式塑压模，材料选用3Cr2Mo预硬钢，预硬硬度为28～35HRC。型腔部分直径为 ϕ44.7mm的球面和小端直径为 ϕ21.71mm的锥面是回转面，可以用车削加工；其余是非回转面，用铣削加工。加工的顺序是：先按模架加工工艺加工好导柱、导套孔和垂直基准侧面，再以底面和垂直侧面为基准加工型腔。为方便型腔加工时定位，5°斜面放在后面加工。单件小批生产该压塑模的机械加工工艺路线是：下料→铣六面→磨上、下面和垂直基准侧面→钳工划线→钻孔→合镗导柱、导套孔→装导柱、导套→合磨基准侧面→钳工在分型面上划线→车型腔→铣型腔→铣5°斜面→修研→检验。

在分型面上以球心为圆心，以 ϕ44.7mm为直径划线，保证 $H_1=H_2$，如图5-19所示。型腔的车削过程见表5-4。

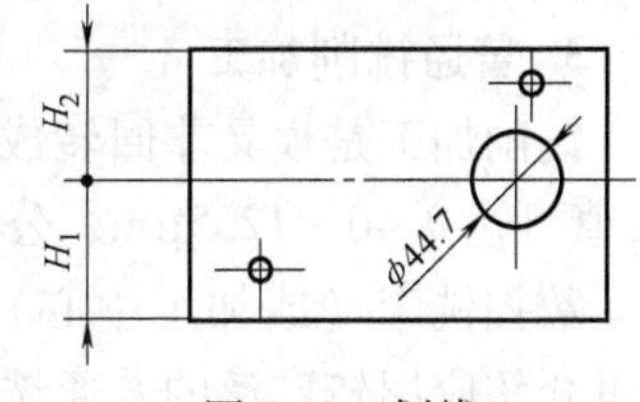

图5-19　划线

表 5-4　对拼式压塑模型腔车削过程

顺序	工艺内容	简图	加工说明
1	装夹	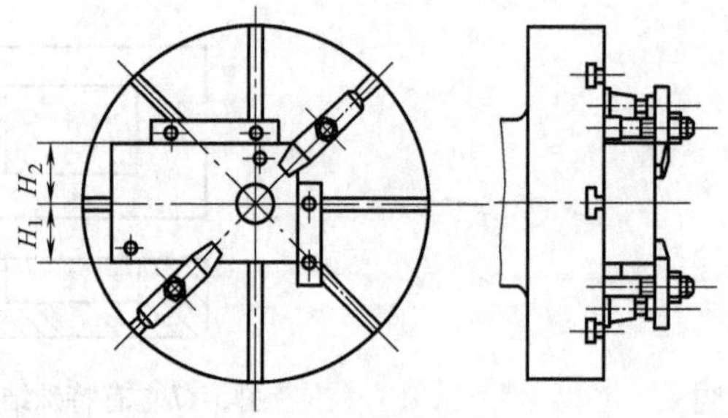 H_2 H_1	1）将工件压在花盘上，按 φ44.7mm的线找正后，再用指示表检查两侧面，使 H_1、H_2 保持一致 2）在工件的垂直基准侧面压上两块定位块，以备车另一件时定位
2	车球面	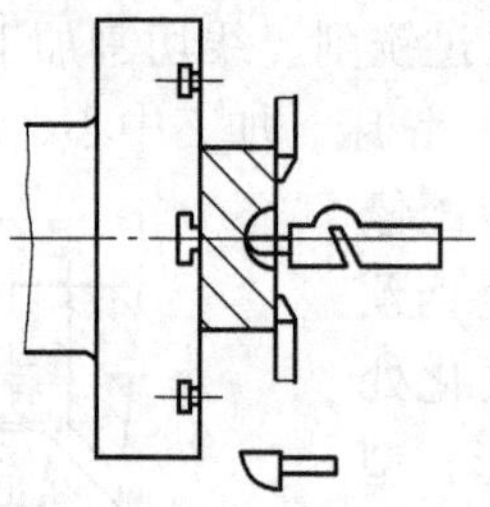	1）粗车球面 2）使用弹簧刀杆和成形车刀精车球面
3	装夹工件	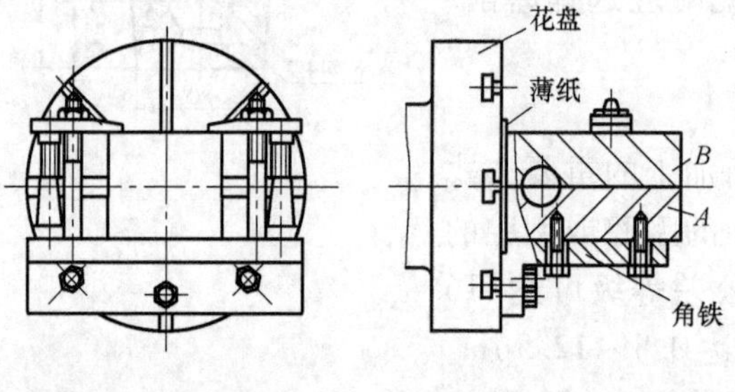 花盘 薄纸 B A 角铁	1）用花盘和角铁装夹工件 2）用指示表按外形找正工件后将工件和角铁压紧（在工件与花盘之间垫一薄纸的作用是便于卸下拼块）
4	车锥孔	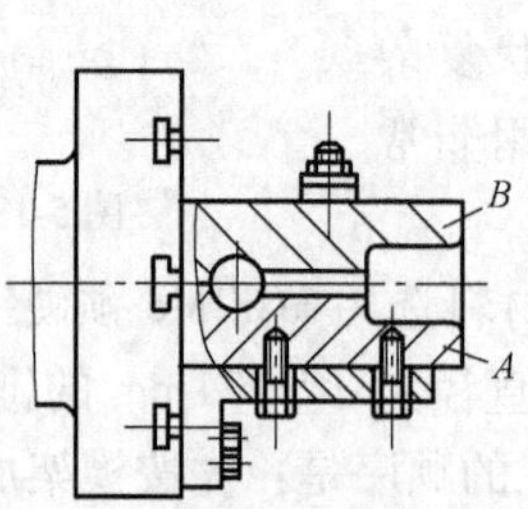 B A	1）钻、镗孔至 φ21.71mm（松开压板，卸下拼块 B，检查尺寸） 2）车削锥度（同样卸下拼块 B，观察及检查）

3. 普通铣削加工

铣削加工是模具非回转成形表面加工的主要加工方法之一。铣削加工后的表面粗糙度 Ra 值可达 0.40 ~ 12.5μm，公差等级可达 IT8 ~ IT10。根据使用的机床不同，主要有普通铣床、数控铣床（或加工中心）和仿形铣床。随着数控铣床的普及，仿形铣床已很少使用，这里介绍应用较广泛的普通铣床，数控铣床和加工中心在后面的章节中详细介绍。

采用普通铣床进行铣削比较简单，主要在万能工具铣床、模具铣床和普通立铣床上进行，适合于加工各种精度不高的非回转曲面型腔和较为规则的型面。

在普通铣床上加工模具时，一般采用手动操作，精度不高，劳动强度大，对工人的操作技能要求较高，钳工的工作量大。

图5-20所示为起重吊环成形模的型腔，其机械加工工艺过程与前面讲的型腔模的加工相似，要求先加工基准，再以统一的基准加工型腔，保证型腔加工后对齐。圆柱型腔ϕ38mm部分的加工可将上、下模合在一起在车床上车削成形；其余型腔部分则在上、下模分别铣削成形。下面介绍用普通立铣床铣型腔的工艺过程。

根据该模具的特点，对型腔的各个半圆形圆弧槽和直圆弧槽都使用ϕ28mm的球头铣刀进行铣削。

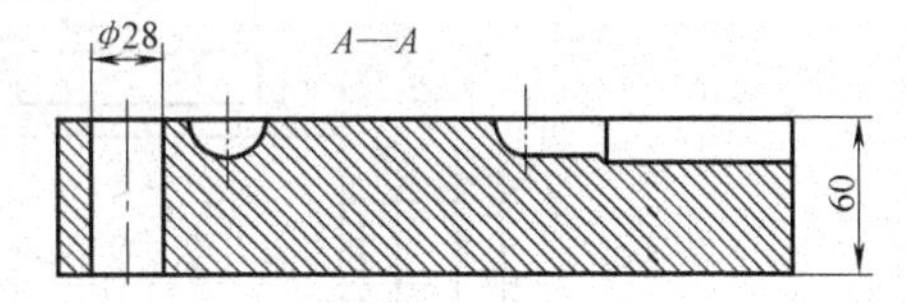

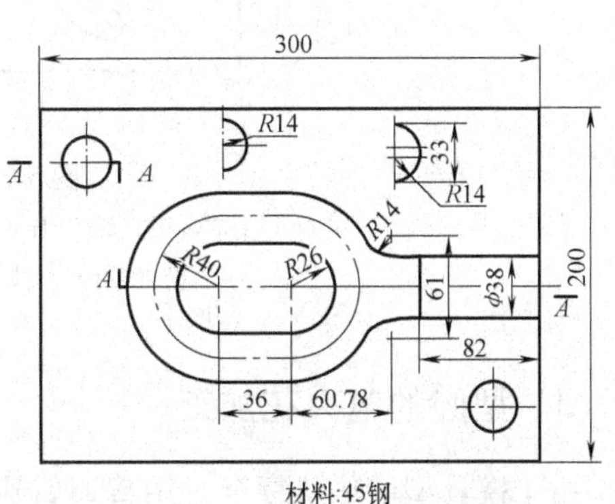

材料:45钢

热处理: 调质硬度为24~28HRC

图5-20　起重吊环成形模型腔

（1）有关计算　铣削前根据需要首先进行以下计算：

1）计算R14mm圆心到中心线的距离30.5mm。

2）计算两R14mm圆心的距离61mm。

3）R14mm到R26mm中心的水平距离60.78mm。

4）两R40mm圆心的距离36mm。

（2）工件的装夹　将可倾工作台安装在立铣床工作台上，使可倾工作台的回转中心与铣床主轴中心重合。将半加工好的模坯安装在可倾工作台上，按画线找正并使R14mm的圆弧中心和可倾工作台的中心重合。用两定位块1和2靠在工件两个互相垂直的基面上，并在侧面垫入尺寸为61mm的量块。分别将定位块和工件压紧固定，如图5-21a所示。

（3）铣削过程

1）移动铣床工作台使铣刀和型腔圆弧槽对正，转动工作台进行铣削。首先加工出一个R14mm的圆弧槽，如图5-21a所示。

2）松开工件，在定位块1和工件之间取走尺寸为61mm的量块，使另一个R14mm圆弧槽的中心与工作台中心重合。压紧工件并铣削出另一个圆弧槽，如图5-21b所示。圆弧槽加工结束后，移动铣床工作台，使铣刀中心找正型腔中心线，利用铣床工作台进给铣削两凸圆弧槽中间衔接部分，保证连接平滑。

3）松开工件，在定位块1、2和基准面之间分别垫入尺寸为30.5mm和60.78mm的量块，使R40mm圆弧中心与回转工作台中心重合。移动工作台使铣刀和型腔圆弧槽对正，进行铣削加工达到要求，如图5-21c所示。

4）松开工件，在定位块2和基准面之间再垫入尺寸为96.78mm的量块，使工件另一个R40mm圆弧槽中心与回转工作台中心重合。压紧工件，铣削圆弧槽达到要求的尺寸，如图5-21d所示。

5）铣削直线圆弧槽，移动铣床工作台铣削型腔直线部分，保证直线部分的圆弧槽和圆弧部分的圆弧槽衔接平滑。

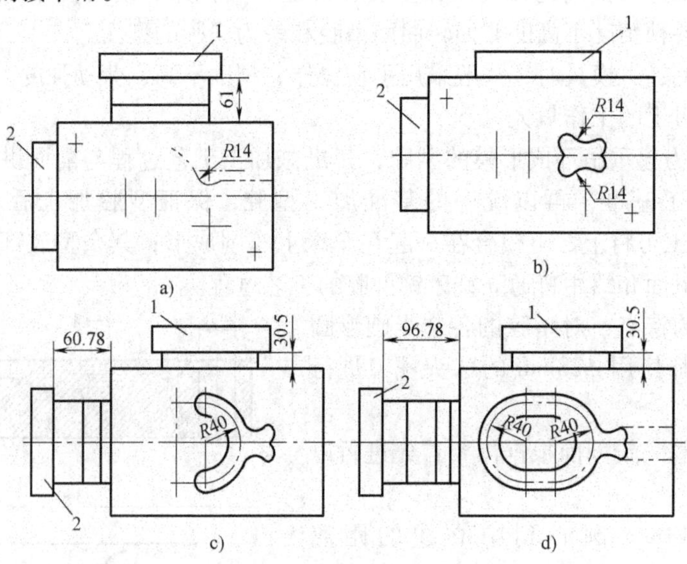

图 5-21　型腔铣削过程

a）工件装夹，铣 R14mm 圆弧槽　b）铣第二个 R14mm 圆弧槽

c）铣 R40mm 圆弧槽　d）铣第二个 R40mm 圆弧槽

5.2.3　型腔的电火花加工

由于模具型腔形状复杂，用普通铣床铣削再由钳工修整的加工工艺精度和生产率都很低。特别是淬火硬度高的模具型腔，数控机床加工也困难。所以，电火花成形加工在型腔模加工中得到广泛应用。

用电火花加工方法进行型腔加工比加工凹模型孔困难得多。型腔加工属于不通孔加工，金属蚀除量大，工作液循环困难，电蚀产物排除条件差，电极损耗不能用增加电极长度和进给来补偿；加工面积大，加工过程中要求电规准的调节范围也较大；型腔复杂，电极损耗不均匀，影响加工精度。因此，型腔加工要从设备、电源、工艺等方面采取措施来减小或补偿电极损耗，以提高加工精度和生产率。

与普通机械加工相比，电火花加工的型腔加工质量好，表面粗糙度值小，减少了切削加工和工人劳动。由于电火花加工不受工件材料硬度的限制，所以它是淬火型腔模加工的主要手段。

1. 电火花加工型腔的工艺方法

（1）单电极加工法　单电极加工法是指用一个电极加工出所需型腔。主要用于下列几种情况：

1）直接用一个电极在未粗加工的模板上加工型腔。这种情况用于加工形状简单、去除材料少、精度要求不高的型腔。

2）用于加工经过半精加工过的型腔。为了提高电火花加工效率，型腔在用于电加工之前采用切削加工方法进行预加工，并留适当的电火花加工余量；在型腔淬火后用一个电极进行精加工，达到型腔的精度要求。在能保证加工成形的条件下，电加工余量越小越好。电加工余量应尽量均匀，否则将使电极损耗不均匀，影响成形精度。

3）用平动法加工型腔。对有平动功能的电火花机床，在型腔不预加工的情况下也可用一个电极加工出所需型腔。在加工过程中，先采用低损耗、高生产率的电规准对型腔进行粗加工，然后起动平动头带动电极（或数控坐标工作台带动工件）作平面圆周运动，如图 5-22 所示。同时按粗、中、精的加工顺序逐级转换电规准，与此同时，依次加大电极的平动量，以补偿前后两个加工规准之间型腔侧面放电间隙差和表面粗糙度值差，实现型腔侧面仿形修光，完成整个型腔模的加工。

单电极平动法的最大优点是只需一个电极，一次装夹定位便可达到 ±0.05mm 的加工精度，并方便了排除电蚀产物。它的缺点是难以获得高精度的型腔模，特别是难以加工出清棱、清角的型腔。因为平动时，电极上的每一个点都按平动头的偏心半径作圆周运动，清角半径由偏心半径决定。此外，电极在粗加工中容易引起不平的表面龟裂状的积炭层，影响型腔表面粗糙度。为弥补这一缺点，可采用精度较高的重复定位夹具，将粗加工后的电极取下，经均匀修光后，再重复定位装夹，用平动头完成型腔的终加工，可消除上述缺陷。

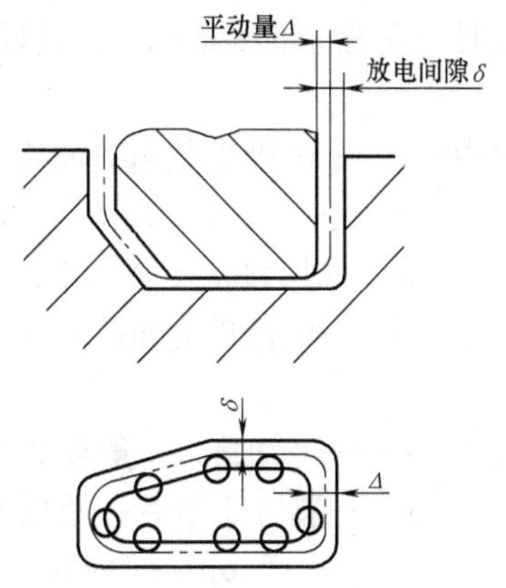

图 5-22　平动头扩大间隙原理图

（2）多电极加工法　多电极加工法是用多个电极，依次更换加工同一个型腔，如图 5-23 所示。每个电极都要对型腔的整个被加工表面进行加工，但电规准各不相同。所以设计电极时必须根据各电极所用电规准的放电间隙来确定电极尺寸。每更换一个电极进行加工，都必须把被加工表面上，由前一个电极加工所产生的电蚀痕迹完全去除。

用多电极加工法加工的型腔精度高，尤其适用于加工尖角、窄缝多的型腔。其缺点是需要制造多个电极，并且对电极的制造精度要求很高，更换电极需要保证高的定位精度。因此，这种方法一般只用于精密型腔加工。

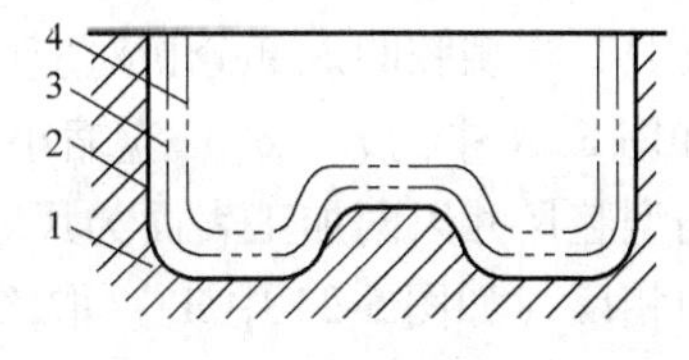

图 5-23　多电极加工示意图
1—模块　2—精加工后的型腔　3—中加工后的型腔　4—粗加工后的型腔

（3）分解电极法　分解电极法是根据型腔的几何形状，把电极分解成主型腔电极和副型腔电极分别制造。先用主型腔电极加工型腔主要部分，再用副型腔电极加工出尖角、窄缝型腔等部位。此法能根据主、副型腔的不同加工条件，选择不同的电规准，有利于提高加工速度和加工质量，使电极容易制造和整修。但主、副型腔电极的安装精度高。

2. 型腔加工电极的设计

（1）电极材料的选用　常用电极材料使电极易于制造和修整，主要是石墨和纯铜。纯铜组织致密，适用于形状复杂、轮廓清晰、精度要求较高的塑料成型模、压铸模等，但机械加工性能差，难以成形磨削。由于密度大、价贵，不宜作大、中型电极。石墨电极容易成形，密度小，所以宜作大、中型电极。但其机械强度较差，在采用宽脉冲大电流加工时，容易起弧烧伤。铜钨合金和银钨合金是较理想的电极材料，但价格贵，只用于特殊型腔加工。

（2）电极结构　整体式电极适用于尺寸大小和复杂程度一般的型腔。镶拼式电极适用于型腔尺寸较大、单块电极坯料尺寸不够或电极形状复杂，将其分块才易于制造的情况。组合式电极适于一模多腔时采用，以提高加工速度，简化各型腔之间的定位工序，易于保证型腔的位置精度。

(3) 电极尺寸的确定　加工型腔的电极，其尺寸大小与型腔的加工方法、加工时的放电间隙、电极损耗及是否采用平动等因素有关。电极设计时需确定的电极尺寸如下：

1) 电极的横截面尺寸的确定。当型腔经过预加工，采用单电极进行电火花精加工时，电极的横截面尺寸确定与穿孔加工相同，只要考虑放电间隙即可。当型腔采用单电极平动加工时，需考虑的因素较多，其计算公式为

$$a = A \pm Kb \tag{5-1}$$

式中　a——电极横截面的公称尺寸（mm）；

A——型腔的公称尺寸（mm）；

K——与型腔尺寸标注有关的系数；

b——电极单边缩放量（mm）。

$$b = e + \delta_j - \gamma_j \tag{5-2}$$

式中　e——平动量，一般取 0.5 ~ 0.6mm；

δ_j——精加工最后一挡规准的单边放电间隙，最后一挡规准通常指表面粗糙度 Ra 值小于 0.8μm 时的 δ_j 值，一般为 0.02 ~ 0.03mm；

γ_j——精加工（平动）时电极侧面损耗（单边），一般不超过 0.1mm，通常忽略不计。

式 (5-1) 中的“±”及 K 值按下列原则确定：如图 5-24 所示，与型腔凸出部分相对应的电极凹入部分的尺寸（如图 5-24 中的 r_2、a_2）应放大，即用“+”号；反之，与型腔凹入部分相对应的电极凸出部分的尺寸（如图 5-24 中的 r_1、a_1）应缩小，即用“-”号。

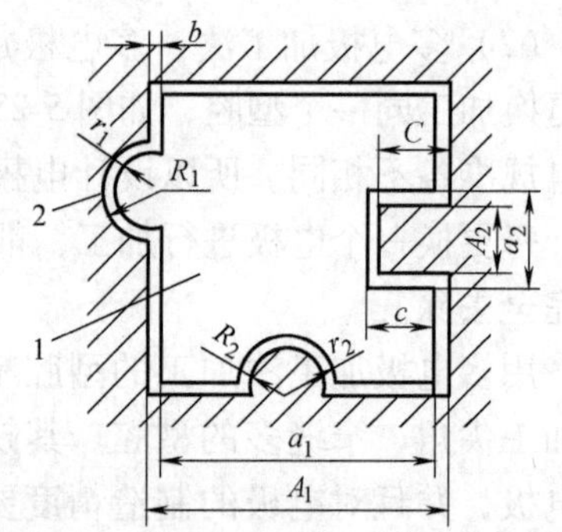

图 5-24　电极水平截面尺寸缩放示意图
1—电极　2—型腔

当型腔尺寸以两加工表面为尺寸界线标注时，若蚀除方向相反（如图 5-24 中 A_1）取 $K=2$；若蚀除方向相同（如图 5-24 中尺寸 C），取 $K=0$。当型腔尺寸以中心线或非加工面为基准标注（如图 5-24 中尺寸 R_1、R_2）时，取 $K=1$；凡与型腔中心线之间的位置尺寸及角度尺寸相对应的电极尺寸不缩不放，取 $K=0$。

2) 电极垂直方向尺寸的确定。电极垂直方向即电极在平行于主轴轴线方向上的尺寸，如图 5-25 所示。可按下式计算，即

$$h = h_1 + h_2 \tag{5-3}$$

$$h_1 = H_1 + C_1H_1 + C_2S - \delta_j \tag{5-4}$$

式中　h——电极垂直方向的总高度（mm）；

h_1——电极垂直方向的有效工作尺寸（mm）；

H_1——型腔垂直方向的尺寸（型腔深度）（mm）；

C_1——粗规准加工时，电极端面相对损耗率，其值小于 1%，C_1H_1 只适用于未预加工的型腔；

C_2——中、精规准加工时电极端面相对损耗率，其值一般为20%～25%；

S——中、精规准加工时端面总的进给量（mm），一般为0.4～0.5mm；

δ_j——最后一挡精规准加工时端面的放电间隙（mm），一般为0.02～0.03mm，可忽略不计；

h_2——考虑加工结束时，为避免电极固定板和模块相碰、同一电极能多次使用等因素而增加的高度（mm），一般取5～20mm。

（4）排气孔和冲油孔　由于型腔加工的排气、排屑条件比穿孔加工困难，为防止排气、排屑不畅，影响加工速度、加工稳定性和加工质量，设计电极时应在电极上设置适当的排气孔和冲油孔。一般情况下，冲油孔要设计在难于排屑的拐角、窄缝等处，如图5-26所示。排气孔要设计在蚀除面积较大的位置（图5-27）和电极端部有凹入的位置。

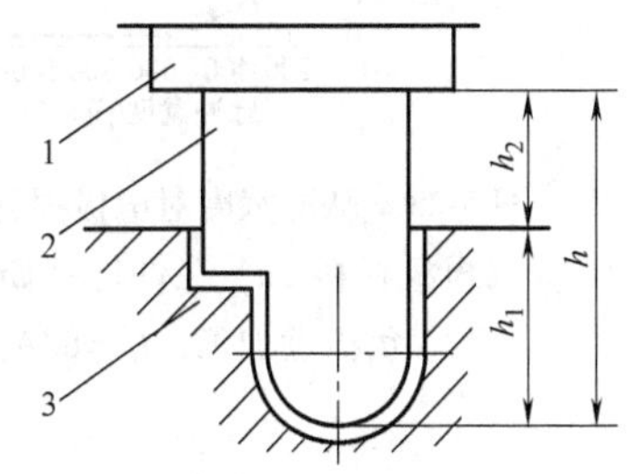

图5-25　电极垂直方向尺寸
1—电极固定板　2—电极　3—工件

冲油孔和排气孔的直径应小于平动偏心量的2倍，一般为1～2mm。过大则会在电蚀表面形成凸起，不易清除。各孔间的距离为20～40mm，以不产生气体和电蚀产物的积存为原则。

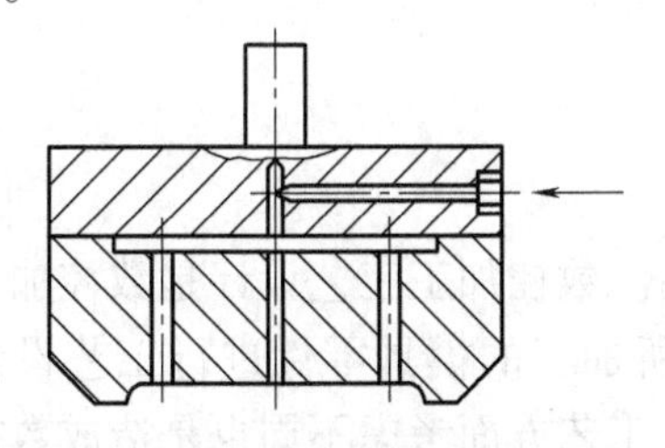
图5-26　设强迫冲油孔的电极

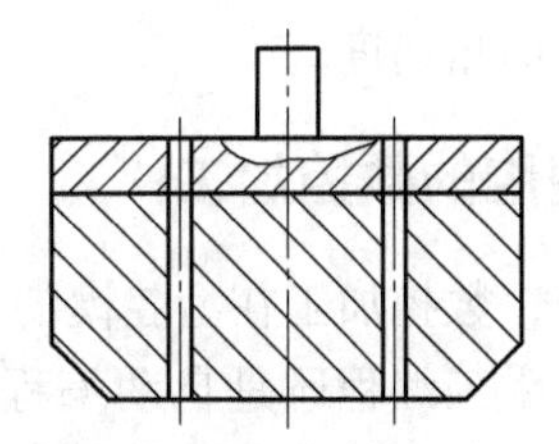
图5-27　设排气孔的电极

3. 型腔加工电规准的选择与转换

（1）电规准的选择　正确选择和转换电规准，实现低损耗、高生产率加工，有利于保证型腔的加工精度。用晶体管脉冲电源加工时，脉冲宽度与电极损耗的关系曲线如图5-28所示。对一定的电流峰值，随着脉冲宽度减小，电极损耗增大。脉冲宽度越小，电极损耗上升趋势越明显。当$t_i>500\mu s$时，电极损耗可以小于1%。

电流峰值和生产率的关系如图5-29所示。增大电流峰值使生产率提高，提高的幅度与脉冲宽度有关。但是，电流峰值增加会加快电极的损耗，据有关实验资料表明，电极材料不同，电极损耗随电流峰值变化的规律也不同，而且和脉冲宽度有关。因此，在选择电规准时应综合考虑这些因素的影响。

1）粗规准。要求粗规准以高的蚀除速度加工出型腔的基本轮廓，电极损耗要小。为此，一般选用宽脉冲（$t_i>500\mu s$），大的峰值电流，用负极性进行粗加工。

2）中规准。中规准的作用是减小被加工表面的粗糙度值（一般中规准加工时表面粗糙度Ra值为6.3～3.2μm），为精加工作准备。要求在保持一定加工速度的条件下，电极损耗尽可能小。采用脉冲宽度$t_i=20\sim400\mu s$，用比粗加工小的峰值电流进行加工。

3）精规准。精规准用来使型腔达到加工的最终要求，所去除的余量一般不超过

0.2mm。因此，常采用窄的脉冲宽度（$t_i < 20\mu s$）和小的峰值电流进行加工。

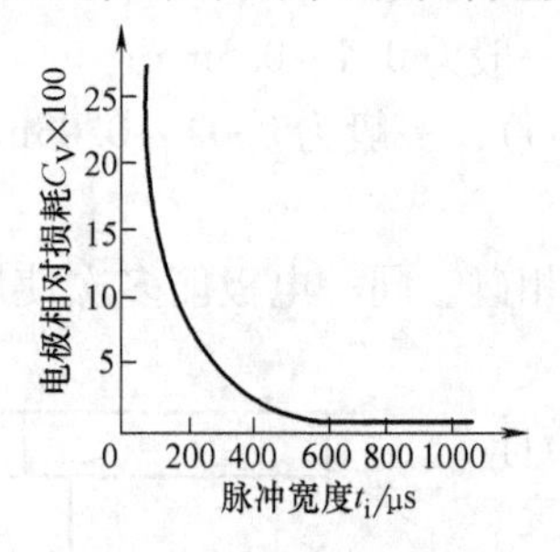

图 5-28　脉冲宽度对电极损耗的影响（电极材料 Cu，工件材料 CrWMn，负极性加工，$I_e = 80A$）

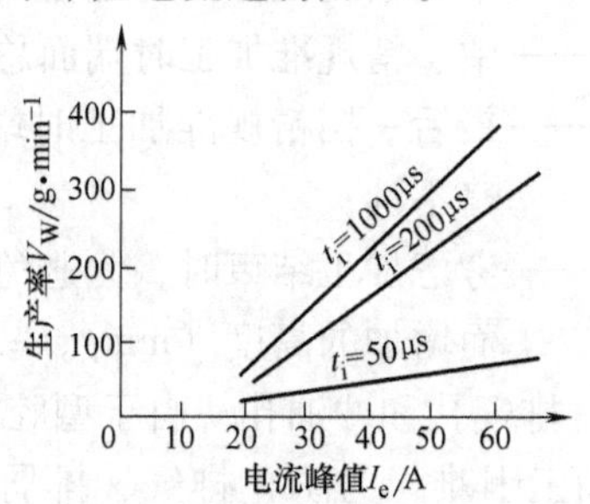

图 5-29　脉冲电流峰值对生产率的影响（电极材料 Cu，工件材料 CrWMn，负极性加工）

（2）电规准的转换　电规准转换的挡数，应根据加工对象确定。加工尺寸小、形状简单的浅型腔，电规准转换挡数可少些；加工尺寸大、深度大、形状复杂的型腔，电规准转换挡数应多些。开始加工时，应选粗规准参数进行加工，当型腔轮廓接近加工深度（大约留1mm 的余量）时，减小电规准，依次转换成中、精规准各挡参数加工，直至达到所需的尺寸精度和表面粗糙度。

5.2.4　型腔的数控加工

近年来，数控加工在型腔模的加工中得到广泛应用。数控加工工艺设计是数控加工的关键，无论是手工编程还是自动编程，在编程前都要对所加工的模具零件进行工艺设计。因此，合理的工艺设计方案是编制数控加工程序的依据，工艺方面考虑不周也是造成数控加工不合格的主要原因之一。编程前必须先做好工艺设计，然后再考虑编程。下面介绍在模具加工中应用较多的数控车削、数控铣削和加工中心加工的工艺设计。

1. 模具数控车削加工工艺的制订

数控车削是数控加工中应用较广泛的加工方法。由于数控车床具有加工精度高、能作直线、圆弧插补以及在加工过程中能自动变速的特点，因此，其工艺范围比普通机床宽得多，最适合加工精度高的回转体零件、表面粗糙度值小的回转体零件、轮廓形状复杂的回转体零件、有特殊螺纹的回转体零件等。

制订数控车削工艺在遵循一般工艺原则的基础上结合数控车削的特点来进行。其主要内容有分析零件图样、确定安装方式、确定各表面的加工顺序和进给路线，以及选择刀具、夹具和切削用量等。

（1）零件图工艺性分析

1）零件的结构工艺性分析。零件的结构工艺性是指零件的结构对加工方法的适应性，即零件的结构应便于加工成形。在数控车床上加工零件，应根据数控车削的特点，认真审查零件结构的合理性，分析方法参考教学单元 1 有关内容。

2）轮廓几何要素分析。在手工编程时，要计算每个基点坐标，在自动编程时，要对构成轮廓的所有几何元素进行定义，因此在分析零件图时，要分析几何元素的给定条件是否充分。图 5-30a 所示的圆弧与斜线的关系要求相切，计算后却为相交关系，而并非相切。又如

图5-30b所示，图样上给出的几何条件自相矛盾，给出的各段长度不等于其总长。

3）技术要求分析。技术要求分析的主要内容包括技术要求是否齐全、合理；数控车削加工精度是否达到图样要求，如果需采取其他措施（如磨削）弥补，应给后续工序留有余量；位置精度要求高的表面应在一次安装的条件下加工出来；表面粗糙度要求较高的表面应采用恒线速切削。

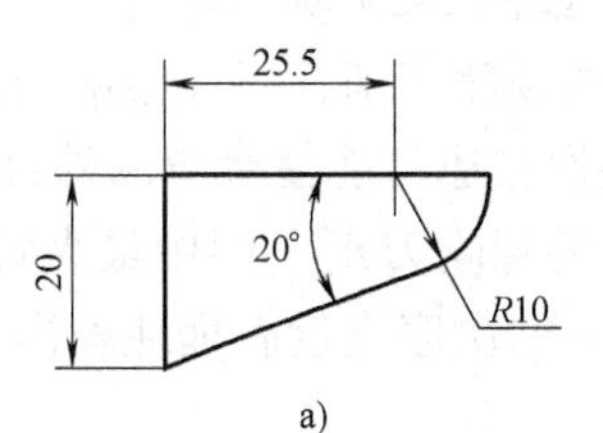

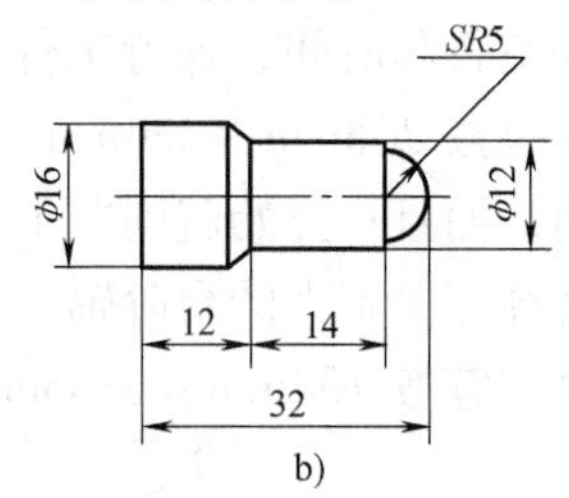

图5-30　几何要素缺陷示例

（2）工序和装夹方式的确定　在数控车床上加工零件，应按工序集中的原则划分工序，在一次安装中尽可能完成大部分甚至全部表面的加工。根据零件结构形状的不同，在批量生产中，常采用下列方法划分工序。

1）按零件加工表面划分。将位置精度要求较高的表面安排在一次安装中完成，以免多次安装影响位置精度。

2）按粗、精加工划分。对余量较大和加工精度要求较高的零件，应将粗车和精车划分成两道或更多的工序。将粗车安排在精度较低、功率较大的数控车床上或普通机床上加工；将精车安排在精度较高的数控车床上加工。

以下是工序划分及安装方式选择实例。

如图5-31a所示，零件加工所用坯料为ϕ32棒料，批量生产，加工时用两台数控车床。工序的划分及安装方式如下。

第一道工序（按图5-31b所示将一批工件全部车出，包括切断），夹棒料外圆柱面，先车出ϕ12mm和ϕ20mm两圆柱面及圆锥面（粗车掉R42mm圆弧的部分余量），换刀后按总长要求留加工余量切断。

第二道工序（图5-31c），用ϕ12mm外圆及ϕ20mm端面定位，先车削包络SR7mm球面的30°圆锥面，然后对全部圆弧表面半精车（留少量的精车余量），最后换精车刀将全部圆弧表面一刀精车成形。

（3）加工（工步）顺序的确定　在对零件进行了工艺性分析和确定了工序、安装方式之后，应在普通车削基础上结合数控车削特点制订零件加工的顺序。

1）先粗后精。按照粗车→半精车→精车的顺序进行。如图5-32所示零件，应先粗后精逐步提高加工精度。粗车时，在尽量短的时间内将工件表面上的大部分余量（图中的双点画线部分）切除，同时保证精车的余量均匀性要求。若粗车后所留余量的均匀性满足不了精加工的要求，应安排半精车工序，为精车作准备。

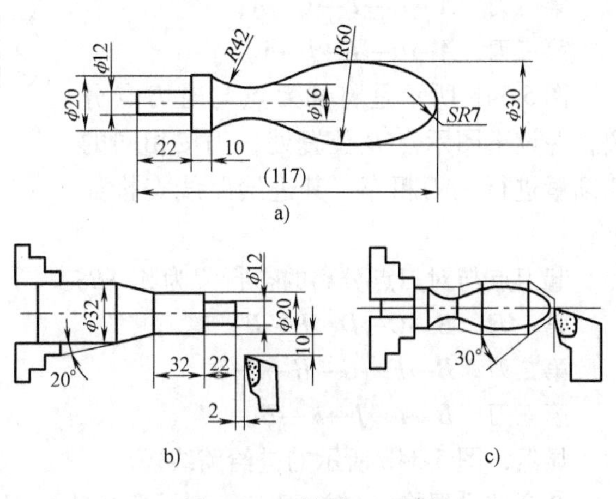

图5-31　手柄加工示例

2）先近后远。在一般情况下，离对刀点远的部位后加工，以便缩短刀具移动距离，减少空行程时间，保持工件的刚性。如图 5-33 所示零件，应注意加工顺序的先近后远原则。如果按 ϕ38mm→ϕ36mm→ϕ34mm 的顺序车削，不仅会增加刀具返回对刀点所需的空行程时间，而且一开始就削弱了工件的刚性，还可能使台阶的外直角处产生毛刺（飞边）。对这类直径相差不大的台阶轴，当第一刀的背吃刀量（图中最大背吃刀量可为 3mm 左右）未超限时，宜按 ϕ34mm→ϕ36mm→ϕ38mm 的次序先近后远地安排车削。

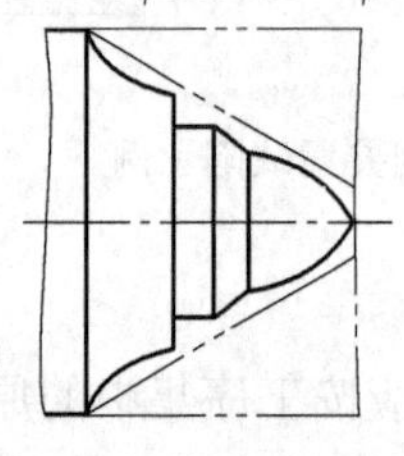

图 5-32　先粗后精

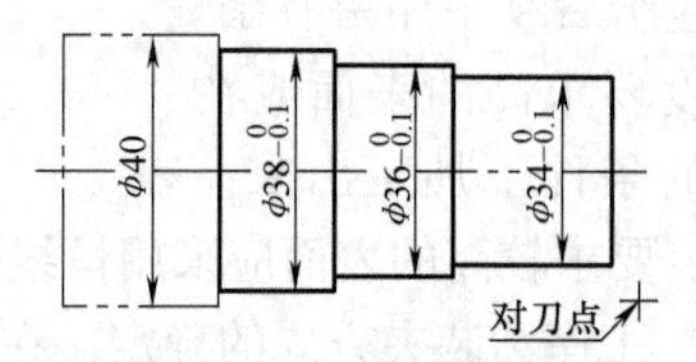

图 5-33　先近后远

3）内外交叉。一般对内、外表面都要加工的零件，应先进行内、外表面的粗加工，再进行内、外表面的精加工。

（4）进给路线的确定　进给路线的确定，主要在于确定粗加工及空行程的进给路线，因为精加工的进给路线基本上是沿零件轮廓顺序进行的。

进给路线泛指刀具从对刀点（或机床固定原点）开始运动起，直至返回该点并结束加工程序所经过的路径，包括切削加工的路径及刀具切入、切出等非切削空行程。

确定进给路线时，在保证加工质量的前提下，应使加工程序具有最短的进给路线。设计方法有以下几种。

1）最短的空行程路线

①合理利用起刀点。图 5-34a 所示为采用矩形循环方式进行粗车的一般情况。考虑到精车等加工过程中需方便地换刀，对刀点 A 设置在离坯件较远的位置，同时将起刀点与对刀点重合在一起，按三刀粗车的进给路线安排如下：

第一刀　$A \to B \to C \to D \to A$；

第二刀　$A \to E \to F \to G \to A$；

第三刀　$A \to H \to I \to J \to A$。

图 5-34b 所示是将起刀点与对刀点分离，并设于图示点 B 位置处，仍按相同的切削量进行三刀粗车，其进给路线安排如下：

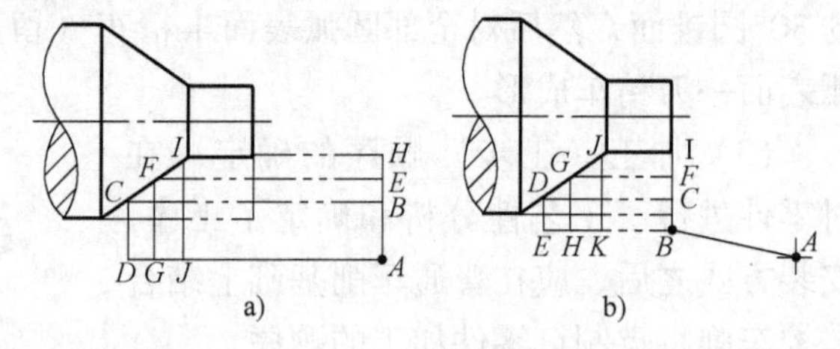

图 5-34　合理利用起刀点

起刀点与对刀点分离的空行程为 $A \to B$；

第一刀　$B \to C \to D \to E \to B$；

第二刀　$B \to F \to G \to H \to B$；

第三刀　$B \to I \to J \to K \to B$。

显然，图 5-34b 所示的进给路线短。

②合理设置换（转）刀点。为了换（转）刀的方便和安全，有时将换（转）刀点也设置在离坯件较远的位置处（如图 5-34a 中的点 A），那么，当换第二把刀后，进行精车时的

空行程路线必然也较长；如果将第二把刀的换刀点也设置在图5-34b中的点B位置上，则可缩短空行程距离。

③合理安排“回零”路线。手工编程时，“回零”（即返回对刀点）指令使用次数多了，会增加进给路线的距离，从而大大降低生产效率。因此，在合理安排“回零”路线时，应使其前一刀终点与后一刀起点间的距离尽量减短，或者为零，即可满足进给路线为最短的要求。

2）最短的切削进给路线。切削进给路线最短，可有效地提高生产效率，降低刀具、机床等的损耗。在安排粗加工或半精加工的切削进给路线时，应同时兼顾到被加工零件的刚性及工艺性等要求，不要顾此失彼。

图5-35所示为粗车图5-32所示零件时几种不同切削进给路线的安排示意图。其中图5-35a为利用数控系统具有的封闭式复合循环功能控制车刀沿着工件轮廓进行进给的路线；图5-35b为利用其程序循环功能安排的“三角形”进给路线；图5-35c为利用其矩形循环功能而安排的“矩形”进给路线。

对以上三种切削进给路线，经分析和判断后可知，矩形循环进给路线的进给长度总和最短。因此，在同等条件下，其切削所需时间（不含空行程）最短，刀具的损耗最少。

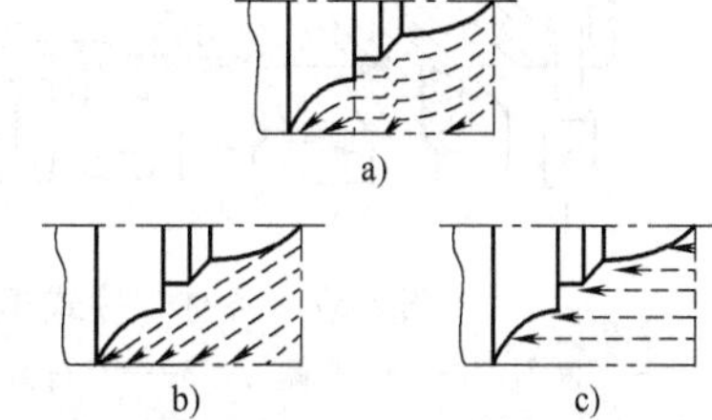

图5-35　粗车进给路线举例

3）完工轮廓的连续切削进给路线。在安排可以一刀或多刀进行的精加工工序时，零件的完工轮廓应由最后一刀连续加工而成，这时，加工刀具的进、退刀位置要考虑妥当，尽量不要在连续的轮廓中安排切入和切出或换刀及停顿，以免因切削力突然变化而造成弹性变形，致使光滑连接轮廓上产生表面划伤、形状突变和刀痕等缺陷。

（5）夹具的选择　为了充分发挥数控机床的高速度、高精度和自动化的效能，还应有相应的数控夹具配合。数控车床夹具除了使用通用自定心卡盘、单动卡盘，大批量生产中使用便于自动控制的液压、电动及气动夹具外，数控车床加工中还有多种相应的夹具，主要分为两大类，即用于轴类工件的夹具和用于盘类工件的夹具。

1）用于轴类工件的夹具。数控车床加工轴类工件时，坯件装卡在主轴顶尖和尾座顶尖之间，工件由主轴上的拨盘或拨齿顶尖带动旋转。这类夹具在粗车时可以传递足够大的转矩，以适应主轴的高速旋转车削。

用于轴类工件的夹具有自动夹紧拨动卡盘、拨齿顶尖、三爪拨动卡盘和快速可调万能卡盘等。图5-36所示为加工实心轴所用的拨齿顶尖夹具。

车削空心轴时，常用圆柱心轴、圆锥心轴或各种锥套轴或堵头等定位装置。

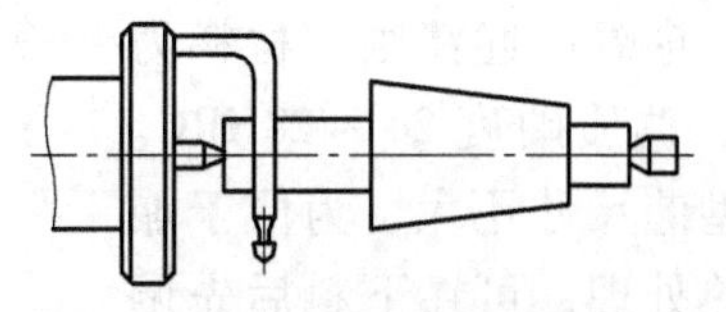
图5-36　加工实心轴所用的拨齿顶尖夹具

2）用于盘类工件的夹具。这类夹具适用在无尾座的卡盘式数控车床上。用于盘类工件的夹具主要有可调卡爪式卡盘和快速可调卡盘。

（6）刀具的选择　刀具的选择是数控加工工艺设计中的重要内容之一。与传统的车削方法相比，数控车削对刀具的要求更高。不仅要求精度高、刚度好、寿命长，而且要求尺寸稳定、安装调整方便。这就要求采用新型优质材料制造数控加工刀具，并优选刀具参数。

由于工件材料、生产批量、加工精度以及机床类型、工艺方案的不同，车刀的种类也异常繁多。根据与刀体的连接固定方式的不同，车刀主要可分为焊接式与机械夹固式两大类。

1）焊接式车刀。将硬质合金刀片用焊接的方法固定在刀体上称为焊接式车刀。这种车刀的优点是结构简单，制造方便，刚性较好。缺点是由于存在焊接应力，使刀具材料的使用性能受到影响，甚至出现裂纹。另外，刀杆不能重复使用，硬质合金刀片不能充分回收利用，造成刀具材料的浪费。

根据工件加工表面及刀具用途不同，焊接式车刀又可分为切断刀、外圆车刀、端面车刀、内孔车刀、螺纹车刀及成形车刀等，如图 5-37 所示。

2）机械夹固式可转位车刀。如图 5-38 所示，机械夹固式可转位车刀由刀杆 1、刀片 2、刀垫 3 及夹紧元件 4 组成。刀片每边都有切削刃，当某切削刃磨损钝化后，只需松开夹紧元件，将刀片转一个位置便可继续使用。

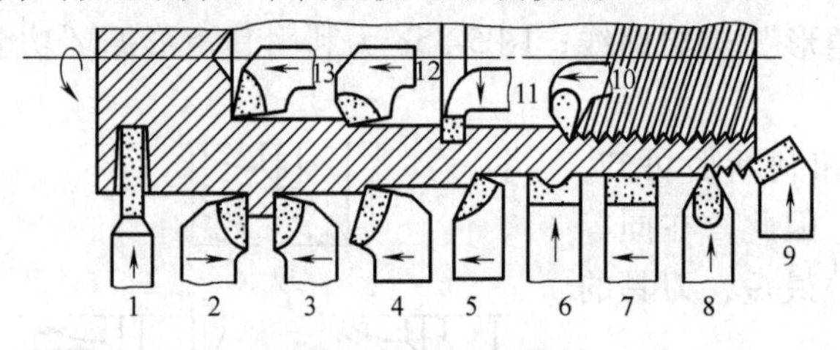

图 5-37　各种焊接式车刀

1—切断刀　2—90°左偏刀　3—90°右偏刀　4—弯头车刀　5—直头车刀　6—成形车刀　7—宽刃精车刀　8—外螺纹车刀　9—端面车刀　10—内螺纹车刀　11—内槽车刀　12—通孔车刀　13—不通孔车刀

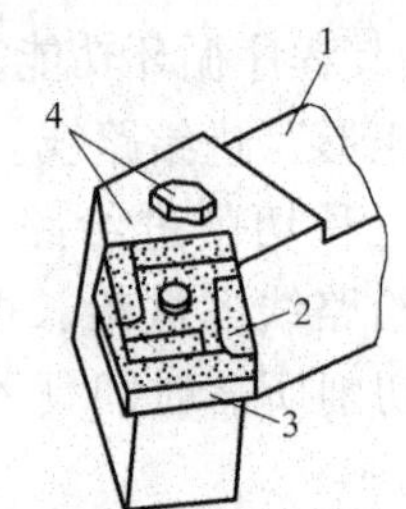

图 5-38　机械夹固式可转位车刀

1—刀杆　2—刀片　3—刀垫　4—夹紧元件

为了减少换刀时间和方便对刀，便于实现机械加工的标准化，数控车削加工时应尽量采用机械夹固式可转位车刀。

（7）模具数控车削工艺制订的实例　如图 5-39 所示为圆形塑料模型芯，编制数控加工工艺。

1）零件机械加工工艺过程分析。该零件表面由圆柱、圆锥等表面组成，零件尺寸标注完整，轮廓描述清晰。材料为 45 钢，调质硬度 24 ~ 28HRC。因该型芯尺寸不大，为便于加工和热处理，可在下料后先调质再粗车，最后在数控车床上完成精车。为了便于加工和装夹，在坯件右端应加长 9mm 用作钻中心孔。该型芯的机械加

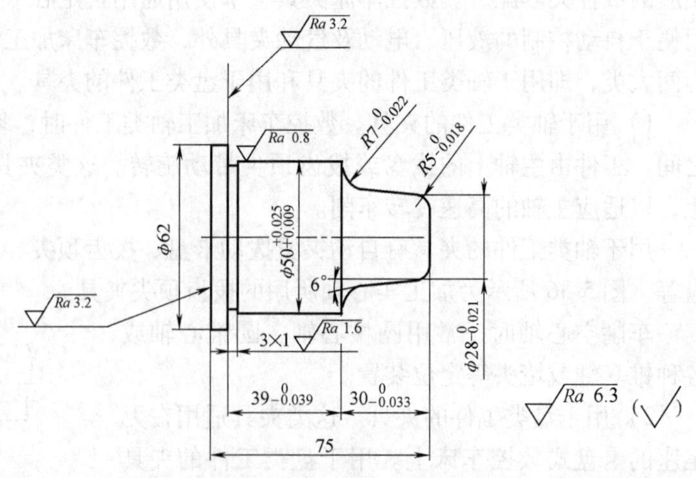

图 5-39　塑料模型芯

工工艺过程为：下料→调质→粗车并钻 B2.5 中心孔→数控车→抛光工作表面→线切割去夹位→钳工修光端面→检验。为便于去夹位，粗车时可把夹位的直径车削成 ϕ16mm。图 5-40 所示是粗车后的工序尺寸。

2）数控车削工艺分析。数控车削采用机床 C2-360K，转速范围为 35 ~ 2100r/min。

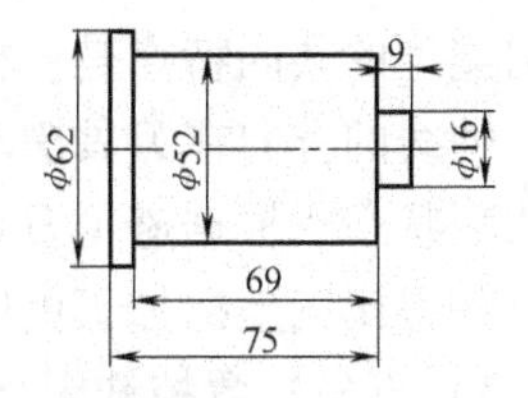

图 5-40　粗车后的工序尺寸

①工件的装夹。为保证零件精度，采用左端自定心卡盘定心夹紧，右端用活顶尖支承装夹的方式。一次装夹在数控车床上，分半精车和精车两个步骤完成型芯的车削加工。

②确定数控加工顺序及进给路线。该零件的数控车削加工工步顺序为：车右端面→半精车外轮廓→切槽→精车外轮廓。按图 5-41 所示路线利用车削循环功能实现零件的半精车外轮廓，然后从左到右连续切削进行精加工，以保证加工质量。

③选择刀具和确定切削用量。根据加工要求，选用三把车刀完成加工。由于材料为 45 钢调质，硬度为 24 ~ 28HRC，选用硬质合金 90°车刀（T01 号）半精车端面和外圆，高速钢切槽刀（T03 号）切槽，硬质合金 90°精车刀（T02 号）精车轮廓。

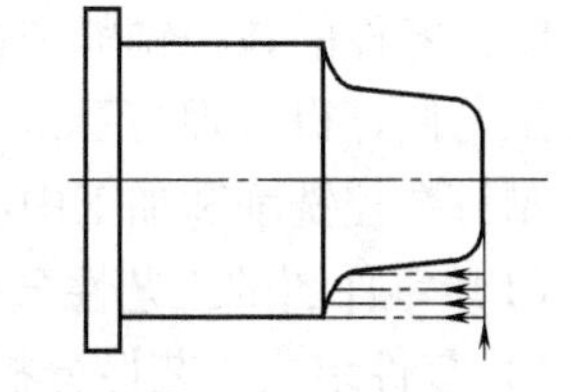
图 5-41　半精车进给路线

切削用量的选择，通常根据机床性能、相关的手册和刀具生产厂家的推荐值，并结合实际经验确定。

a）背吃刀量。半精车循环时取背吃刀量 $a_p = 2$mm，精车时 $a_p = 0.25$mm。

b）主轴转速。取粗车的切削速度 $v_c = 100$m/min，精车的切削速度 $v_c = 130$m/min，根据坯件直径（精车时取平均直径），用公式 $v_c = \pi dn/1000$ 经过计算并结合机床说明书选取。

c）进给速度。先选取进给量，然后计算进给速度。粗车时，选取进给量 $f = 0.25$mm/r，精加工时，选取进给量 $f = 0.1$mm/r。

该零件工步数及所用刀具较少，工艺文件略。

2. 数控铣削（加工中心）加工

通常数控铣床和加工中心在结构、工艺和编程等方面有许多相似之处。特别是全功能型数控铣床，与加工中心的区别主要在于数控铣床没有自动刀具交换装置（ATC）及刀具库，只能用手动方式换刀，而加工中心因具备 ATC 及刀具库，故可将使用的刀具预先安排存放于刀具库内，需要时再通过换刀指令，由 ATC 自动换刀。

数控铣床和加工中心都能够进行铣削、钻削、镗削及攻螺纹等加工。数控铣削是机械加工中最常用和最主要的数控加工方法之一。数控铣床和加工中心除了能铣削普通铣床所能铣削的各种零件表面外，还能铣削普通铣床不能铣削的需二至五坐标联动的各种平面轮廓和立体轮廓。加工中心是一种功能较全的数控机床，它集铣削、钻削、铰削、镗削、攻螺纹和切螺纹于一身。数控铣床和加工中心具有以下工艺特点及用途：

1）三坐标数控铣床和加工中心。三坐标数控铣床和加工中心的共同特点是除具有普通铣床的工艺性能外，还具有加工形状复杂的二维以至三维复杂轮廓的能力。这些复杂轮廓零件的加工有的只需二轴联动（如二维曲线、二维轮廓和二维区域加工），有的则需三轴联动（如三维曲面加工），它们所对应的加工一般相应称为二轴（或 2.5 轴）加工与三轴加工。

2）四坐标数控铣床与加工中心。四坐标是指在 x、y 和 z 三个平动坐标轴基础上增加一个转动坐标轴（A 或 B），且四个轴一般可以联动。其中，转动轴既可以作用于刀具（刀具摆动型），也可以作用于工件（工作台回转/摆动型）。转动轴既可以是 A 轴（绕 x 轴转动），也可以是 B 轴（绕 y 轴转动），由此可以看出，四坐标数控铣床可具有多种结构类型，各种结构类型的共同特点是：相对于静止的工件来说，刀具的运动位置不仅是任意可控的，而且刀具轴线的方向在刀具摆动平面内也是可以控制的，从而可根据加工对象的几何特征保持有效切削状态或根据避免刀具干涉等需要来调整刀具相对零件表面的姿态。因此，四坐标加工可以获得比三坐标加工更广的工艺范围和更好的加工效果。

3）五坐标数控铣床与加工中心。对于五坐标机床，不管是哪种类型，都具有两个回转坐标，相对于静止的工件来说，其运动合成可使刀具轴线的方向在一定的空间内（受机构结构限制）任意控制，从而具有保持最佳切削状态及有效避免刀具干涉的能力。因此，五坐标加工又可以获得比四坐标加工更广的工艺范围和更好的加工效果。

制订零件的数控铣削和加工中心加工工艺是数控铣削和加工中心加工的一项首要工作。加工工艺制订得合理与否，直接影响零件的加工质量、生产率和加工成本。根据数控加工实践，制订数控铣削和加工中心加工工艺要解决的主要问题有以下几个方面。

（1）零件图的工艺性分析

1）零件结构工艺性分析

①零件图样尺寸的正确标注。由于加工程序是以准确的坐标点来编制的，因此，各图形几何要素间的相互关系（如相切、相交、垂直和平行等）应明确；各种几何要素的条件要充分，应无引起矛盾的多余尺寸或影响工序安排的封闭尺寸等。

②获得要求的加工精度。虽然数控机床精度很高，但对一些特殊情况，如过薄的底板与肋板，因加工时产生的切削拉力及薄板的弹性退让极易产生切削面的振动，使薄板厚度尺寸公差难以保证，其表面粗糙度值也将增大。对于面积较大的薄板，当其厚度小于 3mm 时，就应在工艺上充分重视这一点。

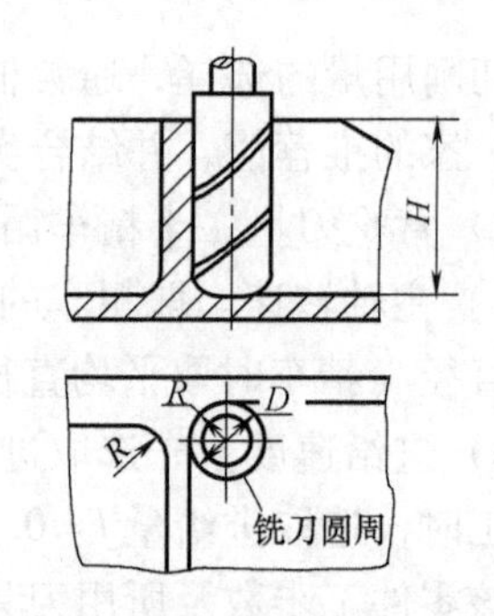

图 5-42 内圆弧半径与加工轮廓面最大高度对铣削工艺性的影响

③尽量统一零件轮廓内圆弧的有关尺寸。轮廓内圆弧半径 R 常常限制刀具的直径，如图 5-42 所示，若工件的被加工轮廓高度低，转角处圆弧半径 R 也大，可以采用较大直径的铣刀来加工，且加工其底板面时，进给次数也相应减少，表面加工质量提高，因此工艺性较好；反之，数控铣削工艺性较差。一般来说，当 $R < 0.2H$（H 为被加工轮廓面的最大高度）时，可以判定零件上该部位的工艺性不好。

铣削面的槽底面圆角或底板与肋板相交处的圆角半径 r 越大（图 5-43），铣刀端刃铣削平面的能力越差，效率也较低。当 r 大到一定程度时甚至必须用球头铣刀加工，这是应避免的。铣刀与铣削平面接触的最大直径 $d = D - 2r$（D 为铣刀直径），当 D 越大，r 越小时，铣刀端刃铣削平面的面积越大，加工平面的能力越强，铣削工艺性当然也

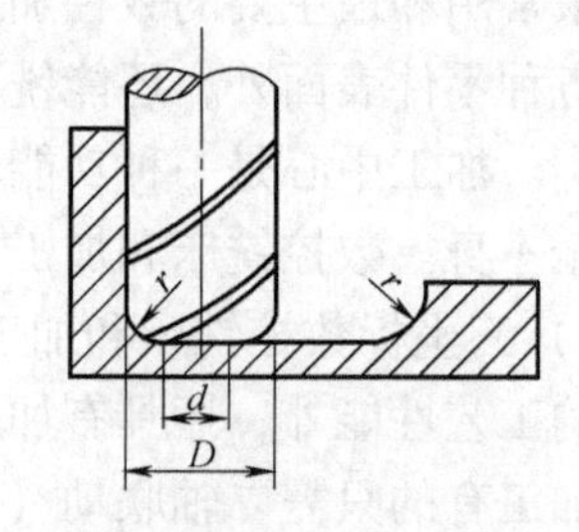

图 5-43 底板与肋板相交处的圆角半径对铣削工艺性的影响

越好。有时，当铣削的底面面积较大，底部圆弧半径 r 也较大时，最好用两把半径不同的铣刀（一把刀的半径小些，另一把刀的半径符合零件的要求）分两次切削。

④保证基准统一。有些零件需要在铣完一面后再重新安装铣削另一面，由于数控铣削时不能使用通用铣床加工时常用的试切方法来接刀，往往会因为零件的重新安装而接不好刀。这时，最好采用统一基准定位，因此零件上应有合适的孔作为定位基准孔。如果零件上没有基准孔，也可以专门设置工艺孔作为定位基准（如在毛坯上增加工艺凸台或在后续工序要铣去的余量上设基准孔）。

⑤分析零件的变形情况。零件在数控铣削加工时的变形，不仅影响加工质量，而且当变形较大时，将导致加工不能继续进行。这时就应当考虑采取一些必要的工艺措施进行预防，如对钢件进行调质处理，对铸铝件进行退火处理，对不能用热处理方法解决的，也可考虑粗、精加工及对称去余量等常规方法。

2）零件毛坯的工艺性分析。零件在进行数控铣削加工时，由于加工过程的自动化，使余量的大小、如何装夹等问题在设计毛坯时就要仔细考虑好。否则，如果毛坯不适合数控铣削，加工将很难进行下去。下列几方面应作为毛坯工艺性分析的重点。

①分析毛坯的装夹适应性。主要考虑毛坯在加工时定位和夹紧的可靠性与方便性，以便在一次安装中加工出较多表面。对不便于装夹的毛坯，可考虑在毛坯上另外增加装夹余量或工艺凸台、工艺凸耳等辅助基准。

②分析毛坯余量的大小及均匀性。主要考虑在加工时是否需要分层切削，分几层切削，也要分析加工中与加工后的变形程度，考虑是否应采取预防性措施与补救措施。如热轧中、厚铝板时，经淬火时效后很容易在加工中与加工后变形，最好采用经预拉伸处理的淬火板坯。

（2）模具常用数控铣削方法及选用

1）二维轮廓加工。二维轮廓多由直线和圆弧或各种曲线构成。通常采用三坐标数控铣床进行两轴半坐标加工，如图5-44所示。为保证加工面光滑，刀具沿 PA' 切入，从 $A'K$ 切出。

2）二维型腔加工。型腔是指具有封闭边界轮廓的平底或曲底凹坑，而且可能具有一个或多个不加工岛，如图5-45所示。当型腔底面为平面时即为二维型腔。型腔类零件在模具中很多。

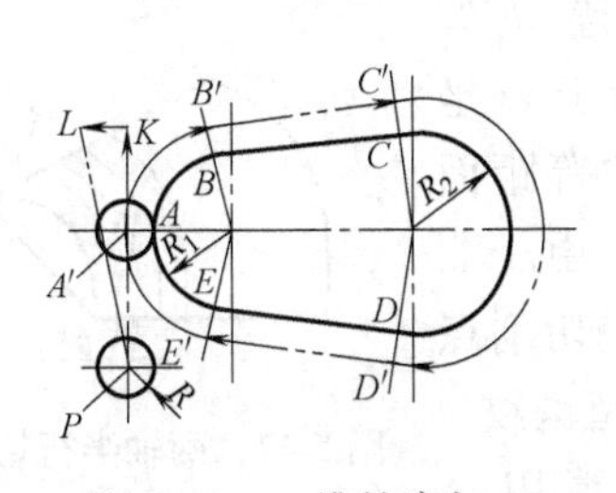

图5-44 二维轮廓加工

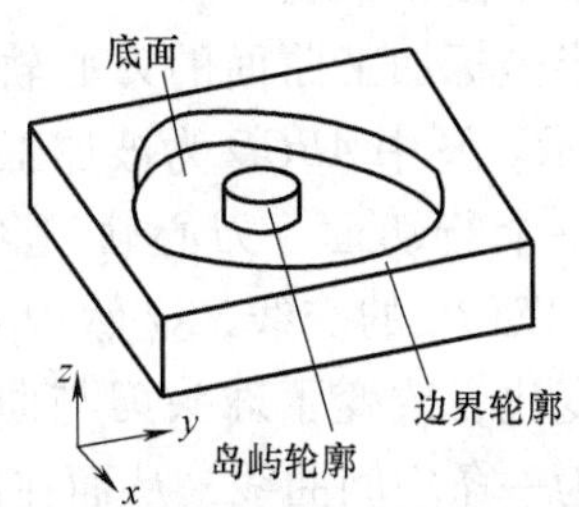

图5-45 型腔类零件示意图

型腔的加工包括型腔区域的加工与轮廓（包括边界与岛屿轮廓）的加工，一般采用立铣刀或成形铣刀（取决于型腔侧壁与底面间的过渡要求）进行加工。

采用大直径刀具可以获得较高的加工效率，但对于形状复杂的二维型腔，采用大直径刀具将产生大量的欠切削区域，需进行后续加工处理。因此，一般采用大直径与小直径刀具混合使用的方案。

铣削型腔深处时（刀具长度大于三倍直径），采用侧铣很容易产生振动，这时最好采用插铣（轴向铣削）。另外，使用整体硬质合金刀具精加工型腔壁时，一般采用顺铣，但是，当工件壁较高时，应选择逆铣，这样刀具产生的弯曲小。

3）固定斜角平面加工。固定斜角平面是与水平面成一固定夹角的斜面，常采用如下的加工方法。

①斜垫铁垫平后加工。当零件尺寸不大时，可用斜垫铁垫平后加工。

②行切法。当零件尺寸很大，斜面斜度又较小时，常用行切法加工，但加工后，会在加工面上留下残留面积，需用钳修方法加以清除。

③将机床主轴偏转适当的角度。如果机床主轴可以摆角，则可以摆成适当的定角，用不同的刀具来加工，如图5-46所示。

④用专用的角度成形铣刀加工。对于正圆台、斜肋和燕尾表面，一般可用专用的角度成形铣刀加工。其效果比采用五坐标数控铣床摆角加工好。

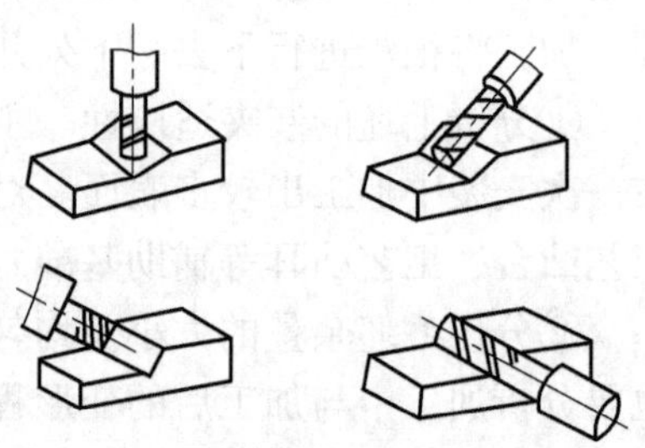

图5-46　主轴偏转适当的角度

4）曲面轮廓加工。曲面轮廓加工在模具制造行业应用非常普遍，一直是数控加工技术的主要研究与应用对象。曲面加工应根据曲面形状、刀具形状以及加工精度要求采用不同的铣削方法，可在三坐标、四坐标或五坐标数控铣床和加工中心上完成，其中三坐标曲面加工应用最为普遍。

①曲率变化不大和精度要求不高的曲面的粗加工。常用两轴半坐标的行切法加工，即x、y、z三轴中任意两轴作联动插补，第三轴作单独的周期进给。如图5-47所示，将x向分成若干段，球头铣刀沿yz面所截的曲线铣削，每一段加工完后进给Δx，再加工另一相邻曲线，如此依次切削即可加工出整个曲面。根据轮廓表面粗糙度的要求及刀头不干涉相邻表面的原则选取Δx。球头铣刀的刀头半径应选得大一些，以有利于散热，但刀头半径应小于内凹曲面的最小曲率半径。

两轴半坐标加工曲面的刀心轨迹O_1O_2和切削点轨迹ab如图5-48所示。图中$ABCD$为被加工曲面，P_{yz}平面为平行于yz坐标平面的一个行切面，刀心轨迹O_1O_2为曲面$ABCD$的等距面$IJKL$与行切面P_{yz}的交线，显然O_1O_2是一条平面曲线。由于曲面的曲率变化，改变了球头刀与曲面切削点的位置，使切削点的连线成为一条空间曲线，从而在曲面上形成扭曲的残留沟纹。

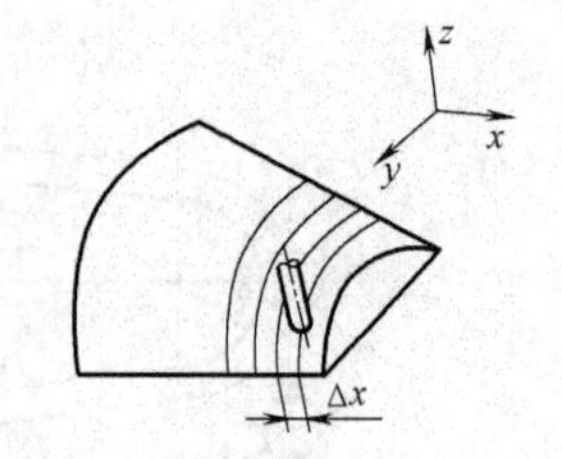

图5-47　两轴半行切法加工

②曲率变化较大和精度要求较高的曲面的精加工。常用x、y、z三坐标联动插补的行切法加工。如图5-49所示，P_{yz}平面为平行于坐标平面的一个行切面，它与曲面的交线为ab。由于是三坐标联动，球头刀与曲面的切削点始终处在平面曲线ab上，可获得较规则的残留沟纹。但这时的刀心轨迹O_1O_2不在P_{yz}平面上，而是一条空间曲线。

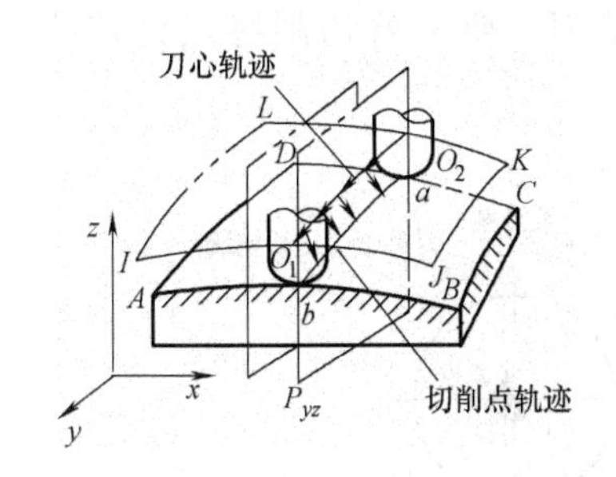

图5-48　两轴半坐标加工曲面的刀心轨迹

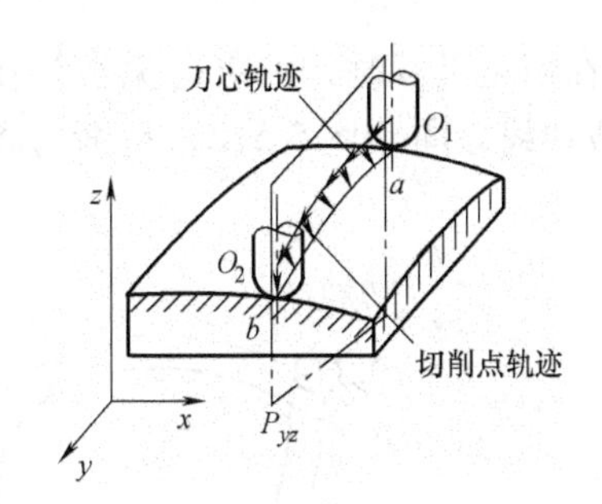

图5-49　三坐标联动插补的行切法加工轨迹

③形状复杂零件的精加工。常用五坐标联动加工，除控制 x、y、z 三个方向的移动外，在加工过程中可使铣刀轴线与加工表面成直角状态，除了可以提高加工精度外，还可以对加工表面凹入部分进行加工，如图5-50所示。

5）孔系的加工。孔系零件是加工中心的首选加工对象，加工中心具有自动换刀装置，在一次安装中可以完成零件的铣削、孔系的钻削、镗削、铰销及攻螺纹等。

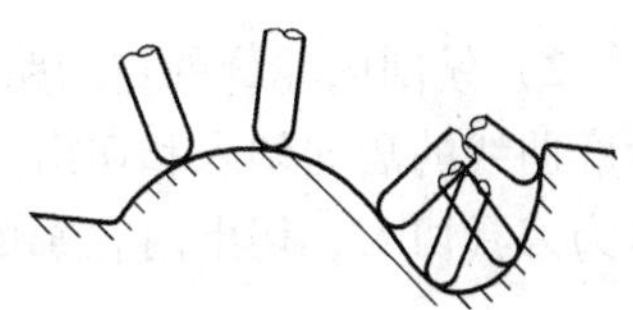

图5-50　五坐标联动加工

对于直径大于 ϕ30mm 的已铸出或锻出的毛坯孔的孔加工，一般采用粗镗→半精镗→孔口倒角→精镗的加工方案，孔径较大的可采用立铣刀粗铣→精铣加工方案。孔中空刀槽可用锯片铣刀在孔半精镗之后、精镗之前铣削完成，也可用镗刀进行单刀镗削，但单刀镗削效率较低。

对于直径小于 ϕ30mm 无底孔的孔加工，通常采用锪平端面→钻中心孔→钻→扩→孔口倒角→铰加工方案，对有同轴度要求的小孔，需采用锪平端面→钻中心孔→钻→半精镗→孔口倒角→精镗（或铰）加工方案。为提高孔的位置精度，在钻孔工步前需安排钻中心孔工步。孔口倒角一般安排在半精加工之后、精加工之前，以防内孔产生毛刺。

对于内螺纹的加工，根据孔径的大小，一般情况下，M6 ~ M20 之间的螺纹通常采用攻螺纹的方法加工。因为加工中心上攻小直径螺纹丝锥容易折断，M6 以下的螺纹，可在加工中心上完成底孔加工，再通过其他手段攻螺纹。M20 以上的内螺纹，可采用铣削（或镗削）加工。另外，还可铣外螺纹。

（3）装夹方案的确定

1）定位基准的选择。选择定位基准时，应注意减少装夹次数，尽量做到在一次安装中能把零件上所有要加工表面都加工出来。定位基准应尽量与设计基准重合，以减少定位误差对尺寸精度的影响。对于薄板件，选择的定位基准应有利于提高工件的刚性，以减小切削变形。一般多选择工件上不需数控铣削的平面和孔作定位基准。

2）夹具的选择。在数控铣床上，工件的装夹方法与普通铣床一样，所使用的夹具往往并不很复杂，只要求有简单的定位、夹紧机构就可以了。但要将加工部位敞开，不能因装夹工件而影响进给和切削加工。

（4）进给路线的确定

1）铣削外轮廓的进给路线。铣削平面零件外轮廓时，一般采用立铣刀侧刃切削。刀具切入零件时，应避免沿零件外轮廓的法向切入，以避免在切入处产生刀痕，而应沿切削起始点延伸线（图5-51a）或切线方向（图5-51b）逐渐切入工件，保证零件曲线的平滑过渡。

同样，在切离工件时，也应避免在切削终点处直接抬刀，要沿着切削终点延伸线（图 5-51a）或切线方向（图 5-51b）逐渐切离工件。

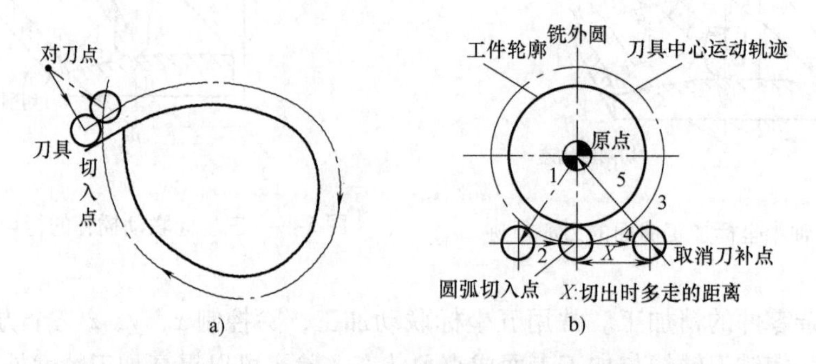

图 5-51　刀具切入、切出外轮廓的进给路线

2）铣削内轮廓的进给路线。铣削封闭内轮廓表面与铣削外轮廓一样，刀具同样不能沿轮廓曲线的法向切入和切出。此时刀具可以沿一过渡圆弧切入和切出工件轮廓。图 5-52 所示为刀具切入、切出内轮廓的进给路线。图中 R_1 为零件圆弧轮廓半径，R_2 为过渡圆弧半径。

3）铣削二维型腔的进给路线。型腔的切削分两步，第一步切内腔，第二步切轮廓。切削内腔区域时，主要采用行切和环切两种走刀路线，如图 5-53 所示。其共同点是都要切净内腔区域的全部面积，不留死角，不伤轮廓，同时尽量减少重复走刀的搭接量。从加工效率（走刀路线长短）、表面质量等方面衡量，行切与环切走刀路线哪个较好取决于型腔边界的具体形状与尺寸，以及岛屿的数量、形状尺寸与分布情况。切轮廓通常又分为粗加工和精加工两步。粗加工的刀具轨迹如图 5-54 中粗实线所示，另外，型腔加工还可采用其他走刀路线（例如行切与环切的混合）。对于一具体型腔，可采用各种不同的走刀方式，并以加工时间最短（走刀轨迹长度最短）作为评价目标进行比较，原则上可获得较优的走刀方案。

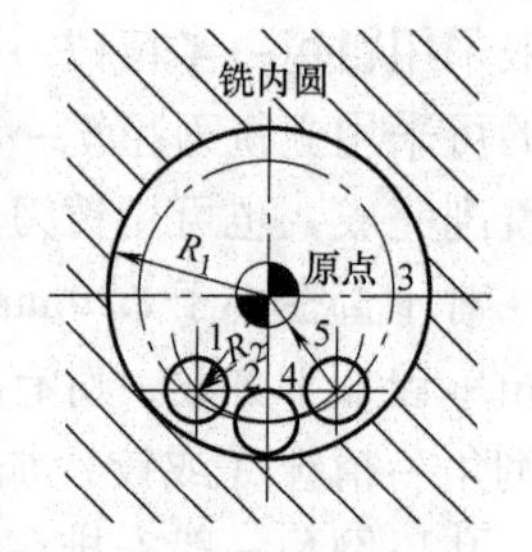

图 5-52　刀具切入、切出内轮廓的进给路线

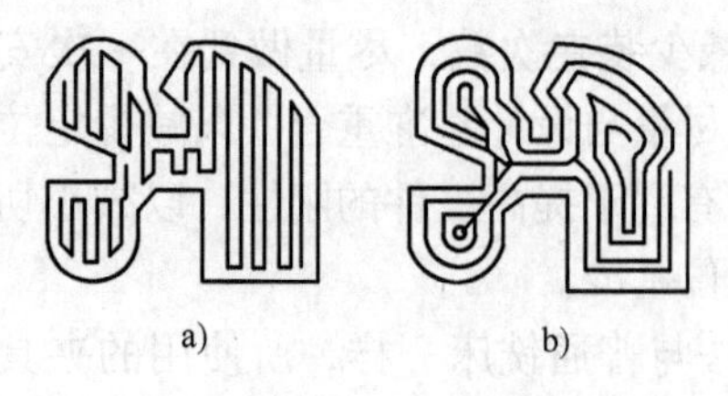

图 5-53　型腔区域加工走刀路线

a）行切　b）环切

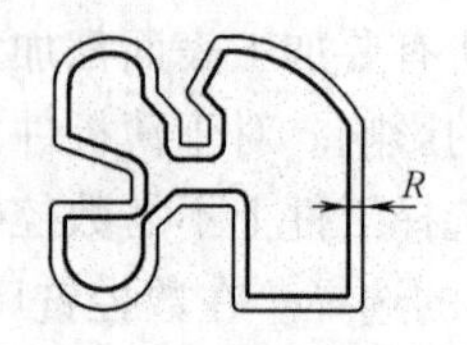

图 5-54　型腔轮廓粗加工

4）铣削曲面的进给路线。对于边界敞开的曲面加工，可采用如图 5-55 所示的两种进给路线。应根据被加工曲面的具体形状和尺寸要求合理选用。由于曲面零件的边界是敞开的，没有其他表面限制，所以曲面边界可以延伸，球头刀应由边界外开始加工。当边界不敞开

时，确定进给路线要另行处理。

总之，确定铣削进给路线的原则是在保证零件加工精度和表面粗糙度的条件下，尽量缩短进给路线，以提高生产率。

5）孔加工进给路线。加工孔时，一般是首先将刀具在 xy 平面内快速定位运动到孔中心线的位置上，然后刀具再沿 z 向（轴向）运动进行加工。所以孔加工进给路线的确定包括：

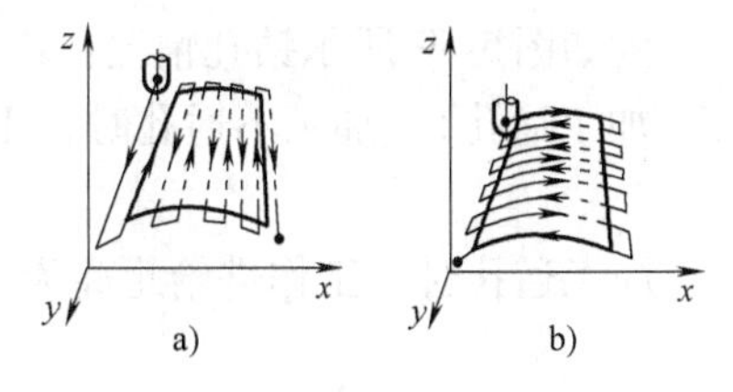

图 5-55　铣削曲面的进给路线

①确定 xy 平面内的进给路线。加工孔时，刀具在 xy 平面内的运动属点位运动，确定进给路线时，主要考虑以下两方面。

第一，定位要迅速。也就是在刀具不与工件、夹具和机床碰撞的前提下空行程时间尽可能短。例如，加工图 5-56a 所示零件。按图 5-56b 所示进给路线进给比按图 5-56c 所示进给路线进给节省定位时间近一半。这是因为在点位运动情况下，刀具由一点运动到另一点时，通常沿 x、y 坐标轴方向同时快速移动，当 x、y 轴各自移距不同时，短移距方向的运动先停，待长移距方向的运动停止后刀具才达到目标位置。图 5-56b 所示方案使沿两轴方向的移距接近，所以定位迅速。

第二，定位要准确。安排进给路线时，要避免机械进给系统反向间隙对孔位精度的影响。例如，镗削图 5-57a 所示零件上的 4 个孔，按图 5-57b 所示进给路线加工，由于孔 4 与孔 1、2、3 定位方向相反，y 向反向间隙会使定位误差增加，从而影响孔 4 与其他孔的位置精度。按图 5-57c 所示进给路线，加工完孔 3 后往上多移动一段距离至点 P，然后再折回来在孔 4 处进行定位加工，这样方向一致，就可避免反向间隙的引入，提高了孔 4 的定位精度。

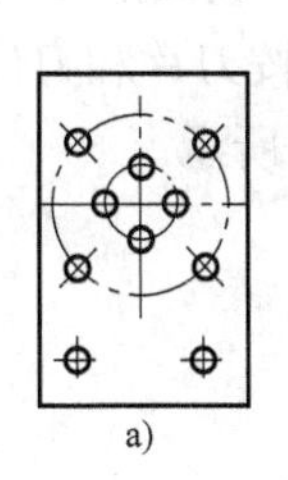

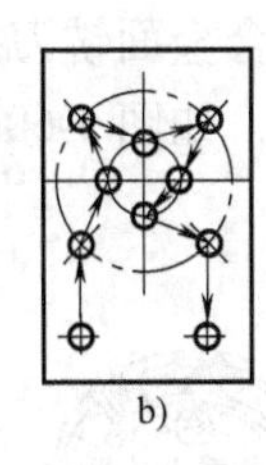

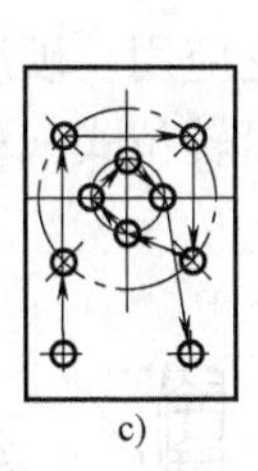

图 5-56　最短进给路线设计示例

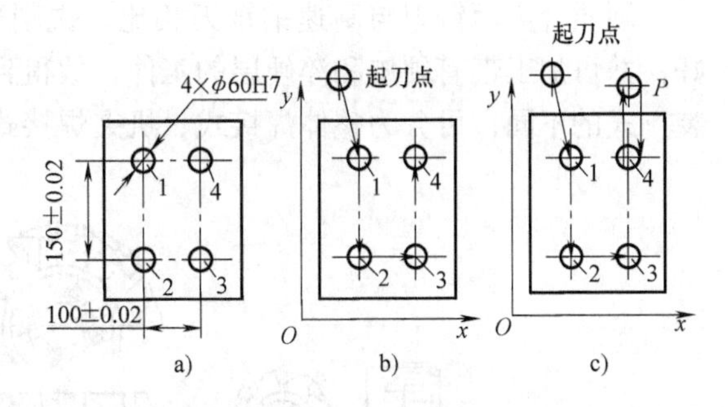

图 5-57　准确进给路线设计示例

定位迅速和定位准确有时两者难以同时满足，在上述两例中，图 5-57b 是按最短路线进给，但不是从同一方向接近目标位置，影响了刀具的定位精度，图 5-57c 是从同一方向接近目标位置，但不是最短路线，增加了刀具的空行程。这时应抓主要矛盾，若按最短路线进给能保证定位精度，则取最短路线，反之，应取能保证定位准确的路线。

②确定 z 向（轴向）的进给路线。刀具在 z 向的进给路线分为快速移动进给路线和工作进给路线。刀具先从初始平面快速运动到距工件加工表面一定距离的 R 平面（距工件加工表面为切入距离的平面）上，然后按工作进给速度运动进行加工。图 5-58a 所示为加工单个

孔时刀具的进给路线。对多孔加工，为减少刀具空行程进给时间，加工中间孔时，刀具不必退回到初始平面，只要退到 R 平面上即可，其进给路线如图 5-58b 所示。

在工作进给路线中，工作进给距离由被加工零件的轴向尺寸决定，并考虑一些辅助尺寸。例如图 5-59 所示钻孔情况：Z_f 包括被加工孔的深度 H、刀具的切入距离 Z_a 和切出距离 Z_o（加工通孔），加工不通孔时，工作进给距离为

$$Z_f = Z_a + H + T_t \tag{5-5}$$

加工通孔时，工作进给距离为

$$Z_f = Z_a + H + Z_o + T_t \tag{5-6}$$

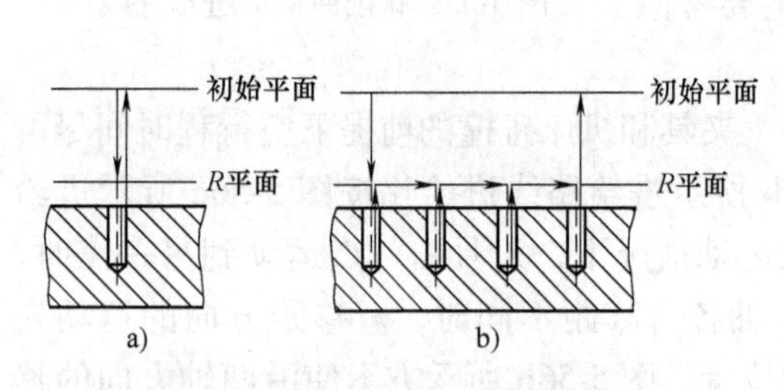

图 5-58　z 向（轴向）的进给路线

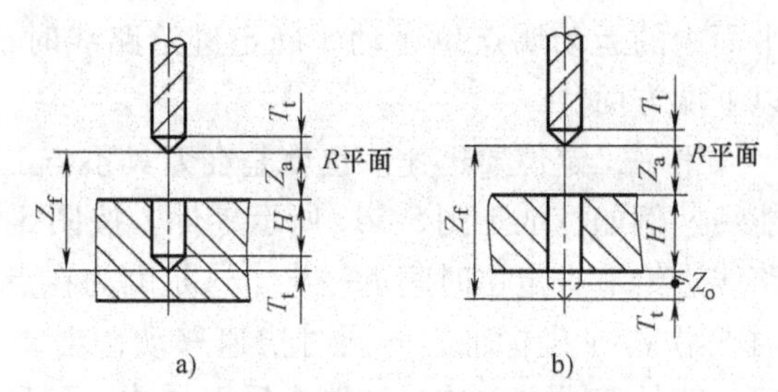

图 5-59　工作进给距离计算图

（5）刀具的选择

1）对铣削刀具的基本要求。一是刚性要好，以适应数控铣床加工过程中难以调整切削用量的特点；二是刀具寿命要长，以免一把铣刀加工的内容很多时，增加换刀引起的调刀与对刀次数。

2）常用铣刀的种类和特点

①面铣刀。面铣刀主要用于面积较大的平面铣削和较平坦的立体轮廓的多坐标加工。

硬质合金面铣刀与高速钢铣刀相比，铣削速度较高，加工效率高，加工表面质量也较好，并可加工带有硬皮和淬硬层的工件，故得到广泛应用。硬质合金面铣刀按刀片和刀齿安装方式的不同，可分为整体焊接式、机夹焊接式和可转位式三种，如图 5-60 所示。

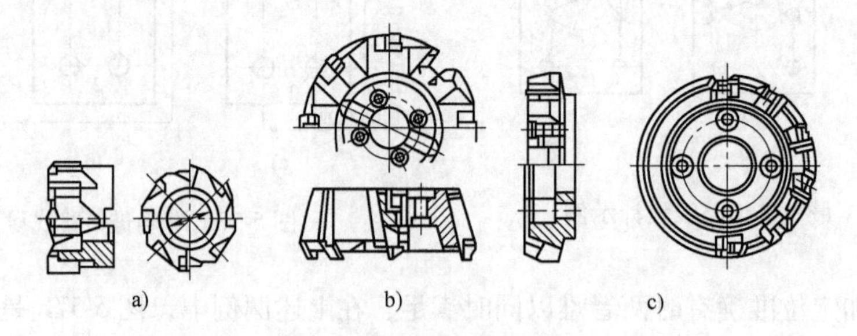

图 5-60　硬质合金面铣刀

a）整体焊接式　b）机夹焊接式　c）可转位式

②立铣刀。立铣刀的圆柱表面和端面上都有切削刃，它们可同时进行切削，也可单独进行切削。由于普通立铣刀端面中心处无切削刃，所以立铣刀不能轴向进给，端面刃主要用来加工与侧面相垂直的底平面，如图 5-61 所示。

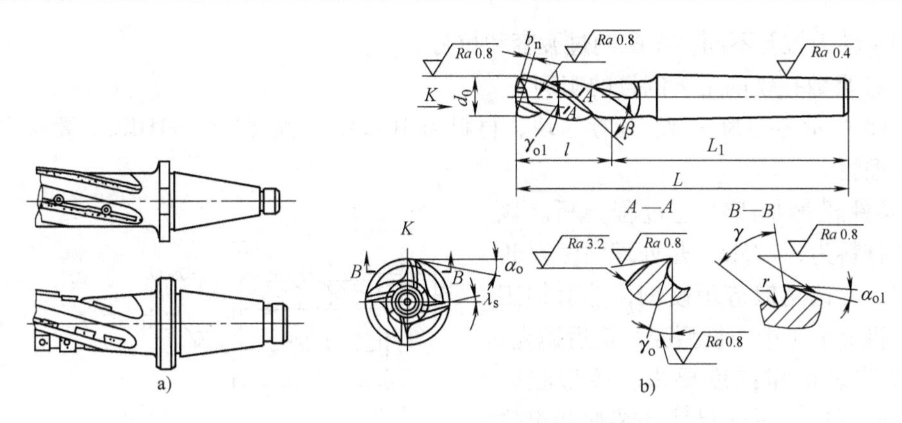

图5-61 立铣刀

a）硬质合金立铣刀 b）高速钢立铣刀

③模具铣刀。模具铣刀由立铣刀发展而成，分为圆锥形立铣刀$\left(\text{圆锥半角}\frac{\alpha}{2}=3°、5°、7°、10°\right)$、圆柱形球头立铣刀和圆锥形球头立铣刀三种，如图5-62、图5-63所示。其结构特点为：球头或端面上布满了切削刃；圆周刃与球头刃圆弧连接；可以作径向和轴向进给。

模具铣刀主要用于模具型腔的铣削加工。

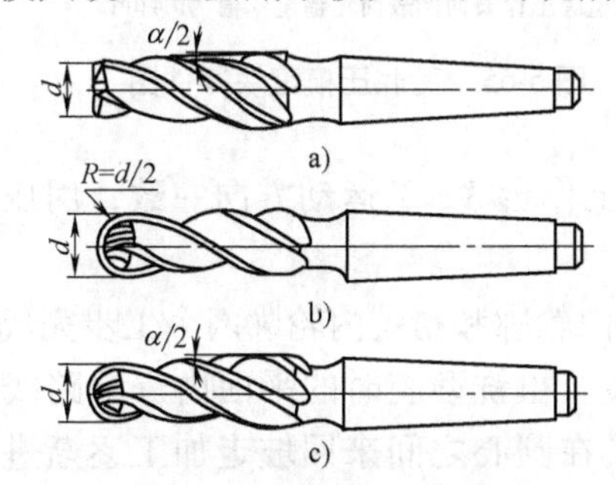

图5-62 高速钢模具铣刀

a）圆锥形立铣刀 b）圆柱形球头立铣刀

c）圆锥形球头立铣刀

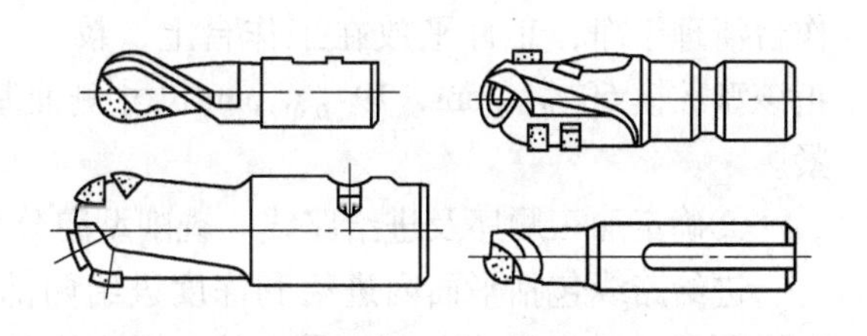

图5-63 硬质合金模具铣刀

④键槽铣刀。键槽铣刀在圆柱面和端面都有切削刃，端面刃延至中心，既像立铣刀，又像钻头。加工时，先轴向进给达到槽深，然后沿键槽方向铣出键槽全长。

⑤鼓形铣刀。图5-64a所示是一种典型的鼓形铣刀，它的切削刃分布在半径为R的圆弧面上，端面无切削刃。加工时，控制刀具的上下位置，相应改变切削刃的切削部位，可以在工件上切出从负到正的不同斜角，如图5-64b所示。

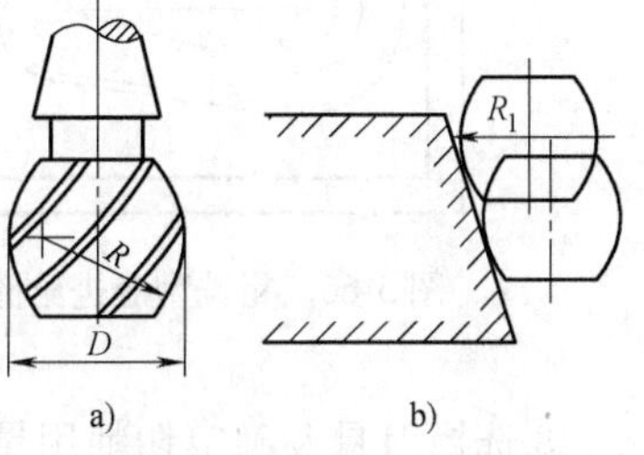

图5-64 鼓形铣刀及加工

a）鼓形铣刀 b）用鼓形铣刀铣斜面

除了上述几种类型的铣刀外，数控铣床也可使用各种通用铣刀。但因不少数控铣床的主轴内有特殊的拉刀位置，或因主轴内锥孔不同，需配制过渡套和拉钉。

（6）模具数控铣削工艺制订的实例

图 5-65 所示零件为一型腔压模镶块，材料为 3Cr2Mo，预硬 30 ~ 34HRC。要求在加工中心上铣削型腔。

1）零件机械加工工艺过程分析。该压模镶块材料为 3Cr2Mo，热处理硬度为 30 ~ 34HRC。可选用锻造预硬钢，然后加工成模坯，再上加工中心铣型腔，最后抛光、研磨达型腔表面粗糙度要求。该型腔模 $60_{-0.019}^{\ 0}$mm、$79_{-0.019}^{\ 0}$mm 尺寸是装配和定位基准，在铣型腔前应加工好并保证相互垂直。机械加工工艺过程为：备料（定做 95mm × 75mm × 25mm 预硬钢）→铣六面→磨上、下面→划线→铣台阶面→磨台阶面→铣型腔→钳工抛光、研磨→检验。

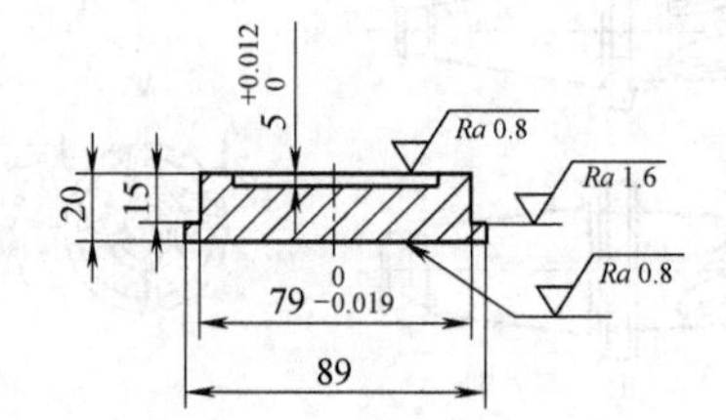

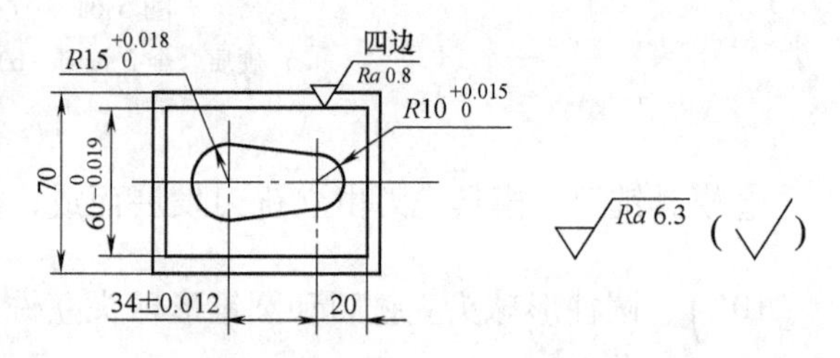

图 5-65　型腔压模镶块零件图

2）加工中心工艺分析。加工中心型号为 KVC800M，主轴转速范围为 20 ~ 8000r/min，刀库容量为 20 把。

①工件的装夹。将工件端面和机床工作台清理干净，工件平放在工作台上，校正该型腔模 $60_{-0.019}^{\ 0}$mm，$79_{-0.019}^{\ 0}$mm 尺寸侧面基准与工作台 *X*、*Y* 运动方向一致，用压板压紧。

②确定加工顺序及进给路线。铣削型腔分为粗铣内轮廓和精铣内轮廓两个工步完成。

进给路线包括平面内进给和深度进给两部分路线。粗铣型腔时的平面内进给路线如图 5-66 所示，进刀点选在 *R*15 圆心处；深度进给时刀具在圆心之间来回坡走加工逐渐进刀到既定深度，当达到既定深度后，刀具按图运动，粗铣型腔。

精铣型腔时，平面内进给路线如图 5-67 所示，采用沿切线切入切出的方法进刀，且采用顺铣方式连续进给，以保证型腔的加工精度和表面粗糙度。

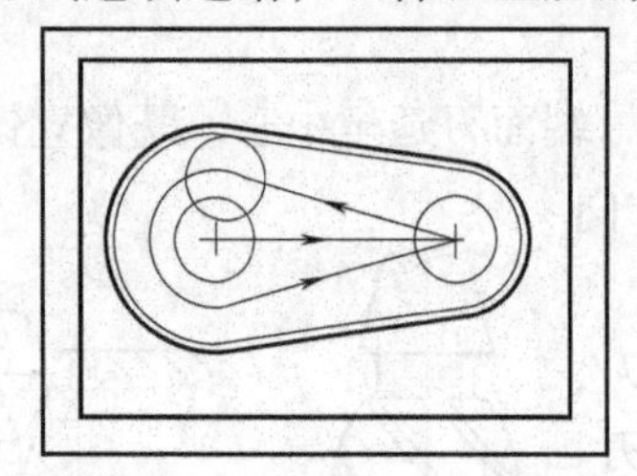

图 5-66　粗铣型腔进给路线

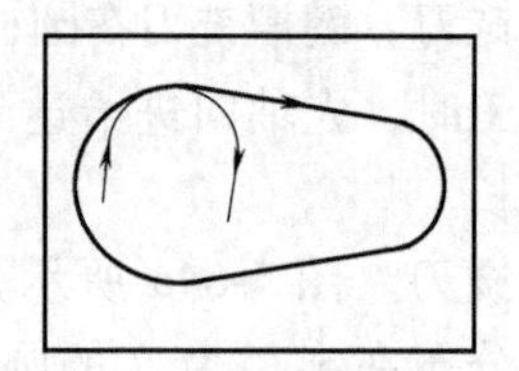

图 5-67　精铣型腔进给路线

③选择刀具及确定切削用量。铣刀的材料和几何参数主要根据零件材料、工件表面几何形状和尺寸大小选择，粗铣选 ϕ12mm 硬质合金立铣刀，精铣选 ϕ12mm 硬质合金键槽铣刀。

切削用量，通常可根据零件的材料、加工要求、刀具生产厂家推荐、相关手册并结合实际经验确定。

a）背吃刀量。型腔深度为5mm，铣削余量分三次完成，第一次背吃刀量 $a_p=3$mm，第二次背吃刀量 $a_p=1.5$mm，余下的0.5mm精铣时完成。型腔侧面轮廓留0.3～0.5mm精铣余量。

b）主轴转速。取粗铣的切削速度 $v_c=80$m/min，精铣的切削速度 $v_c=100$m/min，根据铣刀直径，经过计算并结合机床说明书选取主轴转速。

c）进给速度。先选取进给量，然后计算进给速度。粗铣时，选取进给量 $f=0.05$mm/齿，精加工时，选取进给量 $f=0.03$mm/齿。

因该零件工步数及所用刀具较少，工艺文件略。

5.2.5　型腔的研磨和抛光

模具型腔（型芯）经切削加工后，表面上残留有切削痕迹。为了去除切削加工痕迹和提高模具表面质量，需要对其进行研磨抛光。抛光和研磨在型腔加工中所占工时比例很大，是提高模具质量的重要工序，它不仅对成形制件的尺寸精度、表面质量影响很大，也影响模具的使用寿命。研磨抛光的方法主要有机械研磨和抛光、超声波抛光和电解抛光，这里主要介绍机械研磨和抛光的原理及工艺方法，超声波抛光和电解抛光在教学单元6中介绍。

1. 研磨的原理和目的

（1）研磨的原理　研磨是在工件和工具（研具）之间加入研磨剂，在一定压力下由工具和工件间的相对运动驱动大量磨粒在加工表面上滚动、滑擦，去除微细的金属层而使加工表面的表面粗糙度值减小的加工方法。研磨加工时，在研具和工件表面间存在有分散的磨料或研磨剂，在两者之间施加一定的压力，并使其产生复杂的相对运动，这样经过磨粒的切削作用及研磨剂的化学和物理作用，在工件表面上即可去掉极薄的一层余量，获得较高的尺寸精度和较低的表面粗糙度值。根据实验表明，磨粒的切削作用如图5-68a所示，分为滑动切削作用和滚动切削作用两类。对于前者，磨粒基本固定在研具上，靠磨粒在工件表面移动进行切削；对于后者，磨粒基本上是自由状态的，在研具和工件间滚动，靠滚动来切削。在研磨脆性材料时，除上述作用外，还有如图5-68b所示的情况，磨粒在压力作用下，使加工面产生裂纹，随着磨粒的运动，裂纹不断地扩大、交错，以致形成碎片，成为切屑而脱离工件。

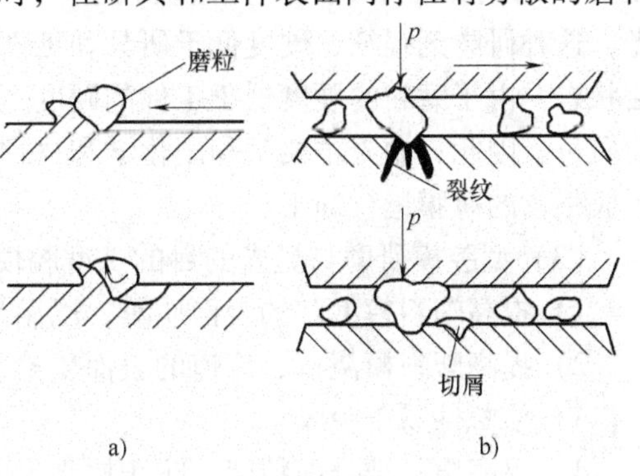

图5-68　研磨时磨粒的切削作用

研磨时，金属的去除过程，除磨粒的切削作用外，还常常由于化学或物理作用所致。在湿研磨时，所用的研磨剂中除了有磨粒外，还常加有油酸、硬脂酸等酸性物质，这些物质会使工件表面产生一层很软的氧化物薄膜，钢铁成膜时间只要0.05s，氧化膜厚度为2～7μm。凸点处的薄膜很容易被磨粒去除，露出的新鲜表面很快地继续氧化，继续被去掉，如此循环，加速了去除的过程。除此之外，研磨时在接触点处的局部高温高压，也有可能产生局部挤压作用，使高点处的金属流入低点，降低了工件表面粗糙度值。

（2）研磨的分类

1）湿研磨。湿研磨是在研磨过程中将研磨剂涂抹在研具或工件上，用分散的磨粒进行研磨，这是目前最常用的研磨方法。研磨剂中除磨粒外还有煤油、机油、油酸、硬脂酸等物质。磨粒在研磨过程中有的嵌入了研具，极个别的嵌入了工件，但大部分存在于研具与工件之间。如图5-69a所示，此时磨粒的切削作用以滑动切削为主，生产效率高，但加工出的工件表面一般没有光泽，加工表面的表面粗糙度 Ra 值一般可达到0.025μm。

2）干研磨。干研磨即在研磨以前，先将磨粒压入研具，用压砂研具对工件进行研磨。这种研磨方法一般在研磨时不加其他物质，进行干研磨，如图5-69b所示。磨粒在研磨过程中基本固定在研具上，它的切削作用以滑动切削为主。磨粒的数目不能很多，且均匀地压在研具的表面上形成很薄的一层，在研磨的过程中始终嵌在研具内，很少脱落。这种方法的生产效率不如湿研磨，但可以达到很高的尺寸精度和很低的表面粗糙度。

3）抛光。抛光加工多用来使工件表面显现光泽，在抛光过程中，化学作用比在研磨中要显著得多。抛光时，工件的表面温度比研磨时要高（抛光速度一般比研磨速度要高），有利于氧化膜的迅速形成，从而能较快地获得高的表面质量。

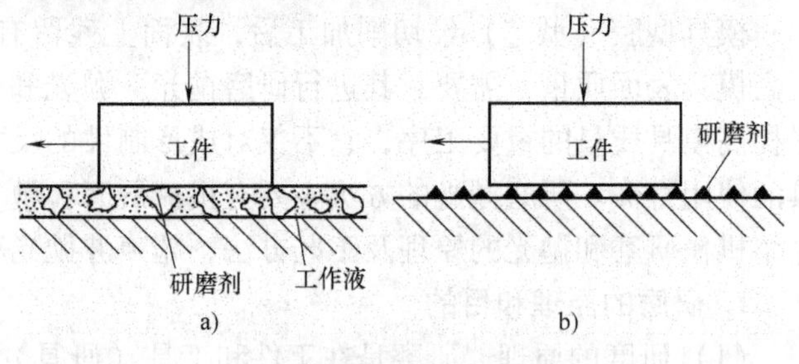

图5-69 湿研磨与干研磨
a）湿研磨 b）干研磨

抛光可以选用较软的磨料，例如在湿研磨的最后，用氧化铬进行抛光，这种研磨剂很细，硬度低于研具和工件，在抛光过程中不嵌入研具和工件，完全处于自由状态。由于磨料的硬度低于工件的硬度，所以磨粒不会划伤工件表面，可以获得很高的表面质量。因此，抛光主要是利用化学和物理作用进行加工的，即与被加工表面产生化学反应形成很软的薄膜进行加工。

（3）型腔模研磨与抛光的目的 型腔模研磨与抛光可以达到以下目的：

1）提高塑料模型腔的表面质量，以满足塑件的表面质量与精度要求。

2）提高塑料模浇口、流道的表面质量，以降低注射的流动阻力。

3）使塑件易于脱膜。

4）提高模具结合面精度，防止树脂渗漏；提高模具尺寸精度及形状精度，相对地也提高了塑料制品的精度。

5）对产生反应性气体的塑料进行注射成型时，模具表面状态良好，具有防止被腐蚀的效果。

6）在金属塑性成形加工中，防止出现沾粘和提高成形性能，并使模具工作零件型面与工件之间的摩擦和润滑状态良好。

7）去除电加工时所形成的熔融再凝固层和微裂纹，以防止在生产过程中此层脱落而影响模具精度和使用寿命。

8）减少由于局部过载而产生的裂纹或脱落，提高模具工作零件的表面强度和模具寿命，同时还可防止产生锈蚀。

（4）型腔模研磨与抛光的方法 型腔模研磨与抛光的方法主要有机械研磨与抛光、超声波抛光和电解抛光。

2. 机械研磨与抛光

（1）磨料、研磨剂和研磨工具材料

1）磨料

①磨料的种类。磨料的种类很多，一般是按硬度来划分的。硬度最高的是金刚石，包括人造金刚石和天然金刚石两种；其次是碳化物类，如黑碳化硅、绿碳化硅、碳化硼和碳硅硼等；再次是硬度较高的刚玉类，如棕刚玉、白刚玉、单晶刚玉、铬刚玉、微晶刚玉、黑刚玉、锆刚玉和烧结刚玉等；硬度最低的是氧化物类（又称软质化学磨料），如氧化铬、氧化铁、氧化镁及氧化铈等。上述是一般的分类方法，但也有的按天然磨料和人造磨料来分类。各种磨料的应用可查有关手册。

由于天然磨料存在着杂质多、磨料不均匀、售价高、优质磨料资源缺乏等限制，因此，目前生产中几乎全部使用人造磨料。

②磨料的粒度。磨料的粒度是指磨料的颗粒尺寸。粒度有两种表示方法：筛分法、光电沉降仪法或沉降管粒度仪法。筛分法是以筛网孔尺寸来表示的，微分是以沉降时间来测定。粗磨粒按 GB/T 2481—1998 规定分 F4 ~ F220 共 26 个粒度号，微分规定分 F230 ~ F1200 共 11 个粒度号。粒度号的数值越大，表明磨粒越细小，如 F36 粒度号的筛孔尺寸为 500μm，F240 粒度号的微分粒度中值为（44.5 ± 2.0）μm。磨料粒度可按表 5-5 选择。

表 5-5　磨粒的粒度选择

磨具粒度	一般作用范围	磨具粒度	一般作用范围
F14 ~ F24	铸件打毛刺，切断等	F120 ~ F600	粗磨、珩磨和螺纹磨
F36 ~ F46	一般平磨和外圆磨	细于 F600	粗细研磨、镜面研磨
F60 ~ F100	精磨和刀具刃磨		

③磨料的硬度。磨料的硬度是磨料的基本特性之一，它与磨具的硬度是两个截然不同的概念。磨料的硬度是指磨料表面抵抗局部外作用的能力，而磨具（如油石）的硬度则是粘结剂粘接磨料在受外力时的牢固程度。较硬的物体可以在较软的物体上划出痕迹，即能破坏它的表面。研磨的加工就是利用磨料与被研工件的硬度差来实现的，磨料的硬度越高，它的切削能力越强。

④磨料的强度。磨料的强度是指磨料本身的牢固程度。也就是当磨粒锋刃还相当尖锐时，能承受外加压力而不被破碎的能力。强度差的磨料，磨粒粉碎得快，切削能力低，使用寿命短。这就要求磨粒除了具有较高的硬度外，还应具有足够的强度，才能更好地进行研磨加工。

2）研磨剂。研磨剂是磨料与润滑剂合成的一种混合剂，常用的研磨剂有液体和固体（或膏状）两大类。

①液体研磨剂。液体研磨剂由研磨粉、硬脂酸、航空汽油、煤油等配制而成。其中，磨料主要起切削作用；硬脂酸溶于汽油中，可增加汽油的粘度，以降低磨料的沉淀速度，使磨粒更易均布，此外，在研磨时，硬脂酸还有冷却、润滑和促进氧化的作用；航空汽油主要起稀释作用，将磨粒聚团稀释开，以保证磨粒的切削性能；在这里煤油主要起冷却润滑作用。

②固体研磨剂。固体研磨剂是指研磨膏。常用的有抛光用研磨膏、研磨用研磨膏、研磨

硬性材料（如硬质合金等）用研磨膏三大类。一般是选择多种无腐蚀性载体（如硬脂酸、硬脂、硬蜡、三乙醇胺、肥皂片、石蜡、凡士林、聚乙二醇硬脂酸脂、雪花膏等）加不同磨料来配制研磨膏。

3）研磨工具材料。在研磨加工中，研具的选用是保证研磨工件几何精度的重要因素。因此，对研具的材料、精度和表面粗糙度都有较高的要求。

研具材料应具备如下技术条件：组织结构细致均匀；有很高的稳定性和耐磨性；有很好的嵌存磨料的性能；工作面的硬度应比工件表面硬度稍低。

嵌砂研具的常用材料是铸铁，它适于研磨淬火钢。铸铁因有游离碳的存在，故可起到润滑剂的作用。球墨铸铁比一般铸铁容易嵌存磨粒，而且嵌得均匀牢固，能得到较好的研磨效果，同时还能延长研具本身的使用寿命。除铸铁以外，金属研具还有低碳钢、黄铜、青铜、铅、锡、铅锡合金、铝、巴氏合金等材料。非金属研具主要使用木、竹、皮革、毛毡、玻璃、涤纶织物等，其目的主要是使加工表面光滑。

（2）常用的研抛方法

1）手工研磨

①用油石进行研磨。当型面存在较大的加工痕迹时，油石粒度为F320左右，可按表5-6选用。

表5-6　油石的粒度选择

油石粒度	F320	F400	F600	F800
能达到的表面粗糙度 *Ra* 值/μm	1.6	1.0	0.4	0.32

研磨过程中，应经常清洗油石和零件，以免发热胶着和堵塞而降低研磨速度。堵塞油石的清理方法是：在卧式车床上装夹 ϕ100mm 的软钢棒料，作500r/min回转，在棒料端面涂敷混有煤油的碳化硅粉，将油石堵塞面与棒料端面轻轻接触，10s就可完全清理好。

②用砂纸进行研磨。研磨用砂纸有氧化铝、碳化硅、金刚砂砂纸等。砂纸粒度采用F60~F600。

研磨时，可用比研磨零件材料软的竹或硬木压在砂纸上。研磨液可使用煤油、轻油。研磨过程中必须经常清洗砂纸与研磨零件，砂纸粒度从粗到细逐步改变。

③用磨粒进行研磨。用油石和砂纸不能研磨的细小部分或文字、花纹，可在研磨棒上用油沾上磨粒进行研磨。对凹的文字、花纹，可将磨粒沾在工件上用铜刷反复刷擦。磨粒有氧化铝、碳化硅、金刚砂等。

④用研磨膏研磨。即用竹棒、木棒作为研磨工具沾上研磨膏进行研磨。手工研磨时，一般将研磨膏涂在研具上。研磨膏在使用时要用煤油或汽油稀释。

2）机械抛光

①平面用抛光器。平面用抛光器的制作方法如图5-70所示，抛光器手柄的材料为硬木，在抛光器的研磨面上，用刀刻出大小适当的凹槽，在离研磨面

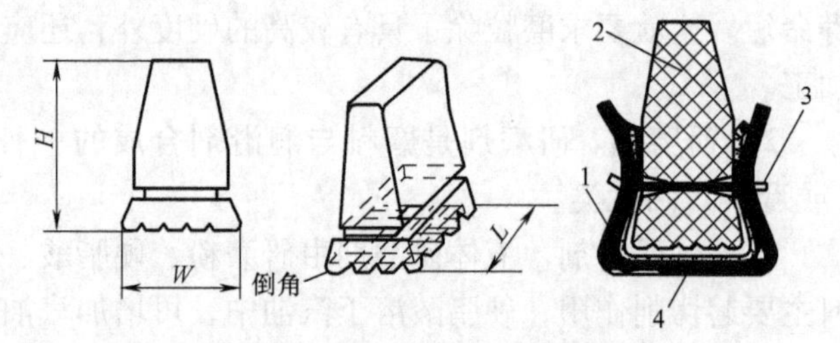

图5-70　平面用抛光器

1—人造皮革　2—木质手柄

3—钢丝或铝丝　4—尼龙布

稍高的地方刻出用于缠绕布类制品的止动凹槽。

②球面用抛光器。如图 5-71 所示，球面用抛光器的制作方法与平面用抛光器基本相同。

③自由曲面用抛光器。对于平面或球面的抛光作业，其研磨面和抛光器是保持密接的位置关系，故不在乎抛光器的大小。但是自由曲面是呈连续变化的，使用太大的抛光器时，容易损伤工件表面的形状。因此，对于自由曲面应使用小型抛光器进行抛光，抛光器越小，越容易模拟自由曲面的形状，如图 5-72 所示。

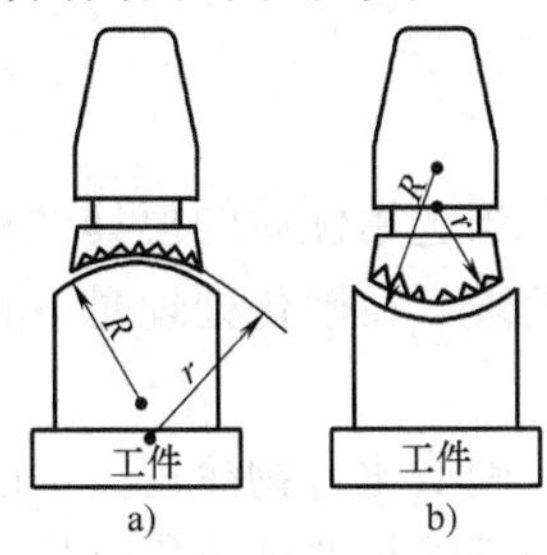

图 5-71　球面用抛光器

a）抛光凸形工件　b）抛光凹形工件

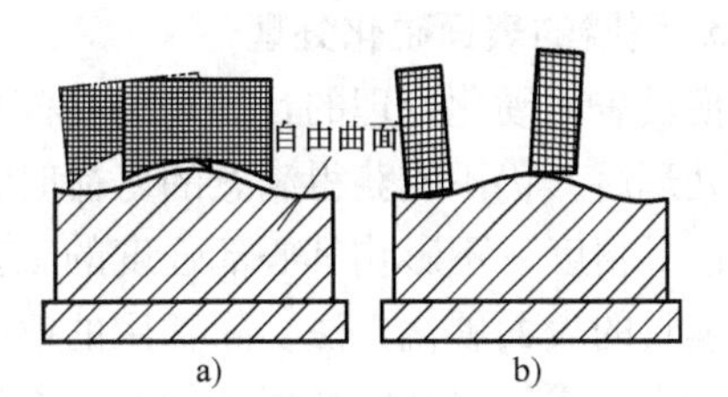

图 5-72　自由曲面用抛光器

a）大型抛光器　b）小型抛光器

④圆盘式电动磨光机。图 5-73 所示是一种常见的电动工具，可手持该工具对一些大型模具去除仿形加工后的走刀痕迹及倒角，抛光精度不高，其抛光程度接近粗磨。

图 5-73　圆盘式电动磨光机

⑤电动抛光机。这种抛光机主要由电动机、传动软轴及手持式研抛头组成。使用时，传动电动机挂于悬架上，电动机起动后通过软轴传动使抛光头产生旋转，手持抛光头使其往复运动。

电动抛光机备有三种研抛头，以适应不同的研抛需要。

手持往复式研抛头工作时，一端连接软轴，另一端安装研具或油石、锉刀等。在软轴传动下研抛头产生往复运动，可适应不同的加工需要。研抛头工作端还可按加工需要，在 270°范围内调整。该研抛头装上球头杆，配上圆形或方形铜（塑料）环作研具，手持研抛头沿研磨表面不停地均匀移动，可对某些小曲面或复杂形状的表面进行研磨，如图 5-74 所示。研磨时常采用金刚石研磨膏作研磨剂。

手持直式旋转研抛头可装夹 $\phi 2 \sim \phi 12$mm 的特形金刚石砂轮，在软轴传动下作高速旋转，加工时，像握笔一样握住研抛头进行操作。利用该研抛头可对型腔中细小复杂的凹弧面进行修磨，如图 5-75 所示。取下特形砂轮，装上打光球用的轴套，用塑料研磨套可研抛圆弧部位。装上各种尺寸的羊毛毡后，抛光头可进行抛光加工。

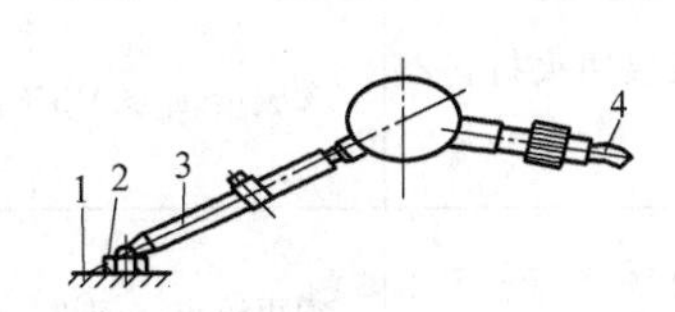

图 5-74　手持往复式研抛头

1—工件　2—研磨环　3—球头杆　4—软轴

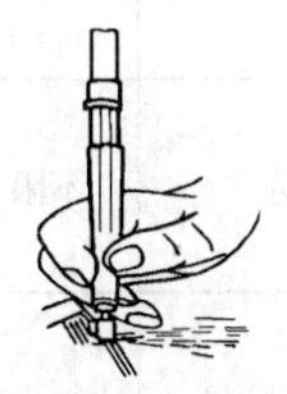

图 5-75　手持直式旋转研抛头

手持角式旋转研抛头与手持直式旋转研抛头相比，其砂轮回转轴与研抛头的直柄部分成一定夹角，便于对型腔的凹入部分进行加工；与相应的抛光及研磨工具配合，可进行相应的研磨和抛光加工。

使用电动抛光机进行抛光或研磨时，应根据被加工表面的原始表面粗糙度和加工要求，选用适当的研抛工具和研磨剂，由粗到细逐步进行加工。在进行研磨操作时，移动要均匀。研磨剂涂布应均匀且不宜过多。采用研磨膏时，必须添加研磨液。每次改变不同粒度的研磨剂都必须将研具及加工表面清洗干净。

3. 型腔的表面硬化处理

模具表面硬化处理的目的是提高模具寿命。一般说来，当选用优质的模具材料进行适当的热处理后，仍不能获得满意的寿命时，就应该采用硬化处理。在硬化处理时，必须选择能保持模具精度、不影响其心部强度的工艺方法。

模具的表面硬化方法，除常用的镀硬铬、氮化处理外，硬质化合物涂覆技术已应用到模具制造中，成为提高模具寿命的有效方法之一。目前，适用于模具的硬质化合物涂覆方法主要有化学气相沉积法（CVD）、物理气相沉积法（PVD）和在盐浴中向工件表面浸镀碳化物的方法（TD），其工艺特点见表5-7。

表5-7　硬质化合物涂覆方法

工艺和性能 \ 方法		CVD	PVD	TD
工艺	处理温度 θ/℃	800～1100	400～600	800～1100
	处理时间 t/h	2～8	1～2	0.5～10
	介质	真空中(2.6～6.6)×10^{-3} Pa	真空中1.3×(10^{-1}～10^{-2})Pa	盐浴中(常压)
	原料	金属的卤化物 碳氢化合物、N_2 等	纯金属 碳氢化合物、N_2 等	纯金属 铁合金等的粉末
渗层性质	涂覆物质	碳化物、氮化物 氧化物、硼化物	碳化物、氮化物 氧化物、硼化物	VC、NbC、TiC、铬的碳化物、硼化物
	厚度 δ/μm	1～15	1～10	1～15
	硬度 HV	2000～3500 随沉积物而异	2000～3500 随沉积物而异	2000～3500 随沉积物而异
	与基体的结合性	良好(有扩散层)	欠佳	良好(有扩散层)
	结晶组织	柱状晶粒	细晶粒	等轴晶粒
基体性质	形状	可用于复杂形状	背对蒸发源部分涂不上	可用于复杂形状
	化学成分	不限制(最好是高碳钢)	不限制(低温回火材料不宜用)	含碳量 w_C>0.3%的钢
	热处理(后处理)	须再淬火—回火	高温回火材料 不需要再热处理	须再淬火—回火
	变形	涂覆处理后有变形	涂覆处理后变形很小	涂覆处理后有变形

（1）CVD法　在高温下将盛放工件的炉内抽成真空或通入氢气，再导入反应气体。气体的化学反应在工件表面形成硬质化合物涂层。对于模具，主要是气相沉积TiC，其次是TiN和Al_2O_3。气相沉积TiC是将工件在氢气保护下加热到900～1100℃，再以氢气作载流气体将四氯化钛和碳氢化合物（如CH_4）输入盛放工件的反应室内，使之在基体表面发生气相化学反应，得到TiC涂层。

用CVD法处理模具的优点：

1）处理温度高，沉积物和基体之间发生碳与合金元素间的相互扩散，使涂层与基体之间的结合比较牢固。

2）气相反应不受模具形状限制，对于形状复杂的模具也能获得均匀的涂层。

3）设备简单，成本低，效果好（CVD法处理的模具一般可提高模具寿命2～6倍），易于推广。

用CVD法处理模具的缺点是：

1）涂层厚度较薄（不超过15μm），处理后不允许研磨修正。

2）处理温度高，易引起模具变形。

3）高的处理温度会使模具的基体软化，对于高速钢和高碳高铬钢模具，涂覆处理后，必须于真空或惰性气体中进行淬火、回火处理。

（2）PVD法　在真空中把Ti等活性金属熔融蒸发离子化后，在高压静电场中使离子加速并沉积于工件表面形成涂层。PVD法有离子镀、蒸气镀和溅射三种。离子镀沉积效果最明显，并具有沉积速率高、离子绕射性好、附着力强等优点。目前有关模具PVD处理的研究应用主要集中于离子镀方面。处理时先将工件置于真空室中，使真空室达10^{-2}～10^{-4}Pa真空度，然后通入反应气体（如H_2或C_2H_2+Ar）。在工件和蒸发源（涂覆用金属，如Ti）之间加有3～5kV的加速电压，在工件周围形成一个阴极放电的等离子区。工件因气体正离子的轰击而被加热。这时，以电子枪轰击蒸发源的金属（Ti）使之熔融、蒸发，并部分离子化。同时在离子化电极加上数十至数百伏的正电压来促进离子化。Ti离子、原子和气体离子在加速电压的作用下飞向工件（经过等离子区时，尚未电离的Ti原子被气体离子、电子碰撞而电离为离子），在工件表面发生反应而成为TiC涂层，即

$$2Ti+C_2H_2 \longrightarrow 2TiC+H_2$$

用PVD法处理模具的优点：

1）处理温度一般为400～600℃，这一温度在采用二次硬化法处理的Cr12型模具钢的回火温度附近，因此这种处理不会影响Cr12型模具钢原先的热处理效果。

2）处理温度低，模具变形小。

其主要缺点是：

1）涂层与基体的结合强度较低。

2）当涂覆处理温度低于400℃时，涂层性能下降，不适于低温回火的模具。

3）由于采用一个蒸发源，对形状复杂的模具覆盖性能不好。

（3）TD法　将工件浸入添加有质量分数为15%～20%的Fe-V、Fe-Nb、Fe-Cr等铁合金粉末的高温（800～1250℃）硼砂盐浴炉中，保持0.5～10h（视要求的涂层厚度、工件材料和盐浴温度而定），在工件表面上形成1～10μm或更厚的碳化物涂覆层，然后进行水冷、油冷或空气冷却（尽量与基体材料的淬火结合在一起进行）。

在 TD 法中，碳化物形成和成长的机理为：

1）碳化物形成元素的原子在高温下以活化原子状态溶于硼砂熔液中，使 B_2O_3 还原，还原后的 B 向基体内扩散，产生渗硼反应。

2）碳化物形成元素与基体表面的碳原子结合，形成几个分子厚度的碳化物薄层。

3）由于碳化物的形成，基体表面的碳原子减少，同时基体内的碳原子相继向表面层扩散，与碳化物形成元素的原子结合，使碳化物层不断增厚。

4）部分碳化物形成元素的原子向基体内扩散，形成固熔体。

碳化物的形成与成长过程中，盐浴温度越高，处理时间越长，基体材料的含碳量越高，碳化物涂覆层越厚。

TD 法的优点与 CVD 法类似。其处理设备非常简单（外热式坩埚盐炉，不必密封），生产率高，适合于处理各种中小型模具。但是，由于 TD 法中碳化物的形成需消耗基体中的碳，对于含碳量小于 0.3%（质量分数）的钢或尺寸过小的模具零件不宜采用。

5.3　任务实施

1. 塑料压模下模机械加工工艺过程的编制

图 5-1 所示是一塑料压模下模（上腔部分未画出），材料是 3Cr2Mo，要求预硬热处理硬度为 28 ~35HRC。加工的关键是上下平面、导柱导套孔、垂直基准侧面和型腔。型腔的半精加工完成后，留 0.2 ~0.4mm 单面余量，用电火花一次精加工成形。导柱、导套孔在钻削后合镗，保证上、下模各孔之间的距离相等。单件小批生产塑料压模下模的机械加工工艺过程见表 5-8。

工序 1：备料。

按尺寸 35mm ×106mm ×126mm 下料。

工序 2：铣。

对各面进行粗加工和半精加工，为磨削作准备。参考有关手册，留 0.4mm 加工余量。机床选用普通立铣床 X52K。

工序 3：磨。

本道工序是对基准进行精加工，先磨上、下面达图样要求，保证平行度，然后磨相互垂直的两侧面。主要目的是为钳工划线作准备，为后续工序提供合格的工艺基准。机床选用平面磨床 M7120。

工序 4：划线。

划出螺孔线、导柱孔线和型腔线，为以后的机械加工提供依据。

工序 5：钻。

钻、攻螺孔，钻导柱孔到 ϕ10mm。机床选用 Z3025 摇臂钻。

工序 6：镗。

与上腔部分合镗 $4\times\phi12^{+0.018}_{0}$ mm 孔，保证上、下模各孔之间的距离相等。

工序 7：钳工。

装导柱合模。

工序 8：磨。

与上模合磨两垂直基准侧面，为后继工序提供工艺基准。

工序9：铣。

铣型腔，深度铣到4.5mm，侧面留0.5mm单面余量，为电火花加工作准备。机床选用X52K立铣床。

工序10：磨。

精磨上、下面，保证表面粗糙度 Ra 值为0.8μm。

工序11：退磁。

工序12：电火花。

电火花加工型腔，留0.02mm研磨余量

工序13：钳工。

研磨型腔到技术要求。

工序14：检验。

检验各尺寸达图样要求。

表5-8　塑料压模下模机械加工工艺过程

工序号	工序名称	工序内容	定位基准
1	备料	按尺寸35mm×106mm×126mm下料	
2	铣	铣各平面，留磨削余量0.4mm	平面
3	磨	磨六面，保证两相邻基准侧面的垂直度	平面
4	划线	划各孔线和型腔线	
5	钻	钻 $4\times\phi12^{+0.018}_{0}$ mm孔到 $\phi10$mm，钻、攻4×M8螺孔	底面、基准侧面
6	镗	与上腔部分合镗 $4\times\phi12^{+0.018}_{0}$ mm孔	基准侧面
7	钳工	装导柱、导套，合模	
8	磨	与上模合磨四侧面，保证四侧面相互垂直	平面
9	铣	铣型腔，深度铣到4.5mm，侧面留0.5mm单面余量	底面、基准侧面
10	磨	精磨上、下面，保证表面粗糙度 Ra 值为0.8μm	平面
11	退磁		
12	电火花	电火花加工型腔，留0.02mm研磨余量	基准侧面
13	钳工	研磨型腔到技术要求	
14	检验	检验各尺寸及技术要求达图样要求	

2. 型芯固定板机械加工工艺过程的编制

图5-2中型芯固定板的材料是45钢，热处理要求调质，硬度为25～28HRC。加工的关键是上下平面、导柱导套孔、侧面基准和型芯固定孔。

参考表1-12，按经济精度确定上下平面的加工过程为：铣→磨。

型芯固定孔是方通孔，并有较高的尺寸精度和位置精度要求，用线切割比较合理。

参考表1-11、表1-13按经济精度确定导柱孔 $4\times\phi15^{+0.011}_{0}$ mm的加工过程为：加工中心→坐标镗；$3\times\phi8^{+0.015}_{0}$ mm直接通过加工中心达到要求。

加工中心、线切割和坐标镗等精加工工序的定位基准都是底面、基准侧面，由机床精度保证孔与垂直基准侧面、孔与孔之间的位置精度，以保证动、定模合模后型腔与型芯中心对齐。

单件小批生产型芯固定板的机械加工工艺过程见表5-9。

表 5-9 型芯固定板机械加工工艺过程

工序号	工序名称	工序内容	定位基准
1	备料	按尺寸 31mm×125mm×165mm 下料	
2	铣	铣各平面，留磨削余量 0.4mm	平面
3	热处理	调质，硬度为 25～28HRC	
4	磨	磨六面，保证两相邻基准侧面的垂直度	基准侧面
5	加工中心	$4\times\phi15^{+0.011}_{0}$mm 钻到 $4\times\phi14$mm；在型腔中心钻 $\phi14$mm 穿丝孔；加工 $3\times\phi8^{+0.015}_{0}$mm 孔及沉孔。钻、攻 6×M8 螺孔 铣 $R3$mm 半圆槽；铣型腔台阶孔	底面、基准侧面
6	退磁		
7	线切割	线切割型腔方孔	底面、基准侧面
8	坐标镗	按图坐标镗 $4\times\phi15^{+0.011}_{0}$mm 孔	底面、基准侧面
9	钳工	压入型芯，配磨大平面	平面
10	检验	检验各尺寸及技术要求达图样要求	

企业专家点评： 中国第二重型机械集团公司黄亮高级工程师表示，这一教学单元由两个典型的型腔模工作零件导入，对用普通机床、电火花机床和数控加工机床等加工型腔模的工艺方法作了详细介绍，知识结构符合模具制造企业对人才的要求。实例分析难度适中，也能结合工厂实际。

习题与思考题

5-1 注射模模架加工的关键是什么？如何从工艺上保证合模后动、定模型腔对齐？

5-2 简述电火花型腔的加工工艺方法和应用。

5-3 为什么用电火花加工方法进行型腔加工比加工凹模型孔困难得多？

5-4 数控车床上加工零件时，如何划分工序？

5-5 如何确定数控车削加工顺序和进给路线？

5-6 对于数控铣削和加工中心，零件图工艺分析包括哪些内容？

5-7 为什么在加工中心上加工面积较大的薄板时精度不容易保证？

5-8 在加工中心上粗加工时，对毛坯有哪些要求？

5-9 立铣刀和键槽铣刀有何区别？

5-10 数控加工对刀具有何要求？常用数控车床车刀有哪些类型？

5-11 确定铣刀进给路线时，应考虑哪些问题？

5-12 简述研磨的原理和分类。

5-13 型腔模研磨与抛光的目的是什么？

5-14 磨料的粒度是如何表示的？

5-15 常用的研磨方法和工具有哪些？

5-16 模具表面硬化处理的目的是什么？适用于模具的硬质化合物涂覆方法工艺如何？

5-17 图 5-76 所示零件材料为 45 钢，热处理调质，硬度为 26～28HRC，要求确定单件小批生产的加工顺序及进给路线，并选择相应的加工刀具。

5-18 图 5-77 所示为注射模型腔，材料为 CrWMn，热处理淬火，硬度为 52～55HRC，编制单件小批生产的机械加工工艺过程。

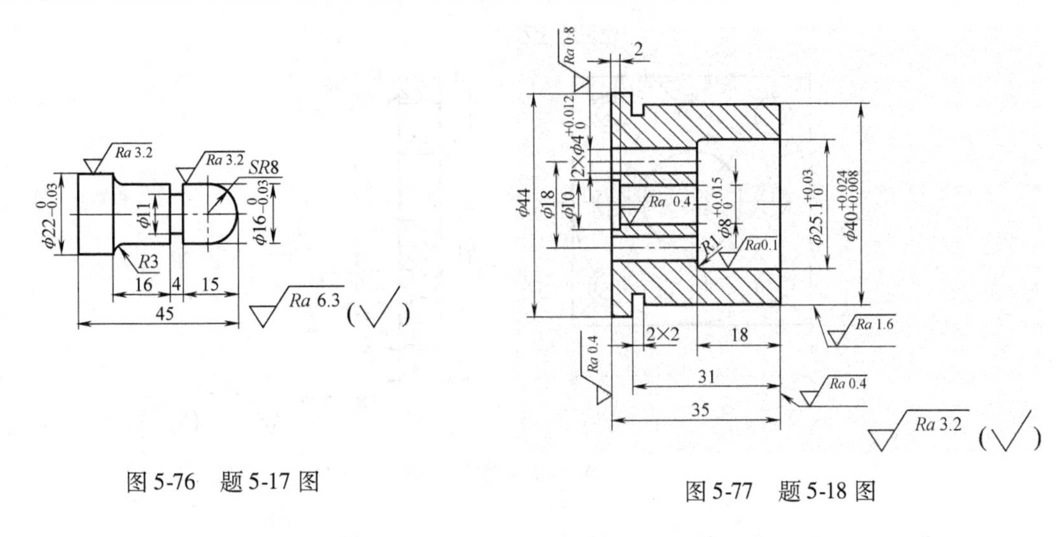

图 5-76　题 5-17 图

图 5-77　题 5-18 图

5-19　图 5-78 所示为注射模小型芯，材料为 40Cr，热处理调质，硬度为 26～30HRC，编制单件小批生产的机械加工工艺过程。

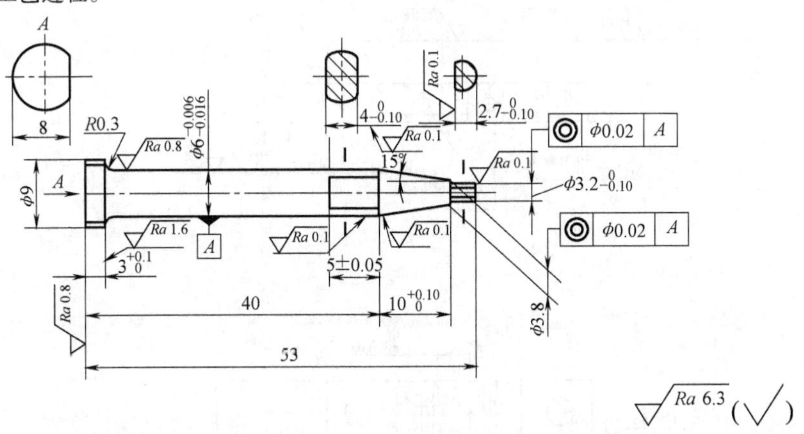

图 5-78　题 5-19 图

5-20　图 5-79 所示是注射模的型腔（标尺寸部分是型腔，为深度 5mm 的二维型腔轮廓），问在加工中心上精铣时铣刀直径不能大于多少？为什么？画出精铣型腔轮廓的走刀路线。

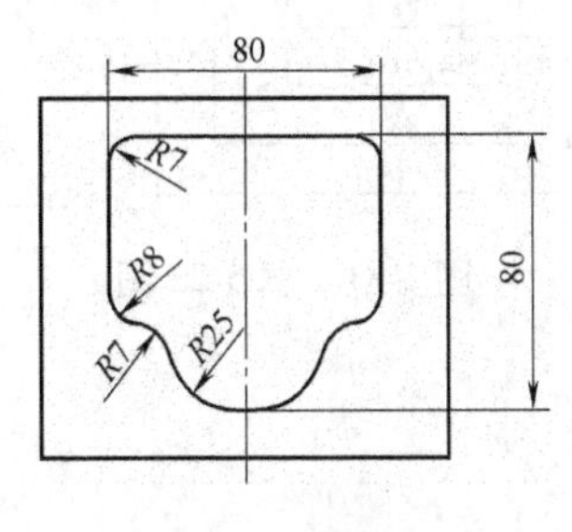

图 5-79　题 5-20 图

5-21　图 5-80 所示零件的 A、B 面已加工好，现要在加工中心上加工出所有的孔，试制订其加工中心加工工艺。

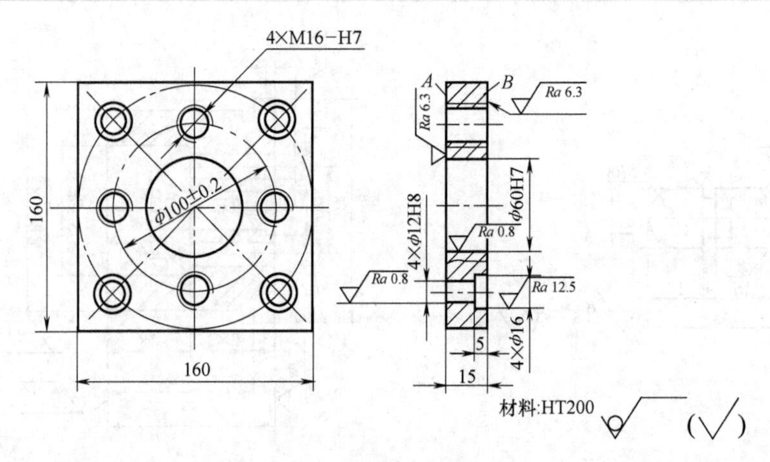

图 5-80　题 5-21 图

5-22　图 5-81 所示是注射模的型腔，材料为 CrWMn，热处理淬火，硬度为 56～60HRC，编制单件小批生产的机械加工工艺过程。

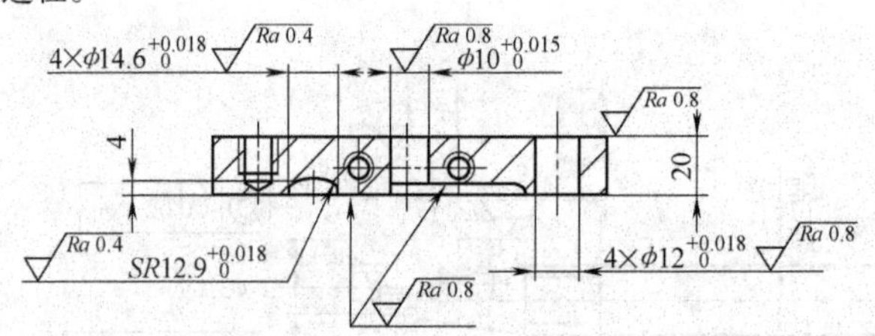

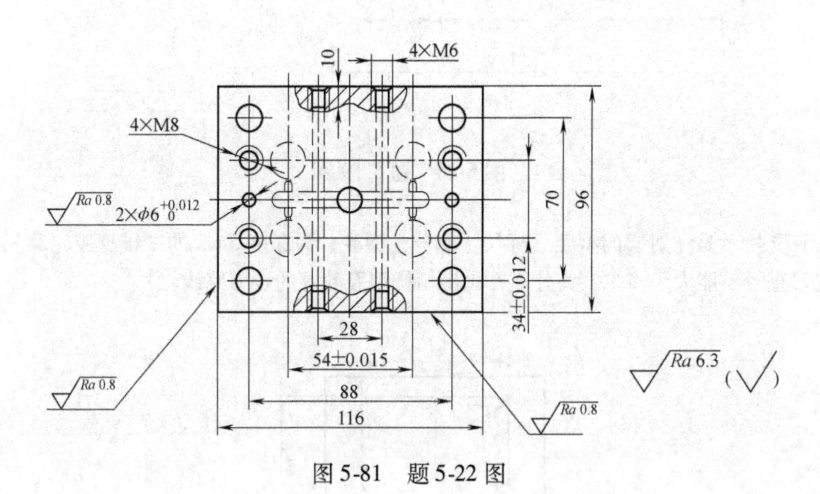

图 5-81　题 5-22 图

教学单元 6　模具制造的其他方法

6.1　任务引入

1. 什么是电化学加工？有哪些工艺方法？什么是化学加工？
2. 什么是超声波加工？
3. 什么冷挤压加工？
4. 锌合金模具制造和陶瓷模制造的工艺过程如何？
5. 什么是高速加工？
6. 什么是快速成形技术？什么是逆向工程技术？

6.2　相关知识

6.2.1　电化学加工及化学加工

电化学加工包括从工件上去除金属的电解加工和向工件上沉积金属的电镀、涂覆加工两大类。虽然有关的基本理论在19世纪末已经建立，但真正在工业上得到大规模应用，还是20世纪30年代以后的事。目前，电化学加工已经成为我国民用、国防工业中的一个不可或缺的加工手段。

1. 电化学加工的基本原理及分类

（1）电化学加工原理　当两个铜片接上约10V的直流电源并插入$CuCl_2$的水溶液中（此水溶液中含有OH^-和Cl^-负离子及H^+和Cu^{2+}正离子），如图6-1所示，即形成通路。导线和溶液中均有电流流过。在金属片（电极）和溶液的界面上，必定有交换电子的反应，即电化学反应。溶液中的离子将作定向移动，Cu^{2+}正离子移向阴极，在阴极上得到电子而进行还原反应，沉积出铜。在阳极表面Cu原子失掉电子而成为Cu^{2+}正离子进入溶液。溶液中正、负离子的定向移动称为电荷迁移。在阳极和阴极表面发生得失电子的化学反应称为电化学反应，以这种电化学作用为基础对金属进行加工（如图6-1中，阳极上为电解蚀除；阴极上为电镀沉积，常用以提炼纯铜）的方法即电化学加工。图6-1中e为电子流动的方向，i为电流的方向。

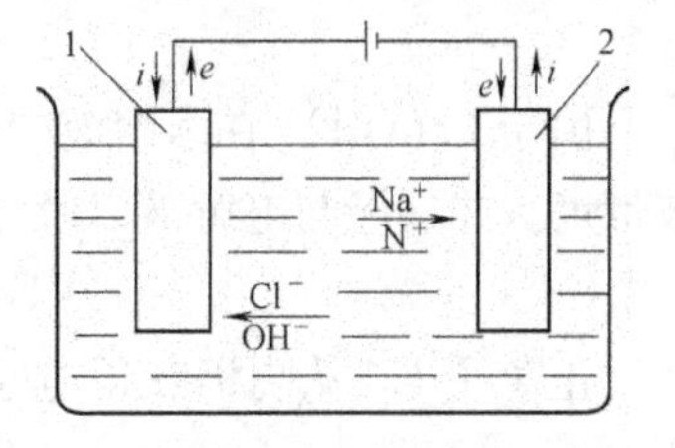

图6-1　电解液中的电化学反应
1—阳极　2—阴极

凡溶于水后能导电的物质就叫做电解质，如硫酸（H_2SO_4）、氢氧化钠（NaOH）、氢氧化氨（NH_4OH）、食盐（NaCl）、硝酸钠（$NaNO_3$）、氯酸钠（$NaClO_3$）等酸、碱、盐都是电解质。电解质与水形成的溶液为电解质溶液，简称为电解液。

（2）电化学加工的分类　电化学加工按其作用原理可分为三大类：第一类是利用电化

学阳极溶解来进行加工，主要有电解加工、电解抛光等；第二类是利用电化学阴极沉积、涂覆进行加工，主要有电镀、涂镀、电铸等；第三类是利用电化学加工与其他加工方法相结合的电化学复合加工工艺，目前主要有电化学加工与机械加工相结合，如电解磨削、电化学阳极机械加工（还包含有电火花放电作用）。

2. 电解加工

（1）电解加工的原理　电解加工是利用金属在电解液中发生电化学阳极溶解的原理，将工件加工成形的一种工艺方法，如图6-2a所示。加工时，工具电极接直流稳压电源（6～24V）的阴极，工件接阳极，两极之间保持一定的间隙（0.1～1mm）。具有一定压力（0.49～1.96MPa）的电解液，从两极间隙间高速流过。接通电源后（电流可达1000～10000A），工件表面产生阳极溶解。由于两极之间各点的距离不等，其电流密度也不相等（图6-2b中以细实线的疏密程度表示电流密度的大小，细实线越密处电流密度越大），两极间距离最近的地方，通过的电流密度最大可达10～70A/cm²，该处的溶解速度最快。随着工具电极的不断进给（一般为0.4～1.5mm/min），工件表面不断被溶解（电解产物被电解液冲走），使电解间隙逐渐趋于均匀，工具电极的形状就被复制在工件上，如图6-2c所示。

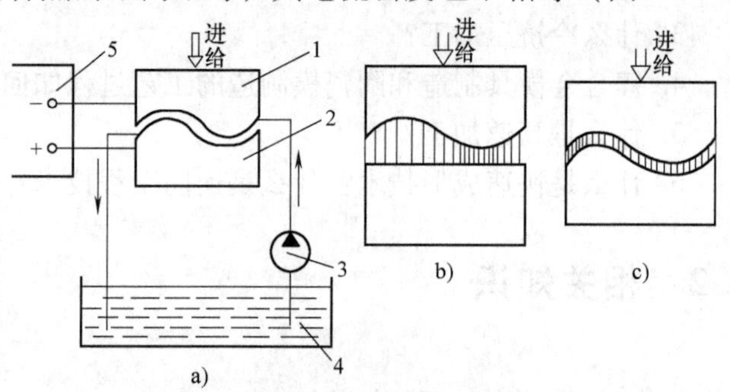

图6-2　电解加工示意图

1—工具电极（阴极）　2—工件（阳极）　3—电解液泵　4—电解液　5—直流电源

电解加工钢制模具零件时，常用的电解液为NaCl水溶液，其质量分数为14%～18%。电解液的离解反应为

$$H_2O \rightleftharpoons H^+ + OH^-$$

$$NaCl \rightleftharpoons Na^+ + Cl^-$$

电解液中的H^+、OH^-、Na^+、Cl^-离子在电场的作用下，正离子和负离子分别向阴极和阳极运动。阳极的主要反应为

$$Fe - 2e \rightarrow Fe^{2+}$$

$$Fe^{2+} + 2OH^- \rightarrow Fe(OH)_2 \downarrow$$

由于$Fe(OH)_2$在水溶液中的溶解度很小，沉淀为墨绿色的絮状物，随着电解液的流动而被带走，并逐渐与电解液以及空气中的氧作用生成$Fe(OH)_3$，$Fe(OH)_3$为黄褐色沉淀，即

$$4Fe(OH)_2 + 2H_2O + O_2 \rightarrow 4Fe(OH)_3 \downarrow$$

正离子H^+从阴极获得电子成为游离的氢气，即

$$2H^+ + 2e \rightarrow H_2 \uparrow$$

由此可见，电解加工过程中，阳极不断以Fe^{2+}的形式被溶解，水被分解消耗，因而电解液的浓度稍有变化。电解液中的氯离子和钠离子起导电作用，本身并不消耗，所以NaCl电解液的使用寿命长，只要过滤干净，可以长期使用。

（2）电解加工的特点　电解加工与其他加工方法相比，具有如下特点：

1）适用范围广。可加工高硬度、高强度、高韧性等难切削的金属（如高温合金、钛合金、淬火钢、不锈钢、硬质合金等）。

2）加工生产率高。由于所用的电流密度较大，所以金属去除速度快，用该方法加工型腔比用电火花方法加工提高工效四倍以上，在某些情况下甚至超过切削加工。

3）可以达到较好的表面粗糙度（Ra 值为 1.25 ~ 0.2μm），平均加工精度可达 ±0.1mm 左右。

4）由于加工过程中不存在机械切削力，所以不会产生由切削力所引起的残余应力和变形，没有飞边、毛刺。

5）加工过程中，阴极（工具电极）在理论上不会耗损，可长期使用。

（3）混气电解加工　混气电解加工就是将一定压力的气体（主要是压缩空气或二氧化碳、氮气等）用混气装置使它与电解液混合在一起，使电解液成为包含无数气泡的气液混合物，然后送入加工区进行电解加工。混气电解加工提高了电解加工的成形精度，简化了对阴极的设计与制造，因而得到了较快的推广。例如加工锻模，不混气时，如图 6-3a 所示，侧面间隙很大，模具上腔有喇叭口，成形精度差，阴极的设计与制造也比较困难，需多次反复修正。图 6-3b 所示为混气电解加工的情况，成形精度好，侧面间隙小而均匀，表面粗糙度值小，阴极设计较容易。

混气电解加工装置的示意图如图 6-4 所示。压缩空气经喷嘴引入气、液混合腔（包括引入部、混合部及扩散部），与电解液强烈搅拌成细小气泡，成为均匀的气、液混合物。经工具电极进入加工区域。

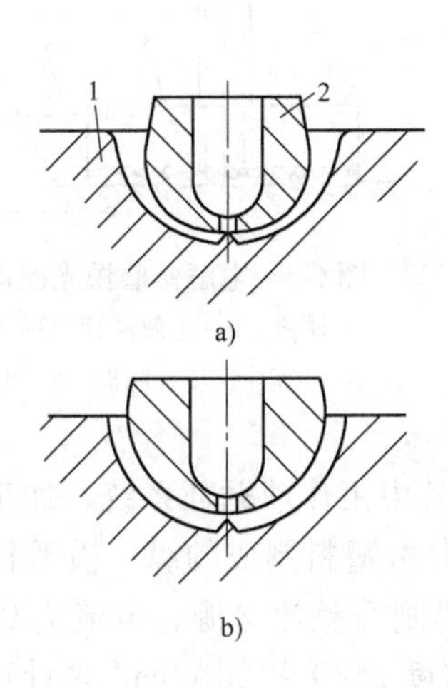

图 6-3　混气电解加工效果对比

a）不混气　b）混气

1—工件　2—工具

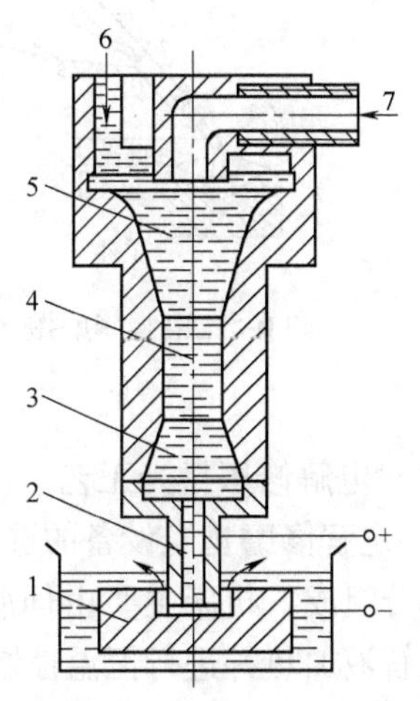

图 6-4　混气电解加工装置

1—工件　2—工具电极　3—扩散部　4—混合部　5—引入部　6—电解液入口　7—气源入口

由于气体不导电，而且气体的体积会随着压力的改变而改变，因此，在压力高的地方，气泡的体积小，电阻率低，电解作用强；在压力低的地方，气泡体积大，电阻率高，电解作用弱。混气电解液的这种电阻特性，可使加工区的某些部位，当间隙达到一定值时，电解作用趋于停止（这时的间隙值称为切断间隙）。所以混气电解加工的型腔，侧面间隙小而均匀，能保证较高的成形精度。

因气体的密度和粘度远小于液体，混气后电解液的密度和粘度降低，能使电解液在较低的压力下达到较高的流速，从而降低了对工艺设备的刚度要求；由于气体强烈的搅拌作用，还能驱散黏附在电极表面的惰性离子。同时，使加工区内的流场分布均匀，消除“死水区”，使加工稳定。

3. 电解修磨抛光

电解修磨抛光与电解加工的基本原理是相同的，是利用通电后工件（阳极）与抛光工具（阴极）在电解液中发生的阳极溶解作用来进行抛光的一种工艺方法，如图6-5所示。

电解修磨抛光工具可采用导电油石制造。导电油石以树脂作粘结剂与石墨和磨料（碳化硅或氧化铝）混合压制而成，导电油石应修整成与加工表面相似的形状。抛光时，手持抛光工具在零件表面轻轻摩擦。

（1）电解修磨抛光的原理　图6-6所示是电解修磨抛光的原理图。从图中可以看出，加工时仅工具表面凸出的磨粒与加工表面接触，由于磨粒不导电，防止了两极间发生短路现象。砂轮基体（含石墨）导电，当电流及电解液从两极间通过时，工件表面产生电化学反应，溶解并生成很薄的氧化膜，氧化膜不断被移动的抛光工具上的磨粒刮除，使加工表面重新露出新的金属表面，并继续被电解。电解作用和刮除氧化膜交替进行，从而使加工表面的表面粗糙度值逐渐减小，工件被抛光。

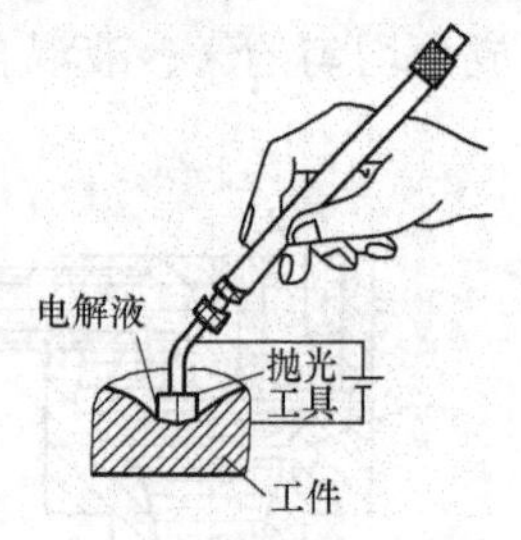

图6-5　电解修磨抛光

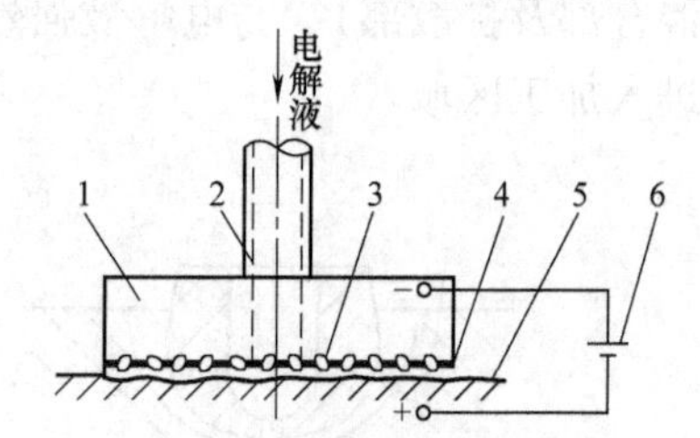

图6-6　电解修磨抛光原理图

1—阴极　2—电解液管　3—磨粒

4—电解液　5—阳极　6—电源

（2）电解修磨抛光工艺

1）电解修磨抛光设备的选用。电解修磨抛光设备由工作液循环系统、加工电源和机床等几部分组成。机床主要由伺服电动机控制，工作台由塑料制成的纵、横滑板和电解槽组成。电解液加热并进行恒温控制。直流电源可选用晶闸管整流电源，电流为0~50V可调。电流的大小视加工零件抛光面积而定。一般以电流密度为80~100A/cm^{2}来计算直流电流的大小。

2）工具电极。工具电极一般由铅制成。对于形状简单的型腔，可用2mm厚的铅板制成与型腔相似的形状。对于复杂型腔，可以将铅熔化后，先浇注在型腔中，待冷却凝固成形后，各面除去5~10mm即可使用。加工时，电极和零件表面要始终保持5~10mm间隙值。

3）电解液。电解液选用每升水中溶入150g硝酸钠（$NaNO_3$）、50g氯酸钠（$NaClO_3$）。此电解液无毒，在加工过程中产生轻微的氨气。因硝酸钠是强氧化剂，容易燃烧，使用时应注意勿使它与有机物混合或受强烈振动。

4）电解修磨抛光的工艺过程

①被抛零件的清洗。用汽油清洗被抛零件→进行化学除油→热水冲洗→冷水冲洗→HCl清除氧化皮→冷水冲洗。

②装夹零件和电极。将电极接直流电源的负极，工件接直流电源的正极，工件和电极相距5~10mm。

③电解修磨抛光。接通电源，在抛光过程中要搅拌电解液。

④清洗。先用热水清洗，再用冷水清洗。

⑤钝化处理。为提高金属的耐蚀性，应使零件在10%（质量分数）的HCl中（温度70~95°C）钝化10~20min。

⑥冷水清洗。

⑦室温下干燥。

⑧涂防锈油防锈。

（3）电解修磨抛光的特点

1）电解修磨抛光不会使工件产生热变形或应力。

2）工件硬度不影响加工速度，抛光效率高，比手工抛光效率要提高10倍以上。

3）对型腔中用一般方法难以修磨的部位及形状（如深槽、窄缝及不规则圆弧等），可采用相应形状的修磨工具进行加工，操作方便、灵活。

4）电火花加工后的型腔表面，经电解修磨抛光后表面粗糙度 *Ra* 值可由1.25~2.5μm降至0.23~1.25μm。

5）装置简单，工作电压低，电解液无毒，生产安全。

4. 电解磨削加工

（1）电解磨削的基本原理　电解磨削是将金属的电化学阳极溶解作用和机械磨削作用相结合的一种磨削工艺，电解磨削原理图如图6-7所示。

磨削时，工件接直流电源的正极，电解磨轮（也称导电砂轮）接直流电源的负极。两极间由电解磨轮中凸出的磨料保持一定的电解间隙，并在电解间隙中注入一定量的电解液。接通直流电源后，工件（阳极）的金属表面发生电化学溶解，表面的金属原子将失去电子而变成离子溶解于电解液中。同时电解液中的氧与金属离子化合而在工件表面生成一层极薄的氧化膜。这层氧化膜具有较高的电阻，使阳极溶解过程减慢，这时通过高速旋转的磨轮将这层氧化膜不断刮除，并被电解液带走。由于阳极溶解和机械磨削共同交替作用的结果，使工件表面不断被蚀除，并形成光滑的表面，达到一定的尺寸精度。

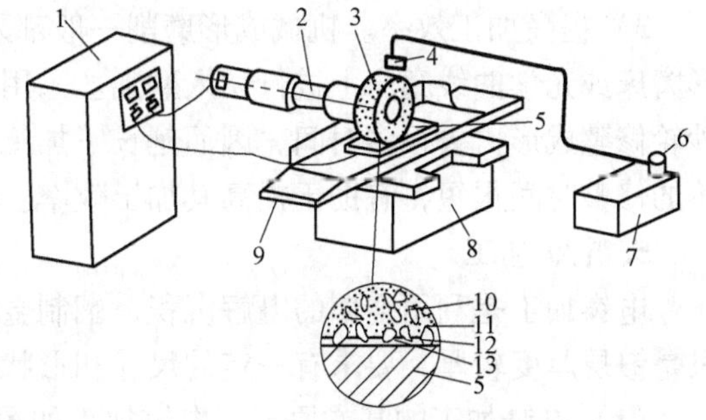

图6-7　电解磨削原理图

1—直流电源　2—绝缘主轴　3—电解磨轮　4—电解液喷嘴　5—工件　6—电解液泵　7—电解液箱　8—机床本体　9—工作台　10—磨料　11—结合剂　12—电解间隙　13—电解液

在电解磨削过程中，金属主要是靠电化学阳极溶解作用腐蚀下来的，电解磨轮只起磨去电解产物阳极钝化膜和整平工件表面的作用。

（2）电解磨削的特点

1）加工范围广，生产效率高。由于电解磨削主要是电解作用，因此只要选择合适的电解液就可以用来加工任何高硬度和高韧性的金属材料。例如磨削硬质合金时，与普通的金刚石砂轮磨削相比，电解磨削的加工效率要高3～5倍。

2）加工精度高，表面质量好。因为砂轮的作用是刮除氧化膜，而不是磨削金属，因而磨削力和磨削热都很小，不会产生磨削毛刺、裂纹、烧伤等现象，一般表面粗糙度 *Ra* 值可小于0.16μm，而加工精度与机械磨削相近。

3）砂轮的磨损量小。例如磨削硬质合金，用普通机械磨削，碳化硅砂轮的磨损量大约为磨削掉的硬质合金重量的400%～600%；用电解磨削，砂轮的磨损量只有硬质合金磨除量的50%～100%。砂轮磨损量小，有助于提高加工精度。

尽管电解磨削所用的电解液都是腐蚀能力较弱的钝化性电解液（如 $NaNO_3$、$NaNO_2$ 等），但机床和夹具等仍需采取防蚀防锈措施，而且，用电解磨削加工模具（冲裁模）刃口时不易磨得非常锋利。

（3）电解磨削在模具加工中的应用

1）磨削难加工的材料。电解磨削与工件硬度无关，所以用来加工高硬度的难加工材料效果显著。如硬质合金模具平面用立式电解平面磨床加工，不但生产率高，而且加工质量好。

2）减少加工工序，保证磨削质量。以往制造各种拼块模具时，须按拼块形状进行粗加工，热处理后进行平面磨削和成形精磨，工序较多。而且，为了防止热变形，往往都留有较大的精磨余量。在磨削模具时，还要消耗大量的金刚石砂轮，使模具成本增加。采用电解磨削时，可直接用硬质合金拼块，无粗加工，从而减少工序；且磨削时不会产生磨削热、裂纹、烧伤和变形等，能很好地保证磨削质量。

3）提高加工效率。机械成形磨削一般都采用单片砂轮（或成形砂轮）在平面磨床、成形磨床或光学曲线磨床上进行切入磨削。采用普通砂轮则由于砂轮磨损大而需要经常修整，砂轮修整成形占去很多时间，因而延长了加工工时。若采用电解磨削，则磨轮磨损量小，磨轮的修整时间很短，有助于提高其加工效率。

5. 电铸加工

电铸加工是利用金属的电解沉积，翻制金属制品的工艺方法。其基本原理与电镀相同，只是镀层厚度较厚，要求有一定的尺寸和形状精度并与原模能分离。

（1）电铸加工的基本原理　电铸加工如图6-8所示，用导电的原模作阴极，电铸材料作阳极，含电铸材料的金属盐溶液作电铸溶液。在直流电源（电压为6～12V，电流密度为15～30A/cm²）的作用下，电铸溶液中的金属离子，在阴极获得电子还原成金属原子，沉积在原模表面，而阳极上的金属原子失去电子成为正离子源源不断地溶解到电铸溶液中进行补充，使溶液中金属离子的浓度保持不变。

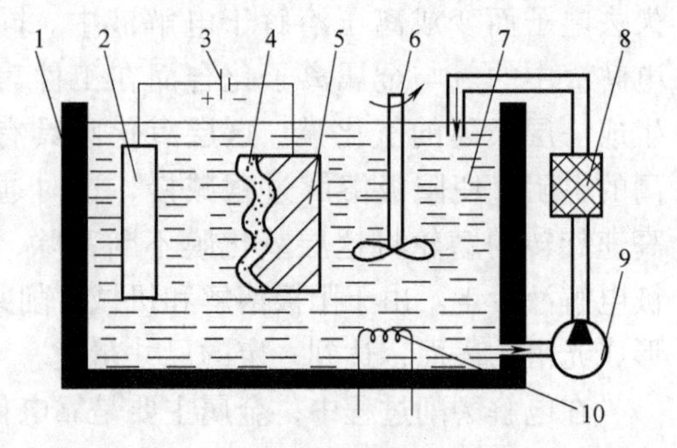

图6-8　电铸加工

1—电铸槽　2—阳极　3—直流电源　4—电铸层　5—原模（阴极）　6—搅拌器　7—电铸液　8—过滤器　9—泵　10—加热器

当原模上的电铸层逐渐加厚到所要求的厚度后，使其与原模分离，即获得与原模型面相反的电铸件。

（2）电铸加工的特点

1）能准确地复制形状复杂的成形表面，制件表面粗糙度值（*Ra* 值为0.1μm左右）小，用同一原模能生产多个电铸件（其形状、尺寸的一致性极好）。

2）设备简单，操作容易。

3）电铸速度慢（需几十甚至上百小时），电铸件的尖角和凹槽部位不易获得均匀的铸层。尺寸大而薄的铸件容易变形。

在模具制造中，电铸加工法主要用于加工塑料压模、注射模等模具的型腔。为了保证型腔有足够的强度和刚度，其铸层厚度一般为6～8mm。电铸件的抗拉强度一般为1.4～1.6MPa，硬度为35～50HRC，不需进行热处理。对承受冲击载荷的型腔（如锻模型腔）不宜采用电铸加工法制造。

6. 化学腐蚀加工

（1）化学腐蚀加工的原理和特点

1）化学腐蚀加工的原理。化学腐蚀加工是将零件要加工的部位暴露在化学介质中，产生化学反应，使零件材料腐蚀溶解，以获得所需要形状和尺寸的一种工艺方法。化学腐蚀加工时，应先将工件表面不加工的部位用耐腐蚀涂层覆盖起来，然后将工件浸入腐蚀液中或在工件表面涂覆腐蚀液，将裸露部位的余量去除，达到加工目的。

2）化学腐蚀加工的特点

①可加工金属和非金属（如玻璃、石板等）材料，不受被加工材料的硬度影响，不发生物理变化。

②加工后表面无毛刺，不变形，不产生加工硬化现象。

③只要腐蚀液能浸入的表面都可以加工，故适合于加工难以进行机械加工的表面。

④加工时不需要用夹具。

⑤腐蚀液和蒸气污染环境，对设备和人体有危害作用，需采用适当的防护措施。

化学腐蚀在模具制造中主要用来加工塑料模型腔表面上的花纹、图案和文字，应用较广的是照相腐蚀。

（2）照相腐蚀工艺　照相腐蚀加工是把所需图像摄影到照相底片上，再将底片上的图像经过光化学反应，复制到涂有感光胶（乳剂）的型腔工作表面上。经感光后的胶膜不仅不溶于水，而且还增强了耐腐蚀能力。未感光的胶膜能溶于水，用水清洗去除未感光胶膜后，部分金属便裸露出来，经腐蚀液的浸蚀，即能获得所需要的花纹、图案。

照相腐蚀加工的工艺过程如下：

原图→照相 ┐
模具表面处理→涂感光胶 ┘→贴照相底片→曝光→显影→坚膜及修补→腐蚀→去胶及修整

照相腐蚀主要工序示意图如图6-9所示。

1）原图和照相。将所需图形或文字按一定比例绘制在图纸上即为原图。然后通过专用照相设备照相，将原图缩小至所需大小的照相底片上。

2）感光胶。感光胶的配方有很多种，现以聚乙烯醇感光胶为例，其成分为：

聚乙烯醇　45～60g
重铬酸铵　10g
水　1000mL

配制时，先将聚乙烯醇溶解于900mL的水中蒸煮3h；将重铬酸铵溶解于100mL的水中，倒入聚乙烯醇溶液里，再隔水蒸煮 0.5h 即可。上述配制过程必须在暗室进行。

感光胶的作用原理是：聚乙烯醇和重铬酸铵间不起化学反应。聚乙烯醇的特点是易溶于水，无色透明，有粘结作用，水分挥发后，形成一层薄膜，但用水冲洗、擦拭便可去掉。重铬酸铵是一种感光材料，经光照、感光、显影之后，不易溶于水，和聚乙烯醇的混合物共同形成一层薄膜，较牢固地附着在模具表面上。而未感光部分，仍是聚乙烯醇为主，经水冲洗，用脱脂棉擦拭便可去除。附着在模具表面的感光胶膜，经过固化后具有一定的耐腐蚀能力，能保护金属不被腐蚀。

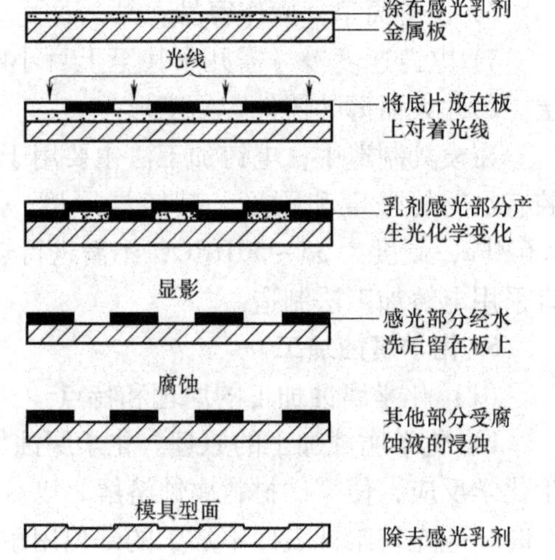

图 6-9　照相腐蚀主要工序示意图

3）腐蚀面的清洗和涂胶。涂胶前必须清洗模具表面。对小模具可将其放入 10% 的 NaOH 溶液中加热去除油污，然后取出用清水冲洗。对较大的模具，先用 10% 的 NaOH 溶液煮沸后冲洗，再用开水冲洗。模具清洗后，经电炉烘烤至 50°C 左右涂胶，否则涂上的感光胶容易起皮脱落。涂胶可采用喷涂法在暗室红灯下进行，在需要感光成像的模具部位应反复喷涂多次，每次间隔时间根据室温情况而定，室温高，时间短；室温低，时间长。喷涂时要注意均匀一致。

4）贴照相底片。在需要腐蚀的表面上，铺上制作好的照相底片，校平表面，用玻璃将底片压紧，垂直表面，用透明胶带将底片粘牢。对于圆角或曲面部位可用白凡士林将底片粘结。型腔设计时应预先考虑到贴片是否方便，必要时可将型腔设计成镶块结构。贴片过程都应在暗室红灯下进行。

5）感光。将经涂胶和贴片处理后的工件部位，用紫外线光源（如汞灯）照射，使工件表面的感光胶膜按图像感光。在此过程中应调整光源的位置，让感光部分均匀感光。感光时间的长短根据实践经验确定。

6）显影冲洗。将感光（曝光）后的工件放入 40 ~ 50℃的热水中浸 30s 左右，让未感光部分的胶膜溶解于水中，取出后滴上碱性紫 5BN 染料，涂匀显影，待出现清晰的花纹后，再用清水冲洗，并用脱脂棉将未感光部分擦掉。最后用热风吹干。

7）坚膜及修补。将已显影的型腔模放入 150 ~ 200℃的电热恒温干燥箱内，烘焙 5 ~ 20min，以提高胶膜的黏附强度及耐腐蚀性能。型腔表面若有未去净的胶膜，可用刀尖修除干净，缺膜部位用印刷油墨修补。不需进行腐蚀的部位，应涂汽油沥青溶液，待汽油挥发后，便留下一层薄薄的沥青层。沥青抗酸能起到保护作用。

8）腐蚀。腐蚀不同的材料应选用不同的腐蚀液。对于钢型腔，常用三氯化铁水溶液，可用浸蚀或喷洒的方法进行腐蚀。若在三氯化铁水溶液中加入适量的硫酸铜粉末调成糊状，涂在型腔表面（涂层厚度为 0.2 ~ 0.4mm），可减少向侧面渗透。为防止侧蚀，也可以在腐蚀剂中添加保护剂或用松香粉刷嵌在腐蚀露出的图形侧壁上。

腐蚀温度为 50 ~ 60°C，根据花纹和图形的密度及深度一般需腐蚀 1 ~ 3 次，每次 30 ~ 40min。一般腐蚀深度为 0.3mm。

9）去胶及修整。将腐蚀好的型腔用漆溶剂和工业酒精擦洗。检查腐蚀效果，对于有缺陷的地方，进行局部修描后，再腐蚀或机械修补。腐蚀结束，表面附着的感光胶，应用 NaOH 溶液冲洗，使保护层烧掉，最后用水冲洗若干遍。之后用热风吹干，涂一层油膜，即完成全部加工。

6.2.2 超声波加工

频率低于 16Hz 的振动波称为次声波，频率超过 16000Hz 的振动波称为超声波。超声波抛光用的超声波频率为 16000 ~ 25000Hz。超声波区别于普通声波的特点是：频率高，波长短，能量大，传播过程中反射、折射、共振、损耗等现象显著。

超声波加工是随着机械制造和仪器制造中各种脆性材料和难加工材料的不断出现而得到应用和发展的。它较好地弥补了在加工脆性材料方面的某些不足，并显示出其独特的优越性。

1. 超声波加工的原理和特点

（1）超声波加工的原理　超声波加工也叫超声加工，它利用产生超声振动的工具，带动工件和工具间的磨料悬浮液冲击和抛磨工件的被加工部位，使局部材料破坏而成粉末，以进行穿孔、切割和研磨等，如图 6-10 所示。加工时，工具以一定的静压力压在工件上，在工具和工件之间送入磨料悬浮液（磨料和水或煤油的混合物），超声换能器产生 16000Hz 以上的超声频轴向振动，借助于变幅杆把振幅放大到 0.02 ~ 0.08mm，迫使工作液中悬浮的磨粒以很大的速度不断地撞击、抛磨被加工面，把加工区域的材料粉碎成很细的微粒，从工件上去除下来。工作液受工具端面超声频振动作用而产生的高频、交变的液压冲击，使磨料悬浮液在加工间隙中强迫循环，将钝化了的磨料及时更新，并带走从工件上去除下来的微粒。随着工具的轴向进给，工具端部形状被复制在工件上。

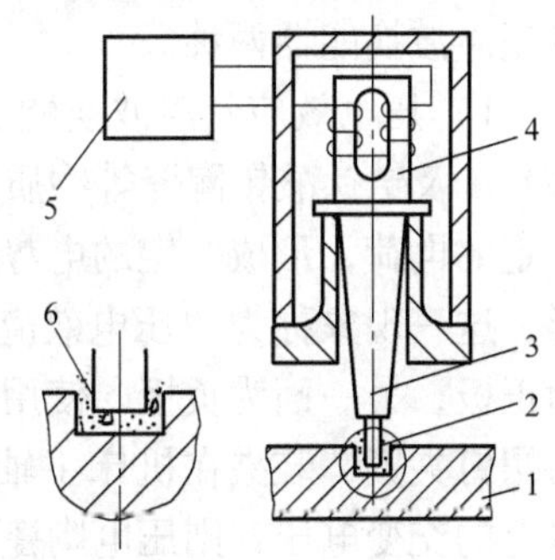

图 6-10　超声加工原理示意图

1—工件　2—工具　3—变幅杆　4—换能器　5—超声发生器　6—磨料悬浮液

由于超声波加工基于高速撞击原理，因此越是硬脆材料，受冲击破坏作用也越大，而韧性材料则由于它的缓冲作用而难以加工。

（2）超声波加工的特点

1）适用于加工硬脆材料（特别是不导电的硬脆材料），如玻璃、石英、陶瓷、宝石、金刚石、各种半导体材料、淬火钢、硬质合金等。

2）由于靠磨料悬浮液的冲击和抛磨去除加工余量，所以可采用比工件软的材料作工具。加工时不需要使工具和工件作比较复杂的相对运动，因此超声波加工机床的结构比较简单，操作维修也比较方便。

3）由于去除加工余量靠磨料的瞬时撞击，工具对表面的宏观作用力小，热影响小，不会引起变形及烧伤，因此适合于加工薄壁零件及工件的窄槽、小孔。超声波加工的精度一般可达 0.01 ~ 0.02mm，表面粗糙度 Ra 值可达 0.63μm 左右，在模具加工中用于加工某些冲模、拉丝模，以及抛光模具 工作零件的成形表面。

2. 超声波加工设备

超声波加工设备如图 6-11 所示。尽管它们的功率大小及结构形式各有不同，但都是由超声波发生器、超声振动系统（声学部件）、机床本体及磨料工作液循环系统等部分组成的。

（1）超声波发生器　超声波发生器也称超声或超声频电振荡发生器，其作用是将工频交流电转变为有一定功率输出的超声频振荡，以提供工具端面往复振动和去除被加工材料的能量。其基本要求是：输出功率和频率在一定范围内连续可调，最好能具有对共振频率自动跟踪和自动微调的功能，此外要求结构简单、工作可靠、价格便宜、体积小等。

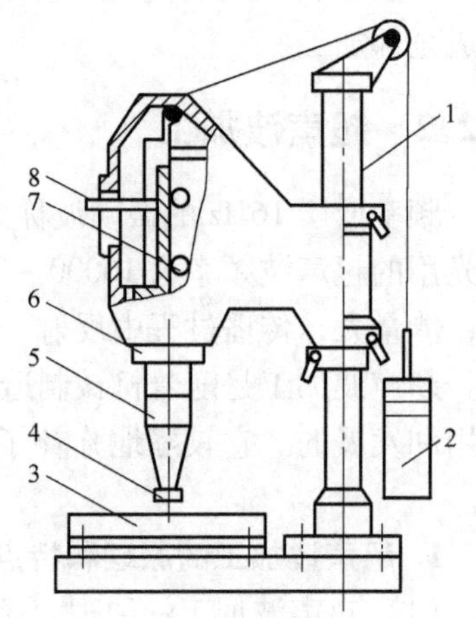

图 6-11　CSJ—2 型超声波加工机床
1—支架　2—平衡锤　3—工作台
4—工具　5—变幅杆　6—换能器
7—导轨　8—标尺

（2）声学部件　声学部件的作用是把高频电能转换成机械振动，并以波的形式传递到工具端面。声学部件是超声波加工设备中的重要部件，主要由换能器、变幅杆及工具组成。

换能器的作用是将高频电振荡转换成机械振动，目前实现这一目的可利用压电效应超声波换能器和磁致伸缩效应超声波换能器两种。

1）压电效应超声波换能器。石英晶体、钛酸钡（$BaTiO_3$）及锆钛酸铅陶瓷等物质在受到机械压缩或拉伸变形时，在它们两对面的界面上将产生一定的电荷，形成一定的电势；反之，在两界面上加以一定的电压，则将产生一定的机械变形，这一现象称为“压电效应”。图 6-12 所示是一种压电效应超声波换能器，压电陶瓷一面为正极，另一面为负极。使用时，常将两片叠在一起，正极在中间，负极在两侧经上下端块用螺钉夹紧，装夹在机床主轴头的振幅扩大棒（变幅杆）的上端。如果两面加上 16000Hz 以上的交变电压，则压电陶瓷产生高频的伸缩变形，使变幅杆作超声振动。

2）磁致伸缩效应超声波换能器。铁（Fe）、钴（Co）、镍（Ni）及其合金的长度能随其所处的磁场强度的变化而伸缩的现象称为磁致伸缩效应，当磁场消失后又恢复原有尺寸。这种材料的棒杆若处在交变磁场中，其长度将交变伸缩，其端面将交变振动，如图 6-13 所示。

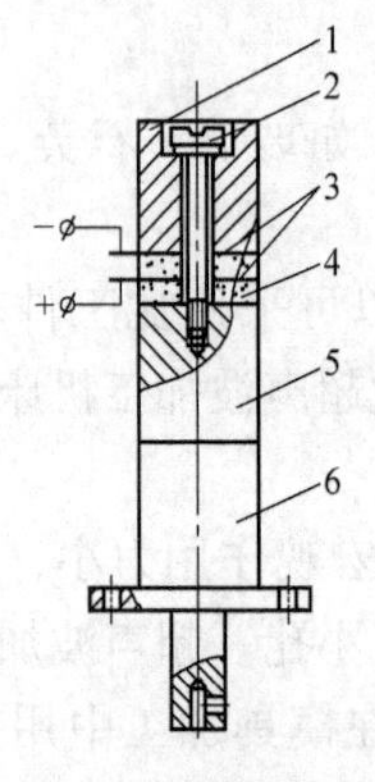

图 6-12　压电效应超声波换能器
1—上端块　2—压紧螺钉　3—导电镍片
4—压电陶瓷　5—下端块　6—变幅杆

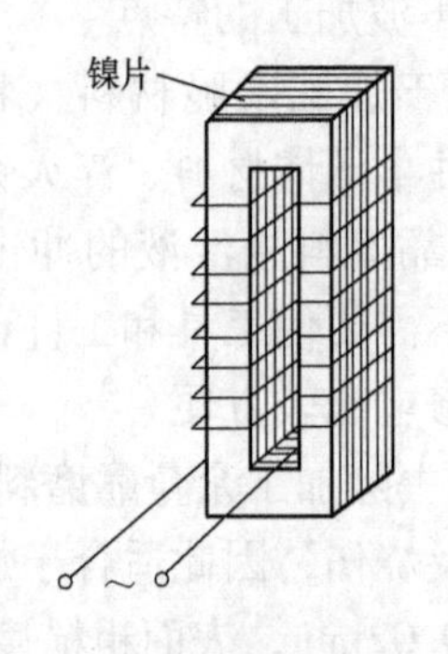

图 6-13　磁致伸缩效应
超声波换能器

变幅杆的作用是扩大振幅。因为压电或磁致伸缩的变形量是很小的（即使在共振条件下其振幅也超不过 0.01mm），不足以直接用来加工。因此必须通过一个上粗下细的棒杆将振幅加以扩大，此杆称为变幅杆，如图 6-14 所示。图 6-14a 为锥形的，图 6-14b 为指数形的，图 6-14c 为阶梯形的。

变幅杆之所以能扩大振幅，是由于通过它的每一截面的振动能量是不变的（略去传播损耗），截面小的地方能量密度大，振动的振幅也就更大。

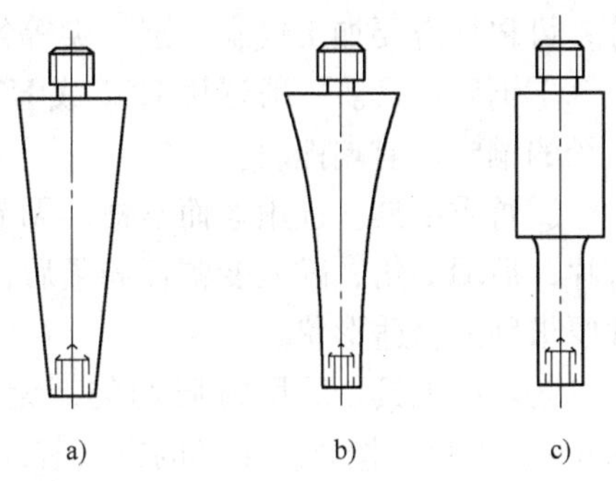

图 6-14　变幅杆

a）锥形　b）指数形　c）阶梯形

工具安装在变幅杆的细小端。机械振动经变幅杆放大之后即传给工具，而工具端面的振动将使磨粒和工作液以一定的能量冲击工件，并加工出一定的形状和尺寸。因而工具的形状和尺寸取决于被加工表面的形状和尺寸，二者只相差一个加工间隙。

（3）机床及磨料工作液　超声波加工机床一般比较简单，包括支撑声学部件的机架、工作台面，以及使工具以一定压力作用在工件上的进给机构等，如图 6-11 所示。平衡锤是用于调节加工压力的。工作液一般为水，为了提高表面质量，也有用煤油的。磨料常用碳化硼、碳化硅或氧化铝。简单机床的磨料是靠人工输送和更换的。

3. 超声波抛光

（1）超声波抛光原理和工具

1）超声波抛光原理。超声波抛光是超声波加工的一种形式。其基本原理与超声波加工相同，只是加工方式不同，超声波抛光效率高，能减轻劳动强度，适用于不同材质的各种型腔模具，对窄缝、深槽、不规则圆弧的抛光尤为适用。

图 6-15 所示是超声波抛光的原理图。超声波发生器能将 50Hz 的交流电转变为具有一定功率输出的超声频电振荡。换能器将输入的超声频电振荡转换成机械振动，并将这种振动传递给变幅杆加以放大，最后传至固定在变幅杆端部的抛光工具，使工具也产生超声频振动。

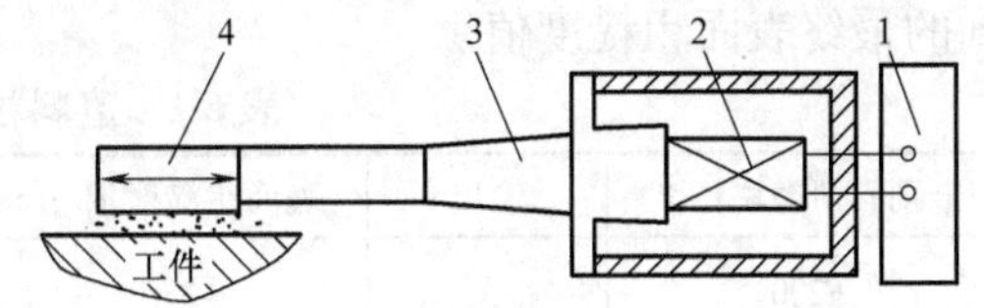

图 6-15　超声波抛光原理

1—超声波发生器　2—换能器

3—变幅杆　4—抛光工具

在抛光工具的作用下，工作液中悬浮的磨粒产生不同的剧烈运动，大颗粒的磨粒高速旋转，小磨粒产生上下左右的高速跳跃，均对加工表面有微细的磨削作用，使加工表面微观不平度的高度减小，表面光滑平整。

2）抛光工具。为了减少超声振动在传递过程中的损耗和便于操作，抛光工具直接固定在变幅杆上，变幅杆和换能器设计成手持式工具杆的形式，并通过弹性软轴与超声波发生器相连接。

超声波抛光工具分固定磨料抛光工具和游离磨料抛光工具。固定磨料抛光工具是选用不同材质和粒度的磨料制成的成形磨具。对应各种不同形状的模具，固定磨料抛光工具有三角、平面、圆、扁平、弧形等几种基本形状。其特点为硬度大，生产效率高。

利用固定磨料抛光工具作粗抛光，一般表面粗糙度 Ra 值能达到 1.25 ~ 0.63μm，如要得到更小的表面粗糙度值，应采用游离磨料抛光工具配以抛光剂进行精抛光。

游离磨料抛光工具一般为软质材料，如黄铜、竹片、桐木、柳木等，根据要求可以制成各种形状使用。因弹性物质不能进行切削，故工具本身的误差和平面度不会全部反映到被抛光工件上，因而有可能用低精度的抛光工具加工出精度较高的工件。

抛光工具的好坏直接影响超声波的传输效率与抛光质量。抛光工具头与工件表面接触部分，可根据需要加工成扁、圆、尖等各种形状。抛光工具有以下几种形式：

①铜质工具。一般选用 H62 或 H59 黄铜、1.5mm × 8mm 截面的铜片或 ϕ3mm、ϕ14mm 直径的铜棒，前端锉扁。

②竹质工具。选用老而不枯，无节、纹直的毛竹，制成截面为 3mm × 12mm（留皮）的竹片，后端倒角，敲入变幅杆固紧后，由中间开始到前端逐渐削薄至 1mm 左右，再根据工件要求削成合适形状。

③木质工具。选用材质均匀，无粗硬纤维，无节、纹直的木头，制成截面为 3mm × 12mm 的木片。按竹质工具的方法装入变幅杆，削成需要形状即可。常用的白桦树卫生筷也可做成抛光工具，后端用老虎钳夹扁，敲入变幅杆，前端削扁，即可使用。

另外，像锯条、金刚石锉刀等工具，只要能紧固在变幅杆上，长度适中，都可作抛光工具。

（2）超声波抛光工艺

1）超声波抛光的表面质量及其影响因素。超声波抛光具有较好的表面质量，不会产生表面烧伤和表面变质层。其表面粗糙度 *Ra* 值小于 0.16μm，基本上能满足塑料模具及其他模具表面粗糙度的要求。超声波抛光的表面，其表面粗糙度值的大小，取决于每粒磨料每次撞击工件表面后留下的凹痕大小，它与磨料颗粒的直径、被加工材料的性质、超声振动的振幅及磨料悬浮工作液的成分等有关。

磨料粒度是决定超声波抛光表面粗糙度值大小的主要因素，随着选用磨料粒度的减小，工件表面的表面粗糙度值也随之降低。采用同一种粒度的磨料而超声振幅不同，则所得到的表面粗糙度值也不同。表 6-1 给出了各种磨料粒度在大、中、小三种不同超声振幅下所能达到的最终表面粗糙度值。

表 6-1　磨料粒度与表面粗糙度值

金刚石研磨块粒度	输出	表面粗糙度值/μm	金刚石研磨块粒度	输出	表面粗糙度值/μm
F200	大	3.5	F600	大	0.7
F200	中	3.0	F600	中	0.6
F200	小	2.5	F600	小	0.4
F400	大	1.5	F1000	大	0.25
F400	中	1.0	F1000	中	0.2
F400	小	0.8	F1000	小	0.15

2）磨料及工作液的选用

①磨料的选用。磨料的粒度要根据加工表面的原始表面粗糙度值和要求达到的表面粗糙度值来选择。如前所述，磨料的粒度大，抛光效率高，但所获得的表面粗糙度值大；磨料的粒度小，抛光效率低，所获得的表面粗糙度值较小。因此，磨料的粒度应根据加工表面的原始表面粗糙度值从粗到细采用分级抛光工艺，直到达到要求的表面粗糙度值为止。超声波抛

光的表面粗糙度 *Ra* 值由 3.2μm 降至 0.16μm 以下，需要经过从粗抛到精抛的多道工序。粗抛时磨料粒度可选 F200 左右，中间经烧结刚玉、F280 微粉半精抛光，最后用 F1000 或 F1200 微粉精抛。

②工作液的选用。超声波抛光用的工作液，可选用煤油、汽油、润滑油或水。磨料悬浮工作液的性能对表面粗糙度的影响比较复杂，实践表明，用煤油或润滑油代替水可使表面粗糙度有所改善。在要求工件表面达到镜面光亮度时，也可以采用干抛方式，即只用磨料，不加工作液。

3）抛光余量与抛光精度

①抛光余量。超声波抛光电火花加工表面时，最小抛光余量应大于电加工变质层或电蚀凹穴深度，以便将热影响层抛去，因此电加工所选用的规准不同，抛光去除厚度也有所区别。电火花粗规准加工的抛光量约为 0.15mm，电火花中精规准加工的抛光量为 0.02 ~ 0.05mm。为了保证抛光效率，一般要求电加工后的表面粗糙度 *Ra* 值小于 2.5μm，最大也不应大于 2.5μm。

②抛光精度。抛光精度除与操作者的熟练程度有关外，还与被抛光件原始表面粗糙度值有很大关系。如原始表面粗糙度 *Ra* 值为 16 ~ 25μm，为达到表面粗糙度 *Ra* 值为 0.4 ~ 0.8μm，则需抛除的深度约为 25μm 以上；如果原始表面粗糙度 *Ra* 值为 8 ~ 12.5μm，抛除量就减为 10μm 左右。抛除量小，较易保持精度。所以对那些尺寸精度要求较高的工件，抛光前工件表面粗糙度 *Ra* 值不应大于 2.5μm，这样不仅容易保持精度，而且抛光效率也高。现电火花加工表面粗糙度 *Ra* 值可以达到 2.5μm，所以采用超声波抛光作为电加工后处理工艺是合理的。

抛光后的平面度与原始表面粗糙度值有关，表面粗糙度值越大，抛光切除量也越大，越难保证平面度。

4）超声波抛光的特点

①抛光效率高，适用于碳素工具钢、合金工具钢及硬质合金等。例如，超声波抛光硬质合金的生产效率比普通抛光提高 20 倍，超声波抛光淬火钢的生产效率比普通抛光提高 15 倍，超声波抛光 45 钢的生产效率比普通抛光提高近 10 倍。

②能高速地去除电火花加工后形成的表面硬化层和消除线切割加工的黑白条纹。

③显著降低表面粗糙度 *Ra* 值。超声波抛光的表面粗糙度 *Ra* 值可达 0.012μm。

④对于窄槽、圆弧、深槽等的抛光尤为适用。抛光方法和磨具材料与传统手工抛光相比没有更高要求。

⑤采用超声波抛光可提高已加工表面的耐磨性和耐蚀性。

6.2.3　型腔的冷挤压加工

冷挤压加工是在常温条件下，将淬硬的工艺凸模压入模坯，使坯料产生塑性变形，以获得与工艺凸模工作表面形状相同的内成形表面的加工方法。

冷挤压方法适于加工以非铁金属、低碳钢、中碳钢、部分有一定塑性的工具钢为材料的塑料模型腔、压铸模型腔、锻模型腔和粉末冶金压模的型腔。

型腔冷挤压工艺具有以下特点。

1）可以加工形状复杂的型腔，尤其适合于加工某些难于进行切削加工的形状复杂的型腔。

2）挤压过程简单迅速，生产率高；一个工艺凸模可以多次使用。对于多型腔凹模采用这种方法，生产效率的提高更明显。

3）加工精度高（公差等级可达 IT7 或更高），表面粗糙度值小，（*Ra* 值为 0.16μm 左右）。

4）冷挤压的型腔，材料纤维未被切断，金属组织更为紧密，型腔强度高。

1. 冷挤压方式

型腔的冷挤压加工分为封闭式冷挤压和敞开式冷挤压。

（1）封闭式冷挤压　封闭式冷挤压是将坯料放在冷挤压模套内进行挤压加工的，如图 6-16 所示。在将工艺凸模压入坯料的过程中，由于坯料的变形受到模套的限制，金属只能朝着工艺凸模压入的相反方向产生塑性流动，迫使变形金属与工艺凸模紧密贴合，提高了型腔的成形精度。由于金属的塑性变形受到限制，所以需要的挤压力较大。

对于精度要求较高、深度较大、坯料体积较小的型腔，宜采用这种挤压方式加工。

（2）敞开式冷挤压　敞开式冷挤压在挤压型腔毛坯外面不加模套，如图 6-17 所示。这种方式在挤压前，其工艺准备比封闭式冷挤压简单。被挤压金属的塑性流动，不但沿工艺凸模的轴线方向，也沿半径方向（见图 6-17 中箭头）流动。因此，敞开式冷挤压只宜在模坯的端面积与型腔在模坯端面上的投影面积之比较大，及模坯厚度和型腔深度之比较大的情况下采用。否则，坯料将向外胀大或产生很大翘曲，使型腔的精度降低甚至使坯料开裂报废。所以，敞开式冷挤压只在加工要求不高的浅型腔时采用。

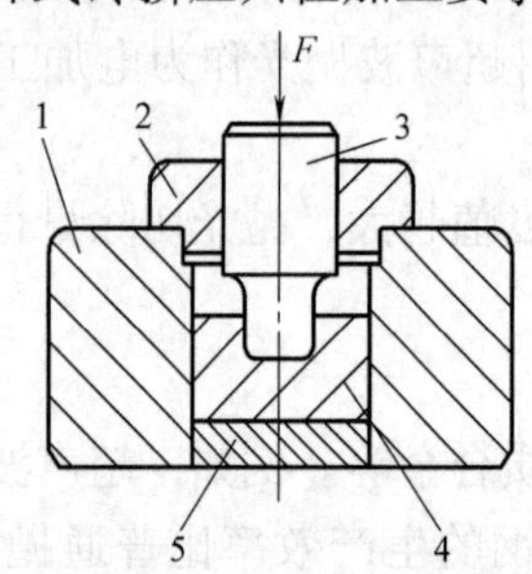

图 6-16　封闭式冷挤压

1—模套　2—导向套　3—工艺凸模
4—模坯　5—垫板

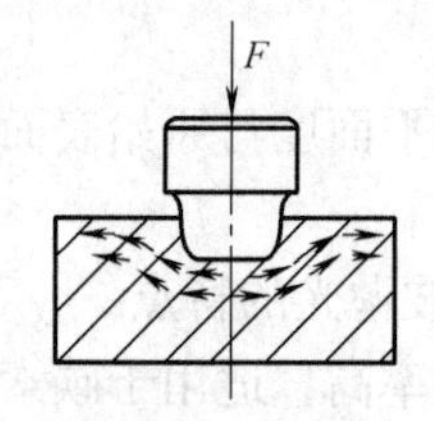

图 6-17　敞开式冷挤压

2. 冷挤压的工艺准备

（1）冷挤压设备的选择　型腔冷挤压所需的力，与冷挤压方式、模坯材料及其性能、挤压时的润滑情况等许多因素有关，一般采用下列公式计算，即

$$F = pA$$

式中　F——挤压力（N）；

A——型腔投影面积（mm^2）；

p——单位挤压力（MPa），见表 6-2。

表 6-2　坯料抗拉强度与单位挤压力的关系

坯料抗拉强度 σ_b/MPa	250～300	300～500	500～700	700～800
单位挤压力 p/MPa	1500～2000	2000～2500	2500～3000	3000～3500

由于型腔冷挤压所需的工作运动简单，行程短，挤压工具和坯料体积小、单位挤压力大，速度低，所以冷挤压一般选用构造不太复杂的小型专用油压机作为挤压设备。要求油压机刚性好，活塞运动时导向准确；工作平稳，能方便观察挤压情况和反映挤入深度；有安全防护装置，防止工艺凸模断裂或坯料崩裂时飞出。

（2）工艺凸模和模套设计

1）工艺凸模。工艺凸模在工作时要承受极大的挤压力，其工作表面和流动金属之间作用着极大的摩擦力。因此，工艺凸模应有足够的强度、硬度和耐磨性。在选择工艺凸模材料及结构时，应满足上述要求。此外，凸模材料还应有良好的切削加工性。表6-3列出了根据型腔要求选用工艺凸模材料及所能承受的单位挤压力。其热处理硬度应达到61~64HRC。

表6-3　工艺凸模材料的选用

工艺凸模形状	选用材料	能承受的单位挤压力 p/MPa
简单	T8A、T10A、T12A	2000~2500
中等	CrWMn、9SiCr	
复杂	Cr12、Cr12V、Cr12MoV	2500~3000

工艺凸模的结构如图6-18所示。它由以下三个部分组成：

①工作部分。图6-18中的L_1段。工作时这部分要挤入型腔坯料中，因此，这部分的尺寸应和型腔设计尺寸一致，其精度比型腔精度高一级；表面粗糙度Ra值为0.32~0.08μm。一般将工作部分长度取为型腔深度的1.1~1.3倍。端部圆角半径r不应小于0.2mm。为了便于脱模，在可能的情况下将工作部分作出1∶50的拔模斜度。

②导向部分。图6-18中的L_2段。用来和导向套的内孔配合，以保证工艺凸模和工作台面垂直，在挤压过程中可防止凸模偏斜，保证正确压入。一般取$D=1.5d$；$L_2>(1\sim1.5)D$。外径D与导向套的配合为H8/h7，表面粗糙度Ra值为1.25μm。端部的螺孔是为了便于将工艺凸模从型腔中脱出而设计的。脱模情况如图6-19所示。

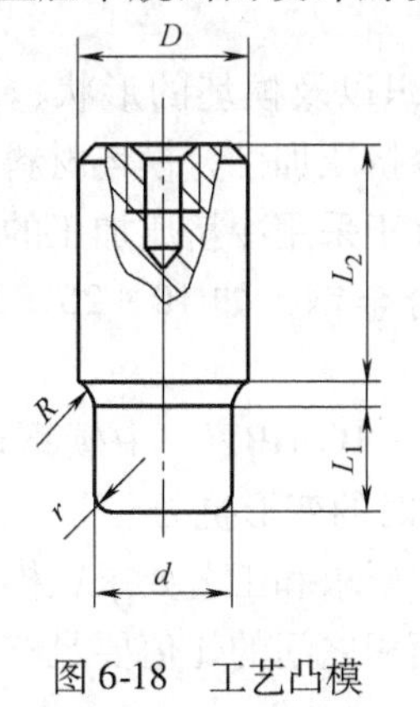

图6-18　工艺凸模

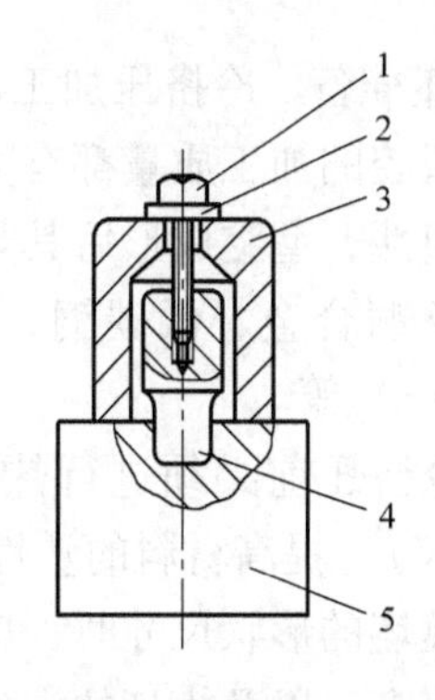

图6-19　螺钉脱模

1—脱模螺钉　2—垫圈　3—脱模套

4—工艺凸模　5—模坯

③过渡部分。过渡部分是工艺凸模工作端和导向端的连接部分，为减少工艺凸模的应力集中，防止挤压时断裂，过渡部分应采用较大半径的圆弧平滑过渡，一般$R\geqslant5$mm。

2）模套　在封闭式冷挤压时，将型腔毛坯置于模套中进行挤压。模套的作用是限制模坯金属的径向流动，防止坯料破裂。模套有以下两种：

①单层模套　图 6-20 所示为单层模套。试验证明，对于单层模套，比值 r_2/r_1 越大则模套强度越大。但当 $r_2/r_1>4$ 以后，即使再增加模套的壁厚，强度的增大已不明显，所以实际应用中常取 $r_2=4r_1$。

②双层模套。图 6-21 所示为双层模套。将有一定过盈量的内、外层模套压合成为一个整体，使内层模套在尚未使用前，预先受到外层模套的径向压力而形成一定的预压力，这样就可以比同样尺寸的单层模套承受更大的挤压力。由实践和理论证明，双层模套的强度约为单层模套的 1.5 倍。各层模套尺寸分别为：$r_3=(3.5\sim4)r_1$，$r_2=(1.7\sim1.8)r_1$。内层模套与坯料接触部分的表面粗糙度 Ra 值为 1.25～0.16μm。

单层模套和内层模套的材料一般选用 45 钢、40Cr 等材料制造，热处理硬度为 43～48HRC。外层模套材料为 Q235 或 45 钢。

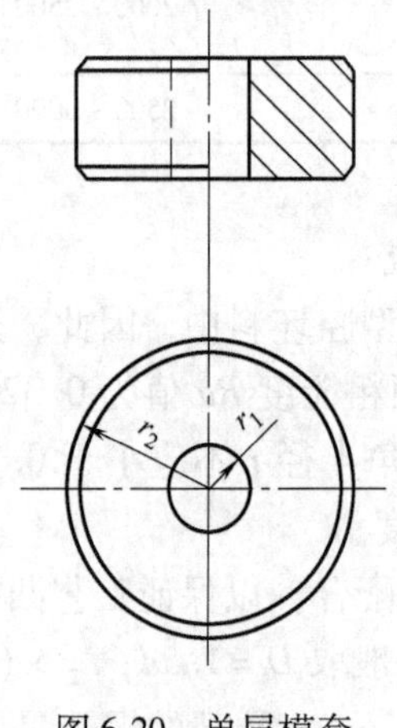

图 6-20　单层模套

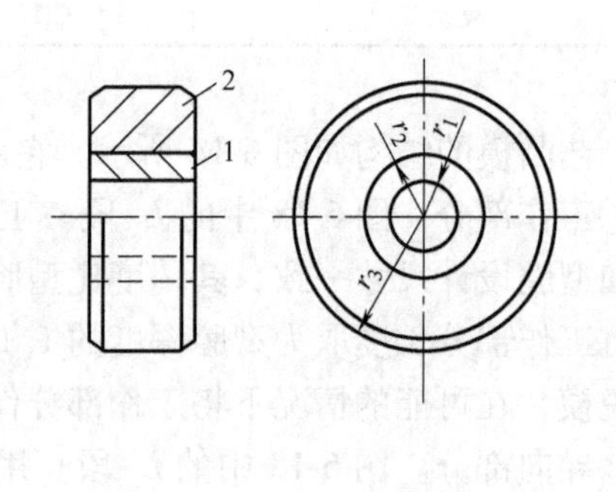

图 6-21　双层模套
1—内层模套　2—外层模套

（3）模坯准备　冷挤压加工时，模坯材料的性能、组织以及模坯的形状、尺寸和表面粗糙度等对型腔的加工质量都有直接影响。为了便于进行冷挤压加工，模坯材料应具有低的硬度和高的塑性，型腔成形后其热处理变形应尽可能小。宜于采用冷挤压加工的材料有铝及铝合金、铜及铜合金、低碳钢、中碳钢、部分工具钢及合金钢，如 10、20、20Cr、T8A、T10A、3Cr2W8V 等。

坯料在冷挤压前必须进行热处理（低碳钢退火至 100～160HBW，中碳钢球化退火至 160～200HBW），提高材料的塑性，降低强度，以减小挤压时的变形抗力。

在决定模坯的形状尺寸时，应同时考虑模具的设计尺寸要求和工艺要求，模坯的厚度尺寸与型腔的深度，以及模坯的端面积与型腔在端面上投影面积之间的比值要足够大，以防止在冷挤压时模坯产生翘曲或开裂。

封闭式冷挤压坯料的外形轮廓，一般为圆柱体或圆锥体，其尺寸按以下经验公式确定，如图 6-22a 所示。

$$D=(2\sim2.5)d$$
$$h=(2.5\sim3)h_1$$

式中　D——坯料直径（mm）；

d——型腔直径（mm）；

h——坯料高度（mm）；

h_1——型腔深度（mm）。

有时为了减小挤压力，可在模坯底部加工出减荷穴，如图 6-22b 所示。减荷穴的直径 $d_1=(0.6\sim0.7)d$，减荷穴处切除的金属体积约为型腔体积的 60%，但当腔底面需要同时挤出图案或文字时，坯料不能设置减荷穴。相反应将模坯顶面做成球面，如图 6-23a 所示。或在模坯底面垫一块和图案大小一致的垫块，如图 6-23b 所示，以使图案更清晰。

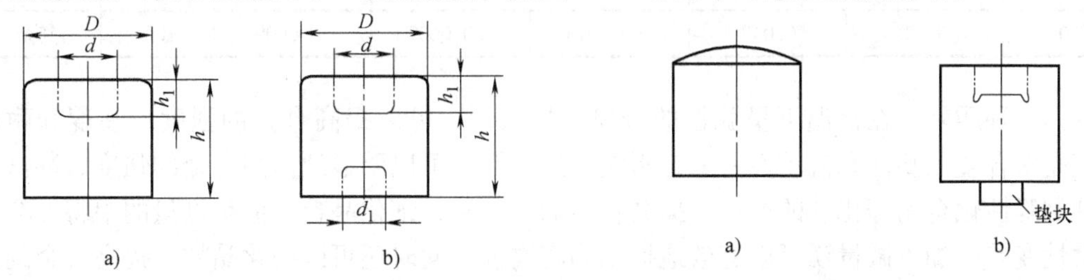

图 6-22　模坯尺寸

a）无减荷穴模坯　b）有减荷穴模坯

图 6-23　有图案或文字的模坯

3. 冷挤压时的润滑

在冷挤压过程中，工艺凸模与坯料通常要承受 2000～3500MPa 的单位挤压力。为了提高型腔的表面质量和便于脱模，以及减小工艺凸模和模坯之间的摩擦力，从而减少工艺凸模破坏的可能性，应当在凸模与坯料之间施以必要的润滑。为保证良好润滑，防止在高压下润滑剂被挤出润滑区，最简便的润滑方法是将经过去油清洗的工艺凸模与坯料，在硫酸铜饱和溶液中浸渍 3～4s 并涂以凡士林或机油稀释的二硫化钼润滑剂。

另一种较好的润滑方法是将工艺凸模进行镀铜或镀锌处理，而将坯料进行除油清洗后，放入磷酸盐溶液中进行浸渍，使坯料表面产生一层不溶于水的金属磷酸盐薄膜，其厚度一般为 5～15μm，这层金属磷酸盐薄膜与基体金属结合十分牢固，能承受高温（其耐热能力可达 600℃）、高压，具有多孔性组织，能储存润滑剂。挤压时再用机油稀释的二硫化钼作润滑，涂于工艺凸模和模坯表面，就可以保证高压下坯料与工艺凸模隔开，防止在挤压过程中产生凸模和坯料黏附的现象。在涂润滑剂时，要避免润滑剂在文字或花纹内堆集，影响文字、图形的清晰。

6.2.4　铸造制模技术

1. 锌合金模具的铸造

用锌合金材料制造工作零件的模具称为锌合金模具。锌合金可以用于制造冲裁、弯曲、成形、拉深、注塑、陶瓷等模具的工作零件，一般采用铸造方法进行制造。大量实践证明，用铸造方法代替机械加工方法（特别是对形状复杂的立体曲面的加工）制造模具零件，可以缩短模具制造周期，简化模具结构，降低模具成本。这种制模技术对新产品试制、老产品改型以及中小批量、多品种产品的生产具有显著的经济效益。但锌合金的抗压强度不高，所能承受的工作温度低，这也使它的应用受到一定的局限。

(1) 模具用锌合金的性能　用于制造模具的材料必须具有一定的强度、硬度和耐磨性，同时还必须满足制造工艺方面的要求（如流动性、偏析、高温状态下形成裂纹的倾向等）。制造模具的锌合金以锌为基体，由锌、铜、铝、镁等元素组成，其物理力学性能受合金中各元素质量分数的影响。因此，使用时必须对各元素的质量分数进行适当选择。表6-4是两种模具材料的化学成分。

表6-4　锌合金模具材料的化学成分

w_{Al}(%)	w_{Cu}(%)	w_{Mg}(%)	w_{Pb}(%)	w_{Cd}(%)	w_{Fe}(%)	w_{Sn}(%)	w_{Zn}(%)
3.9~4.2	2.85~3.35	0.03~0.06	<0.003	<0.001	<0.02	微量	其余
4.10	3.02	0.049	<0.0015	<0.0007	<0.009	微量	其余

锌是一种质软、在常温下呈脆性的金属。加入铜，可以提高合金的强度、硬度和耐磨性，但是对合金的塑性和流动性有一定影响。加入铝，可以明显地提高合金的强度、冲击韧度，抑制脆性化合物锌化铁的产生，提高合金的流动性，细化晶粒。但是过量的铝将使合金的耐磨性变差。加入微量镁可以有效地抑制晶间腐蚀，同时还可以细化晶粒，提高合金的强度和硬度。铅、镉、铁、锡等元素为有害杂质，混入合金中，其质量分数如果超过了允许限量，会因时效作用引起膨胀崩裂和严重的晶间腐蚀，使力学性能下降。

表6-5所列锌合金的熔点为380℃，浇注温度为420~450℃，这一温度比锡、铋低熔点合金高，所以也称中熔点合金。这种合金有良好的流动性，可以铸出形状复杂的立体曲面和花纹。熔化时对热源无特殊要求，浇注简单，不需要专用设备。

表6-5　锌合金模具材料的性能

密度 ρ/g·cm^{-3}	熔点 t_r/°C	凝固收缩率 (%)	抗拉强度 σ_b/MPa	抗压强度 $\sigma_压$/MPa	抗剪强度 τ/MPa	布氏硬度 HBW
6.7	380	1.1~1.2	240~290	550~600	240	100~115

(2) 锌合金模具铸造方法　锌合金模具的铸造方法，按模具用途和要求以及工厂设备条件不同大致有以下几种：

1) 砂型铸造法。砂型铸造锌合金模具与普通铸造方法相似，不同之处是它采用敞开式铸型。

2) 金属型铸造法。金属型铸造法是直接用金属制件，或用加工好的凸模（或凹模）作为铸型铸造模具的方法。在某些情况下也可用容易加工的金属材料制作一个样件作铸型。

3) 石膏型铸造法。利用样件（或制件）翻制出石膏型，用石膏型浇注锌合金凸模或凹模。石膏型适用于铸造有精细花纹或图案的型腔模。

铸件表面粗糙度值主要取决于铸型的表面粗糙度值或铸型材料的粒度，粒度越细，铸件表面的 Ra 值越小，越美观。

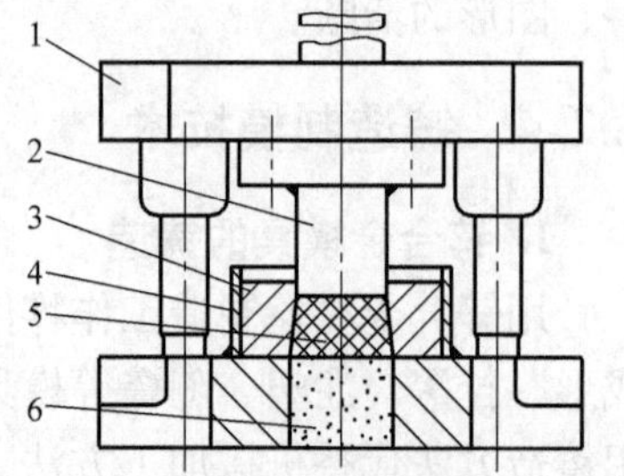

图6-24　锌合金凹模的铸造示意图

1—模架　2—凸模　3—锌合金凹模　4—模框　5—漏料孔芯　6—干砂

(3) 锌合金凹模铸造工艺　锌合金凹模的铸造示意图如图6-24所示。凸模采用高硬度的金属材料制作，刃口锋利；凹模采用锌合金材料。

在铸造之前应做好下列准备工作：按设计要求加工好凸模，经检验合格后将凸模固定在上模座上；在下模座上安放模框（应保证凸模位于模框中部），正对凸模安放漏料孔芯；在模框外侧四周填上湿砂并压实，防止合金熔液泄漏；将模框内杂物清理干净后按图6-25所示工艺过程完成凹模的浇注和装配调试工作。

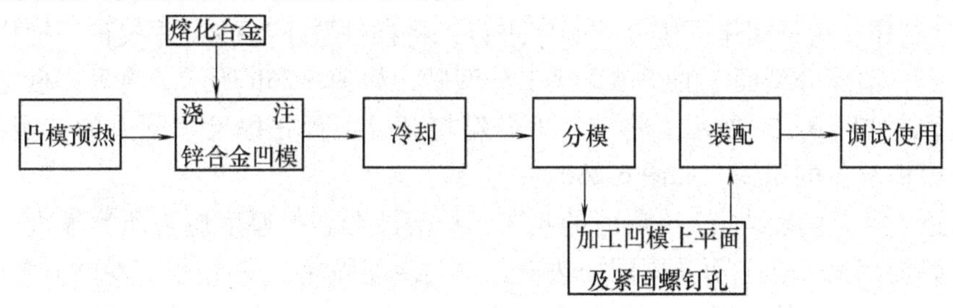

图6-25　凹模的浇注和装配调试工艺过程

（4）锌合金冲模铸造工艺　鼓风机叶片冲模如图6-26所示，采用金属型铸造。其工艺过程如图6-27所示。

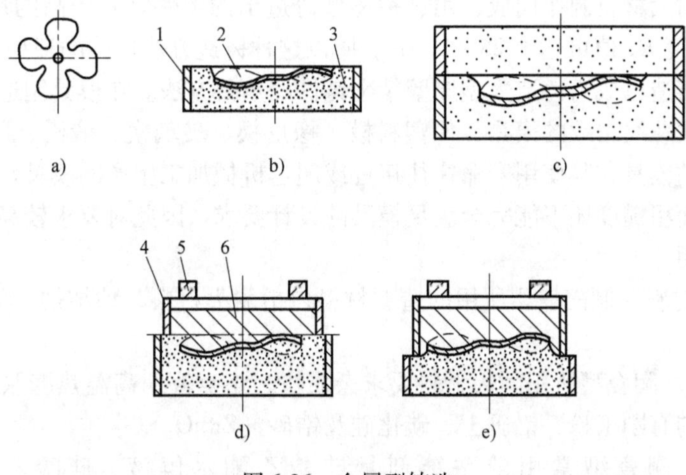

图6-26　金属型铸造

a）鼓风机叶片　b）、c）铸型制作　d）、e）浇注

1—砂箱　2—模型（或样件）　3—型砂　4—模框　5—压铁　6—锌合金

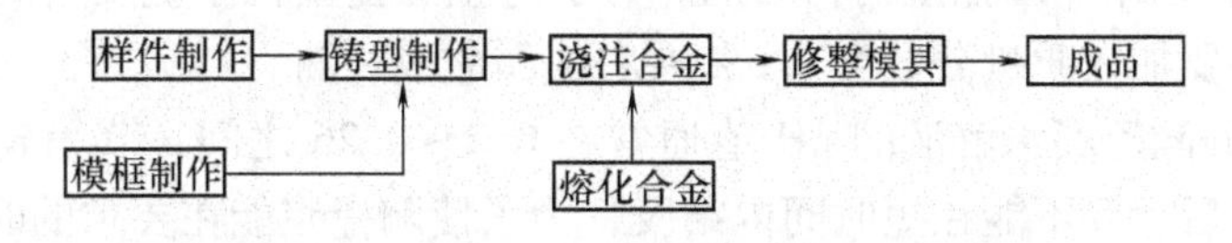

图6-27　鼓风机叶片冲模铸造工艺过程

1）样件制作。样件的形状及尺寸精度、表面质量等直接影响锌合金模具的精度和表面质量，所以样件是制模的关键。样件厚度应和制件厚度一致，当用手工敲制样件时，对某些样件还要考虑合金的冷却收缩对尺寸的影响。鼓风机叶片的样件可以用板料经手工敲制后拼接而成，如图6-26a所示。但这样制得的样件，形状及尺寸精度都比较低，对钣金工的技术

水平要求比较高。比较简单的办法是用原有的制件制成样件。

样件必须有足够的刚度和强度，以防止在存放或浇注时产生变形而影响模具精度。如果样件刚度不足。可采用加固圈和局部焊接加强肋的办法来提高刚度。

为了便于分模和取出样件，样件上的垂直表面应光滑平整，不允许有凹陷，最好有一定的起模斜度。

2）铸型制作。铸型制作可按以下顺序进行：将样件置于型砂内并找正，把样件下部的型砂撞紧撞实，清除分型面上的型砂，撒上分型砂，如图6-26b所示。将另一砂箱置于砂箱1上制成铸型，如图6-26c所示。将上、下砂箱打开，把预先按尺寸制造的铁板模框放上，并压上防止模框移位的压铁，如图6-26d、e所示。

3）浇注合金。考虑到合金冷凝时的收缩，故浇注合金的厚度应为所需厚度的2～3倍。当开始冷凝时要用喷灯在上面及周围加热使其均匀冷凝固化。完成图6-26d的浇注后取出样件，将其放入图6-26e的模框内，浇注即可制成鼓风机叶片冲模的工作零件。

最后应进行落砂、清理和修整，即得模具的成品零件。

2. 陶瓷型铸造

陶瓷型铸造是在砂型铸造的基础上发展起来的一种新的铸造工艺。陶瓷型用质地较纯、热稳定性较高的耐火材料制作而成，用这种铸型铸造出的铸件具有较高的尺寸精度（IT8～IT10），表面粗糙度 Ra 值可达1.25～10μm。所以这种铸造方法也称陶瓷型精密铸造。

目前陶瓷型铸造已成为铸造大型厚壁精密铸件的重要方法。在模具制造中常用于铸造形状特别复杂、图案花纹精致的模具，如塑料模、橡皮模、玻璃模、锻模、压铸型和冲模等。用这种工艺生产的模具，其使用寿命往往接近或超过机械加工生产的模具。但是由于陶瓷型铸造的精度和表面粗糙度还不能完全满足模具的设计要求，因此对要求较高的模具可与其他工艺结合起来应用。

（1）陶瓷型材料　制陶瓷型所用的造型材料包括耐火材料、粘结剂、催化剂、脱模剂、透气剂等。

1）耐火材料。陶瓷型所用耐火材料要求杂质少、熔点高、高温热膨胀系数小。可用作陶瓷型耐火材料的有刚玉粉、铝矾土、碳化硅及锆砂（$ZrSiO_4$）等。

2）粘结剂。陶瓷型常用的粘结剂是硅酸乙酯水解液。硅酸乙酯的分子式为 $(C_2H_5O)_4Si$，它不能起粘结剂的作用，只有水解后成为硅酸溶胶才能用作粘结剂。所以可将溶质硅酸乙酯和水在溶剂酒精中通过盐酸的催化作用发生水解反应，得到硅酸溶液（即硅酸乙酯水解液），以用作陶瓷型的粘结剂。为了防止陶瓷型在喷烧及焙烧阶段产生大的裂纹，水解时往往还要加入质量分数为0.5%左右的醋酸或甘油。

3）催化剂。硅酸乙酯水解液的pH值通常在0.2～0.26之间，其稳定性较好，当与耐火粉料混合成浆料后，并不能在短时间内结胶，为了使陶瓷浆能在要求的时间内结胶，必须加入催化剂。所用的催化剂有氢氧化钙、氧化镁、氢氧化钠以及氧化钙等。

通常用氢氧化钙和氧化镁（化学纯）作催化剂，加入方法简单、易于控制。其中氢氧化钙的作用较强烈，氧化镁则较缓慢。加入量随铸型大小而定。对大型铸件，氢氧化钙的加入量为每100t硅酸乙酯水解液约0.35g，其结胶时间为8～10min；中小型铸件用量为0.45g，结胶时间为3～5min。

4）脱模剂。硅酸乙酯水解液对模型的附着性能很强，因此在造型时为了防止粘模，影响型腔表面质量，需用脱模剂使模型与陶瓷型容易分离。常用的脱模剂有上光蜡、变压器油、机油、有机硅油及凡士林等。上光蜡与机油同时使用效果更佳，使用时应先将模型表面擦干净，用软布蘸上光蜡，在模型表面涂成均匀薄层，然后用干燥软布擦至均净光亮，再用布蘸上少许机油涂擦均匀，即可进行灌浆。

5）透气剂。陶瓷型经喷烧后，表面能形成无数显微裂纹，在一定程度上增进了铸件的透气，但与砂型比较，它的透气性还是很差，故需往陶瓷浆料中加入透气剂以改善陶瓷型的透气性能。生产中常用的透气剂是双氧水。双氧水加入后会迅速分解放出氧气，形成微细的气泡，使陶瓷型的透气性提高。双氧水的加入量为耐火粉重量的0.2%～0.3%，其用量不可过多。否则，会使陶瓷型产生裂纹、变形及气孔等缺陷。使用双氧水时应注意安全，不可接触皮肤，以防灼伤。

（2）陶瓷型铸造的工艺过程和特点

1）工艺过程。因为陶瓷型所用的材料一般为刚玉粉、硅酸乙酯等，这些材料都比较贵，所以只有小型陶瓷型才全部采用陶瓷浆料灌制。对于大型陶瓷型，如果也全部采用陶瓷浆造型则成本太高。为了节约陶瓷浆料、降低成本，常采用带底套的陶瓷型，即与液体金属直接接触的面层用陶瓷材料灌注，而其余部分采用砂底套（或金属底套）代替陶瓷材料。因浆料中所用耐火材料的粒度很细、透气性很差，而采用砂底套可使这一情况得到改善，使铸件的尺寸精度提高，表面粗糙度值减小。带砂底套陶瓷型铸造的工艺过程如图6-28所示。

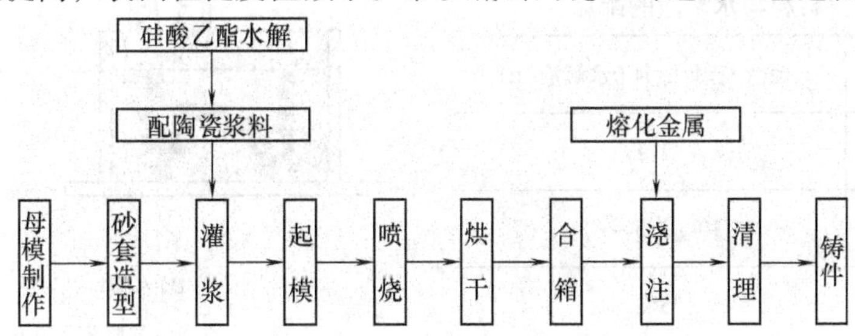

图6-28　带砂底套陶瓷型铸造工艺过程

①母模制作。用来制造陶瓷型的模型称为母模。因母模的表面粗糙度值对铸件的表面粗糙度值有直接影响，故母模的表面粗糙度值应比铸件的表面粗糙度值小（一般铸件要求 Ra 值为10～2.5μm，母模表面要求 Ra 值为2.5～0.63μm）。制造带砂底套的陶瓷型需要粗、精两个母模，如图6-29a所示。A 是用于制造砂底套用的粗母模，B 是用于浇注陶瓷浆料的精母模。粗母模轮廓尺寸应比精母模尺寸均匀增大或缩小，两者间相应尺寸之差就决定了陶瓷层的厚度（一般为10mm左右）。为简单起见，也可在精母模与陶瓷浆接触的表面贴一层橡皮泥或黏土后作为粗母模使用。

②砂套造型。如图6-29b所示，将粗母模置于平板上，外面套上砂箱，在母模上面竖两根圆棒后，填水玻璃砂，击实后起模，并在砂套上打小气孔，吹注二氧化碳使其硬化，即得到所需的水玻璃砂底套。砂底套顶面的两孔，一个作浇注陶瓷浆的浇注系统，另一个是浇注时的侧冒口。

③浇注和喷烧。为了获得陶瓷层，在精母模外套上砂底套，使两者间的间隙均匀，将预先搅拌均匀的陶瓷浆料从浇注系统注入，充满间隙，如图6-29c所示。待陶瓷浆液结胶、硬

化后起模，点火喷烧，并吹压缩空气助燃，使陶瓷型内残存的水分和少量的有机物质去除，并使陶瓷层强度增加，如图6-29d所示。火焰熄灭后移入高温炉中焙烧，待水玻璃砂底套的陶瓷型焙烧温度为300～600℃，升温速度为100～300℃/h，保温1～3h左右。出炉温度在250℃以下，以免产生裂纹。

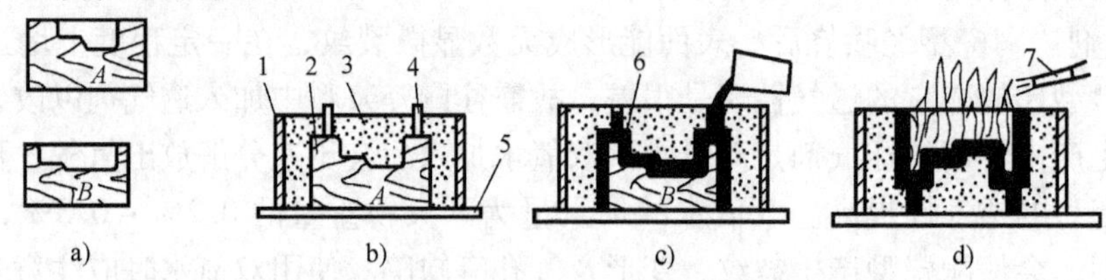

图6-29　带砂底套的陶瓷型造型工艺

a）母模　b）砂套造型　c）浇注　d）起模喷烧

1—砂箱　2—母模　3—水玻璃砂　4—侧冒口及浇注系统

5—垫板　6—陶瓷浆　7—空气喷嘴

对不同的耐火材料，与硅酸乙酯水解液的配比可按表6-6选择。

最后将陶瓷型按图6-30a合箱，经浇注、冷却、清理即得到所需要的铸件，如图6-30b所示。

表6-6　耐火材料与水解液的配比

耐火材料种类	（耐火材料/kg）:（水解液/L）
刚玉粉或碳化硅粉	2:1
铝钒土粉	10:（3.5～4）
石英粉	5:2

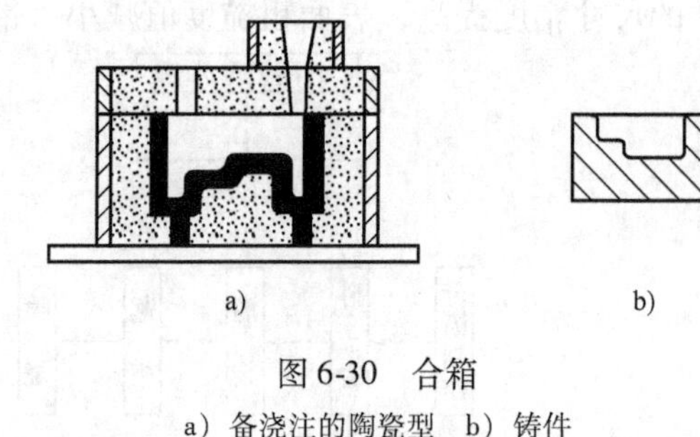

图6-30　合箱

a）备浇注的陶瓷型　b）铸件

2）特点

①铸件尺寸精度高，表面粗糙度值小。由于陶瓷型采用热稳定性高、粒度细的耐火材料，灌浆层表面光滑，故能铸出表面粗糙度值较小的铸件。其表面粗糙度 *Ra* 值可达10～1.25μm。由于陶瓷型在高温下变形较小，故铸件尺寸公差等级也高，可达IT8～IT10。

②投资少，生产准备周期短。陶瓷型铸造的生产准备工作比较简易，不需复杂设备，一般铸造车间只需原材料及添加一些辅助设备，便可投入生产。

③可铸造大型精密铸件。熔模铸造虽也能铸出精密铸件，但由于自身工艺的限制，浇注的铸件一般比较小，最大铸件只有几十千克，而陶瓷型铸件最大可达十几吨。

此外，由于陶瓷型所用的耐火材料的热稳定性高，所以能铸造高熔点、难于机械加工的精密零件。但是硅酸乙酯、刚玉粉等原材料价格较贵，铸件精度还不能完全满足模具要求。

6.2.5　高速加工

目前切削加工仍是当今主要的机械加工方法，在机械制造业中有着重要的地位。但如何提高其效率、精度、质量，已成为传统机械加工所面临的问题。20世纪90年代，以高切削速度、高进给速度和高加工精度为主要特征的高速加工（HSM）已经成为现代数控加工技术的重要发展方向之一，也是目前制造业一项快速发展的高新技术。

1. 高速加工概述

20世纪50年代，德国一位切削物理学家通过试验提出了高速加工假设。他认为，一定的工件材料对应有一个临界切削速度，其切削温度最高；在常规切削范围内切削温度随着切削速度的增大而升高，当切削速度达到临界切削速度后，切削速度再增大，切削温度反而下降，如图6-31所示。这个理论给人们一个非常重要的启示：加工时如果能超过图中所示的B区，而在高速区进行切削，则有可能用现有的刀具进行高速加工。从而大大地缩短加工时间，成倍地提高机床的生产率。

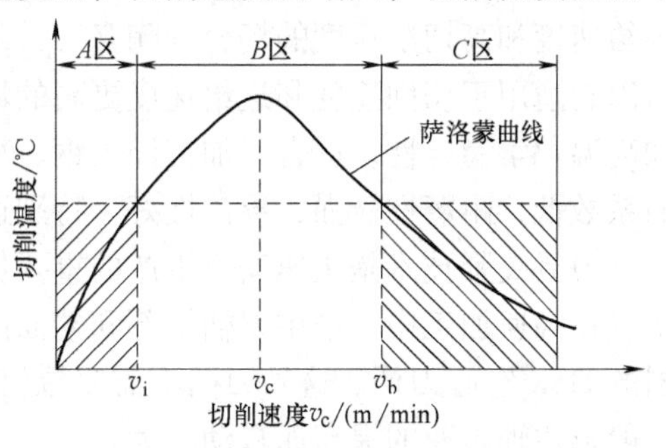

图6-31　切削速度变化和切削温度的关系

（1）高速加工的定义　从高速加工技术诞生至今，人们很难为高速加工作一个明确的界定，因为高速加工并不能简单地用切削速度这一参数来定义。在不同的技术发展时期，对不同的切削条件，用不同的切削刀具，加工不同的工件材料，其合理的切削速度是不一样的，目前通常把切削速度比常规切削速度高5~10倍以上的切削称为高速加工。但对于不同的材料、不同的切削方式，其高速加工的切削速度并不相同。

（2）高速加工的特点

1）加工效率高。由于切削速度高，进给速度一般也提高5~10倍，这样，单位时间材料切除率可提高3~6倍，因此加工效率大大提高。如高速铣削加工，当背吃刀量和每齿进给量保持不变时，进给速度可比常规铣削提高5~10倍，材料切除率可提高3~5倍。

2）切削力小。传统的切削加工采用“重切削”方式，而高速加工采用“轻切削”方式。即传统的切削加工方式一般采用大背吃刀量、低进给速度进行加工，要求机床主轴在低转速时能提供较高的转矩，其结果是一方面切削力大，另一方面机床和工件都承受较大的力；而高速加工则采用小背吃刀量、高主轴转速和高进给速度进行加工，由于切削速度高，切屑流出的速度快，减少了切屑与刀具前面的摩擦，从而使切削力大大降低。

3）热变形小。高速加工过程中，由于极高的进给速度，95%的切削热被切屑带走，工件基本保持冷态，这样零件不会由于温升而导致变形。

4）加工精度高。高速加工机床激振频率很高，已远远超出“机床—刀具—工件”工艺系统的固有频率范围，这使得零件几乎处于“无振动”状态加工；同时在高速加工速度下，积屑瘤、表面残余应力和加工硬化均受到抑制，减小了表面硬化层深度及表面层微观组织的热损伤，因此高速加工后的表面几乎可与磨削相比。

5）简化工艺流程。由于高速铣削的表面质量可达磨削加工的效果，因此有些场合高速加工可作为零件的精加工工序，从而简化了工艺流程，缩短了零件加工时间。

综上所述，高速加工是以高切削速度、高进给速度和高加工精度为主要特征的加工技术，高速加工可以缩短加工时间，提高生产效率和机床利用率；工件热变形小，加工精度高，表面质量好；适合加工薄壁、刚性较差、容易产生热变形的零件，加工工艺范围广，因此，在实际应用中，高速加工具有较好的技术经济性。

2. 高速加工的关键技术

高速加工技术的开发与研究主要集中在刀具技术、机床技术、CAM 软件等几个方面。

（1）刀具技术　高速加工用的刀具必须与工件材料的化学亲和力小，具有优良的力学性能、化学稳定性和热稳定性，良好的抗冲击和热疲劳特性。高速加工通常采用具有良好热稳定性的硬质合金涂层刀具、立方氮化硼（CBN）、陶瓷刀具和聚晶金刚石刀具。硬质合金涂层刀具由于刀具基体具有较高的韧性和抗弯强度，涂层材料高温耐磨性好，因此适用于高进给速度和高切削速度的场合；陶瓷刀具与金属的化学亲和力小，高温硬度优于硬质合金，所以它适用于切削速度和进给速度更高的场合；立方氮化硼刀具具有高硬度、良好的耐磨性和高温化学稳定性，适合于加工淬火钢、冷硬铸铁、镍基合金等材料；聚晶金刚石刀具的摩擦系数低，耐磨性极强，导热性好，特别适合于加工难加工材料和粘结性强的非铁金属。

刀具夹紧技术是快速安全生产的重要保障。由于传统的长锥刀柄不适合用于高速加工，所以在高速加工中，采用刀柄锥部和端面同时与主轴内锥孔和端面接触的双定位刀柄，如德国的 HSK 空心刀柄。这种刀柄不需要拉钉，主轴锁紧装置充分考虑离心力的影响，夹持力一般随主轴转速的提高而自动增大。

（2）机床技术　性能良好的数控机床是实现高速加工的关键因素。从原理上说，高速加工机床与普通数控机床并没有本质区别。但高速加工机床为了适应高速加工时主轴转速高、进给速度快、机床运动部件加速度高等要求，在主轴单元、进给系统、CNC 系统和机械系统等方面比普通数控机床具有更高的要求。

（3）CAM 软件　高速加工必须具有全程自动防过切和刀具干涉检查能力，具有待加工轨迹监控、速度预控制、多轴变换与坐标变换实现刀具补偿、误差补偿等功能。现在高速加工计算机数控一般采用 NURBS 样条插补，这样可以克服直线插补时控制精度和速度的不足，提高进给速度和切削效率，而且提高复杂轮廓表面的加工精度和人员设备的安全性。实践证明，在同样精度的情况下，一条样条曲线程序段代替 5 ~ 10 条直线程序段。

除了上述三种技术之外，零件毛坯制造技术、生产工艺数据库、测量技术、自动生产线技术等对高速加工能否发挥其应有作用也有着重要的影响，如图 6-32 所示。

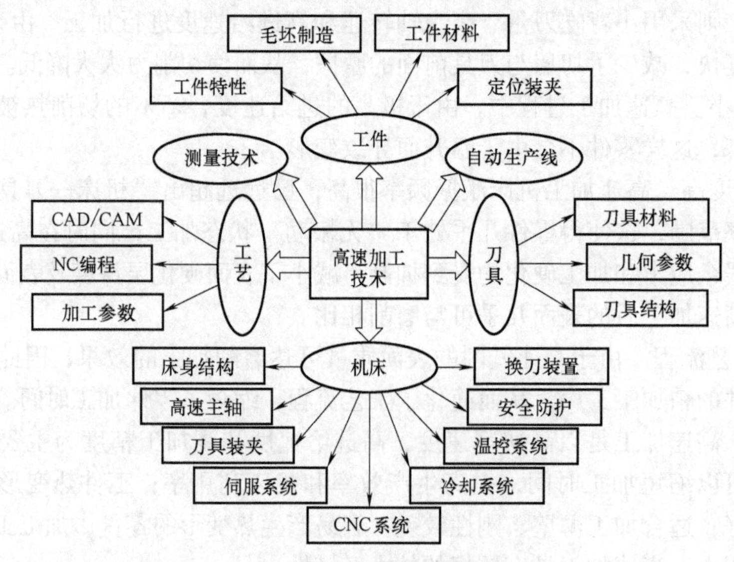

图 6-32　高速加工的关键技术

3. 高速加工技术在模具加工中的应用

高速加工在模具行业的应用主要是电极的加工和淬硬材料的直接加工。应用高速加工技术加工电极对电火花加工效率的提高作用非常明显。用高速加工技术加工复杂形状的电极，减少了电极的数量和电火花加工的次数；同时，高速加工也提高了电极的表面质量和精度，大大减少了电极和模具后续处理的工作量。

模具加工一般使用数控铣床（或加工中心）完成。由于普通铣削加工很难达到模具表面的质量要求，因此通常由钳工进行手工抛光。同时，模具一般使用高硬度、耐磨性好的合金材料制成，这给模具加工带来困难；由于这些材料用普通机械加工较难完成，因此广泛采用电火花成形加工方法，这也是影响模具加工效率的主要原因。应用高速加工技术可直接加工淬硬材料，特别是硬度在46～60HRC范围内的材料，高速加工能部分取代电火花加工，这样省去了电极的制造，降低了生产成本，节约了加工时间，缩短了生产周期。

6.2.6 快速模具制造技术

1. 快速原型制造技术

快速原型制造（RPM）技术是20世纪80年代后期兴起并迅速发展起来的一项先进制造技术，堪称当今20年来制造技术最重大的进展之一，它是一种典型的材料累加法加工工艺。RPM技术利用计算机及CAD软件对产品进行三维实体造型设计或利用工业CT照射实体模型，得到STL数据文件，然后利用分层软件对零件进行切片处理，得到一组平行的环切数据，之后利用激光器产生激光，通过激光扫描，形成极薄的一层固化层，如此反复，最终形成固态的产品原型。它集机械制造、CAD、数控技术以及材料科学等多项技术于一体，在没有任何刀具、模具及工装夹具的情况下，自动迅速地将设计思想物化为具有一定结构和功能的零件或原型，并可及时对产品设计进行快速反应，不断评价、现场修改，以最快的速度响应市场，从而提高企业的竞争能力。

（1）快速原型制造技术在模具制造中的应用　RPM技术应用最重要的方向之一是模具的快速制造技术。它在汽车、航空航天、家电等诸多领域得到应用。

传统模具制造方法是几何造型系统生成模具CAD模型，然后对模具所有成形面进行数控编程，得到它们的CAM数据，利用信息载体控制数控机床加工出模具毛坯，再经电火花精加工得到精密模具，此方法需要人工编程，加工的周期较长，加工成本相对较高。传统的快速模具制造是依据产品图样，把木材、石膏、钢板甚至水泥、石蜡等材料采用拼接、雕塑成形等方法制作原型，这种方法不仅耗时，加工精度也不高，尤其碰到一些复杂结构的零件，显得无能为力。RPM技术能够更快、更好、更方便地设计并制造出各种复杂的零件和原型，一般可使模具制造的周期缩短2/3～4/5，而且模具的几何复杂程度越高，效益越明显。

目前，快速原型制造技术在模具制造中的应用大体可以分为两类：

1）用快速原型直接制造模具。利用RPM技术直接制造模具是将模具CAD的结果由RP系统直接制造成形。该方法适用于工作温度低、受力小的注塑模具，实践中可以直接使用光敏树脂液相固化成形（Stereolithography，SL）法生产的固化树脂原型作为模具，这种方法不需要RP原型作样件，也不依赖传统的模具制造工艺。

2）用快速原型间接制造模具。用快速原型间接制造模具是利用RPM技术首先制作模芯，然后利用此模芯复制硬模具（如铸造模具或采用喷涂金属法获得轮廓形状）或制作加工硬模具的工具或制作母模复制软模具等。

在模具的设计和加工过程中，样件（RP 原型）的设计和加工是非常重要的环节之一。随着 RPM 精度的提高，这种间接制模工艺已趋于成熟，其方法则根据零件生产批量大小而不同。

（2）快速成形工艺方法简介

1）选择性激光粉末烧结成形。选择性激光粉末烧结成形（SLS）是利用粉末材料（金属粉末或非金属粉末）在激光照射下烧结的原理，在计算机控制下层层堆积成形。

如图 6-33 所示，此法采用 CO_2 激光器作能源，在工作台上均匀铺上一层很薄（0.1～0.2mm）的粉末，激光束在计算机控制下按照零件分层轮廓有选择性地进行烧结，一层完成后再进行下一层烧结。全部烧结完后去掉多余的粉末，再进行打磨、烘干等处理便获得零件。SLS 法原料广泛，现已研制成功的就达十几种，范围覆盖了高分子、陶瓷、金属粉末和它们的复合粉。

2）薄片分层叠加成形。薄片分层叠加成形（LOM）是采用薄片材料，如纸、塑料薄膜等作为成形材料，在片材表面事先涂覆上一层热熔胶。加工时，用 CO_2 激光器在计算机控制下按照 CAD 分层模型轨迹切割片材，如图 6-34 所示。激光切割完成后，工作台带动已成形的工件下降，与带状片材（料带）分离；供料机构转动收料轴和供料轴，带动料带移动，使新层移到加工区域；工作台上升到加工平面；热压辊热压，工件的层数增加一层，高度增加一个料厚；再在新层上切割截面轮廓。如此反复直至零件的所有截面切割、粘接完，得到三维的实体零件。

采用 LOM 法制造实体时，激光只需扫描每个切片的轮廓，而非整个切片的面积，因此容易制造大型、实体零件。

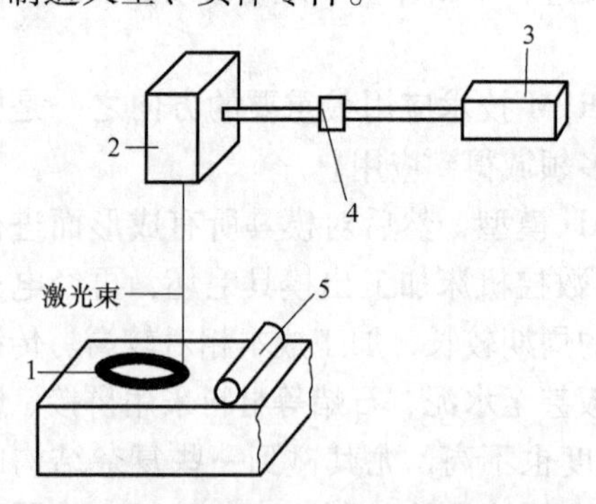

图 6-33 选择性激光粉末烧结成形原理
1—零件 2—扫描镜 3—激光器
4—透镜 5—刮平辊子

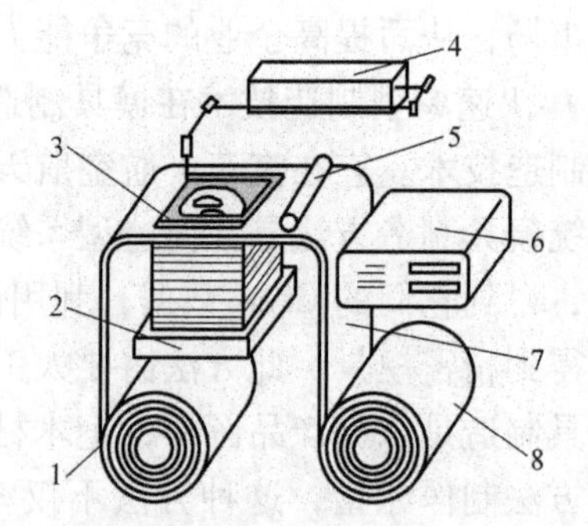

图 6-34 薄片分层叠加成形原理
1—收料轴 2—升降台 3—加工平面
4—CO_2 激光器 5—热压辊 6—控制计算机 7—料带 8—供料轴

3）熔丝堆积成形。熔丝堆积成形（FDM）是利用热塑性材料（如 ABS 工程塑料）的热熔性、粘结性，在计算机控制下层层堆积成形。图 6-35 所示为 FDM 工艺原理，材料先抽成丝状，通过送丝机构送进喷头，在喷头内被加热熔化，喷头沿零件截面轮廓和填充轨迹运动，同时将熔化的材料挤出，材料迅速固化，并与周围的材料粘接，层层堆积成形。

4）光敏树脂液相固化成形。光敏树脂液相固化成形（SLA）是基于液态光敏树脂的光聚合原理工作的。这种液态材料在一定波长和功率的紫外激光的照射下能迅速发生光聚合反应，相对分子质量急剧增大，材料也就从液态转变成固态。

如图6-36所示，液槽中盛满液态光敏树脂，激光束在偏转镜作用下，在液体表面上扫描，扫描的轨迹及激光的有无均由计算机控制，光点扫描到的地方，液体就固化。成形开始时，工作平台在液面下一个确定的深度，液面始终处于激光的焦点平面内，聚焦后的光斑在液面上按计算机的指令逐点扫描即逐点固化。当一层扫描完成后，未被照射的地方仍是液态树脂，然后升降台带动平台下降一层高度（约0.1mm），已成形的层面上又布满一层液态树脂，然后再进行下一层的扫描，新固化的一层牢固地粘在前一层上，如此重复，直到整个零件制造完毕，得到一个三维实体原型。

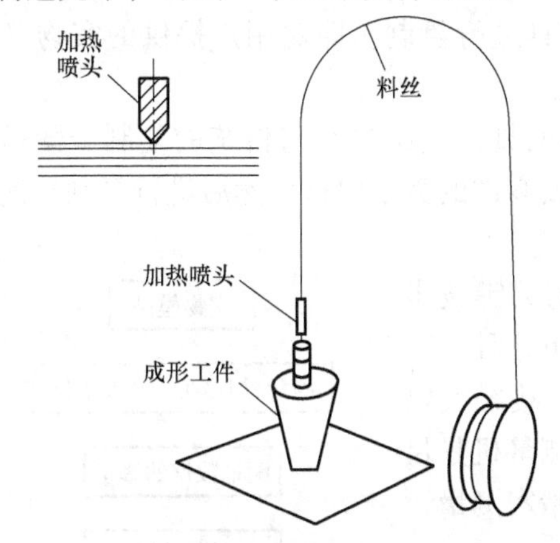

图6-35　熔丝堆积成形原理

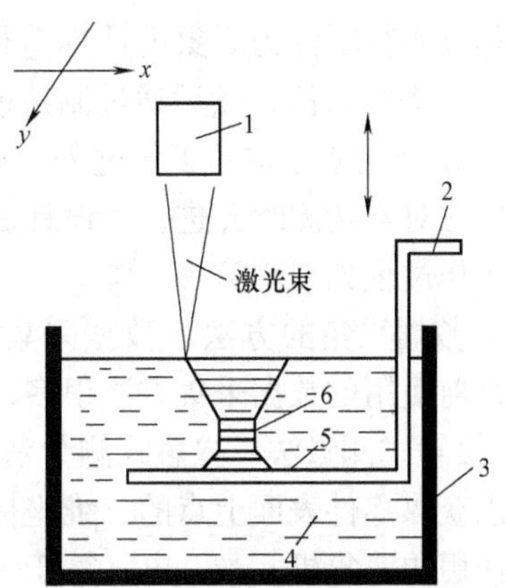

图6-36　光敏树脂液相固化成形原理

1—扫描镜　2—z轴升降台　3—树脂槽
4—光敏树脂　5—托盘　6—零件

2. 逆向工程技术简介

（1）逆向工程及其应用

1）逆向工程概述。传统的产品开发流程是从产品的设计开始，根据产品图样或设计规范，借助CAD软件建立产品的三维模型，然后编制数控加工程序，并最终生产出产品。这种开发工程称为顺向工程。而逆向工程则正好相反。

逆向工程是指应用计算机技术由实物零件反求其设计的概念和数据并复制出零件的整个过程，也称为反向工程、反求工程，即把实物零件经过高效准确的测量，并借助计算机将模拟量转换成数字量，从而建立起数学模型，通过数学模型生成图样和NC信息，最终获得零件。

2）逆向工程的应用。逆向工程的应用主要包括以下三个方面：

①产品的仿制。即制作单位接受委托单位的样品或实物，并按照实物样品复制出来。

②新产品的设计。某些难以直接用计算机进行三维几何设计的物体（如复杂的艺术造型、人体、动植物外形），目前常用黏土、木材或泡沫塑料进行初始外形设计，再通过逆向工程将实物模型转化为三维CAD模型。另一方面，由于工艺、美观、使用效果等方面的原因，人们经常需要对已有的产品进行局部修改。在原始设计没有三维CAD模型的情况下，应用逆向工程技术建立CAD模型，再对CAD模型进行修改，这将大大缩短产品改型周期，提高生产效率。

③旧产品的改进（改型）。在工业设计中，很多新产品的设计都是从对旧产品改进开始

的。为了用通常的CAD软件对原设计进行改进，首先要有原产品的CAD模型，然后在原产品的基础上进行改进设计。

综上所述，通过逆向工程复制实物的CAD模型，使得那些以实物为制造基础的产品有可能在设计和制造的过程中充分利用CAD、CAM、RPM、PDM及CIMS等先进制造及管理技术。同时，逆向工程的实施能在很短的时间内复制实体样件，因此它也是推行并行工程的重要基础和支撑技术。

逆向工程技术在模具制造中的应用主要有以下两个方面：

一是以样本模具为对象进行复制。即对原有的模具（如报废的模具或者二手的模具）进行复制。

二是以实物零件为对象设计制造模具并通过模具进行复制。即对用户提供的实物（如主模型等）进行检测，然后通过制造模具复制零件。

（2）模具逆向工程的工作过程　模具逆向工程的具体实施过程与传统的复制步骤是一样的，即在对实物测绘并进行再设计后，获得模具或零件的数学模型，然后进行复制。逆向工程的工作过程如图6-37所示。

（3）数据采集的方法　数据采集是逆向工程的关键技术之一，目前使用的数据采集方法很多，常用的有以下几种：

1）接触式测量法。接触式测量法是用机械探头接触实物表面，以获取零件表面上点的三维坐标值。三坐标测量机是目前广泛使用的，集机、光、电、算于一体的接触式精密测量设备。

2）非接触式测量法。非接触式测量法根据测量原理的不同，有光学测量法、超声波测量法、电磁测量法等，其中技术较成熟的是光学测量法，如激光扫描法和莫尔条纹法等。

3）逐层扫描法。逐层扫描法是一种新兴的测量技术，它不受零件结构复杂程度的影响，并可以同时对实物的内外表面进行测量。

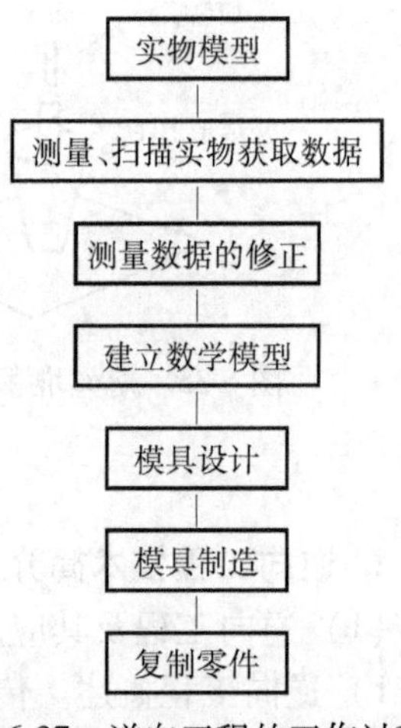

图6-37　逆向工程的工作过程

需要指出的是，虽然目前数据采集应用最广泛的是三坐标测量机，但有时也在数控铣床（加工中心）上或在机器人末端安装测量部件进行数据采集。

习题与思考题

6-1　电解加工的原理和特点是什么？什么是电解加工的阳极溶解？

6-2　简述电解抛光的工艺过程和特点。

6-3　电解磨削与普通磨削的主要区别是什么？

6-4　封闭式冷挤压型腔和敞开式冷挤压型腔各有哪些优、缺点？

6-5　简述电铸加工工艺过程和照相腐蚀法的工艺过程。

6-6　超声波加工的原理和特点是什么？换能器和变幅杆的作用是什么？

6-7　简述锌合金模具制造工艺。

6-8　什么是高速加工技术？高速加工的关键技术包括哪些？

6-9　什么是快速原型制造技术？常用的快速成形工艺方法有哪些？

6-10　什么是逆向工程技术？

教学单元7　模具装配工艺

7.1　任务引入

模具装配是模具制造的最后一个重要环节，装配质量直接影响到模具精度、寿命和各部分的功能实现。图7-1所示连接片冲模和图7-2所示塑料注射模，如何划分装配单元、制订装配工艺规程？

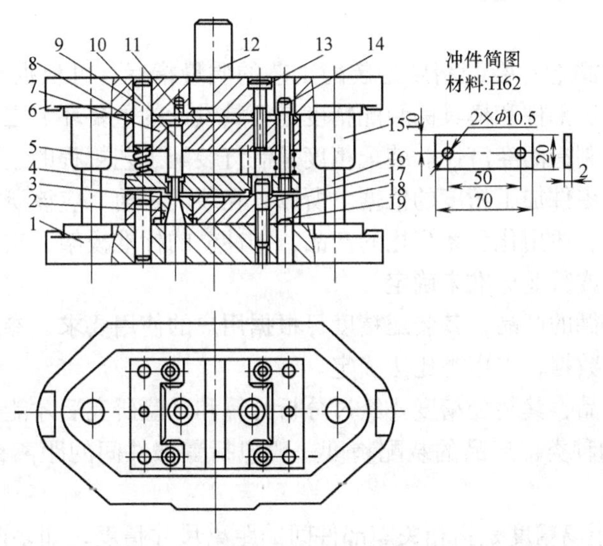

图7-1　连接片冲模

1—下模座　2—凹模　3—定位板　4—卸料板　5—弹簧　6—上模座　7—凸模固定板　8—垫板　9、11、19—定位销　10—凸模　12—模柄　13、17—螺钉　14—卸料螺钉　15—导套　16—导柱　18—凹模固定板

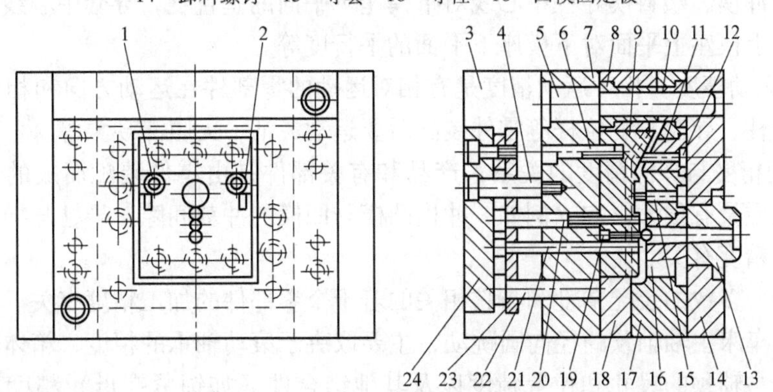

图7-2　壳体零件塑料注射模

1—矩形推杆　2—嵌件螺杆　3—垫块　4—限位螺杆　5—导柱　6—销套　7—动模固定板　8、10—导套　9、12、15—型芯　11、16—镶块　13—浇口套　14—定模座板　17—定模　18—卸料板　19—拉料杆　20、21—推杆　22—复位杆　23—推杆固定板　24—推板

7.2　相关知识

7.2.1　概述

1. 装配的概念

装配是按规定的技术要求，将零件、组件和部件进行配合和连接，使之成为半成品或成品的工艺过程。产品（机器、模具等）是由许多零件和部件组成的，模具的装配是根据模具的结构特点和规定的技术要求，以一定的装配顺序和方法，将若干个符合图样技术要求的零件结合成部件，或将若干个零件、组件和部件组合成产品的工艺过程。装配工作通常分为组件装配、部件装配和总装配。

2. 装配精度

（1）装配精度的概念　装配精度是装配工艺的质量指标，可根据产品的工作性能来确定。正确地规定组件、部件和模具的装配精度是模具设计的重要环节之一，不仅关系到模具质量，也影响到模具制造的经济性。装配精度是制订装配工艺规程的主要依据，也是选择合理的装配方法和确定零件加工精度的依据。所以，在装配之前，应该研究模具的装配精度。

对于一些标准化、通用化和系列化的产品，如冲模的标准模架，它们的装配精度可根据国家标准、部颁标准或行业标准来确定。

对于没有标准可循的产品，其装配精度可根据用户的使用要求，参照经过实践考验的类似部件或产品的已有数据，采用类比法确定。

对于一些重要产品，其装配精度要经过分析计算和试验研究后才能确定。

（2）装配精度的种类　产品的装配精度一般包括零部件间的距离精度、相互位置精度和相对运动精度等。

1）距离精度。距离精度是指相关零部件间的距离尺寸精度，如多凸模冲模凸凹模之间的冲裁间隙，导柱、导套的配合间隙等就是距离尺寸精度。

2）相互位置精度。装配中的相互位置精度包括相关零部件之间的平行度、垂直度和各种跳动等，如冲模、塑料模导柱中心线对下模座下平面的垂直度，导套中心线对上模座上平面的垂直度，上模座上平面对下模座下平面的平行度等。

3）相对运动精度。相对运动精度是有相对运动的零部件在运动方向和相对速度上的精度，如模具导柱、导套和复位杆等零件装配后要运动灵活，无阻滞现象等。

（3）装配精度与零件精度的关系　产品和有关部件是由零件装配而成的。显然，零件的精度对装配质量有很大影响。例如，冲模凸模与凹模的冲裁间隙、导柱与导套的间隙等都与零件的加工精度有关。

一般而言，多数的装配精度和与它相关的若干个零部件的加工精度有关。又如在教学单元 2 中讲到的车床主轴轴颈的径向圆跳动，主要取决于滚动轴承的精度、箱体轴承孔的尺寸和位置精度、主轴颈的尺寸和位置精度以及其他结合件（如锁紧螺母）精度。这时，就应合理地规定和控制这些相关零件的加工精度。

对于有些要求较高的装配精度，如果完全靠相关零件的制造精度来直接保证，则零件的加工精度将会很高，给加工带来较大困难。如图 7-3a 所示模柄，装配后模柄的 B 面与上模座下表面必须在同一平面上。该装配精度很高，无法由相关零部件的加工精度直接保证（即不能满足如图7-3b所示装配尺寸链的要求）。在生产中，常按较经济的精度来加工相关零部件，而在装配时则采用修配来保证装配精度。

所以，产品的装配过程并不是简单地将有关零部件连接起来的过程。装配过程中需要进行必要的检测和调整，有时还需进行修配。

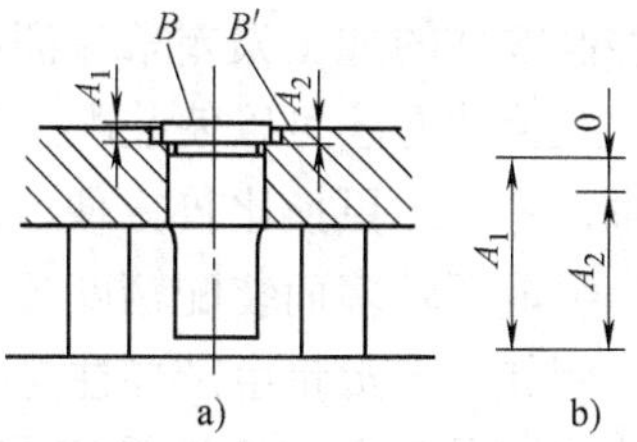

图7-3 模柄装配要求示意图
a）结构示意图 b）装配尺寸链图

3. 装配尺寸链

由于零件的精度将直接影响产品的精度，当某项装配精度由若干个零件的制造精度所决定时，就出现了误差累积的问题，要分析产品有关组成零件的精度对装配精度的影响，就要用到装配尺寸链。

（1）装配尺寸链基本概念 装配的精度要求与影响该精度的尺寸构成的尺寸链，称为装配尺寸链。图7-4a所示是车床尾顶尖套筒的装配图，按设计要求，装配后应保证轴向间隙A_Σ不能大于0.05mm，以保证螺母在套筒内不产生过大的轴向窜动。A_Σ直接受尺寸$A_1=60^{+0.2}_{0}$mm、$A_2=57^{0}_{-0.2}$mm、$A_3=3^{0}_{-0.1}$mm的影响。由A_Σ、A_1、A_2、A_3组成的尺寸链称为装配尺寸链，如图7-4b所示。在装配过程中，A_Σ是间接得到的，所以装配精度A_Σ是尺寸链的封闭环。影响装配精度的零件尺寸A_1、A_2、A_3是尺寸链的组成环。

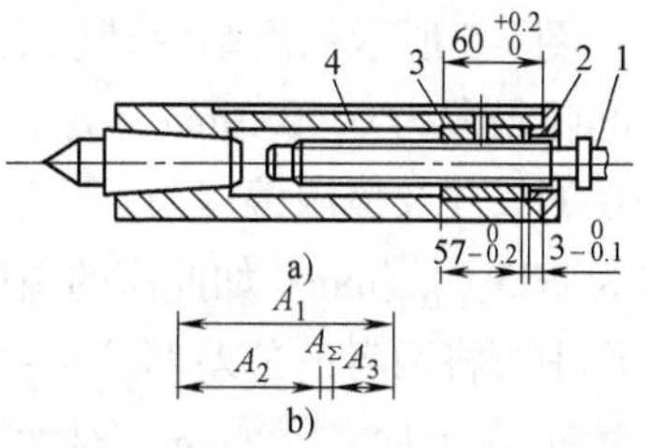

图7-4 车床尾顶尖套筒装配图
a）顶尖套筒装配图 b）装配尺寸链
1—丝杠 2—端盖 3—螺母 4—套筒

（2）用极值法解装配尺寸链 装配尺寸链的极值解法与工艺尺寸链的极值解法相类似。以图7-4a所示车床尾顶尖套筒为例，用尺寸链的极值解法，按图上标注尺寸判断这些零件装配后能否保证装配的精度要求。

在图7-4b所示的尺寸链中，A_1是增环，A_2、A_3是减环。在该尺寸链中，已知各组成环的尺寸及极限偏差，需要计算封闭环的尺寸及极限偏差。

求封闭环的尺寸和求封闭环的上、下极限偏差。

$$A_\Sigma=A_1-A_2-A_3=0$$

$$ESA_\Sigma=[0.2-(-0.2)-(-0.1)]\text{mm}=0.5\text{mm}$$

$$EIA_\Sigma=0$$

封闭环的尺寸及极限偏差$A_\Sigma=0^{+0.5}_{0}$mm。所以各零件按图样尺寸及极限偏差加工，装配后能保证配合间隙A_Σ不大于0.5mm。图样规定的尺寸及极限偏差是正确的。

7.2.2 装配方法及其应用范围

产品的装配方法是根据产品的产量、批量和装配的精度要求等因素来确定的。一般情况下，产品的装配精度要求高，则零件的精度要求也高。但是，根据生产的实际情况采用合理的装配方法，也可以用精度较低的零件来达到较高的装配精度。模具常用的装配方法有以下几种。

1. 互换装配法

零件按规定公差加工后，不需经修配、选择和调整，就能保证其装配精度的方法叫互换装配法。产品采用互换装配法装配时，其装配精度主要取决于零件的加工精度，实质上就是用控制零件的加工误差来保证产品的装配精度。

互换装配法可以使装配工作简单，生产效率高，有利于组织专业化生产，而且在设备维修时，零件的更换比较方便。但这种方法要求零件的加工精度较高，因此适用于批量生产中，组成环较多而装配精度较低或组成环少而装配精度较高的装配尺寸链中。

例如，大批量生产导柱与导套组成的冲模导向副，只需控制导柱外圆直径和导套内孔直径的加工误差在互换性精度范围内，则不需进行选配、调整，即可达到装配精度要求。

2. 分组互换装配法

在成批生产中，当产品的装配精度要求很高时，若采用互换装配法，零件加工精度太高，导致加工困难或增加生产成本，在这种情况下可采用分组互换装配法，即将零件按实测尺寸分组，装配时按组进行互换装配以达到装配精度。这样可将零件的制造公差扩大，便于加工。

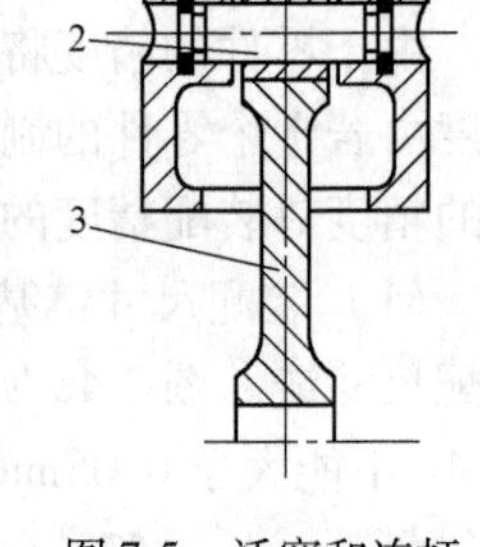

图 7-5 活塞和连杆组装图
1—活塞 2—活塞销 3—连杆

图 7-5 所示的汽车发动机活塞和连杆，活塞销与连杆小头孔的配合间隙最大为 0.0055mm，最小为 0.0005mm。按配合要求确定活塞销外径的尺寸及极限偏差为 $\phi25_{-0.0125}^{-0.0100}$mm，连杆小头的孔径尺寸及极限偏差为 $\phi25_{-0.0095}^{-0.0070}$mm。如此高的精度要求，会使加工十分困难。因此，在生产中可将两者的公差都扩大 4 倍，即活塞销的直径尺寸及极限偏差为 $\phi25_{-0.0125}^{-0.0025}$mm，连杆小头的孔径为 $\phi25_{-0.0095}^{+0.0005}$mm。对加工出来的零件再采用气动量仪进行测量，并按尺寸大小分成 4 组，用不同颜色区别，然后按组进行装配。其分组情况见表 7-1。

表 7-1 分组装配零件的尺寸分组

组 别	标志颜色	活塞销尺寸	连杆小头孔尺寸	配合情况	
				最大间隙	最小间隙
第一组	白	$\phi25_{-0.0050}^{-0.0025}$	$\phi25_{-0.0020}^{+0.0005}$	0.0055	0.0005
第二组	绿	$\phi25_{-0.0075}^{-0.0050}$	$\phi25_{-0.0045}^{-0.0020}$		
第三组	黄	$\phi25_{-0.0100}^{-0.0075}$	$\phi25_{-0.0070}^{-0.0045}$		
第四组	红	$\phi25_{-0.0125}^{-0.0100}$	$\phi25_{-0.0095}^{-0.0070}$		

由表 7-1 可以看到，各组零件的尺寸公差和配合间隙与原设计的装配精度要求相同，在同一个装配组内既能完全互换，又能达到很高的装配精度要求。采用分组互换装配法时应注意以下几点：

1）每组配合尺寸的公差要相等，以保证分组后各组的配合精度和配合性质都能达到原来的设计要求。因此，扩大配合尺寸的公差时要向同方向扩大，扩大的倍数就是以后分组的组数，如图 7-6 所示。

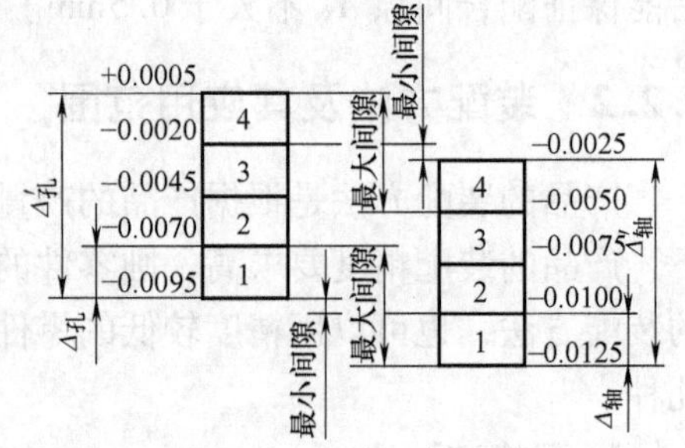

图 7-6 配合尺寸分组

2）分组不宜过多（一般分为 4 ~ 5 组），否则零件的测量、分类和保管工作复杂。

3）分组互换装配法不宜用于组成环很多的装配尺寸链，因为尺寸链的环数如果太多，也和分组过多一样会使装配工作复杂化，一般只适宜尺寸链的环数 $n<4$ 的情况。

另外，采用分组互换装配法还应当严格执行零件的检测、分组、识别、储存和运输等方面的管理工作。

3. 修配装配法

在装配时，修去指定零件上的预留修配量以达到装配精度的方法，称为修配装配法。这种装配方法在单件、小批生产中被广泛采用。在模具装配中常见的修配方法有以下两种。

（1）按件修配法　按件修配法是在装配尺寸链的组成环中预先指定一个零件作为修配件（修配环），装配时再用切削加工改变该零件的尺寸以达到装配精度要求。

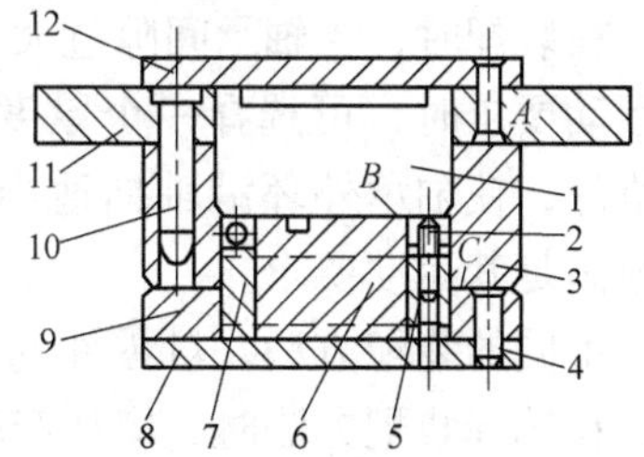

图7-7　塑料压模

1—上型芯　2—嵌件螺杆　3—凹模　4—铆钉　5、7—型芯拼块　6—下型芯　8、12—支承板　9—下固定板　10—导柱　11—上固定板

图7-7所示塑料压模，装配后要求上、下型芯在 B 面上，凹模的上、下平面与上、下固定板在 A、C 面上同时保持接触。为了使零件的加工和装配简单，选凹模为修配环。在装配时，先完成上、下型芯与固定板的装配，并测量出型芯对固定板的高度尺寸。按型芯的实际高度尺寸修磨 A、C 面。凹模的上、下平面在加工中应留适当的修配余量，其大小可根据生产经验或计算确定。

在按件修配法中，选定的修配件应是易于加工的零件，在装配时它的尺寸改变对其他尺寸链不致产生影响。

（2）合并加工修配法　合并加工修配法是把两个或两个以上的零件装配在一起后，再进行机械加工，以达到装配精度要求。

图7-8所示凸模和凸模固定板连接后，要求凸模的上端面和固定板的上平面共面。在加工凸模和凸模固定板时，对尺寸 A_1、A_2 并不严格控制，而是将两者装配在一起磨削上平面，以保证装配要求。

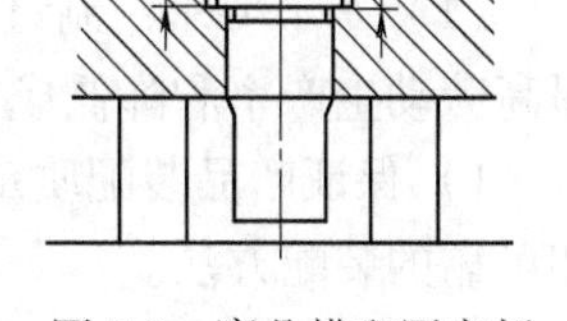

图7-8　磨凸模和固定板的上平面

4. 调整装配法

在装配时，用改变产品中可调整零件的相对位置或选用合适的调整件以达到装配精度的方法，称为调整装配法。一般，常采用螺栓、斜面、挡环、垫片或联接件之间的间隙作为补偿环。经调节后达到封闭环要求的公差和极限偏差。

（1）可动调整法　在装配时用改变调整件位置达到装配精度的方法，称为可动调整法。图7-9a所示是用螺钉调整件调整滚动轴承的配合间隙。转动螺钉可使轴承外环相对于内环作轴向位移，使外环、滚动体、内环之间保持适当的间隙。图7-9b所示是移动调整套筒1的轴向位置，使间隙 N 达到装配精度要求。当间隙调整好后，用定位螺钉2将套筒固定在机体上。可动调整法在调整过程中不需拆卸零件，比较方便，在机械制造中应用较广，在模具中也常用到，如冲模采用上出件时，顶件力的调整也常采用可动调整法。

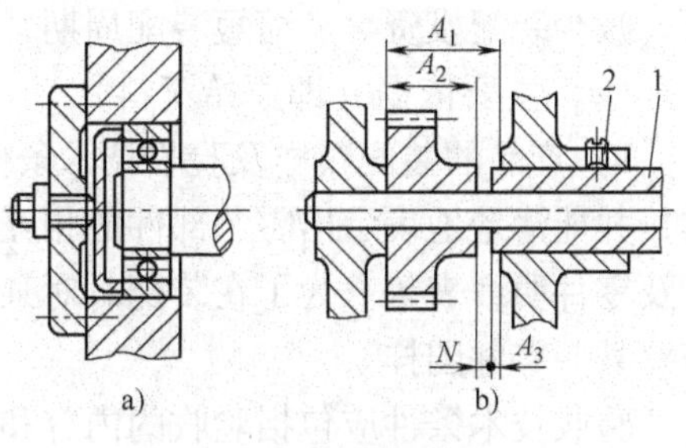

图7-9　可动调整法

1—调整套筒　2—定位螺钉

（2）固定调整法　即在装配过程中选用合适的调整件达到装配精度要求。图 7-10a 所示是用垫圈式调整零件调整轴向间隙。调整垫圈的厚度尺寸 A_3，根据尺寸 A_1、A_2、N 来确定，由于 A_1、A_2、N 是在它们各自的公差范围内变动的，所以需要准备不同厚度尺寸的垫圈（A_3）。这些垫圈可以在装配前按一定的尺寸间隔做好，装配时根据预装时对间隙的实际测量结果选择厚度适当的垫圈进行装配，以得到所要求的间隙 N。

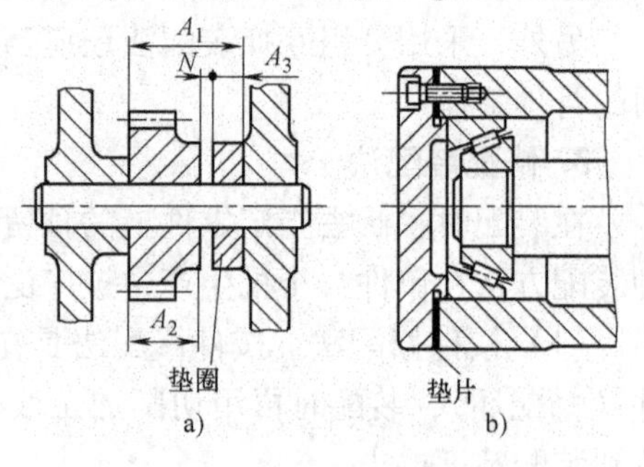

图 7-10　固定调整法

图 7-10b 所示是用调整垫片调整滚动轴承的间隙。在装配时，当轴承间隙过大（或小），不能满足其运动要求时，可选择一个厚度适当的垫片替换原有垫片，使轴承外环沿轴向适当位移，从而使轴承间隙满足其运动要求。

不同的装配方法，对零件的加工精度、装配的技术水平要求、生产效率也不相同，因此，在选择装配方法时，应从产品装配的技术要求出发，根据生产类型和实际生产条件进行合理的选择。

7.2.3　装配工艺规程的制订

装配工艺规程是指导装配生产的主要技术文件，制订装配工艺规程是生产技术准备工作中的一项重要工作。装配工艺规程对保证装配质量、提高装配生产效率、缩短装配周期、减轻工人的劳动强度、缩小装配占地面积和降低成本等都有重要的影响。所以，要合理地制订装配工艺规程，制订者除了要有装配尺寸链方面的理论知识外，还需一定的实践知识，实践知识的获取还要通过其他教学环节（如生产实习等）实现。

1. 制订装配工艺规程的基本要求及主要依据

（1）基本要求　制订装配工艺规程的基本要求是在保证产品装配质量的前提下，尽量提高劳动生产率和降低成本。具体要求有：

1）保证产品装配质量。在机械加工和装配的全过程达到最佳效果的前提下，选择合理和可靠的装配方法。

2）提高生产率。合理安排装配顺序和装配工序，尽量减少装配工作量，特别是手工劳动量，提高装配机械化和自动化程度，缩短装配周期，满足装配规定的进度计划要求。

3）降低装配成本。要减少装配生产面积，减少工人的数量和降低对工人技术等级的要求，减少装配投资等。缩短装配周期，提高装配效率，也能降低成本。

（2）主要依据（即原始资料）

1）产品的装配图样及验收技术条件。产品的装配图样应包括总装配图样和部件装配图样，并能清楚地表示出零、部件的相互连接情况及其联系尺寸，装配精度和其他技术要求，以及零件明细表等。为了在装配时对某些零件进行补充机械加工和核算装配尺寸链，有时还需要某些零件图样。

验收技术条件应包括验收的内容和方法。

2）产品的生产纲领。生产纲领决定了产品的生产类型。不同的生产类型致使装配的组织形式、装配方法、工艺过程的划分、设备及工艺装备专业化或通用化水平、手工操作量的比例、对工人技术水平的要求和工艺文件的格式等均有不同。各种生产类型的装配工艺特征见表7-2。

表7-2　各种生产类型的装配工艺特征

装配工艺特征	生产类型		
	单件小批生产	中批生产	大批大量生产
产品生产重复(专业化)程度	产品经常变换,很少重复	产品周期重复	产品固定不变,经常重复
组织形式	采用固定式装配或固定流水装配	重型产品采用固定流水装配,批量较大时流水装配,多品种平行投产时采用变节拍流水装配	多采用流水装配线和自动装配线,有间歇移动、连续移动和变节拍移动等方式
装配方法	常用修配法,互换法比例较少	优先采用全互换法。装配精度要求高时,灵活应用调整法和修配法(环数多时)以及分组法(环数少时)	优先采用完全互换法。装配精度要求高时,环数少时用分组法,环数多时用调整法
工艺过程	工艺灵活掌握,也可适当调整工序	应适合批量的大小,尽量使生产均衡	工艺过程划分很细,力求高度均衡性
设备及工艺装备	一般为通用设备及工艺装备	较多采用通用设备及工艺装备,部分是高效的工艺装备	宜采用专用、高效设备及工艺装备,易于实现机械化和自动化
手工操作量和对工人技术水平的要求	手工操作比例大,需要技术熟练的工人	手工操作比例较大,需要有一定熟练程度的技术工人	手工操作比例小,对操作工人技术水平要求较低
工艺文件	仅有装配工艺过程卡	有装配工艺过程卡,复杂产品要有装配工序卡	有装配工艺过程卡和工序卡
应用实例	重型机械、重型机床、汽轮机和大型内燃机等	机床、机车车辆等	汽车、拖拉机、内燃机、滚动轴承、手表和缝纫机等

3）现有生产条件和标准资料。它们包括现有装配设备、工艺装备、装配车间面积、工人技术水平、机械加工条件及各种工艺资料和标准等。设计者熟悉和掌握了它们，才能切合实际地从机械加工和装配的全局出发，制订合理的装配工艺规程。

2. 制订装配工艺规程的步骤、方法和内容

（1）分析产品装配图样及验收技术条件　主要从以下几个方面分析产品装配图样和验收技术条件：

1）了解产品及部件的具体结构、装配技术要求和检查验收的内容及方法。

2）审查产品的结构工艺性。

3）研究设计人员所考虑的装配方法，进行必要的装配尺寸链分析与计算。

（2）确定装配方法与装配组织形式

1）确定装配方法。选择合理的装配方法，是保证装配精度的关键。要结合具体生产条件、零件的装配要求，从机械加工和装配的全过程出发，最终确定装配方法。

2）装配组织形式。装配组织形式的选择，主要取决于产品的结构特点（包括质量大小、尺寸和复杂程度）、生产纲领和现有生产条件。模具装配一般采用固定装配组织形式，在大批量生产模架时，也可用到移动装配。

（3）划分装配单元和确定装配顺序　将产品划分为可进行独立装配的单元是制订装配工艺规程中最重要的一个步骤，这对于大批大量生产结构复杂的产品时尤为重要。只有划分好装配单元，才能合理安排装配顺序和划分装配工序，组织平行流水作业。

产品（模具、机器等）是由零件、组件和部件等装配单元组成的。零件是组成机器的基本单元，它是由整块金属或其他材料组成的。零件多数情况下要预先装成组件和部件后，再安装到产品上。组件是指一个或几个零件的组合，没有显著完整的作用，如主轴箱中轴与其上的齿轮、套、垫片、键和轴承的组合体。部件是若干组件、零件的组合体，并在机器中能完成一定的完整的功能，如车床中的主轴箱、进给箱和溜板箱部件等。机器是由上述各装配单元结合而成的整体，具有独立、完整的功能。组件的装配叫组装，部件的装配叫部装，产品的装配叫总装。

上述各装配单元都要选定某一零件或比它低一级的单元作为装配基准件。通常应选体积或质量较大，有足够支承面，能保证装配稳定性要求的零件、组件或部件作为装配基准件，如床身零件是床身组件的装配基准件，床身组件是床身部件的装配基准组件；床身部件是机床产品的装配基准部件。

划分好装配单元，并确定装配基准件后，就可安排装配顺序。确定装配顺序的要求是保证装配精度，以及使装配连接、调整、校正和检验工作能顺利地进行，前面工序不妨碍后面工序的进行，后面工序不应损坏前面工序的质量等。

一般装配顺序的安排是：

1）工件要先预处理，如工件的倒角、去毛刺与飞边、清洗、防锈和防腐处理、油漆和干燥等。

2）先基准件、重大件的装配，以便保证装配过程的稳定性。

3）先复杂件、精密件和难装配件的装配，以保证装配顺利进行。

4）先进行易破坏装配质量的工作，如压力装配和加热装配。

5）集中安排使用相同设备及工艺装备的装配和有共同特殊装配环境的装配。

6）处于基准件同一方位的装配应尽可能集中进行。

7）电线、油气管路的安装应与相应工序同时进行。

8）易燃、易爆、易碎、有毒物质或零、部件的安装，尽可能放在最后，以减少安全防护工作量，保证装配工作顺利完成。

为了清晰表示装配顺序，常用装配单元系统图来表示。它是表明产品零件、组件、部件间相互装配关系及装配流程的示意图。例如，图 7-11a 所示是产品装配单元系统图，图 7-11b 所示是部件装配单元系统图。比较简单的产品也可把所有部件装配单元系统图合在产品的装配单元系统图中，如图 7-12 所示。

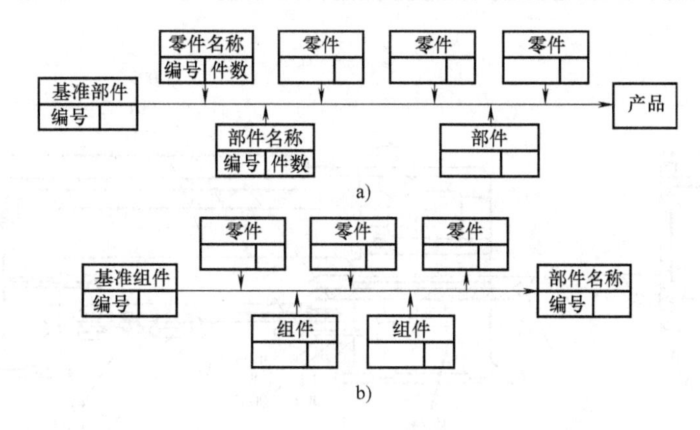

图7-11　装配单元系统图

a）产品装配单元系统图　b）部件装配单元系统图

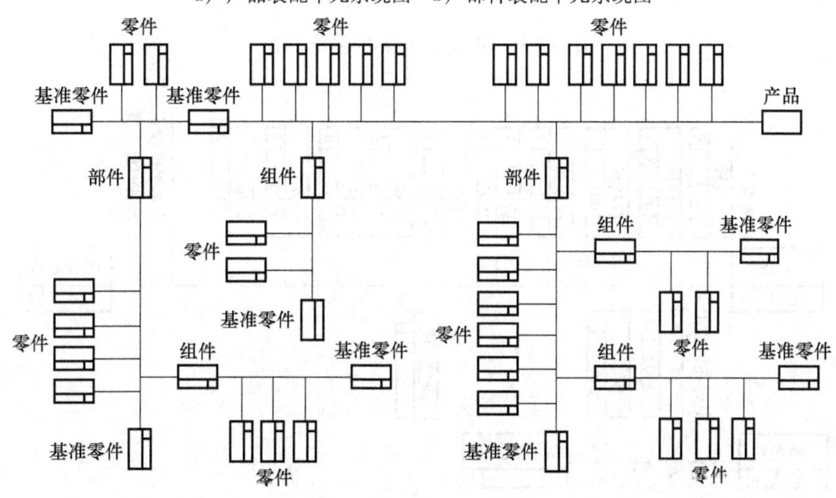

图7-12　产品装配单元系统图（含部件装配单元系统）

装配单元系统图的画法是：首先画一条横线，横线右端箭头指向装配单元的长方格，横线左端为基准件的长方格。再按装配的先后顺序，从左向右依次将装入基准件的零件、组件和部件引入。表示零件的长方格画在横线上方，表示组件和部件的长方格画在横线下方。每一长方格内，上方注明装配单元名称，左下方填写装配单元的编号，右下方填写装配单元的件数。

在装配单元系统图上加注所需的工艺说明，如焊接、配钻、配刮、冷压、热压和检验等，就形成装配工艺系统图。图7-13所示为卧式车床床身装配简图，图7-14所示为床身部件装配工艺系统图。

装配工艺系统图比较清楚而全面地反映了装配单元的划分、装配顺序和装配工艺方法。它是装配工艺规程制订中的主要文件之一，也是划分装配工序的依据。

（4）装配工序的划分与设计　装配顺序确定后，就可将工艺过程划分为若干个工序，并进行具体装配工序的设计。

工序的划分主要是确定工序集中与工序分散的程度。工序的划分通常和工序设计一起进行。

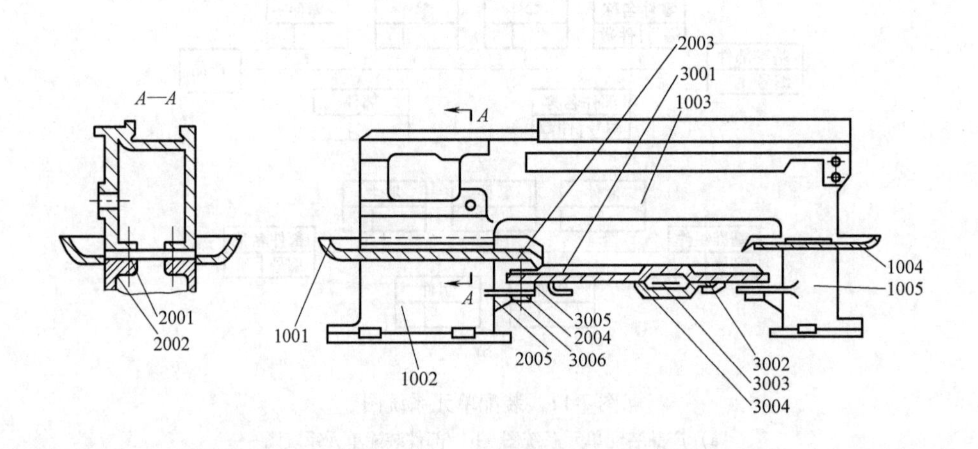

图 7-13　卧式车床床身装配简图

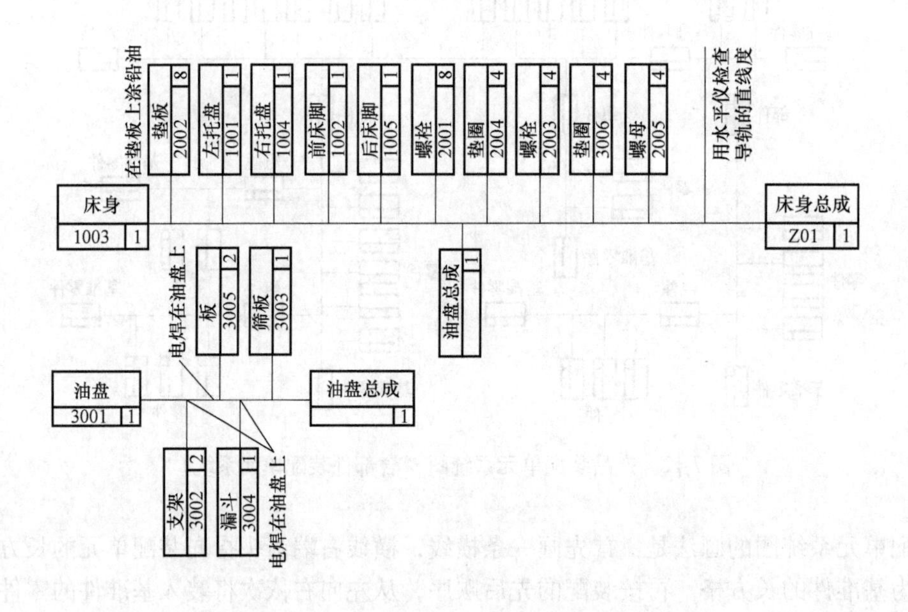

图 7-14　床身部件装配工艺系统图

工序设计的主要内容有：

1）制订工序的操作规范，例如过盈配合所需压力、变温装配的温度值、紧固螺栓联接的预紧力矩、装配环境等。

2）选择设备与工艺装备。若需要专用设备与工艺装备，则应提出设计任务书。

3）确定工时定额，并协调各工序内容。在大批大量生产时，要平衡工序的节拍，均衡生产，实现流水装配。

（5）填写工艺文件　单件小批生产仅要求填写装配工艺过程卡。中批生产时，通常也只需填写装配工艺过程卡，对复杂产品则还需填写装配工序卡。大批大量生产时，不仅要求填写装配工艺过程卡，而且要填写装配工序卡，以便指导工人进行装配。

装配工艺过程卡和装配工序卡的格式见表 7-3 和表 7-4。

表7-3　装配工艺过程卡的格式

	装配工艺过程卡片		产品型号		零(部)件图号					
			产品名称		零(部)件名称		共(　)页		第(　)页	
	工序号	工序名称	工序内容		装配部门	设备及工艺装备		辅助材料		工时定额/min
描　图										
描　校										
底图号										
装订号										

											设计(日期)	审核(日期)	标准化(日期)	会签(日期)	
	标记	处数	更改文件号	签字	日期	标记	处数	更改文件号	签字	日期					

表7-4　装配工序卡的格式

	装配工序卡片		产品型号		零(部)件图号					
			产品名称		零(部)件名称		共(　)页		第(　)页	
	工序号		工序名称		车间		工段	设备		工序工时
	(简　图)									
	工步号	工步内容			工艺装备		辅助材料			工时定额/min
描　图										
描　校										
底图号										
装订号										

											设计(日期)	审核(日期)	标准化(日期)	会签(日期)	
	标记	处数	更改文件号	签字	日期	标记	处数	更改文件号	签字	日期					

7.3 项目实施

7.3.1 冲压模具的装配

1. 冲裁模装配的技术要求

对于冲裁模，主要有以下技术要求：

1）装配好的冲模，其闭合高度应符合设计要求。

2）模柄（活动模柄除外）装入上模座后，其轴线对上模座上平面的垂直度误差，在全长范围内不大于0.05mm。

3）导柱和导套装配后，其轴线应分别垂直于下模座的底平面和上模座的上平面，其垂直度误差应符合表7-5的规定。

表7-5　模架分级技术指标

项	检查项目	被测尺寸/mm	模架精度等级	
			0Ⅰ、Ⅰ级	0Ⅱ、Ⅱ级
			公差等级	
A	上模座上平面对下模座下平面的平行度	≤400	5	6
		>400	6	7
B	导柱轴线对下模座下平面的垂直度	≤160	4	5
		>160	5	6

产品装配完毕，应按产品技术性能和验收技术条件制订检测与试验规范。

4）上模座的上平面应和下模座的下平面平行，其平行度误差应符合表7-5的规定。

5）装入模架的每对导柱和导套的配合间隙值（或过盈量）应符合表7-6规定。

表7-6　导柱、导套配合间隙值（或过盈量）　　（单位：mm）

配合形式	导柱直径	模架精度等级		配合后的过盈量
		Ⅰ级	Ⅱ级	
		配合后的间隙值		
滑动配合	≤18	≤0.010	≤0.015	—
	>18~30	≤0.011	≤0.017	
	>30~50	≤0.014	≤0.021	
	>50~80	≤0.016	≤0.025	
滚动配合	>18~35	—	—	0.01~0.02

注：1. Ⅰ级精度的模架必须符合导套、导柱配合精度为H6/h5时按表给定的配合间隙值。

2. Ⅱ级精度的模架必须符合导套、导柱配合精度为H7/h6时按表给定的配合间隙值。

6）装配好的模架，其上模座沿导柱上、下移动应平稳，无阻滞现象。

7）装配后的导柱，其固定端面与下模座下平面应保留1~2mm距离。选用B型导套时，装配后其固定端面应低于上模座上平面1~2mm。

8）凸模与凹模的配合间隙应符合设计要求，沿整个刃口轮廓应均匀一致。

9）定位装置要保证定位正确可靠。

10）卸料及顶件装置活动灵活、正确，出料孔畅通无阻，保证制件及废料不卡在冲模内。

11）模具应在生产条件下进行试验，冲出的制件应符合设计要求。

由于模具制造属于单件小批生产，在装配工艺上多采用修配法和调整装配法来保证装配精度。

2. 模架的装配

（1）模柄的装配　模柄是模具安装到压力机滑块上时的一个连接件，它安装在上模座中，其作用是保证模具与压力机滑块间的装配精度。常用的模柄装配方式有如下几种。

1）压入式模柄的装配。压入式模柄的装配如图7-15所示，模柄与上模座孔采用H7/m6过渡配合，装配时，先对上模座孔的配合面进行清洗并涂上机油，而后将上模座翻转搁置在等高垫块上，用手搬压力机或液压机将模柄压入上模座孔中，并用90°角尺检查模柄圆柱面与上模座上平面的垂直度，其误差不得大于0.05mm，若有超差，应予以调整，直到模柄垂直度检验合格后再加工骑缝销孔（或骑缝螺孔），打入骑缝销（或拧上骑缝螺钉），最后在平面磨床上将模柄端面与上模座下平面一起磨平。

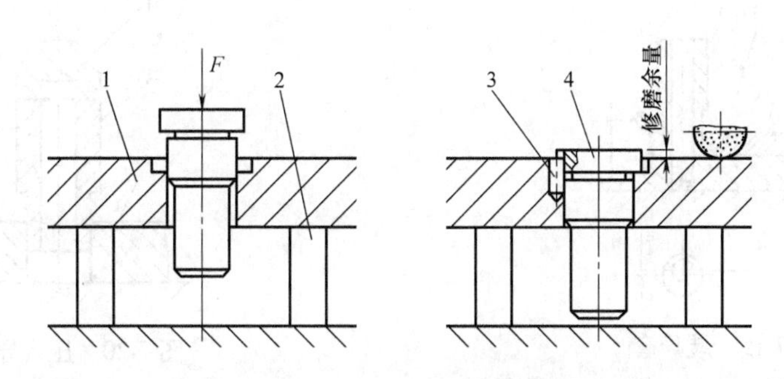

图7-15　压入式模柄的装配

1—上模座　2—等高垫块　3—骑缝销　4—模柄

2）旋入式模柄与凸缘式模柄的装配。这两种模柄均由上模座的上平面装入。如图7-16所示，旋入式模柄通过螺纹直接旋入上模座，在检查模柄垂直度合格后，需加工骑缝螺孔，并拧上骑缝螺钉防松。凸缘式模柄直接用3~4个内六角圆柱头螺钉将其固定在上模座的沉孔内，如图7-17所示。

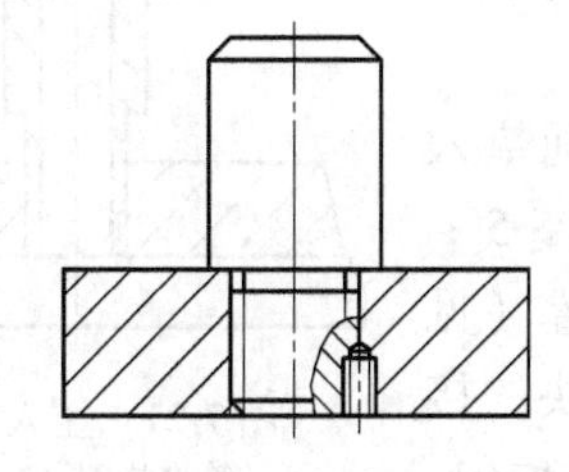

图7-16　旋入式模柄的装配

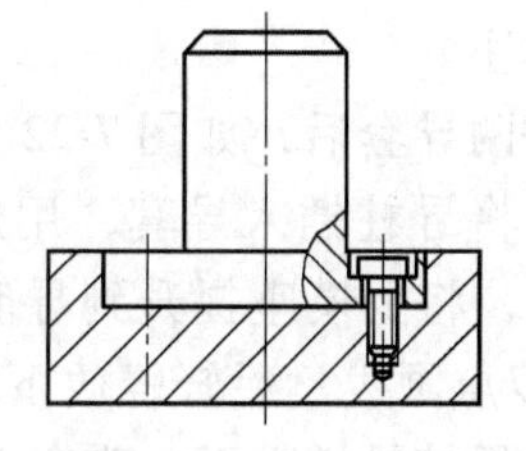

图7-17　凸缘式模柄的装配

（2）导柱、导套的装配　导柱与导套一般采用 H7/h6 间隙配合，而导柱与下模座和导套与上模座之间采用 H7/r6 过盈配合连接。根据选择的装配基准不同，压入法装配又分为以下两种。

1）以导柱为装配基准的压入装配法。该装配方法需先压入导柱，而后以导柱为基准装配导套，其装配过程如下：首先选配导柱和导套，使其配合间隙符合技术要求，将选配好的导柱和导套以及上模座和下模座的配合表面擦洗干净并涂上机油，然后如图 7-18 所示在压力机上用专用压块顶住导柱中心孔，将导柱慢慢压入下模座。在压入过程中，随时用专用检测工具的指示表在两个垂直方向检验和校正导柱的垂直度，边检验校正，边慢慢压入，直至将导柱的固定端面压到距下模座底平面 1 ~ 2mm 处时为止。

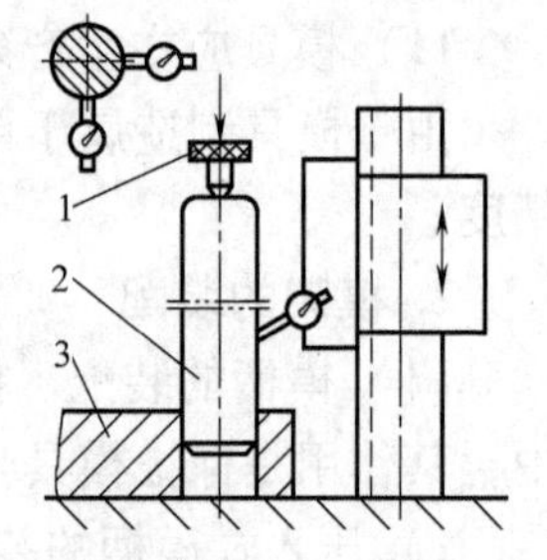

图 7-18　压入导柱

1—专用压块　2—导柱　3—下模座

在将两个导柱全部符合要求地压入下模座后，将上模座反置套在导柱上并装上导套（图 7-19），转动导套，用指示表检查导套压配部分内外圆配合面的同轴度误差，并将其最大偏差 Δ_{max} 调至两导套中心连线的垂直方向，使由于同轴度误差引起的中心距变化最小。调整结束，将帽形垫块置于导套上，先在压力机上将导套压入上模座一段长度，然后取走下模座及导柱，再如图 7-20 所示用帽形垫块将导套全部压入上模座。

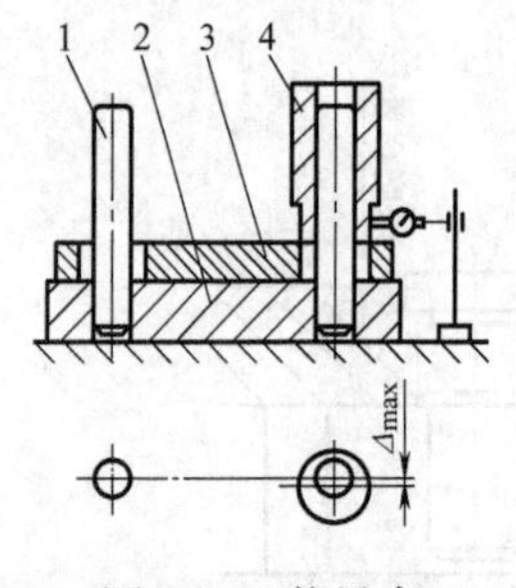

图 7-19　装导套

1—导柱　2—下模座　3—上模座　4—导套

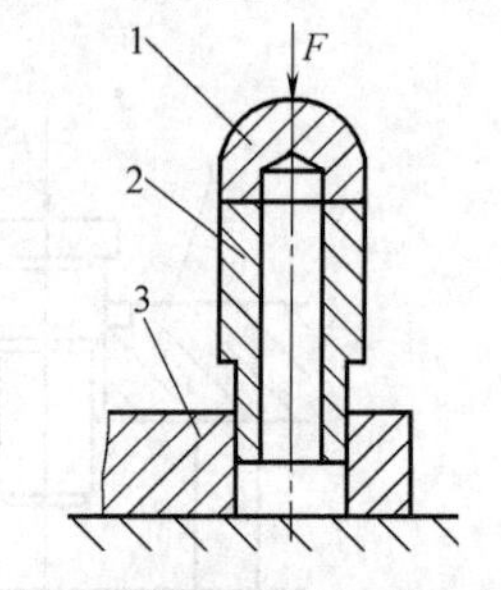

图 7-20　压入导套

1—帽形垫块　2—导套　3—上模座

2）以导套为装配基准的压入装配法。该装配方法需先压入导套，而后以导套为基准装配导柱，其装配过程如下：首先，与以导柱为基准的装配过程相同，仍然是选配导柱和导套，将选配好的导柱和导套以及上模座和下模座配合表面清洗涂油，然后如图 7-21 所示，将上模座反置平放在专用工具的底板上，该工具底板上装有两个与导柱直径相同且与底板平面垂直的圆柱，将两个导套分别套在圆柱上，其上垫上两个等高垫圈，用压力机同时将两个导套压入上模座。

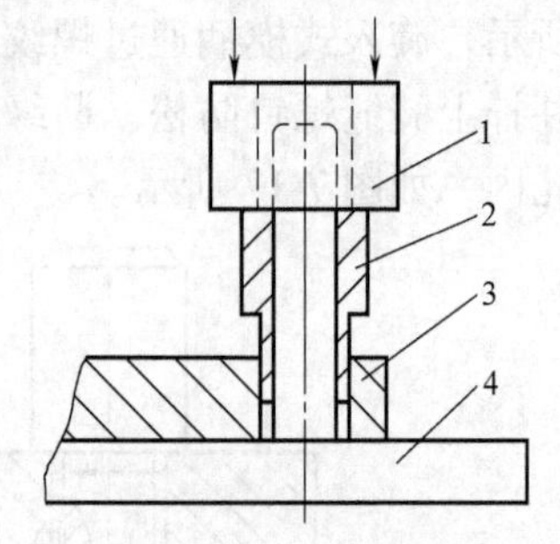

图 7-21　压入导套

1—等高垫圈　2—导套　3—上模座　4—专用工具

安装好两导套后，如图 7-22 所示，在上、下模座之间垫入等高垫块，将导柱插入导套，用压力机将导柱压入下模座 5 ~ 6mm，然后，将上模座提升到导套不脱离导柱的最高位置（见图 7-22 中双点画线）后轻轻放下，检查上模座与等高垫块的接触情况，如果接触松紧不一致，则调整导柱直至接触松紧均匀，最后将导柱压入下模座。

（3）垂直度和平行度的检验

1）导柱、导套垂直度误差的检验。导柱的垂直度误差采用比较测量进行检验，如图7-23b所示，测量前将圆柱角尺置于平板上，对测量工具进行校正，如图7-23a所示。由于导柱对模座底的垂直度具有方向性，因此应在相互垂直的两个方向上进行测量，并按下式计算出导柱的最大误差值Δ为

$$\Delta = \sqrt{\Delta X^2 + \Delta Y^2}$$

式中　ΔX——在相互垂直方向上测量的导柱垂直度误差（μm）；

ΔY——导柱的垂直度误差（μm）。

采用类似的方法在导套孔内插入锥度为0.015∶200的检验棒也可以检查导套孔轴线对上模座顶面的垂直度。

导柱的垂直度误差不应超出表7-5的规定。否则，应查明原因并予以消除。

2）模架平行度的检验。组装好导柱、导套组件后，将装配好导套和导柱的模座组合在一起，在上、下模座之间垫入一球头垫块支撑上模座，垫入垫块的高度必须控制在被测模架闭合高度范围内，然后用指示表沿凹模周界对角线测量被测表面，如图7-24所示。根据被测表面大小可移动模座或指示表座。在被测表面内取指示表的最大与最小读数之差，作为被测模架的平行度误差。

模架的平行度误差不应超出表7-5的规定。否则，应查明原因并予以消除。

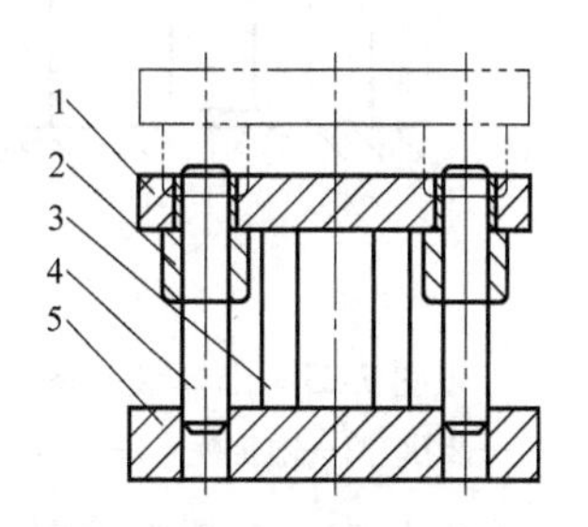

图7-22　压入导柱

1—上模座　2—导套　3—等高垫块　4—导柱　5—下模座

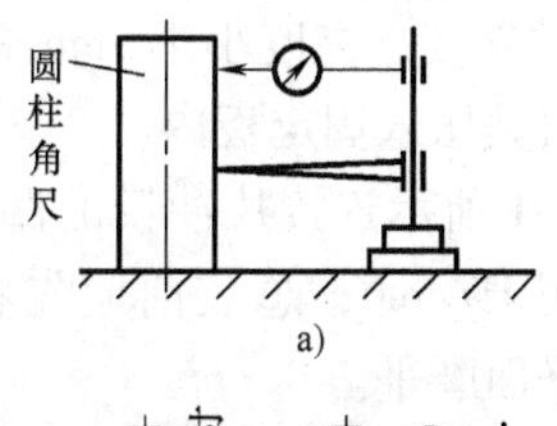

a)

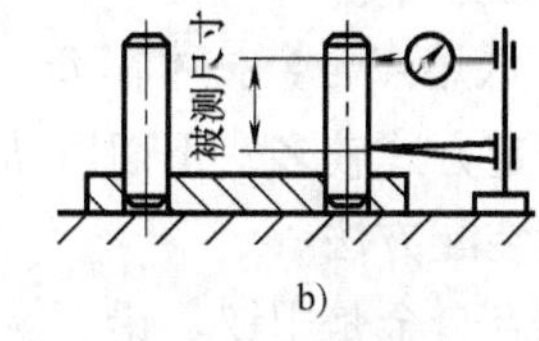

b)

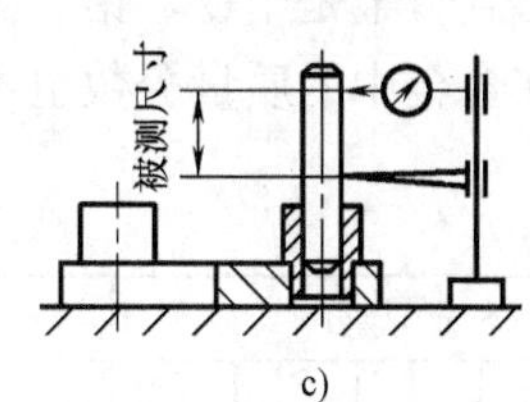

c)

图7-23　导柱、导套垂直度检测

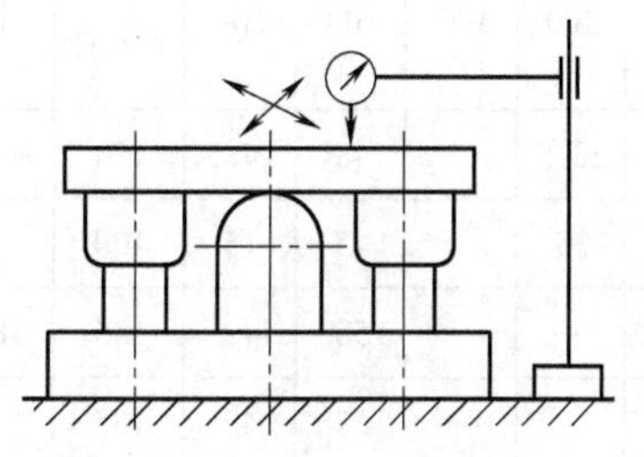

图7-24　模架平行度检测

3. 凸模和凹模的装配

（1）凸、凹模的固定　图7-21所示连接片冲模的凸模与凸模固定板的配合常采用H7/m6或H7/n6。凸模装入凸模固定板后，其固定端的端面应和固定板的支承面处于同一平面内。凸模应和凸模固定板的支承面垂直，其垂直度公差不能大于规定值。

装配时，在压力机上调整好凸模与凸模固定板的垂直度，将凸模压入凸模固定板内，如图7-25所示。凸模对凸模固定板支承面的垂直度经检查合格后用锤子和錾子将凸模的上端铆合，并在平面磨床上将凸模的上端面和凸模固定板一起磨平，如图7-26a所示。为了保持凸模的刃口锋利，应以固定板的支承面定位，将凸模工作端的端面磨平，如图7-26b所示。

固定端带台肩的凸模如图7-27所示。其装配过程与铆合固定的凸模基本相似。压入时应保证端面C和固定板上的沉窝底面均匀贴合。否则，因受力不均

可能引起台肩断裂。

要在固定板上压入多个凸模时，一般应先压入容易定位和便于作为其他凸模安装基准的凸模。凡较难定位或要依赖其他零件通过一定工艺方法才能定位的，应后压入。

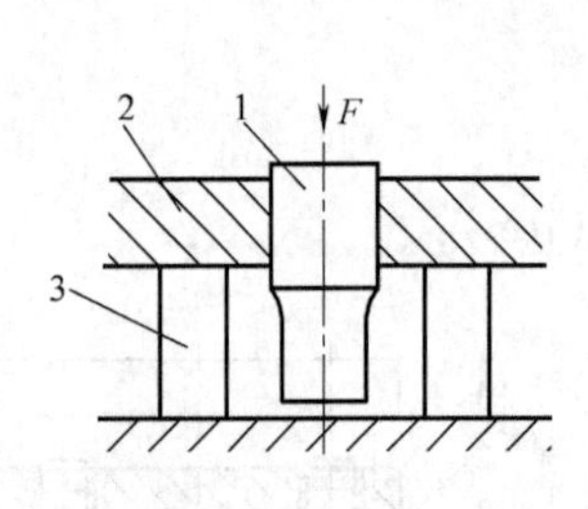

图 7-25　凸模装配图

1—凸模　2—固定模　3—等高垫块

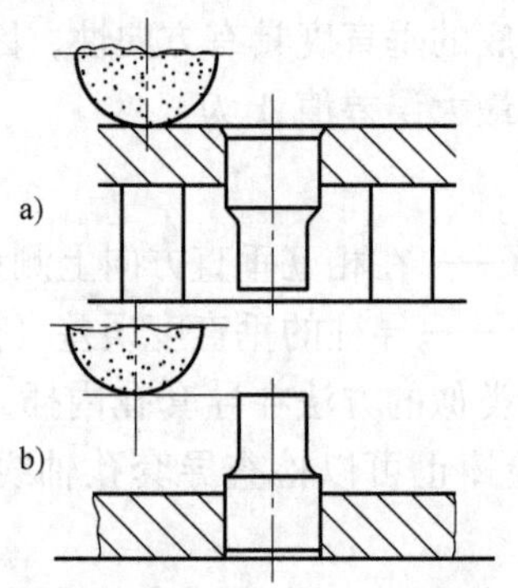

图 7-26　磨支承面及工作端面

在实际生产中，凸模有多种结构，为使凸模在装配时能顺利进入固定孔，应将凸模压入时的起始部位加工出适当的小圆角、小锥度或在 3mm 长度内将其直径磨小 0.03mm 左右作引导部。当凸模不允许设引导部时，可在凸模固定孔的入口部位加工出约 1°的斜度，高度小于 5mm 的引导部。对无台肩凸模，可从凸模的固定端将其压入固定板内。

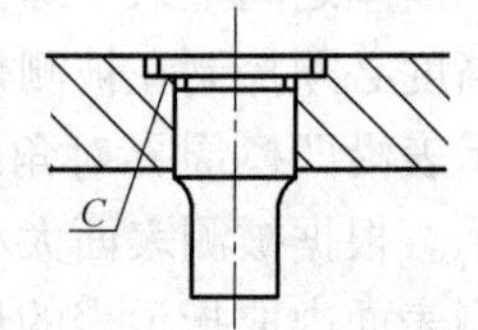

图 7-27　固定端带台肩的凸模

图 7-1 所示连接片冲模的凹模为组合式结构，凹模与固定板的配合常采用 H7/m6，总装前应先将凹模压入固定板内并在平面磨床将上、下平面磨平。

（2）低熔点合金技术简介　在模具装配中，导柱、导套、凸模与凹模的固定方式较多，下面以凸模和凸模固定板的连接为例，说明采用低熔点合金和粘接技术固定的装配方法。

低熔点合金是用铋、铅、锡、锑等金属元素配制的一种合金，按不同的使用要求，各金属元素在合金中的质量分数也不相同。模具制造中常用的低熔点合金见表 7-7。

表 7-7　模具制造用低熔点合金

合金成分					性　能					适用范围						
w_{Sb} × 100	w_{Pb} × 100	w_{Cd} × 100	w_{Bi} × 100	w_{Sn} × 100	合金熔点 θ_r/°C	合金硬度 HBW	σ_b/Pa	σ_{bc}/Pa	合金冷膨胀值	固定凸模	固定凹模	固定导套	卸料板导向孔	固定电极	浇电气靠模	浇成形模
9	28.5	—	48	14.5	120	—	8.83×10^7	10.79×10^7	0.002	适用	适用	适用	适用	—	—	—
5	35		45	15	100	—	—	—	—	适用	适用	适用	适用	—	—	—
—	—	—	58	42	135	18～20	7.85×10^7	8.53×10^7	0.00051	—	—	—	—	—	—	适用
1	—	—	57	42	135	21	7.55×10^7	9.32×10^7	—	—	—	—	—	—		适用
—	27	10	50	13	70	9～11	3.92×10^7	7.26×10^7	—	—	—	—	—	适用	适用	—

图7-28所示是用低熔点合金固定凸模的几种结构形式。它是将熔化的低熔点合金浇入凸模和固定板间的间隙内，利用合金冷凝时的体积膨胀，将凸模固定在凸模固定板上。因此对凸模固定板精度要求不高，加工容易。将凸模的固定部位和凸模固定板上的固定孔做出锥度或凹槽，是为使凸模固定得更牢固可靠。浇注前，凸模和凸模固定板的浇注部分应进行清洗，去除油污。

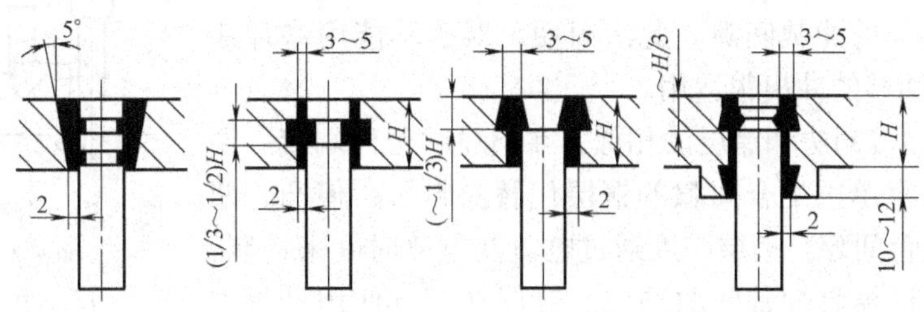

图7-28　用低熔点合金固定的凸模

再以凹模的型孔作定位基准安装凸模，并保证凸、凹模间隙均匀，用螺钉和平行夹头将凸模、凸模固定板和托板固定，如图7-29所示。

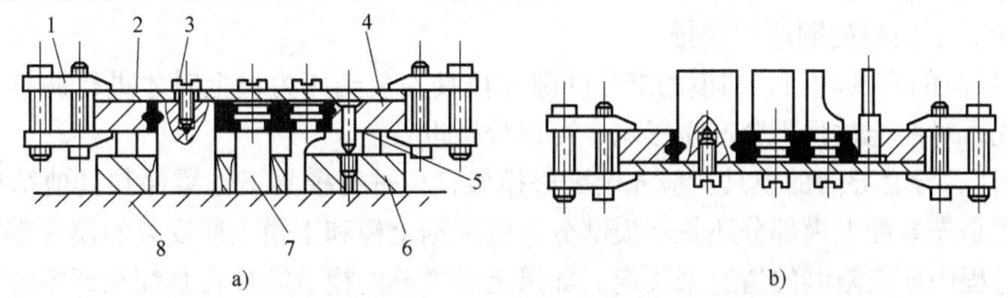

图7-29　浇注低熔点合金

a）固定凸模　b）浇注低熔点合金

1—平行夹头　2—托板　3—螺钉　4—凸模固定板　5—等高垫块

6—凹模　7—凸模　8—平板

浇注前应预热凸模及固定板的浇注部位，预热温度为100～150℃。在浇注过程中及浇注后，凸、凹模等零件均不能触动，以防错位。一般要放置约24h，进行充分冷却。

熔化合金的用具事先必须严格烘干。合金熔化时温度不能过高，约200℃为宜，以防合金氧化变质、晶粒粗大而影响质量。熔化过程中应及时搅拌并去除浮渣。

（3）凸、凹模间隙的调整　对于冲裁模，即使模具零件的加工精度已经得到保证，但是在装配时如果不能保证冲裁间隙均匀，也会影响制件的质量和模具的使用寿命。冲裁间隙的调整主要有以下几种方法。

1）透光法。如图7-1所示，将装好的上模部分套在导柱上，用锤子轻轻敲击凸模固定板7的侧面，使凸模插入凹模的型孔，再将模具翻转，从下模板的漏料孔观察凸、凹模的配合间隙。用锤子敲击凸模固定板7的侧面进行调整，使配合间隙均匀，反复调整直到间隙均匀为止。

2）测量法。这种方法是将凸模插入凹模型孔内，用塞尺检查凸、凹模不同部位的配合间隙，根据检查结果调整凸、凹模之间的相对位置，使两者在各部分的间隙一致。测量法只适用于凸、凹模配合间隙（单边）在 0.02mm 以上的模具。

3）垫片法。这种方法是根据凸、凹模配合间隙的大小在凸、凹模的配合间隙内垫入厚度均匀的纸条、棉线或金属垫片，使凸、凹模配合间隙均匀，如图 7-30 所示。

4）涂层法。在凸模上涂一层涂料（如磁漆或氨基醇酸绝缘漆等），其厚度等于凸、凹模的单边配合间隙，再将凸模插入凹模型孔，获得均匀的冲裁间隙。此法简便，对于不能用垫片法（小间隙）进行调整的冲模很适用。

5）镀铜法。镀铜法和涂层法相似，在凸模的工作端镀一层厚度等于凸、凹模单边配合间隙的铜层代替涂料层，使凸、凹模获得均匀的配合间隙。镀层厚度通过电流及电镀时间来控制，厚度均匀，易保证模具冲裁间隙均匀。镀层在模具使用过程中可以自行剥落，在装配后不必去除。

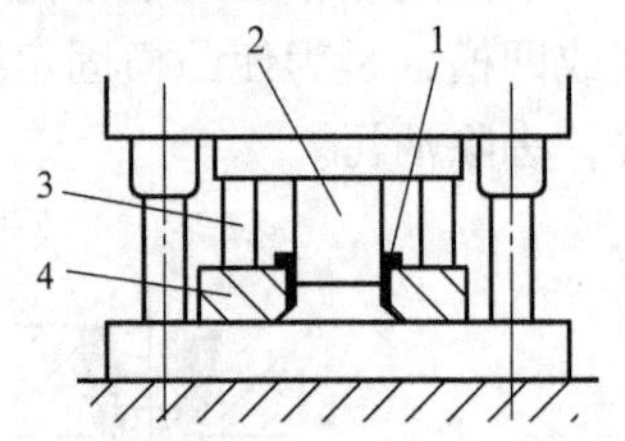

图 7-30　用垫片法调整凸、凹模配合间隙

1—垫片　2—凸模　3—等高垫块　4—凹模

4. 总装

装配模具时，为了方便地将上、下两部分的工作零件调整到正确位置，使凸模、凹模具有均匀的冲裁间隙，应正确安排上、下模的装配顺序。

（1）上、下模装配顺序的安排

1）无导向的模具。凸、凹模的配合间隙在模具安装到压力机上时才进行调整，上、下模的装配先后对装配过程不会产生影响，可以分别进行。

2）导柱、导套导向的模具。应先装配好模架，再进行模具工作零件和其他结构零件的装配。到底是先装配上模部分还是下模部分，应根据上模和下模上所安装的模具零件，在装配和调整过程中所受限制的情况来决定。如果上模部分的模具零件在装配和调整时所受的限制最大，应先装上模部分；反之，则先装模具的固定部分，并以它为基准调整模具活动部分的零件。

（2）冲模总装举例　图 7-1 所示冲模在完成模架和凸、凹模装配后可进行总装，该模具可先装下模，其装配过程如下：

1）把组装好凹模的固定板安放在下模座上，找正凹模固定板 18 的位置，使模柄中心线与凹模的压力中心重合，用平行夹头夹紧，通过螺钉孔在下模座上钻出锥窝。拆去凹模固定板，在下模座上按锥窝钻螺纹底孔并攻螺纹。再重新将凹模固定板置于下模座上找正，用螺钉紧固。配钻、铰定位销孔，打入销钉定位。

2）在组装好凹模的固定板上安装定位板。

3）配钻卸料螺孔。将卸料板 4 套在已装入固定板的凸模 10 上，在固定板与卸料板 4 之间垫入适当高度的等高垫块，并用平行夹头将其夹紧。按卸料板上的螺孔在固定板上钻出锥窝，拆开后按锥窝钻固定板上的螺钉过孔。

4）将已装入固定板的凸模 10 插入凹模的型孔中，在凹模 2 与凸模固定板 7 之间垫入适当高度的等高垫块，将垫板 8 放在凸模固定板 7 上，装上模座，并用平行夹头将上模座 6 和凸模固定板 7 夹紧。通过凸模固定板在上模座上钻锥窝，拆开后按锥窝钻孔，然后用螺钉将上模座、垫板、凸模固定板稍加紧固。

5）调整凸、凹模的配合间隙时，按透光法调整凸、凹模的配合间隙后，以纸作冲压材料，用锤子敲击模柄，进行试冲，如果冲出的纸样轮廓齐整，没有毛刺或毛刺均匀，说明凸、凹模间隙是均匀的。如果只有局部毛刺，则说明间隙是不均匀的，应重新进行调整，直到间隙均匀为止。

6）调好间隙后，将凸模固定板的紧固螺钉拧紧。配钻、铰定位销孔，装入定位销9。

7）将卸料板4套在凸模上，装上弹簧和卸料螺钉，检查卸料板运动是否灵活。在弹簧作用下卸料板处于最低位置时，凸模的下端面应缩在卸料板4的孔内0.5～1mm。

8）在将模具装入压力机之前，应按设计图样对模具进行检验，以便及时发现问题，减少不必要的重复安装和拆卸。

9）在生产条件下进行试冲，通过试冲可以发现模具的设计和制造缺陷，找出产生原因，对模具进行适当的调整和修理后再进行试冲，直到模具能正常工作，冲出合格的制件，模具的装配过程即告结束。

5. 冲压模具的调试

冲模在装配后，必须在生产条件下进行试冲，通过试冲及对试冲件的严格检查，发现模具的设计与制造缺陷，并找出产生这些缺陷的原因，而后，在对模具进行适当的调整与修理后再次进行试冲，直至模具工作正常，能冲制出合格的冲压件，模具装配工作才告结束，模具才能交付生产使用。冲模的试冲与调整简称调试，调试是模具制造的最后也是最重要的环节，它对冲制件的质量和模具的使用寿命都起着非常重要的作用。

冲模的调试主要包括以下内容：

1）保证装配后的冲模能被顺利安装到工艺规程要求的压力机上。

2）检查冲压件的质量是否符合冲压件图样的要求，若发现冲压件有缺陷，要分析缺陷产生的原因，并对模具进行调整与修理，保证用符合要求的坯料能在调试好的模具上顺利地冲制出合格的冲件来。冲裁模试冲时出现的缺陷、原因和调整方法见表7-8。

3）试冲出一定数量的试冲件。试冲件的数量根据使用部门的要求来确定，通常小型冲模应大于50件，硅钢片冲模应大于200件，贵重金属冲模的试冲件数量由使用部门自定。

4）排除影响安全、生产和操作的各种不利因素，使调试后的模具能稳定、可靠及顺利地进行批量生产。

表7-8　冲裁模试冲时出现的缺陷、原因和调整方法

试冲的缺陷	产生原因	调整方法
送料不畅或料被卡死	1）两导料板之间的尺寸过小或有斜度 2）凸模与卸料板之间的间隙过大，使搭边翻扭 3）用侧刃定距的冲裁模导料板的工作面和侧刃不平行形成毛刺，使条料卡死 4）侧刃与侧刃挡块不密合形成毛刺，使条料卡死	1）根据情况修整或重装卸料板 2）根据情况采取措施减小凸模与卸料板之间的间隙 3）重装导料板 4）修整侧刃挡块，消除间隙
卸料不正常，卸不下来	1）由于装配不正确，卸料装置不能动作，如卸料板与凸模配合过紧，或因卸料板倾斜而卡死 2）弹簧或橡胶的弹力不足 3）凹模和下模座的漏料孔没对正，凹模孔有倒锥度造成堵塞，料不能排除，顶料板高度不够或卸料板行程不够	1）修整卸料板、顶板等零件 2）更换弹簧或橡胶 3）修整漏料孔、凹模 4）加高顶料板或加深卸料螺钉沉孔深度

（续）

试冲的缺陷	产生原因	调整方法
凸、凹模的刃口相碰	1）上模座、下模座、固定板、凹模、垫板等零件安装面不平行 2）凸、凹模错位 3）凸模、导柱等零件安装不垂直 4）导柱与导套配合间隙过大 5）卸料板的孔位不正确或歪斜，使凸模位移	1）修整有关零件，重装上模或下模 2）重新安装凸、凹模，使其对正 3）重装凸模或导柱 4）更换导柱或导套 5）修理或更换卸料板
凸模折断	1）冲裁时产生的侧向力未抵消 2）卸料板倾斜	1）在模具上设置反侧压块 2）修整卸料板或加凸模导向装置
凹模胀裂	1）凹模孔有倒锥度（上大下小） 2）凹模孔内卡住工件（或废料）太多	1）修磨凹模孔，消除倒锥度现象 2）磨凹模上表面，使刃口高度减小
冲裁件的形状和大小不正确	凸模和凹模的刃口形状及尺寸不正确	先将凸模和凹模的形状及尺寸修准，然后调整冲模的间隙
落料外形和冲孔位置不正成偏位现象	1）挡料销位置不正 2）落料凸模上导正销尺寸过小 3）导料板和凹模送料中心线不平行使孔偏斜 4）侧刃定距不正确	1）修正挡料销 2）更换导正销 3）修正导料板 4）修磨或更换侧刃
冲压件不平整	1）落料凹模有倒锥度（上大下小），冲压件从孔中通过时被压弯 2）冲模结构不当，落料时无压料装置 3）在级进模中，导正销与预冲孔配合过紧，工件压出凹陷 4）导正销与挡料销之间的距离过小，导正销使条料前移，条料被导正销挡住产生弯曲	1）修磨凹模孔，去除倒锥现象 2）加压料装置 3）修小导正销 4）修小挡料销
冲裁件的毛刺过长	1）刃口不锋利或刃口硬度不够 2）凸、凹模配合间隙过大或间隙不均匀	1）修磨工作部分刃口 2）重新调整凸、凹模间隙

6. 成形模的装配特点

（1）弯曲模的装配　弯曲模的作用是使坯料在塑性变形范围内进行弯曲，由弯曲后材料产生的永久变形，获得所要求的形状。一般情况下，弯曲模的导套、导柱的配合要求可略低于冲裁模。在弯曲工艺中，由于材料回弹的影响，常使弯曲件在模具中弯成的形状与取出后的形状不一致，从而影响制件的形状和尺寸要求。影响回弹的因素较多，很难用设计计算来加以消除，因此在制造模具时，常要按试模时的回弹值修正凸模（或凹模）的形状。为了便于修整，弯曲模的凸模和凹模多在试模合格以后才进行热处理。另外，弯曲属于变形加工，有些弯曲件的毛坯尺寸要经过试验才能最后确定。所以，弯曲模进行试模的目的除了找出模具的缺陷加以修正和调整外，再一个目的就是最后确定制件的毛坯尺寸。由于这一工作涉及材料的变形问题，所以弯曲模的调整工作比一般冲裁模要复杂得多。弯曲模试模时出现的缺陷、原因和调整方法见表7-9。

表7-9　弯曲模试模时出现的缺陷、原因和调整方法

试冲的缺陷	产生原因	调整方法
制件的弯曲角度不够	1）凸、凹模的弯曲角度制造不能克服回弹 2）凸模进入凹模的深度太浅 3）凸、凹模之间的间隙过大 4）校正弯曲的实际单位校正力过小	1）修整凸、凹模，使弯曲角度达到要求 2）增加凹模深度，增大制件的有效变形区域 3）采取措施减小凸、凹模之间的配合间隙 4）增大校正力或修整凸（凹）模形状，使校正力集中在变形部位
制件的弯曲位置不符合要求	1）定位板位置不正确 2）弯曲件两侧受力不平衡 3）压料力不足	1）重新移装定位板，保证其位置正确 2）分析制件受力不平衡的原因并纠正 3）采取措施增大压料力
制件尺寸过长或不足	1）间隙过小，将材料拉长 2）压料力过大，使材料伸长 3）设计计算错误	1）修整凸、凹模，增大间隙值 2）采取措施减小压料装置的压料力 3）坯料尺寸在弯曲试模后确定
制件表面擦伤	1）凹模圆角半径过小，表面粗糙度值过大 2）润滑不良，使坯料贴附在凹模上 3）凸、凹模之间的间隙不均匀	1）增大凹模圆角半径，减小表面粗糙度值 2）合理润滑 3）修整凸、凹模，使间隙均匀
制件弯曲部位产生裂纹	1）坯料塑性差 2）弯曲线与板料的纤维方向平行 3）剪切断面的毛刺在弯曲的外侧	1）将坯料退火后再弯曲 2）改变落料排样或改变条料下料方向，使弯曲线与板料纤维方向垂直 3）使毛刺在弯曲的内侧，圆角带在外侧

（2）拉深模的装配　拉深工艺是使金属板料（或空心坯料）在模具作用下产生塑性变形，变成开口的空心制件。

1）拉深模的特点

①冲裁模凸、凹模的工作部分有锋利的刃口，而拉深模凸、凹模的工作部分则要求有光滑的圆角。

②通常拉深模工作零件的表面粗糙度（一般 Ra 值为0.32～0.04μm）要求比冲裁模要高。

③冲裁模所冲出的制件尺寸容易控制，如果模具制造正确，冲出的制件一般是合格的。而拉深模即使组成零件制造很精确，装配得也很好，但由于材料弹性变形的影响，拉深出的制件不一定合格。因此，在模具试模后常常要对模具进行修整加工。

2）拉深模试模的目的

①通过试模发现模具存在的缺陷，找出原因并进行调整、修正。

②最后确定制件拉深前的毛坯尺寸。为此应先按原来的工艺设计方案制作一个毛坯进行试模，并测量出试冲件的尺寸偏差，根据偏差值确定是否对毛坯进行修改。如果试冲件不能满足原来的设计要求，应对毛坯进行适当修改，再进行试模，直至压出的试件符合要求。拉深模试模时出现的缺陷、原因和调整方法见表7-10。

表 7-10 拉深模试模时出现的缺陷、原因和调整方法

试冲的缺陷	产生原因	调整方法
制件拉深高度不够	1）毛坯尺寸小 2）拉深间隙过大 3）凸模圆角半径太小	1）增大毛坯尺寸 2）更换凸模或凹模，使间隙适当 3）加大凸模圆角半径
制件拉深高度太大	1）毛坯尺寸太大 2）拉深间隙太小 3）凸模圆角半径太小	1）减小毛坯尺寸 2）修整凸、凹模，加大间隙 3）加大凸模圆角半径
制件壁厚和高度不均	1）凸模和凹模的间隙不均匀 2）定位板或挡料销位置不正确 3）凸模不垂直 4）压边力不均匀 5）凹模几何形状不正确	1）调整凸模或凹模，使间隙均匀 2）调整定位板或挡料销位置，使之正确 3）修整凸模后重装 4）调整托杆长度或弹簧位置 5）重新修整凹模
制件起皱	1）压边力太小或不均 2）凸、凹模间隙太大 3）凹模圆角半径太大 4）板料塑性差	1）增加压边力或调整顶件杆长度、弹簧位置 2）减小拉深间隙 3）减小凹模圆角半径 4）更换塑性好的材料
制件破裂或有裂纹	1）压料力太大 2）压料力不够起皱引起破裂 3）拉深间隙太小 4）凹模圆角半径太小 5）凸模圆角半径太小 6）拉深系数太小 7）凸模与凹模不同轴或不垂直 8）板料质量不好	1）调整压料力 2）调整顶杆长度或弹簧位置 3）增大拉深间隙 4）增大凹模圆角半径，修磨凹模圆角 5）增大凸模圆角半径 6）增加拉深工序或增加中间退火工序 7）重装凸、凹模，保证位置精度 8）更换材料或增加中间退火工序，改善润滑
制件表面拉毛	1）拉深间隙太小或不均匀 2）凹模圆角表面粗糙值过大 3）模具或板料不清洁 4）凹模硬度太低，板料有粘附作用 5）润滑油中有杂质	1）修整拉深间隙 2）修光凹模圆角 3）清洁模具或板料 4）提高凹模硬度或进行镀铬及氮化处理 5）更换润滑油
制件表面不平	1）凸模凹模（顶出器）无出气孔 2）顶出器在冲压的最终位置时顶力不足 3）材料本身存在弹性	1）钻出气孔 2）调整冲模结构，使冲模闭合时，顶出器处于刚性接触状态 3）改变凸模、凹模和压料板形状

7.3.2 塑料模的装配

1. 塑料模具装配的技术要求

塑料模具装配的技术要求见表 7-11。

表7-11　塑料模具装配的技术要求

项　目	技术要求
模具外观	1）装配后的模具闭合高度、安装于压力机上的各配合部位尺寸、顶出板顶出形式、开模距等均应符合图样总装有关技术条件的规定要求 2）模具外露非工作部位棱边均应倒角 3）大、中模具均应设有起重吊孔、吊环，以便搬运及安装模具用 4）模具闭合后，各承压面之间要闭合严密，不得有较大缝隙 5）动、定模座板安装面相对分型面的平行度在300mm范围内不大于1.05mm 6）装配后的模具应打印标记、编号及合模标记
成型零件及浇注系统设置	1）成型零件及浇注系统表面应光洁，无塌坑、伤痕等缺陷 2）成型零件的工作表面均应抛光、镀铬 3）成型零件的形状、尺寸精度均应符合图样要求 4）相互接触的承压零件（如相互接触的型芯、凸模与挤压环、柱塞与加料室）之间的间隙或承压面积合理，以防使用时造成直接挤压而损坏 5）型腔的分型面处，浇口及进料口处应保持锐边，一般不修成圆角 6）各飞边方向应确保不影响零件制品的正常脱模
斜楔与活动零件	1）各活动零件装配后间隙要适当，起止位置要安装正确，镶嵌紧固零件要紧固、安全可靠 2）活动型芯、顶出及导向部位运动时，滑动要平稳，动作要可靠、灵活、相互协调，间隙要适当，不得有卡紧及感觉发涩现象
锁紧及紧固零件	1）锁紧作用要可靠 2）各紧固零件要固紧、不可松动，销钉要销紧
顶出系统零件	1）开模时，顶出部分应保证顺利脱模 2）各顶出零件动作平稳，不得有阻滞现象 3）模具稳定性要好，应有足够的强度，工作时受力要均匀
加热与冷却系统	1）冷却水路要通畅，不漏水，阀门控制要正常 2）电加热系统要绝缘良好，无漏电现象并安全可靠，能达到模具的温度要求 3）各气动、液压、控制机构动作要正常，阀门、开关要可靠
导向机构	1）导柱、导套在安装后要垂直于模座，不得歪斜 2）导向精度要达到图样规定要求

2. 成型零件的装配

（1）型芯的装配　由于塑料模结构形式的不同，型芯在固定板上的固定方式及装配方法也不一样，通常，根据型芯截面尺寸的大小，将型芯的装配分为小截面型芯的装配与大截面型芯的装配。

1）小截面型芯的装配。小截面型芯常常是插入固定板中与固定板组装在一起，根据型芯与固定板的连接方式，小截面型芯的装配又可分为埋入式型芯的装配、压入式型芯的装配、旋入式型芯的装配和螺母紧固式型芯的装配等几种。

①埋入式型芯的装配。图7-31所示为埋入式型芯的装配，其装配过程为：将型芯尾部压入固定板沉孔（固定板沉孔与型芯尾部采用H7/m6的过渡配合），经校正型芯的垂直度

合格后用内六角沉头螺钉紧固。

用此种方法装配的固定板沉孔通常采用立铣加工，当沉孔较深时，沉孔侧面会形成斜度难以修正，为保证配合精度，可按固定板沉孔的实际斜度对型芯配合段进行修整。

当型芯埋入固定板较深时，应将型芯尾部周边修出斜度。埋入深度小于5mm时，不可修出斜度，否则将影响固定强度，此时，为避免切坏固定板孔壁而失去定位精度，应将型芯尾端的棱边修磨成小圆弧。

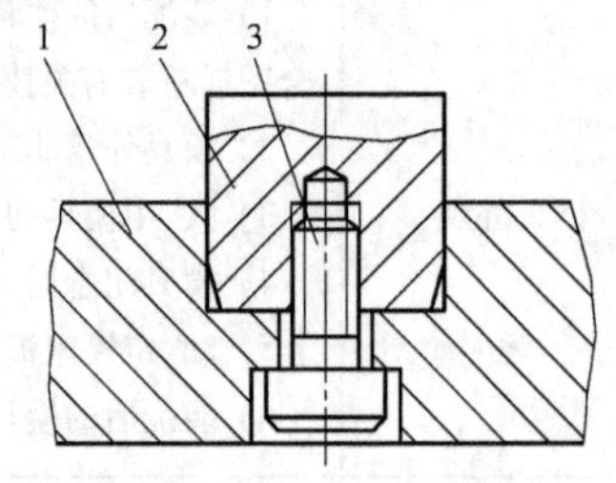

图7-31　埋入式型芯的装配
1—固定板　2—型芯　3—螺钉

②压入式型芯的装配。图7-32所示为压入式型芯的装配，压入式型芯与固定板之间采用过渡配合，装配时用等高垫铁垫平固定板后，在压力机上将型芯慢慢压入固定板孔中。压入时，要注意检验、校正型芯的垂直度，防止型芯切坏孔壁和固定板产生变形。压入后，在平面磨床上用等高垫铁支承磨平型芯底面（大端面）。

③旋入式型芯的装配。图7-33所示为旋入式型芯的装配，它常用于热固性塑料模中，装配时将型芯拧紧在固定板上，检验型芯的垂直度精度，合格后用骑缝螺钉紧固定位。

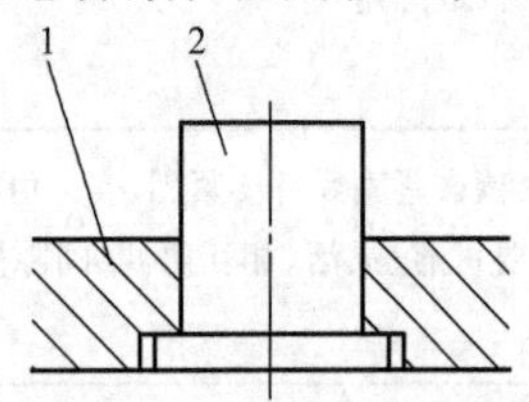

图7-32　压入式型芯的装配
1—固定板　2—型芯

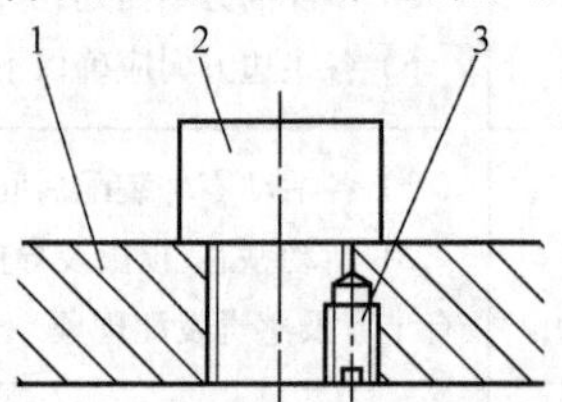

图7-33　旋入式型芯的装配
1—固定板　2—型芯　3—骑缝螺钉

对某些有方向要求的型芯，如图7-34所示，当螺纹拧紧后型芯的实际位置与理想位置之间常常出现角度偏差α，该偏差角α可以通过修磨平面A或B来消除，其方法为：预装型芯于固定板后实测出偏差角α的值，然后根据此值计算出修磨量Δ，修磨平面A或B，修磨量Δ的计算公式为

$$\Delta=\frac{\alpha t}{360^\circ}$$

式中　α——偏差角（°）；

t——螺距（mm）。

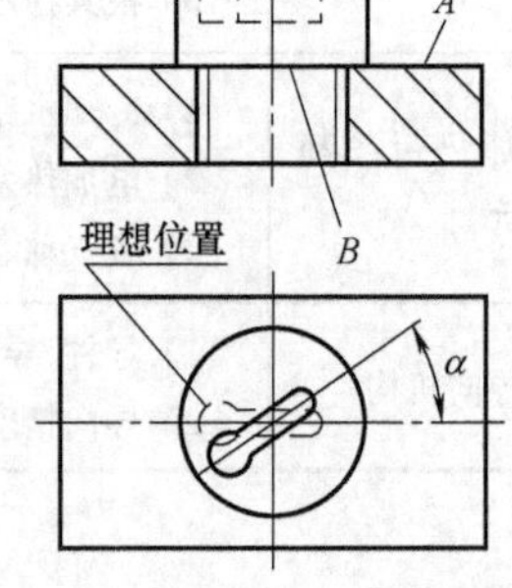

图7-34　型芯的位置误差

由上可知，旋入式型芯的装配比较麻烦，因此，对有方向要求的型芯，为方便装配和保证装配质量常采用螺母紧固式型芯。

④螺母紧固式型芯的装配。图7-35所示为螺母紧固式型芯的装配，型芯与固定板之间采用过渡配合定位，装配时只需转动型芯至设计要求的正确位置，然后用螺母紧固，用骑缝螺钉锁死。螺母紧固式型芯装配过程简便，定位准确，适合于外形为任何形状的型芯以及在固定板上同时固定多个型芯的场合。

2）大截面型芯的装配。大截面型芯与固定板装配时，为了便于调整型芯与型腔的相对位置，减少机械加工的工作量，一般将型芯与固定板直接用销钉与螺钉定位连接，如图7-36所示。

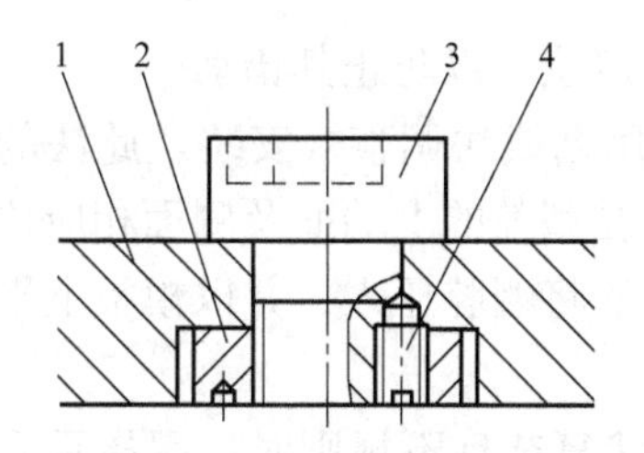

图 7-35　螺母紧固式型芯的装配
1—固定板　2—紧固螺母
3—型芯　4—骑缝螺钉

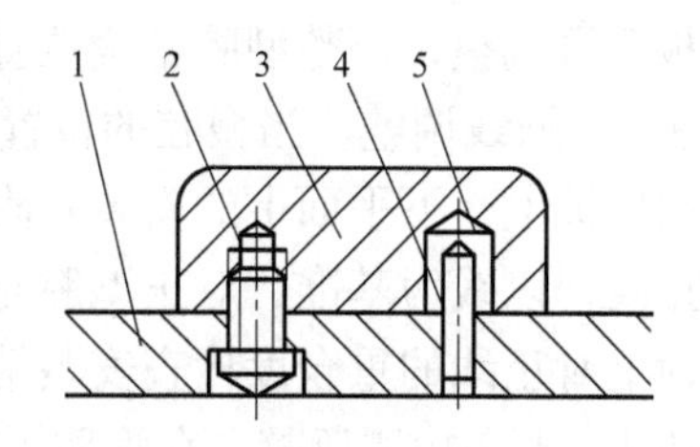

图 7-36　大截面型芯的装配图
1—固定板　2—螺钉　3—型芯
4—定位销　5—定位销套

图 7-37 所示为大截面型芯的装配方法，其装配顺序如下：

①在加工好的型芯上压入实心的定位销套（在型芯淬火前钻出定位销套孔，如不淬硬，则无需钻孔压套）。

②根据型芯在固定板上要求的位置，用平行夹板将定位块夹紧在固定板上。

③在型芯螺孔口四周抹上红丹粉，把型芯与固定板在定位块限定的位置处合拢，将型芯螺孔位置复印到固定板上。

④取下型芯，在固定板上复印的螺孔位置处钻通孔及锪沉孔，并用螺钉将型芯初步固定。

⑤在固定板背面划出销孔位置，在将型芯调整到正确的位置上后拧紧螺钉，配钻、铰销孔（型芯上的销孔加工在压入型芯的未经淬硬处理的实心定位销套上）并打入销钉。

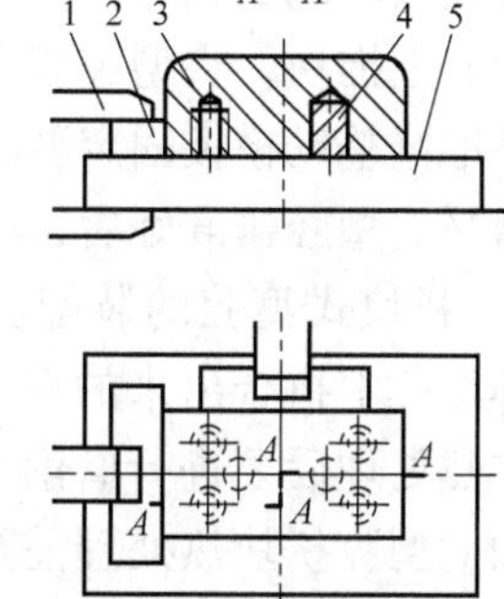

图 7-37　大截面型芯的装配方法
1—平行夹头　2—定位块　3—型芯
4—定位销套　5—固定板

（2）型腔的装配　除了简易的注射模以外，塑料模型腔大多采用镶嵌式或拼块式结构，装配后要求动、定模板的分型面贴合紧密无缝隙，而且型腔端部与模板平面一致，因此型腔压入端一般都不允许修导入斜度，而是将导入部分设在模板上，通常在固定孔的入口处加工出高度不超过5mm 的 1°导入斜度，引导型腔的压入。

1）镶嵌式型腔的装配。镶嵌式型腔又可分为单件整体镶嵌式型腔与多件整体镶嵌式型腔，前者在一块模板上只镶入一个型腔，而后者在一块模板上镶入两个或两个以上相互独立的型腔。

①单件圆形整体镶嵌式型腔的装配。图 7-38 所示为单件圆形整体镶嵌式型腔的装配，其装配关键是镶件嵌入后，调整和最终定位型腔形状和模板的相对位置。调整的方法有如下几种。

方法 1：部分压入后调整位置。对配合较紧的型腔与模板的装配，先将型腔压入模板一小部分后，用指示表检测型腔的平面部分（见图 7-38 中的 *A* 面），如有位置偏差，则用管子钳等工具旋转型腔到正确的位置，而后将型腔全部压入模板。

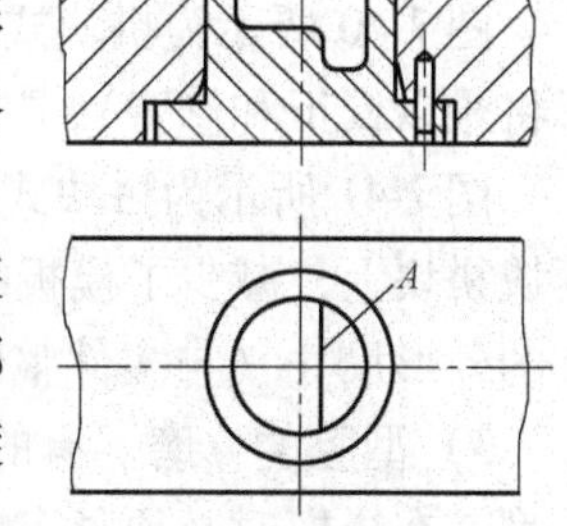

图 7-38　整体镶嵌式型腔的装配

方法 2：全部压入后调整。为方便装配，常将型腔与模板之间留出 0. 01 ~0. 02mm 的配合间隙，这样，装配时就可将型腔全部压入模板后再调整，调整型腔正确位置后，要用定位件定位，以防止其错动。

方法3：划线调整。当型腔的位置要求不高时，可用划线法调整、安装。此法的安装过程是：在模板上、下平面上的安装孔附近划出对正线，在型腔的上端面及侧面相应位置处也划出对正线，以线为基准，对正型腔与模板的相对位置后将型腔压入，并以模板上平面和型腔上端面上对正线的重合度检查安装情况。

方法4：光学检测调整。在型腔尺寸过小或型腔形状复杂且不规则时，用指示表难以检测型腔的安装情况，为此，可改用光学显微镜进行检测，如检测出位置有偏差，旋转型腔进行调整或退出重装。

型腔在用上述方法镶嵌到模板中后，要在平面磨床上将两端面与模板一起磨平。

②多件整体镶嵌式型腔的装配。图7-39所示为多件整体镶嵌式型腔的装配，需在一块模板上镶入两个独立的型腔。由于该塑料模工作时，型芯必须插入定模镶块的孔中，因而动、定模板之间的相对位置就要非常精确。装配时，以定模镶块上的孔为基准插入销钉，在销钉上套上推块，将型腔装在作为定位件的推块上后，测量型腔外形的位置尺寸，并以此尺寸为基准修整动模板固定型腔孔的位置，修整完后压入型腔并在平面磨床上将两端面与模板一起磨平。型腔镶嵌好后，将推块放入型腔内，以推块上的孔作导向钻、铰型芯固定孔。

2）拼块式型腔的装配。拼块式型腔是将几块拼块同时压入模板孔中拼合出来的单个或多个型腔。通常，拼块的拼合面在热处理后要进行磨削加工，以保证拼合处紧密、无缝隙，因此型腔拼块热处理前要留出修磨量，以便在热处理后进行修磨，达到零件尺寸精度的要求。

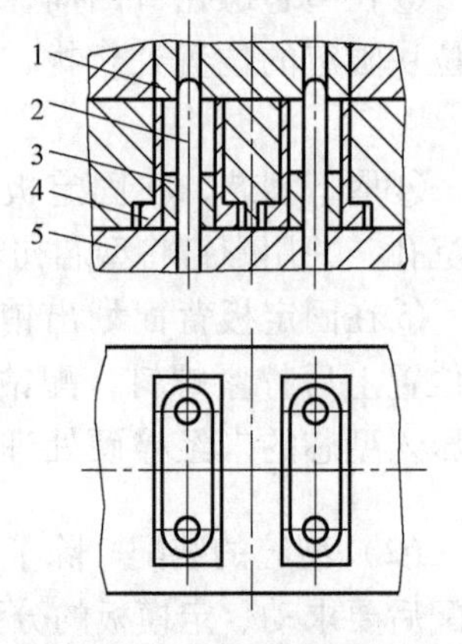

图7-39　多件整体镶嵌式型腔的装配
1—定模镶块　2—型芯　3—推块　4—型腔凹模　5—型芯固定板

拼块式型腔在将多个型腔拼块压入模板时，为使各拼块压入同步，防止各拼块之间产生错位，应在型腔拼块的尾端放上一块平垫板，通过平垫板将各拼块一起平稳地压入模板中。

拼块式型腔在拼装完成后，一般要对型腔工作表面进行修整加工，如果拼块热处理的硬度不高（如调质处理），可直接用切削的方法对型腔进行修整；如果拼块热处理的硬度较高，则用坐标磨床或电火花对型腔进行精修。

拼块式型腔的拼块两端都留有加工余量，在拼装修整完毕后，与模板一起磨平。

图7-40所示为拼块式单型腔的装配，为避免拼块出现尖角（尖角在热处理后发生的变形将难以校正和修磨），拼块的拼合面做成了图示的折弯面。

图7-41所示为拼块式多型腔的装配，它将两个型腔设计在镶拼的两块拼块上，减少了模板的加工量（模板固定孔减为一个），减小了模具的外形尺寸（与多件整体镶嵌式型腔模具相比较而言）。

3）型腔的修磨。有的塑料模具要求型芯与型腔表面或动、定模上的型芯在合模时必须紧密接触，根据模具大都属于小批量生产的特点，常采用修磨这一经济有效的方法来达到此要求。

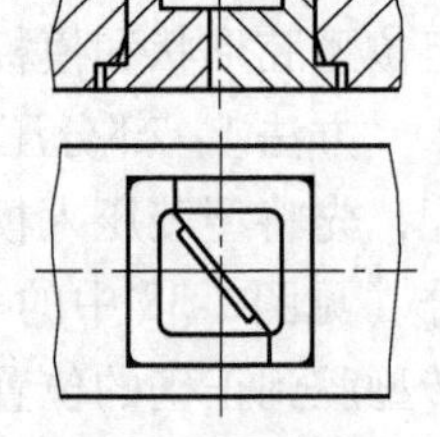
图7-40　拼块式单型腔的装配

图7-42所示的型芯端面与型腔底平面之间装配后出现了间隙Δ，

消除此间隙的修磨方法有如下几种。

①对单型腔模具，可拆下型芯后对固定板平面 A 进行修磨，修磨量等于间隙值 Δ。

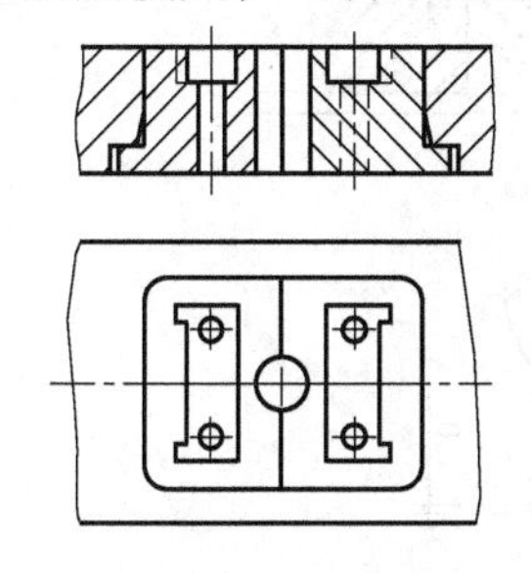

图7-41　拼块式多型腔的装配

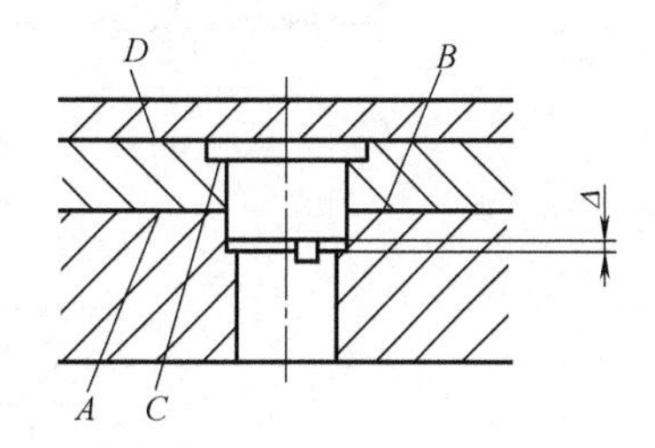

图7-42　型芯端面与型腔底平面间隙的消除

②上述方法需要拆下型芯，修磨较麻烦，为简便也可不拆型芯，直接修磨型腔上平面 B，修磨量同样等于间隙值 Δ。

③对多型腔模具，则要拆下所有型芯，而后逐个修磨型芯的台肩环面 C，以消除各个型芯与型腔间对应的间隙。采用此法消除了间隙，型芯重新装配合格后，还必须将固定板 D 面与型芯一起磨平。

图7-43a所示的型腔端面与型芯固定板之间装配后出现了间隙 Δ，可采用以下修磨方法来消除。

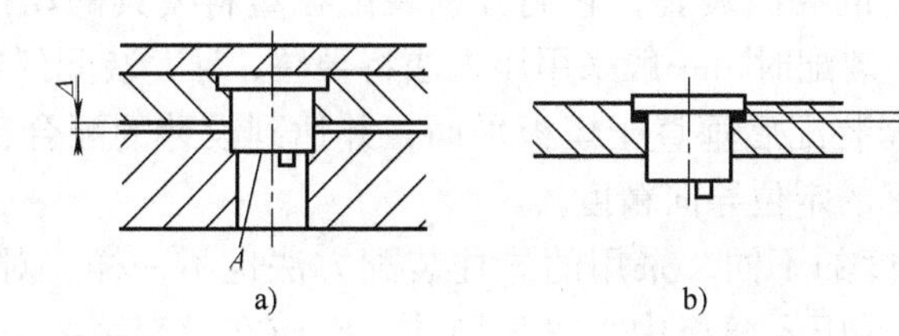

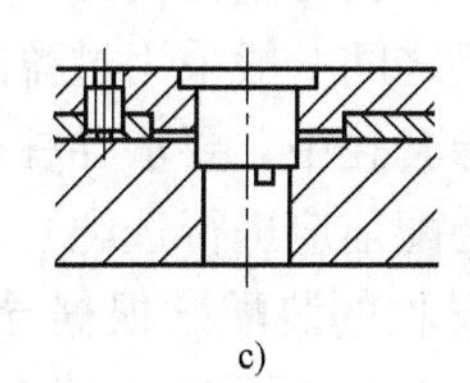

图7-43　型腔端面与型芯固定板间隙的消除

①当型芯端面 A 为平面时，修磨该平面。

②对于小模具，如图7-43b所示，可在型芯台肩与固定板沉孔底部之间垫上等厚的垫片来消除间隙 Δ。垫上垫片后，须磨平型芯端面与固定板平面。

③对于大、中型模具，如图7-43c所示，通过修磨设计时加装在型芯固定板上的凸出厚度不小于2mm的垫块来消除间隙 Δ。

3. 浇口套的装配

用于大型注射模具的浇口套的装配如图7-44a所示，浇口套与定模板一般采用H7/m6的过渡配合。装配后，浇口套与模板定位孔之间应配合紧密、无缝隙；浇口套的台肩面要高出定模板0.02mm，以便定位圈能将其压紧，浇口套的下表面也须高出定模板0.02mm，以保证该表面总装时压紧密封，防止塑料的泄漏。

为达到浇口套的上述装配要求，浇口套的压入端不允许有导入斜度，如需导入斜度，可将其开在模板上浇口套定位孔的入口处；浇口套的压入端要磨成小圆角，以免压入时切坏模板定位孔壁（浇口套加工时应预留去除圆角的修磨余量 δ）。

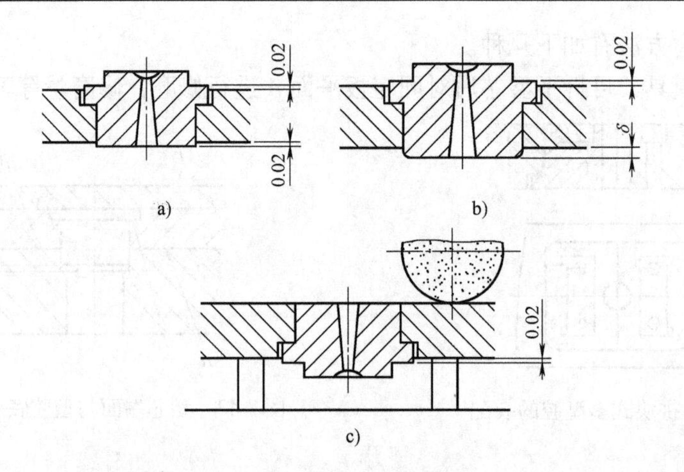

图 7-44　浇口套的装配

a）装配好的浇口套　b）压入后的浇口套　c）浇口套的修磨

浇口套的装配过程是：将浇口套压入模板（图 7-44b），使其内台肩紧紧压住模板沉孔底面，让预留余量方伸出模板之外；然后在平面磨床上磨去预留余量 δ，并将其和定模板平面一起磨平（图 7-44c）；最后，将与模板平面共面的浇口套退出些许，磨去模板平面 0.02mm 后再重新压入浇口套。浇口套的台肩面高出定模板的 0.02mm 也可通过修磨来保证。

4. 导柱、导套的装配

导柱、导套是塑料模开、合模时的导向装置，它们分别装配在塑料模具的动模与定模上，与模板之间一般采用过盈配合。装配时，一般采用压入法将导柱、导套装配到模板上的导柱孔与导套孔中，要求导柱、导套装配后垂直于模板平面，并达到设计的配合精度（导柱、导套装配前应进行选配）与良好的定位导向精度。

（1）导柱的装配　根据导柱长度的不同，采用的导柱装配方法也不一样。对短导柱，可采用如图 7-45 所示的方式直接将其压入模板中，对长导柱，则应在导套装配完成之后，以导套作导向压入，如图 7-46 所示。

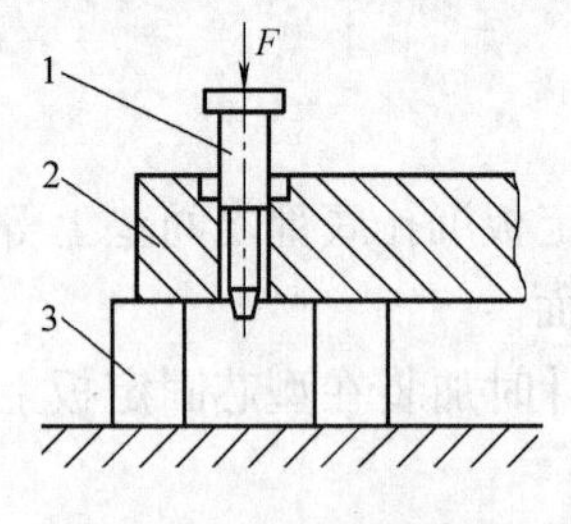

图 7-45　短导柱的装配

1—导柱　2—固定板　3—等高垫块

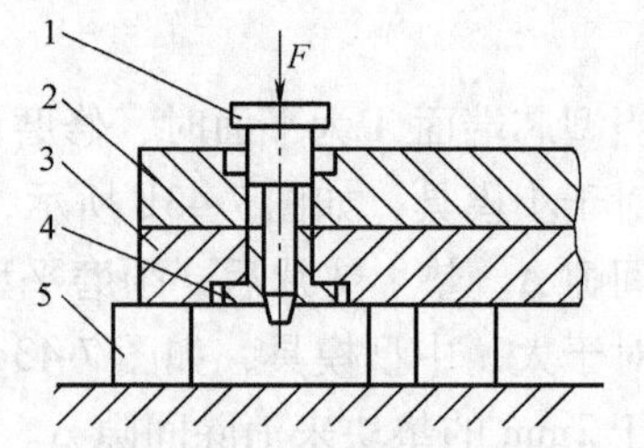

图 7-46　长导柱的装配

1—导柱　2—定模板　3—动模板

4—导套　5—等高垫块

导柱、导套装配后，应保证塑料模具开、合灵活，无卡滞现象。为此，加工时除保证导柱、导套和模板等零件间的配合精度外，还应保证导柱、导套安装孔的中心距相互一致，其误差要求在 0.01mm 以内。导柱装配时，应先装配距离最大的两根导柱，并在装好后检查开、合模是否灵活，如有卡滞现象则涂红丹粉于导柱表面，往复拉动模板观察卡滞部位，并分析卡滞原因，而后退出导柱，重新压入。在两根导柱装配合格后，再继续装配另外两根导柱，每装一根均应重复一次上述检查。

（2）导套的装配　为保证导套装配的垂直度精度，通常利用导向心轴在压力机上将导套逐个压入模板。如图7-47所示，先将导向心轴以H7/f6的间隙配合固定在模板内，再将导套套在导向心轴上，用压力机慢慢压入。由于导套内孔在导套压入模板后会有微量收缩，因此心轴直径与导套孔径间应留有0.02～0.03mm的间隙。

5. 抽芯机构的装配

塑料模常用的抽芯机构是斜导柱抽芯机构，如图7-48所示。其装配的技术要求为：闭模后，滑块的上平面与定模底面必须留有$x=0.2\sim0.8$mm的间隙，斜导柱外侧与滑块斜导柱孔留有$y=0.2\sim0.5$mm的间隙。其装配过程如下。

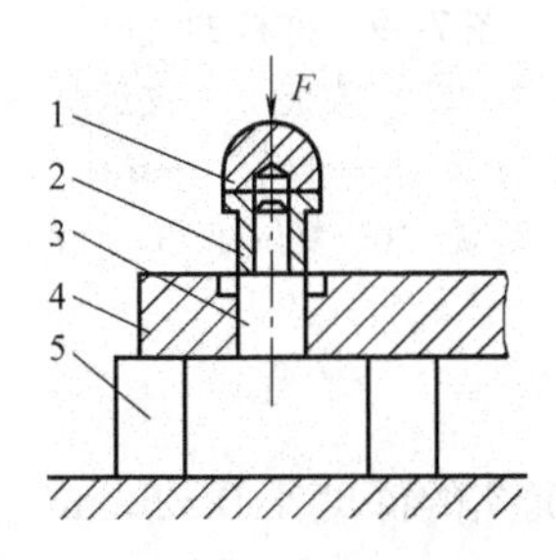

图7-47　导套的装配

1—压块　2—导套　3—导向心轴　4—动模板　5—等高垫块

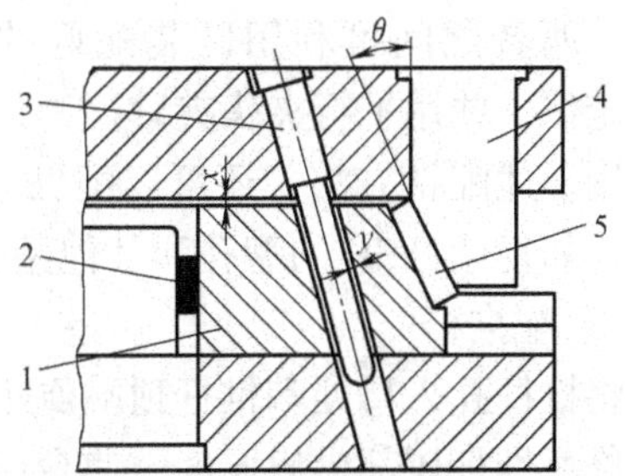

图7-48　斜导柱抽芯机构

1—滑块　2—壁厚垫片　3—斜导柱　4—锁紧楔　5—垫片

1）装型芯组件。型芯装入型芯固定板形成型芯组件。

2）安装导滑槽。按设计要求在固定板上调整滑块和导滑槽的位置，待位置确定后，用平行夹板将其夹紧，钻导滑槽安装孔和动模板上的螺孔，安装导滑槽。

3）安装定模板锁紧楔。保证锁紧楔斜面与滑块斜面有70%以上的面积贴合。如侧型芯不是整体式，在侧型芯位置垫以相当制件壁厚的铝片或钢片。

4）闭模，检查间隙x值是否合格（通过修磨和更换滑块尾部垫片保证x值）。

5）镗斜导柱孔。将定模板、滑块和型芯组合在一起，用平行夹板夹紧，在卧式镗床上镗斜导柱孔。

6）松开模具，安装斜导柱。

7）修正滑块上的斜导柱孔口为圆环状。

8）调整导滑槽，使之与滑块松紧适应；钻导滑槽销孔，安装销钉。

9）镶侧型芯。

6. 推出机构的装配

（1）推杆的装配

1）推杆的装配要求

①推杆的导向段与型腔推杆孔的配合间隙，既要确保推杆动作灵活，又要防止间隙太大而渗料，一般采用H8/f8的间隙配合。

②推杆装配后，其在推杆孔中往复运动应平稳，无阻滞现象。

③推杆端面应高出型腔表面0.05～0.10mm，复位杆端面应与分型面齐平或低于分型面0.02～0.05mm，如图7-49所示。

2）加工与装配推杆固定板。为使推杆在推杆孔中往复运动平稳，推杆在推杆固定板孔中应能有所浮动，推杆与推杆固定板孔的装配部分每边留有 0.5mm 的间隙。当设备加工精度较低不能保证位置精度要求时，推杆固定板孔的位置可通过型腔镶块上的推杆孔配钻得到。其方法如下：

①先将型腔镶块 1 上的推杆孔配钻到支承板 3 上。配钻时用动模板 2 和支承板 3 上原有螺钉与销钉作定位与紧固。

②再通过支承板 3 上的孔配钻到推杆固定板 5 上。两者之间可利用已装配好的导柱 7、导套 8 定位，并用平行夹头夹紧。

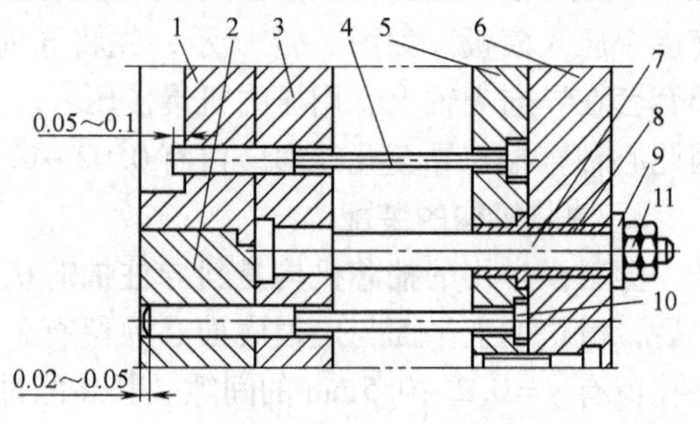

图 7-49　推杆的装配

1—型腔镶块　2—动模板　3—支承板　4—推杆　5—推杆固定板　6—推板　7—导柱　8—导套　9—垫圈　10—复位杆　11—螺母

利用上述配钻方法，还可以配钻固定板上其他孔，如复位杆 10 的型孔和其他型孔。

3）装配推杆

①将推杆孔入口处和推杆顶端倒小圆角和斜度。

②修磨推杆尾部台肩厚度，使台肩厚度比推杆固定板沉孔的深度小 0.05mm。

③装配推杆时，将装有导套 8 的推杆固定板 5 套在导柱上，然后将推杆 4、复位杆 10 穿入推杆固定板 5、支承板 3 和型腔镶块 1 的推杆孔内，而后盖上推板 6，并用螺钉紧固。

④将导柱 7 或模脚的台阶尺寸修磨到正确尺寸。由于模具闭合后，推杆和复位杆的极限位置取决于导柱或模脚的台阶尺寸。因此，在修磨推杆顶端面之前，应先将推板复位到极限位置，如果推杆低于型面，则可修磨导柱台阶或模脚上平面；如推杆高出型面，则可修磨推板 6 的底面。

⑤修磨推杆和复位杆的顶端面。在修磨时，先将推板 6 复位到极限位置，然后分别测出推杆和复位杆高出型面与分型面的尺寸，确定修磨量。修磨后，推杆端面可高出分型面 0.05 ~ 0.10mm；复位杆应与分型面平齐，也可低 0.02 ~ 0.05mm。

（2）推件板的装配　在型腔模中，推件板有两种结构形式。一种是镶块式推件板，如图 7-50 所示；另一种是埋入式推件板，如图 7-51 所示。其装配要点如下。

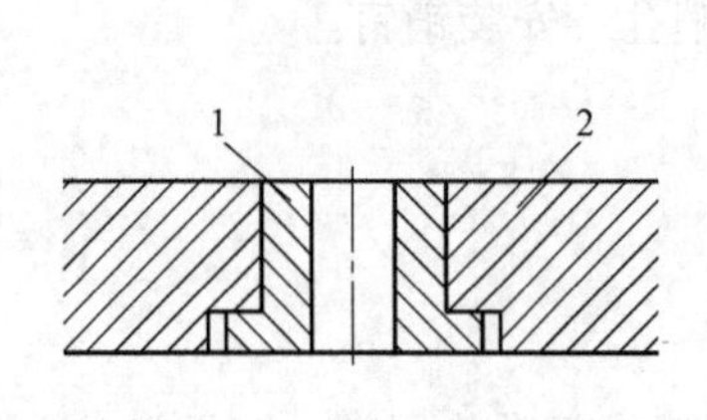

图 7-50　镶块式推件板

1—镶块　2—推件板

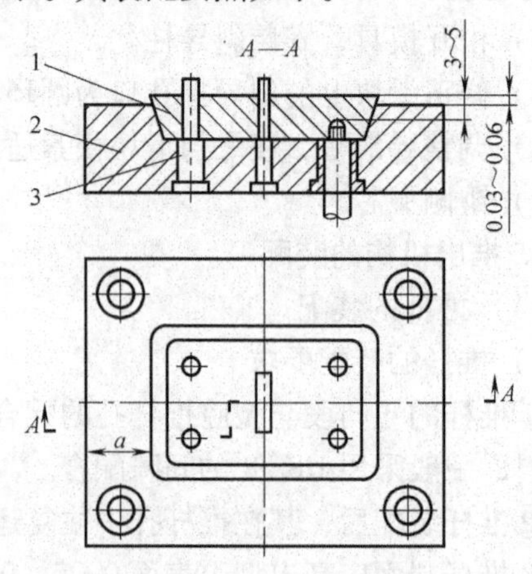

图 7-51　埋入式推件板

1—推件板　2—推杆固定板　3—推杆

1）装配镶块式推件板

①圆形镶块采用过盈配合装配方式。即将镶块1采用压入法压入推件板2内。此时，推件板内的镶块内应有较高的表面粗糙度等级，与型芯块配合部分高度应保持在5~10mm，其余部分可加工成1°~3°的斜度。

②非圆形镶块及推件板，压入后采用螺钉及铆钉联接紧固。装配方法如下：

a）将镶块压入推件板2的型孔中。

b）将镶块套到型芯上。

c）从镶块上已钻出的铆钉孔中，复钻推件板型孔。

d）铆合。铆合后，铆钉头在型面上不应留有痕迹。

采用螺钉紧固时，可将镶块装入推件板后，再套入型芯，调整合适后再紧固螺钉。

2）装配埋入式推件板。如图7-51所示，埋入式推件板是将推件板1埋入推杆固定板2的沉坑内，并与固定板成斜面接触，上平面高出固定板0.03~0.06mm。其装配主要技术要求是：既要保证推件板与型芯和沉坑的配合要求，又要保持推件板上的螺钉与导套安装孔的同轴度要求。这是因为推件板和固定板之间通过装在导套内的推杆螺钉联接。这一导向装置，既是推件板的导向，也是推杆固定板的导向。其装配方法如下：

①修配推件板与固定板沉坑的锥面。修正推件板侧面，使推件板底面与固定板沉坑底面保持接触，同时与沉坑的斜面接触高度保持在3~5mm，而推件板的上平面应高出固定板0.03~0.06mm。

②配钻推件板螺孔。将推件板放入沉坑内，用平行夹头夹紧。再向导套安装孔内装入工艺钻套（钻套内径等于螺纹底孔内径尺寸），通过工艺钻套钻推件板上的螺纹底孔，然后取出推件板攻螺纹，攻螺纹时应注意保持垂直度的要求。

③加工推件板型孔。根据推件板的实际位置尺寸 a、b，如图7-52所示，对推件板进行型孔的加工。固定板上的型芯固定孔则根据推件板的型孔加工。当固定板上的孔与推件板型孔的尺寸不同时，则应根据选定基准 M 和推件板型孔的实际尺寸和型芯的实际尺寸，计算固定板孔与基准的对应尺寸并进行加工。

④精修推件板型孔。根据型芯尺寸精修推件板型孔，使其与型芯的配合达到规定的技术要求。

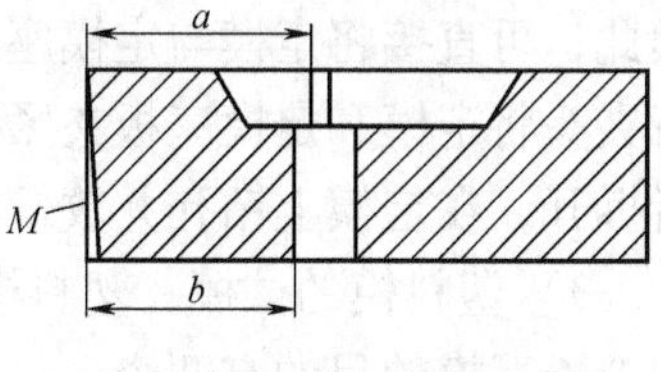

图7-52　固定板与推件板型孔尺寸加工

7. 塑料模的总装与试模

（1）装配的技术要求　图7-2所示壳体零件的注射模，模具型芯用销钉和螺钉定位、固定在动模固定板上，脱模采用的是推杆卸料板脱模机构，其装配要求如下：

1）装配后模具上下平面的平行度误差不大于0.05mm。

2）模具闭合后分型面处须密合。

3）导柱、导套滑动灵活，推件时推杆和卸料板动作必须保持一致。

4）合模后上、下模型芯必须紧密接触。

（2）总装配的工艺过程　图7-2所示壳体零件塑料注射模的总装配工艺过程如下：

1）装配动模部分

①装配型芯。将已修配好的卸料板18套在型芯9（已压入实芯销磨平端面）上，然后将已装入动模固定板7的导柱5穿入卸料板导套8的孔内，将动模固定板7和卸料板合拢。

在型芯上的螺孔口部涂红粉后放入卸料板型孔内，在动模固定板上复印出螺孔的位置。取下卸料板和型芯，在固定板上加工螺钉过孔。将动模固定板、卸料板和型芯重新装合在一起，调整好型芯的位置后，用螺钉紧固。按固定板背面的划线，配钻、铰定位销孔，打入定位销。

②配作动模固定板上的推杆孔。先通过型芯上的推杆孔，在动模固定板7上钻锥窝；拆下型芯，按锥窝钻出动模固定板7上的推杆孔。

将矩形推杆穿入推杆固定板23、动模固定板7和型芯9（板上的方孔已在装配前加工好）。用平行夹头将推杆固定板和动模固定板夹紧，通过动模固定板配钻推杆固定板上的推杆孔。

③配作限位螺杆孔和复位杆孔。首先在推杆固定板上钻限位螺杆孔和复位杆孔。用平行夹头将动模固定板与推杆固定板夹紧，通过推杆固定板的限位螺杆孔和复位杆孔在动模固定板上钻锥窝；拆下推杆固定板，在动模固定板上钻孔并对限位螺孔攻螺纹。

④垫块装配。先在垫块上钻螺钉过孔、锪沉孔。再将垫块和推板侧面接触，然后用平行夹头把垫块和动模固定板夹紧，通过垫块上的螺钉过孔在动模固定板上钻锥窝，并配钻、铰销钉孔。拆下垫块在动模固定板上钻孔并攻螺纹。

⑤装配推杆及复位杆。将推杆、复位杆装入固定板后盖上推板，用螺钉紧固，并将其装入动模；检查及修磨推杆、复位杆的顶端面。

2）装配定模部分

①镶块11、16与定模17的装配。先将镶块16、型芯15装入定模，测量出两者突出型面的实际尺寸。退出定模，按型芯9的高度和定模深度的实际尺寸，单独对型芯和镶块进行修磨后，再装入定模。检查镶块16、型芯15和型芯9，看定模与卸料板是否同时接触。

将型芯12装入镶块11中，用销钉定位。以镶块外形和斜面作基准，预磨型芯斜面。

将经过上述预磨的型芯、镶块装入定模，再将定模和卸料板合拢。测量出分型面的间隙尺寸后，将镶块11退出，按测出的间隙尺寸，精磨型芯的斜面到要求尺寸。

将镶块11装入定模后，磨平定模的支承面。

②定模和定模座板的装配。在定模和定模座板装配前，浇口套与定模座板已组装合格。因此，可直接将定模与定模座板叠合，使浇口套上的流道孔和定模上的流道孔对正后，用平行夹头将定模和定模座板夹紧，通过定模座板孔在定模上钻锥窝及配钻、铰销孔。然后将两者拆开，在定模上钻孔并攻螺纹。之后再将定模和定模座板叠合，装入销钉后将螺钉拧紧。

3）塑料模的试模。塑料模装配完成后须进行试模，只有试模合格方可交付生产使用。塑料模试模的目的有两个：一是检查模具在设计制造上是否存在缺陷，并对存在的缺陷在查明原因后进行排除；二是对模具成形工艺条件进行试验以取得制件成形的工艺参数，为正常生产提供指导，同时为提高模具设计水平和塑料成型工艺水平积累经验。

塑料模的试模分为装模和试模两大步骤，下面介绍热塑性塑料注射模具试模的具体过程。

①装模。塑料模的装模过程如下：

a）装模前的检查。模具在安装到注射机上之前，应按设计图样对其进行检查，以便及时发现问题并进行修理，减少不必要的重复安装和拆卸。

b）模具的安装。模具应尽可能采用整体安装。当模具定位台肩装入注射机上定模板的定位孔后，以极慢的速度将塑料模合模，并用动模板将模具轻轻压紧，而后装上压板，调整调节螺钉或垫块使压板与模具的安装基面基本平行后压紧，如图7-53所示。为保证模具安装的稳固、可靠，压板位置不允许如图7-53中双点画线所示那样倾斜。压板的数量应根据模具的大小进行选择，一般为4~8块。

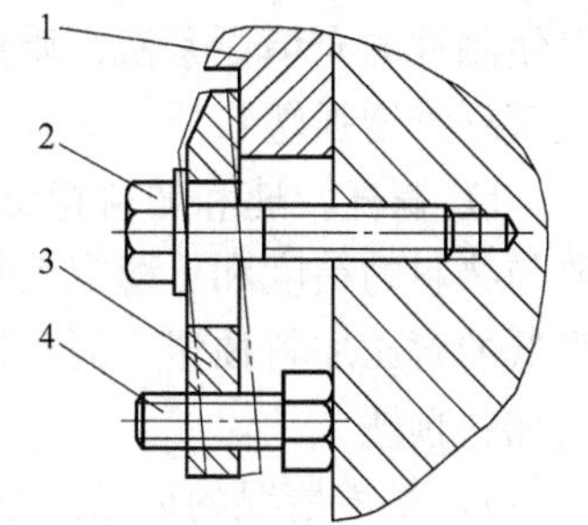

图7-53　压板固定模具
1—模具固定板　2—压紧螺钉
3—压板　4—调节螺钉

c）调整模具。模具固紧后应对模具的开模距离、顶出距离和锁模力等进行调整。

开模距离与制品的高度有关，通常取开模距离大于制品的高度5~10mm，以使制品能自由脱落。

顶出距离的调整主要依靠调节注射机顶出杆的长度。调节时，起动设备慢慢开启模具，直到动模部分停止后退，此时调节注射机的顶出杆长度，使模具上的推杆固定板和动模固定板之间的距离不小于5mm，以防顶坏模具。

锁模力的大小对防止制件溢边和保证型腔适当的排气非常重要。对可显示锁模力的设备，应根据制件的物料性质、形状复杂程度、流长比的大小等选择合适的锁模力来进行试模；对不能显示锁模力的设备，目前主要是凭目测和经验来调节锁模力，如对液压柱塞-肘节式锁模机构，合模时，肘节先快后慢若能自然伸直，则说明锁模力合适。对于需要加热的模具，应在模具加热到所需温度后再调整其锁模力的大小。

d）其他检查。模具安装调整完毕后，要对模具的冷却系统、加热系统进行通电、通水检查。

②塑料模的试模。塑料模的试模过程如下：

a）设备的检查。试模前，必须对设备的电路、油路、水路、机械运动部分、各操作件和显示信号进行全面检查，并按规定保养设备，做好开机准备。

b）原料的检查。检查原料的品种、规格、牌号是否符合设计图样要求，检查原料的成形性能是否符合有关规定；另外，热塑性塑料在注射前需经烘干处理，使塑料的含水量降至一定的限度。

c）料筒和喷嘴温度的调试。由于制件大小、形状和壁厚的不同，设备规格、性能的不同以及塑料性能的差异，料筒和喷嘴的温度应参照有关的工艺参数现场调试。判断料筒和喷嘴温度是否合适的最好办法是将喷嘴和主流道脱开，用较低的注射压力，使融化的塑料自喷嘴中缓慢地流出，如果流出的塑料光滑且明亮，其中没有硬块、气泡、银丝和变色等现象，就可判断温度是合适的，否则，应该调节料筒和喷嘴的温度。

d）注射压力、成型时间和成型温度的调节。开始试模时，原则上选择低压、低温和较长时间条件下成型。调节时应一个个地变化成型工艺条件，以便分析和判断各工艺条件变化的效果。由于压力的变化很快就会从制件上反映出来，所以制件如果未充满，应首先增加注射压力，在大幅度提高压力无效果时，才考虑变动时间和温度。在采用较大压力与较长时间注射几次后，制件如果仍然未能充满，此时才提高机筒温度。因为机筒温度的上升以及它与塑料温度达到平衡需要一定的时间，一般为15min左右，所以不能过快地将机筒温度升得太高，以免塑料过热甚至发生降解。

e）注射速度的调节。注射成型可选用高速注射和低速注射两种工艺。一般来说，制件壁薄而面积大时应采用高速注射，制件壁厚面积小时应采用低速注射。由于低速注射工艺可以使制件的充填更紧密，质量更好，所以在高速和低速两种工艺都能充满型腔的情况下，除玻璃纤维增强塑料外，均宜采用低速注射。

f）螺杆转速和加料背压的调整。螺杆转速和加料背压（预塑化时螺杆的后退阻力）主要与物料的粘度和热稳定性有关：对粘度高和热稳定性差的塑料，应采用较慢的螺杆转速和略低的背压加料预塑，而对粘度低和热稳定性好的塑料，应采用较快的螺杆转速和略高的背压加料预塑。

g）试模情况的记录。在试模过程中应作详细记录，并将试模结果、制件成型工艺条件、操作要点和模具质量等情况填入试模记录卡，最好能附上试模加工出的制件，以供参考。如模具需返修，还应提出返修意见。

h）入库。试模合格的模具应及时清理干净，并在涂油、防锈后入库。

试模时，若发现塑件存在缺陷或模具工作不正常，应按成型设备、成型条件、模具结构和模具制造装配精度等因素，对试模中出现的问题进行全面具体的分析，找出产生的原因并采取有效的措施，使试模能够获得合格的塑件。注射模试模中常见的问题及解决方法见表7-12。

表 7-12 注射模试模中常见的问题及解决方法

常见的缺陷	产生原因	解决办法
注不满	1）机筒及喷嘴温度偏低 2）模具温度偏低 3）加料量不够 4）剩料太多 5）制件超过注射机最大注射量 6）注射压力太低 7）注射速度太慢或太快 8）型腔无适当排气孔 9）流道或浇口太小 10）注射时间太短、柱塞式螺杆退回太早 11）杂物堵塞机筒喷嘴或弹簧喷嘴失灵	1）提高机筒及喷嘴温度 2）提高模具温度 3）适当增加下料量 4）减少下料量 5）选用注射量更大的注射机 6）提高注射压力或适当提高温度 7）合理控制注射速度 8）模具开排气孔 9）适当增加浇口尺寸 10）增加注射时间及预塑时间 11）清理喷嘴及更换喷嘴零件
制品飞边	1）注射压力太大 2）模具闭合不紧或单向受力 3）模型分型面落入异物 4）机筒及磨具温度太高 5）制件投影面积超过注射机所允许的制件面积 6）模板变形弯曲	1）适当减小注射压力 2）提高合模力，调整合模装置 3）清理模具 4）降低机筒及模具温度 5）改变制件造型或更换大型注射机 6）检修模板或更换模板
气泡	1）原料含水分、溶剂或易挥发物 2）材料温度太高或受热时间太长，已降解或分解 3）注射压力太小 4）注射柱塞退回太早 5）模具温度太低 6）注射速度太快 7）在机筒加料端混入空气	1）原料进行干燥处理 2）降低成型温度，或拆机换新料 3）提高注射压力 4）延长退回时间或增加预塑时间 5）提高模温 6）降低注射速度 7）适当增加背压排气，或对空注射

（续）

常见的缺陷	产生原因	解决办法
凹陷	1）流道、浇口太小 2）制品太厚或薄厚悬殊太大 3）浇口位置不适当 4）注射及保压时间太短 5）加料量不够 6）机筒温度太高 7）注射压力太小 8）注射速度太慢	1）增加流道、浇口尺寸 2）改进制件工艺设计使制件薄厚相差小 3）浇口开设在制件的壁厚处，改进浇口位置 4）延长注射及保压时间 5）增加下料量 6）降低机筒温度 7）提高注射压力 8）提高注射速度
熔接痕	1）塑料温度太低 2）浇口太多 3）脱模剂过量 4）注射速度太慢 5）模具温度太低 6）注射压力太小 7）模具排气不良	1）提高机筒、喷嘴及模具温度 2）减少浇口或改变浇口位置 3）采用雾化脱模剂，减少用量 4）提高注射速度 5）提高模温 6）提高注射压力 7）增加模具排气孔
制件表面波纹	1）机筒温度太低 2）注射压力太小 3）模具温度低 4）注射速度太慢 5）流道、浇口太小	1）提高机筒温度 2）提高注射压力 3）提高模温 4）提高注射速度 5）增大流道、浇口尺寸
黑点及条纹	1）塑料已分解 2）塑料碎屑卡入注射柱塞和机筒之间 3）喷嘴与模具主流道吻合不良，产生积料，并在每次注射时带入型腔 4）模具无排气孔	1）降低机筒温度或换原料 2）提高机筒温度 3）检查喷嘴与模具注口，使之吻合良好 4）增加模具排气孔
银纹、斑纹	1）塑料温度太高 2）原材料含水量太大 3）注射压力太低 4）流道、浇口太小 5）树脂中有低挥发物	1）降低模温 2）原材料进行干燥处理 3）提高注射压力 4）增加流道、浇口尺寸 5）原料进行干燥处理
制件变形	1）冷却时间不够 2）模具温度太高 3）制件厚薄悬殊 4）制件脱模杆位置不当，受力不均 5）模具前后温度不均 6）浇口部分过分的填充作用	1）延长冷却时间 2）降低温度 3）改进制件厚薄的工艺设计 4）改变制件与脱模杆的位置，使制件受力均匀 5）使模具两半的温度一致 6）减少垫料

（续）

常见的缺陷	产生原因	解决办法
裂纹	1）模具温度太低 2）制件冷却时间太长 3）制件顶出装置倾斜或不平衡 4）脱模杆截面积太小或数量不够 5）嵌件未预热或温度不够 6）制件斜度不够	1）提高模温 2）减少冷却时间 3）调整顶出装置的位置，使制件受力均匀 4）增加脱模杆的截面积或数量 5）提高嵌件预热温度 6）改进制件工艺设计，增加斜度
制件脱皮分层	1）不同的塑料混杂 2）同一塑料不同牌号相混 3）塑化不均 4）混入异物	1）采用单一品种的塑料 2）采用同牌号的塑料 3）提高成型温度并使之均匀 4）清理原材料，除去杂质
制件强度下降	1）塑料降解或分解 2）成型温度太低 3）熔接不良 4）塑料回料次数太多 5）塑料潮湿 6）浇口位置不当（如在受弯曲力处） 7）塑料混入杂质 8）制件设计不良，如有锐角、缺口 9）围绕金属嵌件周围的塑料厚度不够 10）模具温度太低	1）适当降低温度或清理机筒 2）提高成型温度 3）提高熔接缝的强度 4）减少回料混入新料的比例 5）原料进行干燥 6）改变浇口位置 7）原料过筛除去杂质和废物 8）改进制件的工艺设计，避免锐角、缺口 9）嵌件设置在壁厚处，改变嵌件位置 10）提高模温
制件脱模困难	1）模具表面粗糙度值高 2）模具斜度不够 3）模具镶块处缝隙太大 4）成型周期太短或太长 5）模芯无进气孔 6）模具温度不合适 7）注射压力太高，注射时间太长 8）模具表面有划伤或刻痕 9）顶出装置结构不良	1）降低模具表面粗糙度值 2）增加模具的脱模斜度 3）减小模具镶块处缝隙 4）调整成型周期 5）缩短模具闭合时间或增加进气孔 6）调整模温 7）降低注射压力，缩短注射时间 8）检修模具型腔 9）改进顶出装置的结构
主流道粘模	1）主流道斜度不够 2）主流道衬套弧度与喷嘴弧度不吻合 3）喷嘴喷孔直径大于主流道直径 4）主流道粗糙 5）喷嘴温度太低 6）主流道无冷料穴 7）冷却时间太短，主流道尚未凝固	1）增加主流道的斜度 2）使喷嘴和主流道的尺寸相同并对准 3）减小喷嘴直径 4）降低模具主流道表面粗糙度值 5）提高喷嘴温度 6）增加模具的冷料穴 7）延长冷却时间

（续）

常见的缺陷	产生原因	解决办法
冷块	1）温度太低,塑化不均 2）混入杂质或采用同牌号、不同种类物料 3）喷嘴温度太低 4）无主流道或分流道冷料穴 5）制件重量和注射机最大注射量接近,而成型时间太短	1）提高温度并使物料塑化均匀 2）除去杂质并采用同种类、同牌号的物料 3）提高喷嘴温度 4）设置模具冷料穴 5）采用大型注射机,或延长成型周期
制件尺寸不稳定	1）注射机液压系统或电器系统不稳定 2）成型周期不一致 3）浇口太小或不均 4）模具定位杆弯曲或磨损 5）加料量不均 6）制件冷却时间太短 7）温度、压力、时间变更 8）塑料颗粒大小不均 9）回料与新料混合比例不均	1）检查液压和电器系统的稳定性 2）使成型周期均匀一致 3）加大浇口尺寸 4）检查模具定位杆 5）使每个周期的进料和垫料保持不变 6）延长制件冷却时间 7）稳定成型工艺条件 8）采用颗粒均匀的原料 9）调整回料与新料的比例
真空泡	1）模具温度太低 2）制品壁厚薄过分悬殊 3）注射时间太短	1）提高模温 2）改进制件工艺设计,使之厚薄均匀 3）延长注射时间

企业专家点评：第二重型机械集团公司黄亮高级工程师表示，这一学习单元重点介绍了冲模和注射模的装配工艺，重点突出，结合实际。对于装配工人或技术人员，掌握装配方法和装配工艺规程的制订等装配基本知识是十分必要的。

习题与思考题

7-1　装配的组织形式有哪些？分别用于什么情况？

7-2　模具的装配方法有哪几种？如何应用？

7-3　冲模装配时，怎样控制模具的间隙？

7-4　简述冲模的装配过程。

7-5　弯曲模和拉深模的装配特点是什么？

7-6　简述塑料模型腔的装配过程。

7-7　简述塑料模侧抽芯机构的装配过程。

参 考 文 献

[1] 李云程. 模具制造工艺学［M］. 北京：机械工业出版社，2000.
[2] 侯维芝，杨金凤. 模具制造工艺与装备［M］. 北京：高等教育出版社，2008.
[3] 甄瑞麟. 模具制造技术［M］. 北京：机械工业出版社，2008.
[4] 柳舟通，徐江林. 模具制造工艺学［M］. 北京：科学出版社，2005.
[5] 虞建中. 模具制造工艺［M］. 北京：人民邮电出版社，2008.
[6] 贾慈力. 模具数控加工技术［M］. 北京：机械工业出版社，2004.
[7] 刘晋春. 特种加工［M］. 北京：机械工业出版社，2005.
[8] 马名峻，蒋亨顺，郭洁民. 电火花加工技术在模具制造中的应用［M］. 北京：化学工业出版社，2004.
[9] 赵长旭. 数控加工工艺［M］. 西安：西安电子科技大学出版社，2006.
[10] 陈明. 机械制造工艺学［M］. 北京：机械工业出版社，2005.